高等教育应用型本科"十三五"规划教材

建 筑 设 备 （第二版）

JIANZHU　SHEBEI

主编　曹邦卿

郑州大学出版社

图书在版编目(CIP)数据

建筑设备/曹邦卿主编. —2 版. —郑州:郑州大学
出版社,2017.9(2022.7 重印)
高等教育应用型本科"十三五"规划教材
ISBN 978-7-5645-4123-1

Ⅰ.①建… Ⅱ.①曹… Ⅲ.①建筑设备-高等学校-
教材 Ⅳ.①TU8

中国版本图书馆 CIP 数据核字 (2017) 第 217722 号

郑州大学出版社出版发行
郑州市大学路 40 号 邮政编码:450052
出版人:孙保营 发行部电话:0371-66966070
全国新华书店经销
新乡市豫北印务有限公司印制
开本:787 mm×1 092 mm 1/16
印张:25
字数:595 千字
版次:2017 年 9 月第 2 版 印次:2022 年 7 月第 4 次印刷

书号:ISBN 978-7-5645-4123-1 定价:49.00 元

编写指导委员会

The compilation directive committee

●●●●●●●●

本书作者

Authors

主　编　曹邦卿

编　委　（以姓氏笔画为序）

　　　　王　领　孙克春　张卫军

　　　　金云霄　曹邦卿

Preface

●●●●●●●●●

随着现代建筑技术的发展,建筑给水、排水、消防、供暖、通风、空调、电气和智能建筑等系统的设备日趋完善和复杂,人们对建筑物的使用功能和质量也随着国民经济的发展和生活质量的提高,提出了越来越高的要求。对于土建类工程技术人员,一是需要对现代建筑的上述系统和设备的工作原理、系统功能与构成以及在建筑中的设置和应用情况有所了解,并能够看懂一般的建筑设备施工图,以便在工作中与相关专业密切配合、沟通、协调;二是现代建筑的设备系统越来越复杂,而且涉及使用过程中的安全问题也越来越多,特别是电气系统和消防设备的安全是影响建筑物安全运行的重要问题。因此,学习建筑设备课程,了解整个建筑设备系统的组成及各部分功能,做到在设计、施工和管理中能够与各专业之间的合理分工与协调,共同完成预定的建设目标,并确保投入使用后的建筑能够安全运行,具有十分重要的意义。

本书作为应用型本科土建类专业的一门专业技术基础课,简要地介绍了现代建筑中的给水、排水、消防、供暖、通风、空调、防排烟、电气以及智能建筑等系统和设备的工作原理、系统构成等有关内容。

本书在编写体系的组织安排上注重了基础理论与工程应用的有机结合,部分章节给出了相关内容设计计算及案例,以便于读者更好地理解和掌握有关的内容。

本书第1、2、3章由南阳师范学院曹邦卿编写;第4、5章由洛阳理工学院金云霄编写;第6、10章由洛阳理工学院孙克春编写;第7、8、9章由河南财政金融学院王领编写;第11、12、13、14章由洛阳理工学院张卫军编写。本书由曹邦卿主编并负责统稿工作。

本书在编写过程中参阅了许多文献和最新发布的规范,同时在此对各参考文献的作者表示衷心的感谢。由于编者水平所限,书中难免有不妥之处,恳请读者批评指正。

编者

2017 年 7 月

前 言 《《《 (第二版)

Preface

●●●●●●●●

前

言

（第一版）

随着现代建筑技术的发展，人们对建筑物的使用功能和质量提出了越来越高的要求，给水排水、供暖、通风、空调、电气和消防等系统的设备日趋复杂。对于从事工程管理方面工作的人员，一是需要对现代建筑的上述系统和设备的工作原理、系统功能、构成以及在建筑中的设置和应用情况有所了解，以便在工程管理等工作中与相关专业配合；二是要能够看懂一般的建筑设备施工图，能够与相关专业进行沟通。现代建筑的设备系统越来越复杂，而且涉及使用过程中的安全问题也越来越多，特别是电气系统和消防设备的安全是影响建筑物正常运行的重要因素，也是目前高层建筑面临的重要问题。因此，学习建筑设备工程，了解整个建筑设备工程的系统组成及各部分功能，做到在施工中能够与各专业之间合理分工与协调，在使用中能够保障系统安全运行，共同完成预定的建设目标，具有十分重要的意义。

本书作为工程管理专业的一门专业技术基础课教材，简要地介绍了现代建筑中给水、排水、消防、供暖、通风、空调、防排烟以及电气等系统和设备的工作原理、系统构成以及在土建施工中应注意的问题。

本书在编写体系的组织安排上注重了基础理论与工程应用的有机结合，部分章节给出了相关内容设计施工图的识读方法及案例，以便于读者更好地理解和掌握有关的学习内容和系统组成。

本书第1章、第4章、第7章、第10章由南阳理工学院王长永编写，第2章、第3章由南阳师范学院曹邦卿编写，第5章、第6章由黄淮学院姚天举编写，第8章、第9章、第11章由郑州航空工业管理学院李连秀编写，第12章、第13章、第14章由郑州大学杨建中编写。本书由王长永和曹邦卿主编并负责统稿工作。

本书在编写过程中参阅了许多文献和最新发布的规范，以便读者进一步查阅有关的资料，同时在此对各参考文献的作者表示衷心的感谢，对于书中难免存在的不妥之处，恳请读者批评指正。

编者

2011 年 7 月

Contents

目 录

I

1

绪 论

建筑的发展与人类的历史、文化、艺术、政治、宗教、美学和科学技术有着千丝万缕的联系。建筑房屋的目的是满足人们的生产和生活需要,以及提供卫生、安全而舒适的生活和工作环境。

建筑是一门艺术科学,它有阳刚之壮、秀柔之美,经典建筑更是流芳百世。现代建筑的不朽之躯是由骨架(结构)、肌肤(建筑)和神经心血管系统(建筑设备)几部分有机组合而成的完美结合体,在建筑规划、设计、施工和运行、维护、使用、管理中,均是各构成部分共同工作、缺一不可的。没有建筑设备的建筑神韵虽存,却无活力,充其量只是一块供人们鉴赏把玩的古化石。现代建筑是多个学科的综合体,而集中了建筑给水排水、热水供应、消防给水、建筑供暖、建筑通风、空气调节、建筑防火排烟、燃气供应、建筑供配电、建筑照明、建筑弱电及智能化过程控制等多学科的建筑设备在现代建筑中占有举足轻重地位。设置在建筑物内的这些设备,必然要求与建筑、结构及生活需求、生产工艺设备等相互协调,才能高效发挥建筑物应有的功能,并提高建筑物的使用质量和安全性能。

同时,建筑设备在建筑总投资中占有较大的比例,它不仅关系到建筑物的使用性能,而且影响到建筑物的经济性。为使建筑的功能齐全可靠、技术先进、经济合理、运维方便,必然要求建筑设计人员真正了解建筑设备的基本要求,充分考虑建筑设计、施工和使用中最易产生的问题,并有主动解决产生问题的预案和能力,不留隐患,多快好省地完成建设任务,为国家基本建设做出贡献。

因此,建筑设备是服务于建筑物,为建筑物的使用者提供生活和工作服务,满足人们合理、舒适、安全、健康、信息畅通以及提高工作效率的各种设施和系统的总成,是现代化建筑不可缺少的重要组成部分。

在建筑的规划、设计、施工、管理等环节,必须考虑建筑设备对工程的使用、安全以及造价等方面的影响。如何合理地进行建筑设备设施的布置,保证建筑物的使用质量和安全,不仅与建筑设计、结构设计、生产工艺流程以及施工方法等有着密切的联系,而且对于生产、生活的质量具有重要的影响。因此,土建类专业的学生应该了解和掌握建筑设备的基本知识。

科技进步使建筑设备不断推陈出新,涌现出许多集新技术、新工艺、新设备、新材料于一身的时尚的现代建筑设备。这些先进的现代建筑设备不仅使人耳目一新,还将促进建筑业跨过一个新的里程碑。现代智能建筑的出现就是一个最好的典型。

现代建筑设备技术的快速发展,主要突出表现在以下几个方面:

(1)受交叉学科的影响。由于科学技术的发展,各门学科互相渗透和互相影响,建筑设备技术也受到交叉学科的影响日新月异。例如,太阳能利用技术的成就,促进了建筑采暖、热水供应等新技术的发展;塑料工业的迅速发展,改变着建筑设备的面貌;电子技术和自动控制在建筑设备中的多方面使用,取得了更加节约和安全的效果;计算机网络和现代通信技术的发展,使得人们可以利用现代通信技术,实现远程控制和实时监控并指挥远在千里之外的建筑设备进行工作,并能够获得相关的数据资料,真可谓"决胜于千里之外"。这说明现代建筑设备工程已经远远不止是传统意义上的所谓卫生洁具和开关灯具,而是一个较为复杂而且与我们生活息息相关的系统,甚至影响到人们的生命安全。

(2)受新材料、新工艺快速发展的影响。在建筑设备中,新材料的使用引起了许多新的技术革命。例如由于各种聚合材料具有重量轻、耐腐蚀、电气性能良好等优点,在建筑设备工程中凡是不受高温、高压的各种管材、配件、给水器材、卫生器具、配电器材等,目前都大量采用塑料制品代替各种金属材料;钢和铝的新品种和新规格轧材和复合材料的应用,使许多设备的使用寿命得以延长,从而不仅保证了设备的使用质量,而且节约了金属材料和施工费用。

(3)新设备不断涌现的影响。为使建筑设备向着更加节约和高效发展,变速电机和低扬程小流量特性的水泵,使供水和热水采暖系统运行得到了合理的改善;利用真空排除污水的特制便器,节约了大量的冲洗用水;在高层建筑中广泛采用水锤消除器,有效地减少了管道的噪声。各种设备正朝着体积小、重量轻、噪声低、效率高、整体式的方向发展。

(4)新能源和电子技术应用的影响。建筑设备技术不断更新,各种系统由于集中、自动化控制而提高了效率,节约了费用,创造了更好的卫生环境,为建筑设备工程技术的发展开辟了广阔的领域。例如国内采用的被动式太阳能采暖及降温装置,为采暖、通风、空调技术提供了新型冷源和热源;利用浅层地下水具有冬暖夏凉四季恒温,接近于当地全年大气平均温度,几乎不受大气温度和地球内部温度影响的特点,人们开始利用地热资源进行采暖和制冷,即地源热泵空调,它包括了使用土壤、地下水和地表水作为热源和冷源的系统;使用物联网控制调节建筑物通风空调系统,使建筑物通风量随气象参数自动调节,保证了室内卫生舒适条件;利用电子控制设备或敏感器件,可以控制卫生设备的冲洗次数,达到了节水的效果;电气照明光源水平的发展,使灯具的亮度、光色、使用寿命得以不断改善和提高。

"建筑设备"是一门专业技术基础课程。学习本课程的目的在于了解和掌握建筑设备工程技术的基本知识和一般的设计原则和方法,能够识读一般建筑设备各工程的施工图纸,具有综合考虑和处理各种建筑设备与建筑主体之间关系的能力,从而提高在工作中综合协调处理各种技术问题的能力。学习和掌握建筑设备的基本知识和技术,了解建筑设备的功能和用途,学会建筑设备的系统布局,对建筑设计、室内设计、环境设计、风景旅游、建筑工程和工程管理等学科的学习具有重要的指导意义,也是相关专业学习的一门重要课程。一个优秀的建筑师或室内设计师,不仅要善于应用建筑学原理设计建筑物或室内设计原理进行室内设计,还应掌握建筑设备原理、系统布局及其规范、规程,与设备工程师密切协作,合理安排建筑设备及空间,这种神韵、血肉具备的作品才有长久的生命力和强大的竞争力。反之,其作品则华而不实、问题多多,可能在方案初审阶段就会被淘汰。因此,在大学学习阶段,学好建筑设备课程,可为毕业以后的工作或再学习打下坚实的基础。

为了掌握建筑设备中各种技术知识的内容,本书对各种技术应具有的基础理论知识将给予简要而系统的阐述。此外,在领会本学科基本原理的基础上,应当加强施工方面的实践,才能完善地掌握建筑设备技术。

2

室外给水排水

➢ 2.1 室外给水水质与水量定额

2.1.1 室外给水水质标准

水质标准是用水对象(包括生活饮用水和工业用水等)所要求的各项水质参数应达到的限值。各种用户都对水质有特定的要求,从而产生了各种用水的水质标准。室外给水水质主要针对城市用水必须满足生活饮用水水质标准。

(1)生活饮用水水质标准制定的原则 生活饮用水一般指人类饮用和日常生活用水,包括个人卫生用水,但不包括水生物用水和特殊用途的水。生活饮用水水质标准是关于生活饮用水卫生和安全的技术法规,它由一系列的水质指标及相应的限制值组成。生活饮用水水质标准的制定是根据人们终生用水的安全来考虑的,主要基于3个方面来保障饮用水的卫生和安全,即水中不得含有病原微生物,水中所含化学物质及放射性物质不得危害人体健康,水的感官性状良好。从上述要求出发,将生活饮用水的水质标准分为下面4大类。

1)微生物学指标。理想的饮用水不应含有致病微生物和生物,避免传染病的爆发。为此,以一些指示菌为指标来表征,如大肠菌群等。同时,还规定了消毒剂的残留量,如以氯作消毒剂时,要求管网中水的游离余氯应达到一定的浓度,以保证实现有效的消毒。

2)水的感官性状指标和一般化学指标。一般要求饮用水应呈透明状、不浑浊、无肉眼可见物、无异味异嗅及令人不愉快的颜色等。一些化学指标也与感官性状有关,包括总硬度、铁、锰、铜、锌、挥发酚类、阴离子合成洗涤剂、硫酸盐、氯化物和总溶解性固体等。应从影响水的外观、色、臭和味的角度,规定这些物质的最高容许限值。

3)毒理学指标。饮用水中的化学污染物引起的健康问题往往是由于与之长期接触所致的有害作用,特别是蓄积性毒物和致癌物的危害更是如此。只有在极特殊的情况下,才会发生大量化学物质污染而引起急性中毒。在饮用水中可能存在众多的化学物质,选择哪些作为需要确定限值的指标,主要是根据化学物质的毒性、在饮用水中含有的浓度和检出频率以及是否具有充分依据来确定限值等条件确定的。这些物质的限值都是根据毒理学研究和人群流行病学调查所获得的资料而制定的。

4)放射性指标。人类某些实践活动可能使环境中的天然辐射强度有所提高,特别是随着核能的发展和同位素技术的应用,很可能产生放射性物质对水环境的污染问题。因此有必要对饮用水中的放射性指标总 α 放射性和总 β 放射性的参考值进行常规监测和评价。当这些指标超过参考值时,需进行全面的核素分析以确定饮用水的安全性。

另外,制定生活饮用水水质标准时也要考虑现实的社会经济发展水平,如所选择的指标及相应限值的可测性、现有水处理工艺水平是否能达到标准的要求、用水者经济上的承受能力等。一般来说,标准中涉及的指标越多、限值越严格,对水处理工艺水平要求越高、水处理的成本也越高。因此世界各国和世界卫生组织(WHO)都根据自己的实际情况,制定有相应的生活饮用水水质标准。随着科学技术的进步,人们对饮用水水质安全重要性的认识不断提高,对水中各种物质的检测水平和处理能力也不断提高,以及各国的经济实力的提高,各国的生活饮用水水质标准在不断的修订、提高中。

（2）我国的生活饮用水水质标准　　我国生活饮用水的水质标准是随着科学技术的进步和社会发展而与时俱进的。

1927年上海市公布了第一个地方性饮用水标准,称为"上海市饮用水清洁标准",从而成为我国最早制定地方性饮用水标准的城市之一。

1937年北京市自来水公司制定了"水质标准表",包含有11项水质指标。

1950年上海市颁布了"上海市自来水水质标准",有16项指标。

1956年我国颁布了第一部"饮用水水质标准",有15项指标。

1976年我国颁布了"生活饮用水卫生标准"（TJ 20—76）,有23项水质指标。

1985年我国颁布了修订的"生活饮用水卫生标准"（GB 5749—85）,有35项指标。

1992年,国家建设部组织中国城镇供水协会编制了"城市供水行业2000年技术进步发展规划",对2000年的水质目标进行了规划,其中按自来水公司供水规模的不同分为4类水司,分别有不同的水质考核指标,如日供水量在100万 m³ 以上的一类水司有89项指标。规划水质目标对一、二类水司提出了比国家标准更高的要求,对供水企业的技术进步和供水水质的提高起到了推动作用。

2001年,国家卫生部颁布了"生活饮用水水质卫生规范",规定了生活饮用水及其水源水水质卫生要求。该规范将水质指标分为常规检验项目和非常规检验项目两类。生活饮用水的常规检验项目有34项指标,非常规检验项目有62项指标。对于水源水也有相应的规定。

2006年国家卫生部、标准化委员会发布《生活饮用水卫生标准》（GB 5749—2006）。该标准共106项指标,将水样检验项目分为42项常规检验项目（表2.1、表2.2）和64项非常规检验项目,两类指标均要求强制执行、具有同等地位。常规指标,属水质监测有普遍意义的项目;非常规指标,视地区、时间或特殊情况检出状况不同,由省级人民政府根据当地实际情况确定实施项目和日期,但最迟已于2012年7月1日实施。

表2.1　水质常规指标及限值

指　　　　标	限　　值
1. 微生物指标[①]	
总大肠菌群（MPN/100 mL 或 CFU/100 mL）	不得检出
耐热大肠菌群（MPN/100 mL 或 CFU/100 mL）	不得检出
大肠埃希氏菌（MPN/100 mL 或 CFU/100 mL）	不得检出
菌落总数（CFU/mL）	100

续表2.1

指　　标	限　　值
2. 毒理指标	
砷(mg/L)	0.01
镉(mg/L)	0.005
铬(六价,mg/L)	0.05
铅(mg/L)	0.01
汞(mg/L)	0.001
硒(mg/L)	0.01
氰化物(mg/L)	0.05
氟化物(mg/L)	1.0
硝酸盐(以 N 计,mg/L)	10,地下水源限制时为20
三氯甲烷(mg/L)	0.06
四氯化碳(mg/L)	0.002
溴酸盐(使用臭氧时,mg/L)	0.01
甲醛(使用臭氧时,mg/L)	0.9
亚氯酸盐(使用二氧化氯消毒时,mg/L)	0.7
氯酸盐(使用复合二氧化氯消毒时,mg/L)	0.7
3. 感官性状和一般化学指标	
色度(铂钴色度单位)	15
浑浊度(NTU-散射浊度单位)	1,水源与净水技术条件限制时为3
臭和味	无异臭、异味
肉眼可见物	无
pH(pH 单位)	不小于6.5且不大于8.5
铝(mg/L)	0.2
铁(mg/L)	0.3
锰(mg/L)	0.1
铜(mg/L)	1.0
锌(mg/L)	1.0
氯化物(mg/L)	250
硫酸盐(mg/L)	250
溶解性总固体(mg/L)	1000
总硬度(以 $CaCO_3$ 计,mg/L)	450

续表2.1

指　　标	限　　值
耗氧量(COD_{Mn}法,以O_2计,mg/L)	3 水源限制,原水耗氧量>6 mg/L时为5
挥发酚类(以苯酚计,mg/L)	0.002
阴离子合成洗涤剂(mg/L)	0.3
4.放射性指标[2]	指导值
总α放射性(Bq/L)	0.5
总β放射性(Bq/L)	1

①MPN表示最可能数;CFU表示菌落形成单位。当水样检出总大肠菌群时,应进一步检验大肠埃希氏菌或耐热大肠菌群;水样未检出总大肠菌群,不必检验大肠埃希氏菌或耐热大肠菌群。
②放射性指标超过指导值,应进行核素分析和评价,判定能否饮用。

表2.2　饮用水中消毒剂常规指标及要求

消毒剂名称	与水接触时间	出厂水中限值	出厂水中余量	管网末梢水中余量
氯气及游离氯制剂(游离氯,mg/L)	至少30 min	4	≥0.3	≥0.05
一氯胺(总氯,mg/L)	至少120 min	3	≥0.5	≥0.05
臭氧(O_3,mg/L)	至少12 min	0.3	—	0.02 如加氯,总氯≥0.05
二氧化氯(ClO_2,mg/L)	至少30 min	0.8	≥0.1	≥0.02

2.1.2　室外给水水量

　　室外给水水量主要包括综合生活用水量(含居民生活用水和公共建筑用水)、工业企业用水、浇洒道路和绿地用水、管网漏损水量、未预见用水和消防用水。居民生活用水定额和综合生活用水定额应根据当地国民经济和社会发展、水资源充沛程度、用水习惯,在现有用水定额基础上,结合城市总体规划和给水专业规划,本着节约用水的原则,综合分析确定。工业企业用水量应根据生产工艺要求确定。消防用水量应按照现行国家建筑设计防火规范执行。浇洒道路和绿地用水量应根据路面、绿化、气候和土壤等条件确定。

➤ 2.2　室外给水工程

　　室外给水系统担负着从水源取水,经净化和消毒处理后,由城市管网将清水输送、分配到个建筑物的任务。通常,给水系统的组成可分为取水工程、净水工程和配水工程三部分。

（1）取水工程　给水水源分为地面水源和地下水源。地面水源，如江河、湖泊、水库及海水等；地下水源，如泉水、井水等。选择水源时，应遵循"先地表水、后地下水，先当地水、后过境水"的原则。

通常，地下水不易受到外界污染，因此，其水质洁净、稳定，细菌含量少，许多地方仅经消毒后就可作为饮用水，但地下水矿物质盐类含量高、硬度大，如埋藏过深或储量小，或抽取地下水会引起地面下沉的地区和城市，均不宜以地下水作为水源。

地面水水源丰富，水的硬度低，但水中无机物和有机物含量较大，同时受到工业和人类各种生产活动的微污染，需做净化处理后方能达到饮用水的水质标准。由于地面水的水量充沛，一般大、中城市往往选择地面水作为水源。

取水工程包括选择水源和取水地点，建造适宜的取水构筑物，将水源水送往净水构筑物。地下水的取水构筑物有管井、大口井、辐射井、渗渠和引泉构筑物等。地面水的取水构筑物有固定型和移动型两种，固定型包括岸边式、河床式，移动式包括浮船式、缆车式等，应根据水源的具体情况选择取水构筑物的形式，图2.1所示为两种常见的地面水取水构筑物。

（2）净水工程　净水工程就是将天然水源水通过混凝、沉淀、过滤净化和消毒等给水处理构筑物的处理，使其满足我国生活饮用水水质标准或工业生产用水水质标准要求。

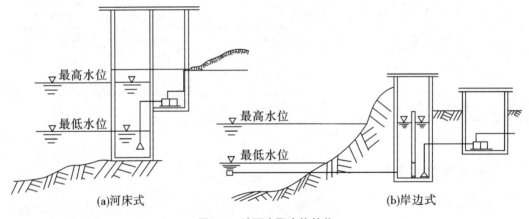

图2.1　地面水取水构筑物

水的净化方法和净化程度，要根据水源水质以及用户对水质的要求而定。城市自来水厂净化后的水必须满足我国现行生活饮用水水质标准。工业企业用水对水质一般具有特殊要求，往往单独建造生产给水系统，以满足不同生产性质、不同产品对水质的不同要求所规定的水质标准。例如，锅炉用水要求水中具有较低的硬度，纺织漂染工业用水对水中的含铁量限制较严，大型发电机组对冷却水水质纯度有很高要求，而制药工业、电子工业则需含盐量极低的脱盐软化水等。

地面水源的原水，需去除水中的泥沙、无机盐、有机物、细菌、病毒等杂质。典型的以地面水为水源的自来水厂处理工艺流程如图2.2所示。

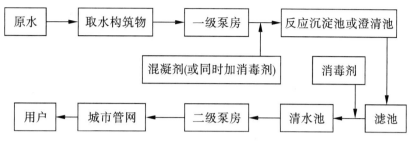

图2.2 给水系统工艺流程示意图

原水中加入混凝剂后,经快速混合(一般为 10 ~ 30 s,最多不超过 2 min),在保证适当的水力条件和足够的反应时间后,水中的悬浮物和胶体脱稳,并凝聚结大,形成絮凝体,在沉淀池中下沉,或在澄清池的悬浮泥渣层中绝大部分被截留去除。沉淀或澄清后的水,经滤池(一般以石英砂作为滤料)过滤,去除沉淀或澄清池中未被去除的杂质颗粒,然后进行消毒。在滤后水中投加足够的消毒剂(如液氯),使滤后水与液氯水在清水池中接触 30 min 以上,部分氯水保留在水中作为输水管道中的余氯,保证管网末梢的余氯量不低于 0.05 mg/L,使水在输送过程中不易受到污染。目前,给水处理中的消毒方法还有二氧化氯、氯胺、漂白粉、次氯酸钠、臭氧和紫外线消毒等。

(3)配水工程 配水工程是将足够的水量输送和分配到各用水点,并保证足够的水压和良好的水质,由输水管道、配水管网、增压泵站以及水塔(或高位水池)等调节构筑物组成。

给水管网的作用是将净化后的水从净水厂输送到用户,它是给水系统的重要组成部分。根据城市规划、用户分布及对用水的要求等,给水管网的布置形式有枝状(单向供水)管网和环状(双向供水)管网。

1)枝状管网。管网的布置呈树枝状(如图2.3),向供水区延伸,管径随用户的减少而逐渐变小。枝状管网管线敷设长度较短,构造简单,投资较省。但当某处发生故障时,其下游部分要断水,供水可靠性差;又因枝状管网终端水流停顿成为死水端,常会使水质变坏。

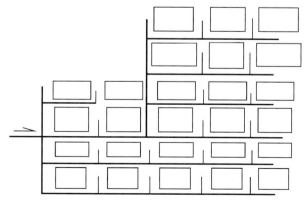

图2.3 树枝状管网布置

2）环状管网。给水干管间用联络管相互连通起来,形成许多闭合回路为环状管网（如图2.4）。环状管网供水安全可靠,一般在大、中城市的给水系统或对给水要求较高、不能断水的给水管网,均应采用环状管网。但环状管网的管线较长,投资较大。

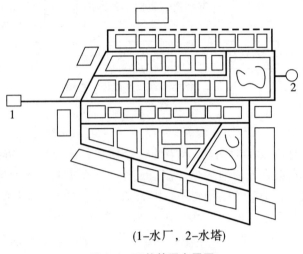

(1-水厂, 2-水塔)

图2.4　环状管网布置图

在实际工程中,为了发挥管网的输配水能力,达到供水既安全可靠又适用经济,常用枝状与环状相结合的管网。一般城市建设初期采用枝状网,市中心地区逐步发展成为环状网,城市边缘地区先以枝状网管网向外扩展。

➤ 2.3　室外排水工程

2.3.1　室外排水系统的类型

将城市污水、降水（包括雨水和冰雪融化水）有组织地排除与处理的工程设施称为排水系统。室外排水系统接纳由建筑物排水系统排出的、须经化粪池或专门的污水处理设备进行处理后才能排入天然水体的废水和污水,并担负着收集和排放雨水的任务。

根据排水的来源和性质,排水可分为生活污水、工业废水和降水三类。

2.3.2　排水体制

在城市中,对生活污水、工业废水和降水采取的排除方式称为排水体制,也称排水制度,分为合流制和分流制排水系统。

2.3.2.1　合流制排水系统

将生活污水、工业废水和降水用一个管道系统汇集输送排出的排水系统称为合流制排水系统。根据污水、废水、降水混合汇集后的处理方式不同,合流制排水系统可分为三种情况。

（1）直泻式合流制　如图 2.5(a)所示，管道系统就近将各类排出水泄入水体。混合的污水不经过任何处理，且污水量大，排入水体使水体水质恶化。因此，这种方式目前已不采用。

（2）全处理合流制　如图 2.5(b)所示，污水、废水、降水混合汇集后全部输送到污水处理厂，处理后再排入水体。这种排水方式对保障环境卫生方面很理想，但需要主干管的管径很大，污水处理厂的处理水量也增加很多，基本费用相应提高，既不经济，在运转管理方面也有困难。因此，这种方式实际上也很少采用。

（3）截留式合流制　如图 2.5(c)所示，污水、废水、降水同样也合用一套管道系统。晴天时全部输送到污水处理厂，雨天时当雨水量增大，雨水、污水和废水的混合量超过一定数量时，其超出部分通过溢流井排入水体。这种方式既可避免水体水质受到严重污染，也可有效降低污水厂运行成本，因此较多采用。

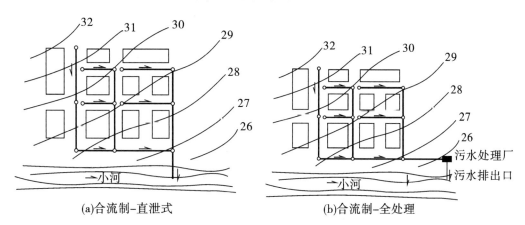

(a)合流制-直泄式　　　　　　　　　　(b)合流制-全处理

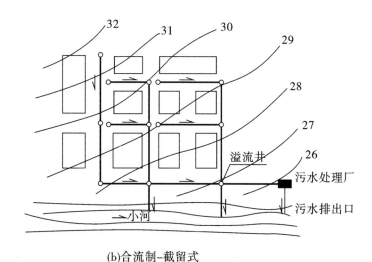

(b)合流制-截留式

图 2.5　合流制排水系统图

2.3.2.2 分流制排水系统

当生活污水、工业废水、降水用两个或两个以上各自独立的管道系统来汇集和输送时,称为分流制排水系统,如图2.6所示。其中,汇集生活污水和工业废水的系统称为污水排水系统;汇集和排除雨水的系统称为雨水排水系统。分流制排水系统将各类污水分别排放,有利于污水的处理和利用,且管道的水力条件好。

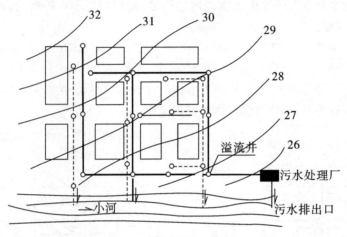

图2.6 分流制排水系统图

排水制度的选择应根据城市总体规划、环境保护的要求、城市污水量和水质的情况、当地的自然条件和水体条件、城市原有排水设施情况等综合考虑,通过技术经济比较决定。一般新建城市或地区的排水系统,多采用分流制;但城区排水系统改造,采用截留式合流制较多。同一城市的不同地区,根据具体条件,可采用不同的排水制度。

2.3.3 城市排水管网的布置形式

室外排水管网的布置取决于地形、地势、土壤条件、排水制度、污水处理厂位置及排入水体的出口位置等因素。排水管网(主要是干管和主干管)常用的布置形式有截留式、平行式、分区式、放射式等(图2.7)。

2.3.4 室外排水系统的组成

2.3.4.1 城市污水排水系统的组成

(1)庭院或街坊排水系统 敷设在庭院或街坊内的排水系统,接受房屋排出管排出的污水,并将其排泄到街道排水管。由出户管、检查井、庭院排水管道组成。庭院管道的终点设控制井,控制井的井底标高是庭院内最低的,但必须与街道排水管的标高相衔接。

(2)街道排水系统 它敷设在街道下,是承接庭院与街坊排水的管道,由支管、干管与主干管及相应的检查井组成。街道排水管道的最小埋深必须满足庭院排水管接入的需要。

(3)管道上的附属构筑物 包括跌水井、倒虹吸等。

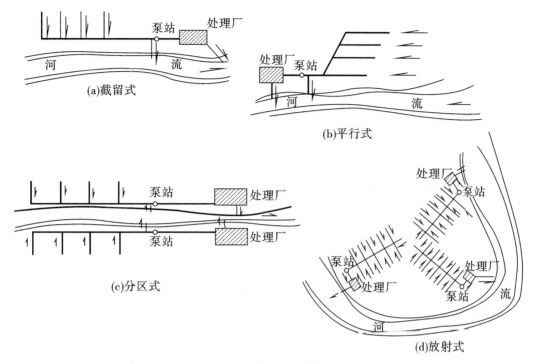

图 2.7　排水管网主干管布置图

（4）中途提升泵站　当管道由于坡降造成埋深过大时,需设提升泵站提升后再输送。

（5）污水处理厂　污水处理厂在管网的末端将污水处理后,排入水体或进行再利用。

（6）排出口及事故出水口。污水管排入水体的出口称为排出口,它是排水系统的终端。事故出水口常设在泵站前或污水处理构筑物前,为应付事故而设的临时排出口。

2.3.4.2　室外雨水排水系统的组成

（1）建筑雨水排水系统　它分为檐沟排水、天沟排水和建筑内排水等。

（2）雨水口　是收集地面径流雨水的构筑物,它由井室、雨水箅子和联接管组成;

（3）雨水管　它有街坊或庭院、厂区雨水管、街道下雨水支管、雨水干管和雨水主干管组成。

（4）排放口　即雨水排入水体的出水口。

（5）排洪沟　城镇外围大流域雨水的排水沟渠。

对于合流制排水系统,其管道系统的组成是上述两系统的综合,在截流管上需增加溢流井。

➤ 2.4 室外给水排水工程管材、配件与设施

2.4.1 室外给水系统管材

管材及其配件是给水管网系统的主要材料,对管材的选用应综合考虑工作压力、敷设地段的条件、有无腐蚀性、放散电流影响、强烈振动、施工方法及造价等因素。

室外给水管的材料可分为金属管、非金属管和复合管。

2.4.1.1 金属管

金属管分黑色金属(如铸铁管、钢管)和有色金属管(如铜管、铝合金管)。

(1)铸铁管(CIP) 铸铁管分为灰口铸铁管(GCIP)和球墨铸铁管(DCIP)。铸铁管具有较强的耐腐蚀性,价格相对较低,经久耐用,适合于埋设地下,其缺点是质脆,不耐振动,自身质量大。铸铁管的接口有承插和法兰两种,如图 2.8 所示。铸铁管管径为 75 ~ 1200 mm,每条管长 3 ~ 6 m,一般灰口铸铁管耐压 1.0 ~ 1.5 MPa,球墨铸铁管可达 2.5 MPa。铸铁管一般都需做水泥砂浆衬里防腐。

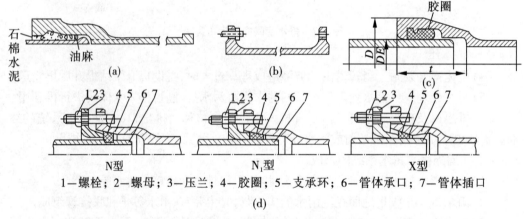

图 2.8 铸铁管接口方式

(a)普通承插接口;(b)法兰接口;(c)T 形滑入式接口;(d)柔性机械接口

(2)钢管(SP) 钢管分为焊接钢管和无缝钢管。焊接钢管又有直缝及螺旋缝焊接两种。钢管强度高,普通钢管耐压不超过 1.0 MPa,无缝钢管可达 1.5 MPa 或更高,耐振动,重量轻,每条钢管长度较长,接口方式可用焊接、法兰连接,小口径可用螺纹接口。钢管耐腐蚀性差,必须采取防腐措施。小口径(DN ≤ 100 mm)钢管表面可镀锌(称为镀锌管),镀锌管不能焊接,用螺纹接口。

(3)铜管和不锈钢管 具有很强的耐腐性,价格高,但水力性能较好。在给水工程中常用于室内埋地管或嵌墙敷设的管道。铜管下游不宜与钢管直接相接,以防电化学腐蚀。小管径铜管和不锈钢管多用于建筑给水系统中。其接口方式为:铜管一般用嵌焊接

口、卡套式或法兰连接,薄壁不锈钢管用卡压式、卡套式连接方式。

2.4.1.2 非金属管

(1)钢筋混凝土管 给水用的钢筋混凝土管分为自应力钢筋混凝土管(SSCP)和预应力钢筋混凝土管(PCP),其接口方式为承插式或套环连接,安装较方便,价格低,抗渗性、耐久性好,适于埋设地下。但质量大,质地脆,搬运不方便。

(2)塑料管 塑料管种类很多,有给水硬聚氯乙烯(PVC-U)管、聚乙烯(PE)管、交联聚乙烯(PEX)管、聚丙烯(PPR)管、改性聚丙烯(PPC)管、玻璃纤维增强聚丙烯(FRPP)管等。塑料管表面光滑、耐腐蚀性强、重量轻、足够的耐压强度、加工方便,可以黏接、法兰接,聚乙烯管还可采用电热熔接、热熔对接。其缺点是受紫外线照射易老化、耐热性差,硬聚氯乙烯管适用于温度45 ℃以下,聚丙烯管适用温度为70 ℃,交联聚乙烯管适用温度可达95 ℃。

(3)玻璃钢管(GRP) 它是一种新管道材料,用玻璃丝布以环氧树脂分层黏合制成,具有耐腐、耐压、质轻及表面光滑等优点,管径较大,可代替传统的给水铸铁管。其接口方式可用密封圈承插连接,也可用承插黏接或对接法兰接。管径 DN15 ~ 4000,工作压力有 0.4 MPa、0.6 MPa、0.8 MPa、1.0 MPa、1.6 MPa 几种。

2.4.1.3 复合管

(1)预应力钢筒混凝土管(PCCP) 预应力钢筒混凝土管是在带钢筒(厚度约1.5 mm 左右)的混凝土管芯上,缠绕环向预应力钢丝,并作水泥砂浆保护层而制成的管子。此管材密封性能好、承内水压力高、埋土深度大、防腐能力强,工作压力通常为1.5 ~ 3.0 MPa,管径范围是DN400 ~ 4000 mm。

(2)铝塑复合管(PAP) 铝塑复合管内外壁均为聚氯乙烯、中间为铝合金骨架。该管材具有重量轻、耐压强度高、输送阻力小、可曲挠、接口少、安装方便等优点,连接采用夹紧式铜接头,用于室内冷热水管道系统,管径 DN14 ~ 50 mm 之间。

(3)孔网钢带塑料复合管(PSSCP) 它类同铝塑复合管,以高密度聚乙烯为基体,以冲孔后的冷轧钢带焊接而成的网状钢管为增强体,内外壁塑料通过金属骨架上的孔形成一体(三层结构),经挤出成型连续复合而成。它具有高强度、抗冲击、耐腐蚀、保温节能、卫生无毒、外型美观、安装方便、使用寿命长等优点,适用于 DN≤200 mm 的供水管道。

2.4.2 室外排水系统管材

2.4.2.1 室外排水管材

重力流排水管宜选用埋地塑料管(含 HDPE 和 U-PVC 双壁波纹管)、混凝土管、钢筋混凝土管;排到小区污水处理装置的排水管宜采用塑料排水管;在穿越管沟、过河等特殊地段或承压的管段可采用钢管或铸铁管,若采用塑料管则应外加金属套管,套管直径应比塑料管外径大200 mm;当排水温度大于40 ℃时应采用金属排水管;输送腐蚀性污水的管道必须采用耐腐蚀的管材,其接口及附属构筑物也必须采取防腐措施。

排水管道的管材宜就地取材,并根据排水性质、成分、温度、地下水侵蚀性、外部荷载、土壤情况、施工条件等因素采用。

2.4.2.2 室外排水管接口

除有特殊规定的情况,塑料排水管道的接口应采用弹性橡胶圈密封柔性接口,DN200以下的直壁管可采用插入式黏结接口,其连接方式选柔性或刚性应根据管道材料性质确定;混凝土、钢筋混凝土管可采用橡胶圈柔性接口或沥青砂浆、石棉水泥接口;铸铁管可采用橡胶圈柔性接口或石棉水泥接口;钢管应采用焊接接口。

2.4.3 室外排水管道附属设施

2.4.3.1 检查井、跌水井

小区排水管与室内排出管连接处、管道交汇、转弯、跌水、管径或坡度改变处以及直线管段上一定距离应设检查井,检查井井底内设导流槽,槽顶可与管顶相平。检查井和跌水井一般宜采用砖砌井筒、铸铁(或复合材料)井盖及井座,如其位置不在道路上,则井盖可高出所在处的地面。对于纪念性建筑、高级民用建筑,检查井应尽量避免布置在主入口处。检查井最大间距见表2.3。

表 2.3　检查井最大间距

管径或暗渠净高/mm		200~400	500~700	800~1000	1100~1500	1600~2000
最大间距/m	污水管道	40	60	80	100	120
	雨水(合流)管道	50	70	90	120	120

检查井的井口、井筒和井室尺寸应便于养护和检修,爬梯和脚窝的尺寸、位置应便于检修和上下安全;检修室高度在埋深许可时宜为1.8 m,污水检查井由流槽顶算起,雨水(合流)检查井由管底算起。排水系统检查井应安装防坠落装置。塑料排水管与检查井应采用柔性连接。

管道跌水水头为1.0~2.0 m时,宜设跌水井;跌水水头大于2.0 m时,应设跌水井。管道转弯处不得设置跌水井。跌水井的进水管管径不超过DN200时,一次跌水水头高度不得大于6.0 m;管径为DN300~DN400时,一次跌水水头高度不宜大于4.0 m;管径超过DN600时,一次跌水水头高度及跌水方式按水力计算确定。跌水方式可采用竖管或矩形竖槽。

2.4.3.2 雨水口

雨水口的布置、形式、数量应根据地形、建筑和道路的布置、雨水口布置位置、雨水流量、雨水口的泄流能力等因素经计算确定。在道路交汇处、建筑物单元出入口处附近、建筑物水落管附近、建筑物前后空地和绿地的低洼处宜布置雨水口。

雨水口沿道路布置时其间距宜在20~40 m,雨水口连接管长度不宜超过25 m,每根连接管上最多连接2个雨水口。

平算雨水口的算口宜低于道路路面30~40 mm,低于土地面50~60 mm。

雨水口的深度不宜大于1 m,泥沙量大的地区可根据需要设置沉泥槽,有冻胀影响地区的雨水口深度可根据当地经验确定。

2.4.4　排水泵房

2.4.4.1　排水泵房设计

小区污水不能自流排放时,则需要建设排水泵房、安装排水泵予以提升。排水泵房宜建成独立建筑物,并与居住建筑、公共建筑保持一定的距离。泵房噪声对环境有影响时应采取隔振、消声措施。泵房位置宜在地势较低的地方,但不得被洪水淹没,周围应绿化。泵房的设计应按《室外排水设计规范》(GB 50201—2014)执行。

泵房应设事故排出口,如不可能设置则应保证动力装置不间断工作或设双电源。泵房内应有良好的通风,当地下式泵房自然通风不能满足要求时,则应考虑机械通风。

泵房设计时应考虑能满足设备最大部件搬运出入的门,有电气控制设备的位置和起吊设备。泵房高度应保证起吊物体底部与跨越固定物的顶部有不小于 0.5 m 的净空。

每台排水泵应设置单独的吸水管,其进口处应设直径不小于吸水管直径 1.5 倍的喇叭口。吸水管喇叭口下缘到池底的距离应大于喇叭口口径的 0.75 ~ 1 倍,且不小于 0.4 m,喇叭口下缘到最低水位高度不小于 0.5 ~ 0.8 m。吸水管应有 0.005 的坡度坡向吸水口。

2.4.4.2　集水池设计

集水池是排水泵的吸水池。集水池的有效容积不小于泵房内最大一台水泵 5 min 的出水量,自动控制的水泵机组每小时开启水泵次数不得超过 6 次。如果潜水泵设在集水池内,其尺寸还须满足水泵布置要求。

集水池进水口应设格栅,栅条间隙应小于提升泵叶轮间隙,但不超过 20 mm。集水池的有效水深(以水池进水管设计水位至水池吸水坑上缘计)宜为 1.5 ~ 2.0 m;水池进水管管底与格栅底边的高差不得小于 0.5 m;池底应有不小于 0.01 的坡度坡向吸水坑,吸水坑深应大于 0.5 m。

2.4.5　污水处理方法和处理流程

2.4.5.1　污水处理方法

污水处理的目的,一方面是为了降低其对环境的污染,另一方面可最大程度实现水的循环利用,节约水资源。污水处理方法按作用原理可分为物理处理法、生物处理法、物理化学法和化学处理法。

(1)物理处理法　利用物理作用分离废水中呈悬浮状态的污染物质,在其处理过程中污染物不发生变化,既使废水得到一定程度的澄清,又可回收分离下来的物质加以利用。该法最大优点是简单易行,效果良好,并且十分经济。常用的物理法有过滤法、沉淀法和气浮法。超声波处理废水是一种新技术。

(2)生物处理法　处理污水中应用最广泛且比较有效的一种方法。它是利用自然环境中微生物的生物化学作用来氧化分解废水中的有机物和某些无机毒物(如氰化物、硫化物),并将其转化为稳定无害的无机物的一种废水处理方法,具有投资少、效果好、运行费用低等优点。生物处理法根据微生物在生化反应中是否需要氧,分为好氧生物处理和厌氧生物处理。活性污泥法和生物膜法属于好氧生物处理。好氧生物处理效率高,应用广泛,已成为城市废水处理的主要方法。另外,在自然条件下,也可利用天然水体和土壤中的微生物生化作用来净化废水,被称为自然生物处理,近几年又研究出人工湿地生态处理的新技术。

(3)物理化学法　简化物化法,即利用物理化学原理去除废水中的杂质。它主要用来分离废水中无机的或有机的(难以生物降解的)溶解态或胶态的污染物质,回收有用组分,并使废水得到深度净化。因此,适合于处理杂质浓度很高的废水(用作回收利用的方法)或是浓度很低的废水(用作废水深度处理)。常用的方法有吸附法、离子交换法、膜析法(包括电渗析法、反渗透法和超滤法等)和萃取法。物化法的局限性是必须先进行废水预处理,同时浓缩的残渣要经过后处理以避免二次污染物。

(4)化学处理法　利用化学反应的作用去除水中的杂质,主要处理废水中无机的或有机的(难以生物降解的)溶解态或胶态的污染物质。它既可使污染物与水分离,回收某些有用物质,也能改变污染物的性质,如降低废水的酸碱度、去除金属离子、氧化某些有毒有害物质等。它包括化学沉淀法、中和法、氧化法、还原法、混凝法和电解法等。化学处理法通常还用于工业废水处理。

2.4.5.2　城市污水处理流程

城市污水处理根据处理程度,可划分为一级、二级和三级处理(见图2.9)。一级处理主要去除污水中的悬浮固体污染物,常用物理处理法;二级处理主要是大幅度地去除污水中的胶体和溶解性有机污染物,常用生物处理法;三级处理主要是进一步去除二级处理中所未能去除的某些污染物质,诸如使水体富营养化的氮、磷等物质,具体处理方法随去除对象而异。通常,城市污水经过一、二级处理后,基本上能达到国家统一规定的污水排放水体的标准,三级处理一般用于污水处理后再回用的情况。

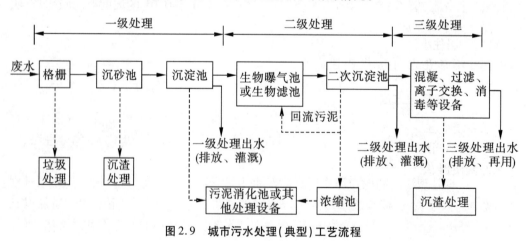

图2.9　城市污水处理(典型)工艺流程

(1)一级处理(预处理或前处理)　主要解决悬浮固体、胶体、悬浮油等污染物的分离,多采用物理法,如格栅、沉砂池、沉淀池等。该级处理程度低,达不到规定的排放要求,尚需进行二级处理。

（2）二级处理　主要解决可分解或氧化的呈胶状或溶解状的有机污染物的去除问题,多采用较为经济的生物化学处理法,它是废水处理的主体部分。采用的典型设备有生物曝气池(或生物滤池)和二次沉淀池。经该级处理后,一般均可达到排放标准。

（3）三级或深度处理　主要用于处理难以分解的有机物、营养物质(N、P)及其他溶解性物质,使处理后的水质达到工业用水和生活用水标准。三级处理法多属于化学和物理化学法,如混凝、过滤、吸附、膜分离、消毒等。处理效果好,但处理费用较高。

➢ 2.5　居住小区给水排水工程

我国将城镇居民居住用地组织的基本构成单元分为三级:

（1）居住组团　最基本的构成单元,占地面积小于 $10 m \times 10^4 m$,居住 300～800 户,人口 1000～3000 范围内。

（2）居住小区　由若干个居住组团构成,占地面积在 $10 m \times 10^4 m$ ～ $20 m \times 10^4 m$,居住 2000～3000 户,人口在 7000～13000。

（3）居住区　由若干个居住小区组成,居住 7000～10000 户,人口在 25000～35000。

居住小区是现代城市重要的组成部分之一,它是指含有教育、医疗、文体、经济、商业服务及其他公共建筑的城镇居民住宅建筑区。居住小区内包括医院、邮局、银行、影剧院、运动场馆、中小学、幼儿园,各类商店、饮食服务业、行政管理及其他设施,居住小区内还应有道路、广场、绿地等。

居住小区给水排水管道,是建筑给水排水管道和市政给水排水管道的过渡管段,其服务范围不同,给水、排水的不均匀系数和设计流量也与前者不相同。

2.5.1　居住小区给水系统

2.5.1.1　居住小区给水水源

居住小区位于市区或厂矿供水范围内,应采用市政或厂矿给水管网作为给水水源,以减少工程投资。若居住小区离市区、城镇或厂矿较远,不能直接利用现有供水管网,需铺设专门的输水管线时,可经过技术经济比较,确定是否自备水源;若自备水源,居住小区供水系统应独立,一般不能与城镇生活饮用水管网直接连接;若需以城镇管网为备用水源时,需经当地供水部门同意。在严重缺水地区,应考虑建设居住小区中水工程,用中水来冲洗便器、绿化、浇洒道路和洗车。

2.5.1.2　居住小区用水量的组成及水量的确定

居住小区总的用水量为小区内居民生活用水量、公共建筑用水量、绿化用水量、水景及娱乐设施用水量、道路广场用水量、公用设施用水量、未预见用水量及管网漏失水量之和。消防用水量仅用于校核管网设计,不计入正常用水量。居住小区的室外给水系统供应的水量应满足居住小区内全部用水的要求,即小区内建筑内、外用水量之和。

（1）居住小区的居民生活用水量,应按小区人口和表 2.4 住宅最高日生活用水定额经计算确定。

表2.4　住宅最高日生活用水定额及小时变化系数

住宅类别		卫生器具设置标准	用水定额[L/(人·d)]	小时变化系数
普通住宅	I	有大便器、洗涤盆	85～150	3.0～2.5
	II	有大便器、洗脸盆、洗涤盆、洗衣机、局部热水供应和沐浴设备	130～300	2.8～2.3
	III	有大便器、洗脸盆、洗涤盆、洗衣机、集中热水供应和沐浴设备	180～320	2.5～2.0
别墅		有大便器、洗脸盆、洗涤盆、洗衣机、洒水栓、家用热水机组和沐浴设备	200～350	2.3～1.8

注:1. 当地主管部门对住宅生活用水定额有具体规定时,应按当地规定执行;
　　2. 别墅用水定额中含庭院绿化用水和汽车洗车用水。

（2）居住小区公共建筑用水量,应根据其使用性质、规模,按表2.5 的用水定额进行计算。

表2.5　宿舍、旅馆和公共建筑生活用水定额及小时变化系数

序号	建筑物名称	单位	最高日生活用水定额/L	使用时数/h	小时变化系数 K_h
1	宿舍 　I类、II类 　III类、IV类	每人每日 每人每日	150～200 100～150	24 24	3.0～2.5 3.5～3.0
2	招待所、培训中心、普通旅馆 　设公用盥洗室 　设公用盥洗室、淋浴室、 　设公用盥洗室、淋浴室、洗衣室 　设单独卫生间、公用洗衣室	每人每日 每人每日 每人每日 每人每日	50～100 80～130 100～150 120～200	24	3.0～2.5
3	酒店式公寓	每人每日	200～300	24	2.5～2.0
4	宾馆客房 　旅客 　员工	每床位每日 每人每日	250～400 80～100	24	2.5～2.0
5	医院住院部 　设公用盥洗室 　设公用盥洗室、淋浴室 　设单独卫生间 　医务人员 门诊部、诊疗所 疗养院、休养所住房部	每床位每日 每床位每日 每床位每日 每人每班 每病人每次 每床位每日	100～200 150～250 250～400 150～250 10～15 200～300	24 24 24 8 8～12 24	2.5～2.0 2.5～2.0 2.5～2.0 2.0～1.5 1.5～1.2 2.0～1.5

续表 2.5

序号	建筑物名称	单位	最高日生活用水定额(L)	使用时数(h)	小时变化系数 K_h
6	养老院、托老所 　全托 　日托	 每人每日 每人每日	 100 ~ 150 50 ~ 80	 24 10	 2.5 ~ 2.0 2.0
7	幼儿园、托儿所 　有住宿 　无住宿	 每儿童每日 每儿童每日	 50 ~ 100 30 ~ 50	 24 10	 3.0 ~ 2.5 2.0
8	公共浴室 　淋浴 　浴盆、淋浴 　桑拿浴(淋浴、按摩池)	 每顾客每次 每顾客每次 每顾客每次	 100 120 ~ 150 150 ~ 200	 12 12 12	 2.0 ~ 1.5
9	理发室、美容院	每顾客每次	40 ~ 100	12	2.0 ~ 1.5
10	洗衣房	每 kg 干衣	40 ~ 80	8	1.5 ~ 1.2
11	餐饮业 　中餐酒楼 　快餐店、职工及学生食堂 　酒吧、咖啡馆、茶座、卡拉OK 房	 每顾客每次 每顾客每次 每顾客每次	 40 ~ 60 20 ~ 25 5 ~ 15	 10 ~ 12 12 ~ 16 8 ~ 18	 1.5 ~ 1.2
12	商场 　员工及顾客	每 m² 营业厅面积每日	5 ~ 8	12	1.5 ~ 1.2
13	图书馆	每人每次	5 ~ 10	8 ~ 10	15 ~ 1.2
14	书店	每 m² 营业厅面积每日	3 ~ 6	8 ~ 12	1.5 ~ 1.2
15	办公楼	每人每班	30 ~ 50	8 ~ 10	1.5 ~ 1.2
16	教学、实验楼 　中小学校 　高等院校	 每学生每日 每学生每日	 20 ~ 40 40 ~ 50	 8 ~ 9 8 ~ 9	 1.5 ~ 1.2 1.5 ~ 1.2
17	电影院、剧院	每观众每场	3 ~ 5	3	1.5 ~ 1.2
18	会展中心(博物馆、展览馆)	每 m² 展厅面积每日	3 ~ 6	8 ~ 16	1.5 ~ 1.2
19	健身中心	每人每次	30 ~ 50	8 ~ 12	1.5 ~ 1.2
20	体育场(馆) 　运动员淋浴 　观众	 每人每次 每人每场	 30 ~ 40 3	 — 4	 3.0 ~ 2.0 1.2
21	会议厅	每座位每次	6 ~ 8	4	1.5 ~ 1.2

续表 2.5

序号	建筑物名称	单位	最高日生活用水定额(L)	使用时数(h)	小时变化系数 K_h
22	航站楼、客运站旅客	每人次	3 ~ 6	8 ~ 16	1.5 ~ 1.2
23	菜市场地面冲洗及保鲜用水	每 m² 每日	10 ~ 20	8 ~ 10	2.5 ~ 2.0
24	停车库地面冲洗水	每 m² 每次	2 ~ 3	6 ~ 8	1.0

注:1.除养老院、托儿所、幼儿园的用水定额中含食堂用水,其他均不含食堂用水;
   2.除注明外,均不含员工生活用水,员工用水定额为每人每班40 ~ 60 L;
   3.医疗建筑用水中已含医疗用水;
   4.空调用水应另计。

（3）居住小区绿化浇灌用水量,应根据气候条件、植物种类、土壤理化状况、浇灌方式和管理制度等因素综合确定。设计时一般按小区浇灌面积1.0 ~ 3.0 L/(m² · d)计算,干旱地区可酌情增加。小区道路广场浇洒用水量,可按浇洒面积2.0 ~ 3.0 L/(m² · d)计算。

（4）水景及娱乐设施用水量。水景用水应循环使用,补充水量应根据蒸发、飘失、渗漏、排污等损失确定,室内工程宜取循环水量的1% ~ 3%,室外工程宜取循环水量的3% ~ 5%。游泳池和水上游乐池的初次冲水时间应根据使用性质、城镇给水条件确定,游泳池不宜超过48 h;水上游乐池不宜超过72 h。游泳池和水上游乐池的补充水量按表2.6确定。

表2.6　游泳池和水上游乐池的补充水量

序号	池的类型和特征		每日补充水量占池水容积的百分数/%
1	比赛池、训练池、跳水池	室内	3 ~ 5
		室外	5 ~ 10
2	公共游泳池、水上游乐池	室内	5 ~ 10
		室外	10 ~ 15
3	儿童游泳池、幼儿戏水池	室内	≥15
		室外	≥20
4	家庭游泳池	室内	3
		室外	5

（5）公用设施用水量由该设施的管理部门提供,或根据其用途及相关规范单独计算。当无重大公用设施时,不另计用水量。

（6）未预见用水量及管网漏失水量之和可按小区最高日用水量的10% ~ 20%计。

（7）居住小区消防用水量和水压及火灾延续时间,应按现行的《建筑设计防火规范》（GB50016—2014)确定。在设计计算时消防用水量仅用于管网校核计算,不计入正常用水量之内。

2.5.1.3　供水方式

居住小区的供水方式应根据小区内建筑物的类型、建筑高度、市政给水管网的资用水头和水量等因素综合考虑确定,做到技术先进合理、供水安全可靠、投资省、能耗低、便于管理等。

(1)直接供水方式　当市政给水管网的水量、水压满足小区内大多数建筑的供水要求时,应采用此方式。

(2)调蓄增压供水方式　当市政给水管网的水量、水压不足,不能满足小区内大多数建筑的供水要求时,应集中设置储水调节设施和加压装置,采用调蓄增压供水方式向用户供水,其数量、规模、水压应根据小区的规模、水源情况、地形等因素确定。

常用方式有:水池-变频调速水泵;水池-水泵-水箱;气压给水设备;管道泵直接加压-水箱。

(3)分区供水方式　分区供水有分压供水和分质供水之分。分压供水系统对不同的分区其供水压力不同,而分质供水系统则是对不同的分区其供水水质不同。当市政管网的压力仅能满足小区低层用户的水压时,这一部分用户可由市政管网直接供水,其他用户用水则由小区加压供水设施供给;当小区内用户对用水水质有特殊要求时,如有直饮水供应或有中水回用系统时,不同水质的用水则应分系统供应。

2.5.1.4　管道布置和敷设

居住小区的室外给水系统宜为生活用水和消防用水合用的系统,当可利用其他水源作为消防水源时,消防用水应另设系统。

居住小区给水管道有小区干管、小区支管和接户管三类。居住小区的供水干管与水源(城市市政管网或自备水源)直接连接,敷设在小区道路或城市道路下面;其布置应以最短的距离向用水量大的用户供给。居住小区给水支管布置在居住组团的道路下,连接小区供水干管和接户管,一般为枝状。接户管与给水支管相连,直接向建筑物供水,布置在建筑物周围的人行道或绿地下。

为保证供水可靠性,居住小区内的给水管网与城市市政管网的连接管不应少于2条,管网应布置成环状或与市政管网连成环状。居住小区的给水管道宜与道路中心线或主要建筑物平行敷设,埋设由当地的冰冻深度、外部荷载、管道强度、与其他管线交叉的情况来确定。与建筑物及其他管线的净距都应满足规范的要求。

居住小区的给水管道需在小区干管和城市管道连接处、小区支管与小区干管连接处、接户管与小区支管连接处、环状管网需检修、调节的地方均需设阀门。阀门应设在阀门井内,寒冷地区还应采取保温措施。

2.5.2　居住小区排水系统

居住小区排水系统的功能是将小区内建筑物、构筑物、户外场地排出的污水、雨水收集(必要时进行一定程度的处理、回用),并及时排入城市排水管网或附近水体。

2.5.2.1　排水体制

居住小区排水系统也有合流制系统和分流制系统。当接入城市排水管网时,其选用在很大程度上取决于城市排水管网的体制;当直接排入附近水体或回用时,由环境保护的要求或回用要求来确定。

新建居住小区所在城镇排水体制为分流制、小区附近有合适的雨水排放水体、小区远离城镇为独立的排水体系时,宜采用分流制排水系统。

2.5.2.2 排水管道布置

居住小区排水管道应根据小区总体规划、道路和建筑物布置、地形标高、污水、废水和雨水的去向等实际情况,按照管线短、埋深小、尽量自流排出的原则布置。一般应沿道路或建筑物平行敷设,尽量减少与其他管线的交叉,如不可避免时,应设在给水管道下面,与其他管线的水平和垂直最小距离应符合有关规定。

排水管道的管顶最小覆土厚度应根据外部荷载、管材强度和土层冰冻因素,结合当地实际经验确定。在车行道下,不宜小于 0.7 m,如小于 0.7 m 则应采取保护管道防止受压破损的措施。不受冰冻和外部荷载影响时,管顶最小覆土厚度不小于 0.3 m。冰冻层内排水管道的埋设深度应满足现行《室外排水设计规范》(GB 50014—2006)2014 年版的要求。

排水管道的基础和接口应根据地质条件、布置位置、施工条件、地下水位、排水性质等因素确定。管道不在车行道下、土层干燥密实、地下水位低于管底标高且不是几种管道合槽施工时,可采用素土或灰土基础,但接口处必须做混凝土枕基;岩石和多石地层采用砂垫层基础,砂垫层厚度不宜小于 200 mm,接口处应做混凝土枕基;一般土壤或各种潮湿土壤,应根据具体情况采用 90°～180°混凝土带状基础;如果施工超挖、地基松软或不均匀沉降地段,管道基础和地基应采取加固措施。

排水管道的转弯和交接处的水流转角应不小于 90°,当管径不大于 300 mm 且跌水高度大于 0.3 m 时可不受此限制。不同管径的排水管道在检查井内宜采用管顶平接。

2.5.2.3 居住小区污水排放

小区的污水排放应符合《污水排放城市下水道水质标准》(GB/T 31962—2015)、《污水综合排放标准》(GB 8978—2002),是否建设污水处理设施,由城镇排水总体规划统筹确定。

如果已有或已经规划了城市污水处理厂,且小区处于污水厂的服务区,则不再建设污水处理设施,而是直接将污水排入城镇污水管道;若小区远离城镇或因其他原因无法将污水排入城镇排水管道,则应设处理设施,按《污水综合排放标准》处理达标后排放。

2.5.2.4 居住小区的雨水利用

(1)直接利用 将雨水收集后经混凝、沉淀、过滤、消毒等处理工艺后,用作冲厕、洗车、绿化、水景补充水等生活杂用水,也可将其排入小区中水处理站作为中水的水源。

(2)间接利用 将雨水经适当处理后回灌到地下水层或经土壤渗透净化后涵养地下水。常用的渗透设施有按照建设海绵城市要求设置下沉式绿地、透水铺装、绿色屋顶、植草沟、调节塘、植被缓冲带、渗管/渠等设施。

2.5.2.5 居住小区排水量

(1)生活污水量 居住小区生活污水排水量是指生活用水使用后排入污水管道的流量,其数值应该等于生活用水量减去不可回收的水量。生活排水量一般为生活给水量的 80%～90%,但也有地下水经管道接口渗入管内、雨水经检查井口流入等原因,使排水量大于给水量。

居住小区内生活污水的最大时流量包括居民生活污水量和公共建筑生活污水量。对于负担的设计人口数较少的接户管和小区支管起端,不按设计流量来选择管径,而用限制最小管径的方法来解决。

(2)雨水设计流量。

1)设计重现期。居住小区雨水设计流量的计算与城市雨水设计流量的计算相同,其中设计重现期应根据地形条件和地形特点等因素确定,一般宜选用 2~3 年。

2)地面径流系数。径流系数按表 2.7 选取,经加权平均后确定。资料不足时,小区综合径流系数也可根据建筑稠密程度按 0.45~0.70 选用,建筑稠密取上限,反之取下限。

表 2.7　径流系数

地面种类	径流系数 ψ
各种屋面、混凝土或沥青路面	0.85~0.95
大块石铺砌路面或沥青表面各种的碎石路面	0.55~0.65
级配碎石路面	0.40~0.50
干砌砖石或碎石路面	0.35~0.40
非铺砌土路面	0.25~0.35
公园或绿地	0.10~0.20

3)设计降雨历时。设计降雨历时包括地面集水时间和管内流行时间两部分,地面集水时间根据汇水距离、地形坡度和地面种类计算确定,一般取 5~15 min。

居住小区排水系统采用合流制时,设计流量为生活污水量与雨水量之和。生活污水量可取平均日污水量(单位为 L/s)。雨水量计算时,其设计重现期宜高于同一情况下分流制雨水排水系统的设计重现期。这主要是因为降雨时合流制管道内排除混合污水,加之管道内非降雨期沉积的污泥,溢流后对环境影响大的原因。

2.5.2.6　居住小区排水最小管径和最小坡度

(1)污水管道的设计流速、设计坡度、最小管径。为防止流速过大冲刷管道或流速过小产生淤积,对设计流速规定了上、下限值。污水管道起始段的设计流量一般很小,若根据流量确定管径则其值很小,极易堵塞。为养护方便,常规定最小管径。居住小区生活排水管道最大设计充满度见表 2.8,最小管径与最小设计坡度见表 2.9。

表 2.8　最大设计充满度

管径或渠高/mm	最大设计充满度
200~300	0.55
350~450	0.65
500~900	0.70
≥1000	0.75

注:在计算污水管道充满度时,不包括短时突然增加的污水量,但当管径小于或等于 300 mm 时,应按漫流复核。

表2.9　最小管径与相应最小设计坡度

管道类别	最小管径/mm	相应最小设计坡度
污水管	300	塑料管0.002,其他管0.003
雨水管和合流管	300	塑料管0.002,其他管0.003
雨水口连接管	200	0.01
压力输泥管	150	—
重力输泥管	200	0.01

（2）雨水管道的设计流速、设计坡度、最小管径。雨水中常挟带大量的泥沙、无机颗粒物质,管内流速小时会沉积堵塞管道,流速过大时会冲刷管壁。因而规范规定金属雨水管的最大设计流速为10.0 m/s,非金属管为5.0 m/s;污水管道在设计充满度下最小设计流速为0.6 m/s,雨水管道和合流管道在满流时为0.75 m/s,明渠为0.4 m/s。

小区雨水口连接管的最小管径为DN200,最小坡度为0.01;小区雨水管道的最小管径为DN300,最小坡度为0.003。

➤ 2.6　室外给水排水管道工程施工

2.6.1　室外给水管道安装

（1）室外给水管道安装一般规定:

1）给水管道不得直接穿越污水井、化粪池、公共厕所等污染源。

2）给水管道与污水管道在不同标高平行敷设,其垂直间距在500 mm以内时,给水管管径小于或等于200 mm的,管壁水平间距不得小于1.5 m;管径大于200 mm的,不得小于3 m。

3）镀锌钢管、钢管的埋地防腐必须符合设计要求。

4）给水管道在埋地敷设时,应在当地的冰冻线以下,如必须在冰冻线以上铺设时,应做可靠的保温防潮措施。在无冰冻地区埋地敷设时,管顶的覆土埋深不得小于500 mm,穿越道路部位的埋深不得小于700 mm。

5）设在通车路面下或小区道路下的各种井室,必须使用重型井圈和井盖,井盖上表面应与路面相平,允许偏差为±5 mm;绿化带上和不通车的地方可采用轻型井圈和井盖,井盖的上表面应高出地坪50 mm,并在井口周围以2%的坡度向外做水泥砂浆护坡。

6）给水管道在竣工后,必须进行冲洗和消毒,满足饮用水卫生要求。

（2）下管。在混凝土基础上下管时,混凝土强度必须达到设计强度的50%才可下管。

下管前应对管材进行检查与修补。之后在槽上排列成行,经核对管节、管件无误后方可下管。下管的方法要根据管材种类、质量和长度,现场环境及机械设备等情况来确定。一般分为机械下管和人工下管。

1)机械下管。

采用机械下管时,作业班班长应与司机一起踏勘现场,根据沟深、土质等定出吊车距沟边的距离(一般距沟边至少有 1 m 的间隔,以免坍塌)、管材摆放位置等。吊车往返线路应事先予以平整、清除障碍。一般情况下多采用汽车吊下管;土质松软地段宜采用履带吊车下管。

机械下管应有专人指挥(指挥人员应熟悉机械吊装,安全操作规程与指挥信号)。起吊前,应配备专人实行临时交通管制,吊车不能在架空输电线路下作业,于架空线一侧作业时,起重臂、钢绳和管子与线路的垂直及水平安全距离应符合施工规范要求。

下管时,一般为单根下入沟槽,有时为减少沟内接口的工作量,在具有足够强度的管材和接口的条件下,也可以采用长串下管法。

2)人工下管。

①压绳下管法:适于管径 400～800 mm 的管道。下管时,可在管子两端各套一根大绳,把管子下面的半段绳用脚踩住,上半段用手拉住,两组大绳用力一致,将管子徐徐下入沟槽。

②后蹬施力下管法:适于管径 400～800 mm 的管道。下管时,于沟岸顺沟方向横卧一节管子,后将穿杠插入管内用两根粗棕绳将待下管子绕管半圈,再将绕在管上面的两根绳头打成活节系在穿杠上,而在管下端的两根绳头则固定不动,下管时,将绳慢慢放松,将管子徐徐下至沟内。

③木架下管法:适于直径 900 mm 以内,长 3 m 以下的管子。下管前预先特制一个木架,下管时沿槽岸跨沟方向放置木架,将绳绕于木架上,管子通过木架缓缓下入沟内。

(3)排管。

1)排管方向。对承插接口的管道,一般情况下宜使承口迎着水流方向排列,减小水流对接口填料的冲刷、避免接口漏水;在斜坡地区铺管,以承口朝上坡为宜。实际工程中,为施工方便,局部地段亦可采用承口背水流方向排列。如图 2.10 所示。

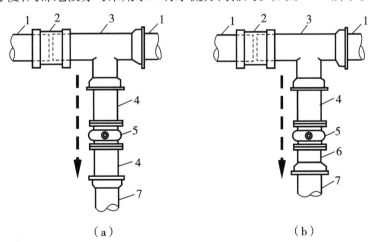

图 2.10　干管与支管连接详图

(a)支管承口顺水流方向;(b)支管承口背水流方向

1-原建干管;2-套管;3-三通;4-插盘短管;5-闸门;6-承盘短管;7-新接支管

2)对口间隙与环向间隙。承插式接口的管道排管组合直线上环向间隙与对口间隙应满足规范要求。

3)管道自弯水平借转。一般采用90°弯头,45°弯头,22.5°弯头,11.25°弯头进行管道平面转角。弯曲角度小于11°时,可采用管道自弯作业。

2.6.2 室外排水管道施工

稳管是排水管道施工中重要工序,目的是确保施工中管道稳定在设计规定的空间位置上。常采用对中与对高作业。

(1)对中作业 对中即使管道中心线与沟槽中心线在同一平面上。对中的质量在排水管道中要求在±5 mm范围内。常用方法有中心线法和边线法两种。中心线法即在连接两坡度板的中心钉之间的中线上挂一垂球,当垂球通过水平尺的中心线时,即对中;边线法把坡度板上的中心钉移至一侧相等距离处,以控制管子水平直径处外皮与边线间的距离为一常数,则确定管道处于中心位置。边线法比中心线法快,但精度差。

(2)对高作业 控制管道高程,在坡度板上标出高程钉,相邻两块坡度板的高程钉分别到管底标高的垂直距离相等,则两高程钉之间连线的坡度就等于管底坡度。该连线称为坡度线。坡度线到管底垂直距离为对高数。

(3)稳管施工要求 稳管高程以管内底为准,管子垫块、土层应稳固可靠;DN≥700 mm时,采用的对口间隙为10 mm;DN<600 mm时,可不留间隙;DN>800 mm时,须进入管内检查对口,以免出现错口;采用混凝土管座时,应先安装混凝土垫块;稳管作业应达到平、直、稳、实的要求。

2.6.3 管道质量检查与验收

2.6.3.1 给水管道水压试验

试压目的在于衡量施工质量,检查接口质量,暴露管材及管件强度、缺陷、砂眼、裂纹等弊病,以达到设计质量要求,符合验收规范。

(1)试压前的准备工作

1)分段:一般500~1000 m;转弯多时300~500 m;对湿陷性黄土地区的分段长度取200 m;管道通过河流、铁路等障碍物的地段须单独进行试压。

2)排气:试压前必须排气,否则试压管道发生少量漏水时,从压力表上就难以显示,压力表指针也稳不住,致使下跌。排气口常设置在起伏的顶点处,灌水排气须保证排出水流中无气泡,水流速度不变。

3)泡管:一般铸铁管1~2 d;钢筋混凝土压力管2~3 d。

4)加压设备:为观察管内压力升降情况,须在试压管两端分别装设压力表。加压设备在试压管径D<300 mm时,采用手提式打压泵加压;D≥300 mm时,采用电泵加压。

5)支设后背:试压时,管子堵板与转弯处会产生很大的压力,试压前必须设置后背。

(2)水压试验方法 用泵向管内灌水加压,让压力升高至试验压力值;稳定15 min后,若压力表上显示的试验压力的下降值不超过0.03 MPa时,将试验压力降至工作压力并保持恒压 30 min,进行外观检查,若无漏水现象,则水压试验合格;若超过 0.03 MPa,表明产生渗漏,应查漏修补或更换后重新进行上述试验过程。

2.6.3.2　给水管道冲洗与消毒

管道第一次冲洗应用清洁水冲洗至出水口水样浊度小于 3 NTU 为止,冲洗流速应大于 1.0 m/s。管道第二次冲洗应在第一次冲洗后,用清洁水冲洗至出水口水样浊度小于 3 NTU 为止,冲洗流速应大于 1.0 m/s。有效氯离子含量不低于 20 mg/L 的清洁水浸泡 24 h 后,再用清洁水进行第二次冲洗直至水质监测、管理部门去取样化验合格为止。

2.6.3.3　室外排水管道闭水试验

(1)试验管段应按井距分隔,抽样选取,带井试验。无压管道闭水试验时,试验管段应符合下列规定:管道及检查井外观质量已验收合格;管道未回填土且沟槽内无积水;全部预留孔应封堵,不得渗水;管道两端堵板承载力经核算应大于水压力的合力;除预留进出水管外,应封堵坚固,不得渗水;顶管施工,其注浆孔封堵且管口按设计要求处理完毕,地下水位于管底以下。

(2)管道闭水试验应符合下列规定:试验段上游设计水头不超过管顶内壁时,试验水头应以试验段上游管顶内壁加 2 m 计;试验段上游设计水头超过管顶内壁时,试验水头应以试验段上游设计水头加 2 m 计;计算出的试验水头小于 10 m,但已超过上游检查井井口时,试验水头应以上游检查井井口高度为准;管道闭水试验应按《给水排水管道工程施工与验收规范》(GB 50268—2008)附录 D(闭水法试验)进行。

(3)管道闭水试验时,应进行外观检查,不得有漏水现象,且符合 GB 50268—2008 规范规定时,管道闭水试验为合格。

(4)管道内径大于 700 mm 时,可按管道井段数量抽样选取 1/3 进行试验;试验不合格时,抽样井段数量应在原抽样基础上加倍进行试验。

(5)不开槽施工的内径大于或等于 1500 mm 钢筋混凝土管道,设计无要求且地下水位高于管道顶部时,可采用内渗法测渗水量;渗漏水量测方法按 GB 50268—2008 附录 F 的规定进行,符合下列规定时,则管道抗渗性能满足要求,不必再进行闭水试验:管壁不得有线流、滴漏现象;对有水珠、渗水部位应进行抗渗处理;管道内渗水量允许值 $q \leqslant 2$ L/(m² · d)。

2.6.3.4　室外排水管道的闭气试验

闭气试验适用于混凝土类的无压管道在回填土前进行的严密性试验。闭气试验时,地下水位应低于管外底 150 mm,环境温度为−15 ~ 50 ℃。下雨时不得进行闭气试验。

闭气试验合格标准应符合下列规定:

(1)规定标准闭气试验时间符合 GB 50268—2008 表 9.4.4 的规定,管内实测气体压力 $P \geqslant 1500$ Pa 则管道闭气试验合格;

(2)当被检测管道内径大于或等于 1600 mm 时,应记录测试时管内气体温度(℃)的起始值 T_1 及终止值 T_2,并将达到标准闭气时间时膜盒表显示的管内压力值 P 记录,用下列公式加以修正,修正后管内气体压降值为 ΔP:

$$\Delta P = 103300 - (P + 101300)(273 + T_1)/(273 + T_2)$$

ΔP 如果小于 500 Pa,管道闭气试验合格;

(3)管道闭气试验不合格时,应进行漏气检查、修补后复检。

思考题

1. 生活饮用水水质标准制定的原则是什么? 生活饮用水水质标准分为哪 4 类?

2. 室外给水系统有哪几部分组成? 每个组成部分的任务是什么?

3. 什么是排水体制? 在城市排水体制的选择时,应考虑哪些因素? 新城区建设和旧城区改造,排水体制应如何选择? 室外排水系统由哪几部分组成?

4. 三级污水处理一般应采用什么污水处理方法? 简述城市污水系统的典型工艺流程。

5. 居住小区的用水量有哪几部分组成? 各部分水量如何确定?

6. 居住小区污水排放应符合哪些规定? 雨水如何利用?

7. 室外给水和排水管道的质量检查方法包括哪些? 其要点是什么?

 知识点(章节):

生活饮用水水质标准(2.1.1);取水工程(2.2.1);净水工程(2.2.1);配水工程(2.2.1);排水体制(2.3.1);室外排水系统的组成(2.3.4);室外给水系统管材(2.4.1);室外排水系统管材(2.4.2);室外排水管道附属设施(2.4.3);污水处理方法和处理流程(2.4.5);居住小区用水量组成及水量确定(2.5.1.2);居住小区排水系统(2.5.2);室外给水排水管道工程施工(2.6)。

3

建筑给水

➤ 3.1 建筑给水系统和供水方式选择

建筑给水系统的主要任务是选用适用、经济、合理的最佳供水方式将自来水从室外管道输送给各种卫生器具、用水龙头、生产装置和消防设备,并保证满足用户对水质、水压和水量的要求。

3.1.1 建筑给水系统的分类

建筑给水系统按用途基本上可分为生活给水、生产给水和消防给水三类。

(1)生活给水系统 生活给水系统担负着供给居住小区、公共建筑、服务行业和工业企业建筑内的人们日常饮用、烹调、盥洗、洗涤、沐浴等生活上的用水。要求水质必须严格符合国家规定的饮用水水质标准。

(2)生产给水系统 生产给水因各种生产工艺不同,种类繁多,主要用于生产设备的冷却、原料和产品的洗涤、锅炉的软化水给水及某些工业原料的用水等几个方面。生产用水对水压、水量、水质以及安全方面的要求各不相同,一般根据工艺需要来确定。

(3)消防给水系统 消防给水系统分为消防栓给水系统和自动喷水灭火给水系统,供层数较多的民用建筑、大型公共建筑、某些生产车间的消防用水。消防用水对水质要求不高,但必须按现行的建筑设计防火规范保证足够的水量和水压。

上述各种给水系统在同一建筑物中不一定全部具备,应根据建筑物的用途和性质以及设计规范的要求,设置独立的某几种系统或共用系统。

3.1.2 建筑给水系统的组成

建筑给水系统的组成如图3.1所示。

(1)引入管(也称进户管) 指穿越建筑物承重墙或基础的管道,是室外给水管网与室内给水管网之间的联络管段。

(2)水表结点 指装设在引入管上的水表及其前后的闸门、泄水装置等。

(3)管网系统 指室内给水水平管或垂直干管、立管、支管等。

(4)给水附件 指给水管路上的阀门、止回阀及各种配水龙头。

(5)升压和贮水设备 在室外给水管网压力不足或室内对安全供水、水压稳定有要求时,需设置各种附属设备,如水箱、水泵、气压给水装置、水池等升压和贮水设备。

(6)消防给水设备 按照建筑物的防火要求及规范,需要设置消防给水时,配置有消火栓、自动喷水灭火设备等装置。

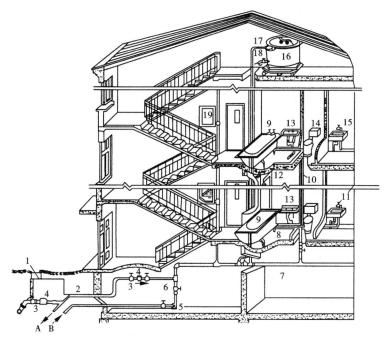

图 3.1 室内给水系统图

1-阀门井;2-引入管;3-闸阀;4-水表;5-水泵;6-逆止阀;7-干管;8-支管;9-浴盆;10-立管;11-水龙头;12-淋浴器;13-洗脸盆;14-大便器;15-洗涤盆;16-水箱;17-进水管;18-出水管;19-消火栓;A-入贮水池;B-来自贮水池

3.1.3 给水系统的压力

给水系统应保证一定的水压以确保生活、生产和消防用水量,并保证最高最远配水点(最不利配水点)具有一定的流出水头。在给水系统设计以前,需设法得到建筑物所在地区的最低供水压力,以便确定建筑物的供水方式。

建筑物内的给水系统所需的水压(自室外引入管起点管中心标高算起)参见图 3.2,可由式(3.1)计算:

$$H_s = H_1 + H_2 + H_3 + H_4 \qquad (3.1)$$

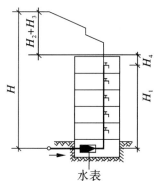

图 3.2 给水系统所需的压力

式中 H_s——室内给水管网所需的水压(kPa);

H_1——引入管起点至最不利配水点位置高度所需要的静水压(kPa);

H_2——管网内沿程和局部水头损失之和(kPa);

H_3——水表的水头损失(kPa);

H_4——最不利配水点所需流出水头(kPa),一般取 20 kPa。

在有条件时,还应考虑一定的富裕水头(一般为 10~30 kPa)。

居住建筑的生活给水管网,在进行初步设计时,系统所需水压也可根据建筑物的层数估计所需最小压力值,从地面算起,一般一层为 100 kPa,二层为 120 kPa,三层以及三层以上的建筑物,每增加一层,则增加 40 kPa。

通过计算的所需压力值 H_s 与室外能够供给的水压 H_g 进行比较。当 $H_g > H_s$ 时,为充分利用室外管网水压,节省管材,可在允许流速范围内,缩小某些管段(一般为较大管段)的管径;当 $H_g < H_s$ 时,如相差不大,则可放大某些管段(一般为较小管段)的管径,以减少管网水头损失;如相差较大时,则要设置增压装置。

3.1.4 建筑供水方式及适用条件

建筑给水方式按照建筑物的高度分为一般建筑供水方式和高层建筑供水方式。本节主要讲一般建筑供水方式,高层建筑供水方式见 3.5 节高层建筑给水系统。

根据建筑物的性质、高度、配水点的布置情况以及室内所需水压、室外管网水压和配水量等因素,低层建筑常用的供水方式有如下几种:

(1)直接供水方式 室内给水管道直接与室外给水管道相连,利用室外管网压力供水。室外管网在最低压力时也能满足室内用水要求时(见图 3.3)。该方式可充分利用室外管网水压,且供水系统简单,投资省,减少水质受污染的可能性,但室外管网一旦停水,室内立即断水。

(2)设有水箱供水方式 室外管网在一天中的某个时刻有周期性水压不足,或者室内某些用水点需要稳定压力的建筑物,可设屋顶水箱。当室外管网压力大于室内管网所需压力时(一般在夜间),水进入屋顶水箱,此时水箱贮水;当室外管网压力不足,不能满足室内管网所需压力时(一般在白天),此时水箱供水。这种方式适用于多层建筑,下面几层与室外给水管网直接连接,利用室外管网水压供水,上面几层则靠屋顶水箱调节水量和水压,由水箱供水(图 3.4)。

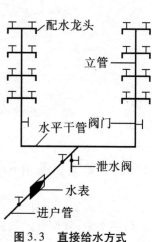

图 3.3 直接给水方式

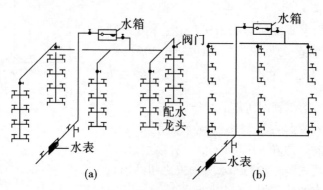

图 3.4 设水箱的给水方式

这种方式特点是水箱贮备一定量的水,在室外管网压力不足时不中断室内用水,供水较可靠,且充分利用室外管网水压,节省能源,安装和维护简单,投资较省。但需设高位水箱,增加了结构荷载,并给建筑立面处理带来一定的难度,若管理不当,水箱的水质易受到污染。

(3)设水泵供水方式 室外管网压力经常低于室内管网要求的压力,而且室内用水量比较均匀时,可以采用设水泵供水方式,如图3.5所示。

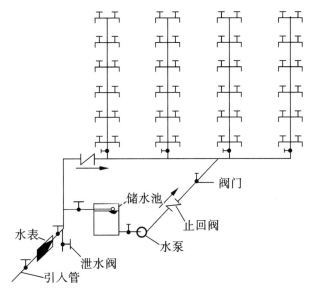

图3.5 设水泵的给水方式

这种方式避免了上述设水箱的缺点,但由于强制抽水会使水泵附近室外管网的水压线猛降,严重时可使室外干管某些部位水压呈负值,不仅妨碍附近其他用户的正常供水,而且有可能损坏管道,让管外四周土壤中的细菌及污秽杂物进入管内,甚至被强行吸入管网,污染水质。因此,市政给水管理部门大多明确规定生活用水水泵不可直接从室外管网的管道上吸水,应采用城市管网的水经自动启闭的浮球阀充入贮水池,然后经水泵加压后再送往室内管网的方法。这种供水方式一般适用于生产车间、住宅楼或者居住小区集中加压供水系统。

当室内用水量不均匀时,宜采用变频调速水泵,通过调节转速来改变水泵的流量、扬程和功率,使水泵的出水量随时与管网的用水量一致,对于不同的流量都可以处于较高效率范围内运行,以节约电能。

(4)设水泵和水箱供水方式 室外给水管网压力经常性或周期性不足,室内用水又不均匀时,可采用这种供水方式。该方式利用水泵将水池中的水提升至高位水箱,用高位水箱储存调节水量并向用户供水。水箱内设水位继电器来控制水泵的开停(水箱内水位低于最低水位时开泵,至最高设计水位时停泵)。为利用市政管网压力,下面几层往往由室外管网直接供水(见图3.6)。

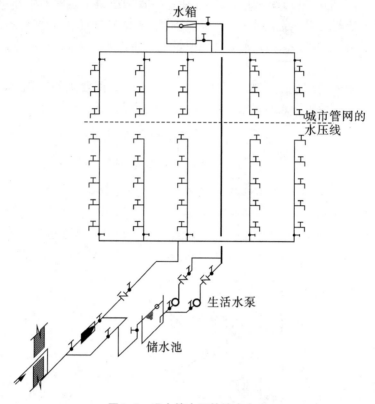

图3.6 设水箱水泵的给水方式

这种方式由于水池、水箱储有一定水量,停水停电时可延时供水,供水可靠,供水压力较稳定。但与设水泵的供水方式相同点,都是有水泵振动和噪声干扰。

（5）气压式供水方式 气压式供水系统包括水泵、贮水的气压钢罐。它是利用密闭贮罐内空气的压缩和膨胀使水压力上升或下降的特点来调节和压送水量的给水装置,其作用相当于高位水箱或水塔。

气压供水的优点是不需占用建筑顶层面积设水箱,减轻建筑屋顶荷载,应用灵活,可以保证最高层有足够的水压,特别是消防水压要求较高时更为明显。其缺点是水压变化大,而罐容量小、调节容量也小,水泵启闭频繁,电耗大、投资高。适用于不宜设高位水箱的情况。

（6）叠压供水方式 叠压供水是利用室外给水管网余压直接抽水再增压的二次供水方式。管网叠压供水设备是近年来发展起来的一种新的供水设备,可利用城镇给水管网的水压、节约了能耗,设备占地较小,节省了机房面积等优点,在工程中得到了一定的应用。但是作为供水设备的一种形式,叠压供水设备也是有其特定的使用条件和技术要求。当采用直接从城镇给水管网吸水的叠压供水时,应符合下列要求:

1）叠压供水设计方案应经当地供水行政主管部门及供水部门批准认可;

2）叠压供水的调速泵机组的扬程应按吸水端城镇给水管网允许最低水压确定。泵组出水量应符合《建筑给水排水设计规范》(GB 50015—2003)(2009 年版)第3.8.2条的规定;叠压供水系统在用户正常用水情况下不得断水;

注:当城镇给水管网用水低谷时段的水压能满足最不利用水点水压要求时,可设置旁通管,由城镇给水管网直接供水。

3)叠压供水当配置气压给水设备时,应符合《建筑给水排水设计规范》(GB 50015—2003)(2009 年版)第3.8.5条的规定;当配置低位水箱时,贮水池的有效容积应按给水管网不允许低水压抽水时段的用水量确定,并应采取技术措施保证贮水在水箱中停留时间不得超过12 h;

4)叠压供水设备的技术性能应符合国家现行标准《管网叠压供水设备》CJ/T 254 的要求。

➤ 3.2　给水管材、管道配件及附件

3.2.1　管材

建筑给水系统是由管道和各种管件、附件连接而成。消防给水管道一般采用镀锌钢管、无缝钢管、给水铸铁管或塑料管;生活给水管道,应选用耐腐蚀和安装连接方便的管材,一般可采用塑料给水管、塑料和金属复合管、薄壁金属管等。

(1)钢管　钢管中常用的有镀锌钢管(俗称白铁管)与无缝钢管两类。镀锌钢管的优点是强度高、长度大、接头方便且少;缺点是易锈蚀,出现黄水,污染水质;易结垢,使管道断面缩小、阻力增大;易滋生细菌。镀锌钢管常用于消防给水系统中,在生活给水系统中已禁止使用。当镀锌钢管不能满足压力要求等情况下采用无缝钢管,常用于高层建筑和消防系统中大管径、耐高压的立管与横干管。钢管连接方法有丝扣连接、焊接(二次镀锌)、沟槽管箍连接以及法兰连接四种。

(2)铸铁管　给水铸铁管分为灰口铸铁管(GCIP)和球墨铸铁管(DCIP),与钢管相比有不易腐蚀、造价低、使用期长等优点。因此,在管径大于75 mm的给水管中应用较广,常敷设于地下。给水铸铁管常用的连接方法有承插连接与法兰连接。铸铁管管径为75 ~ 1200 mm,每条管长3 ~ 6 m,一般灰口铸铁管耐压1.0 ~ 1.5 MPa,球墨铸铁管可达2.5 MPa。铸铁管一般都需做水泥砂浆衬里防腐。

(3)铜管　铜管的优点是高强度、能经受高压,坚固耐用,可用于高层建筑供水管、消防管,适合输送热水,在标准高的公共建筑、高层建筑也可输送冷水,确保水质的纯净天然,无有害物质;抗锈能力强、抗老化、防腐蚀;热胀冷缩系数小,抗高温环境和严寒气候;管配件易于连接,使用寿命长。它的缺点是价格较贵;软水可引起铜管内部锈蚀,出现"铜绿水";废料值偏高,易被盗窃。铜管常用的连接方法有管配件丝扣连接和焊接。

(4)塑料管　我国目前常用的塑料管有聚乙烯(PE)管、交联聚乙烯(PEX)管、高密度聚乙烯(HDPE)管、硬聚氯乙烯给水(PVC-U)管、丙烯腈-丁二烯-苯乙烯(ABS)管、聚丁烯(PB)管、玻璃纤维增强聚丙烯(FRPP)管、聚丙烯(PPR)管以及改性聚丙烯(PPC)

管。塑料管的优点是化学稳定性高、耐腐蚀,管内壁光滑,不易积垢阻塞、质轻、价廉;缺点是强度低,耐温性差(PEX、厚壁 PPR 耐温性好,可作为热水管)。塑料管可普遍用于建筑生活给水系统中。

塑料管常用的连接方法根据材质各不相同,有卡环和夹紧镶入式机械连接(PE,PEX);弹性密封圈承插连接(PB);溶剂承插黏接(ABS,PVC‒U);热熔连接(HDPE,FRPP,PPR,PPC)等等。

(5)铝塑复合管、钢塑复合管 复合管有交联聚乙烯夹铝混合式压力管(PEX‒AL‒PEX);高密度聚乙烯夹铝混合式压力管(HDPE‒AL‒HDPE);内壁喷塑、衬塑、注塑的镀锌钢管等。其特点是高度强、不易腐蚀、结垢,集中了金属管与塑料管的优点,而克服了二者的缺点。

3.2.2 管道配件及附件

管道配件及附件是用于管道系统中调节水量、水压、控制水流方向、改善水质,以及关断水流,便于管道、仪表和设备检修的各类阀门和设备。它包括连接配件、控制及调节配件、配水附件和计量仪表。

(1)管道连接配件 直接连接配件有套环箍;转弯连接件有各种角度的弯头(11.25°、22.5°、30°、45°、60°、90°);分支用有丁字管(三通)、十字管(四通)、变径接头;可拆卸连接件有活接头、法兰盘、堵头等。常用的铸铁管连接配件参见图3.7,钢管连接件见图3.8。

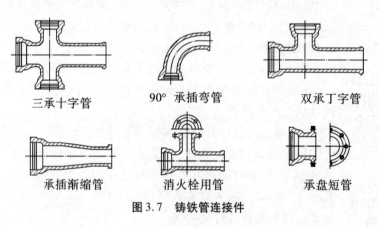

三承十字管　　　90°承插弯管　　　双承丁字管

承插渐缩管　　　消火栓用管　　　承盘短管

图3.7　铸铁管连接件

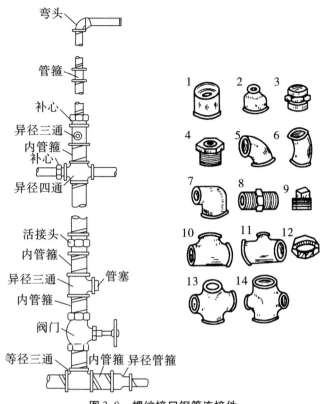

图 3.8 螺纹接口钢管连接件

1-管箍;2-异径管箍;3-活接头;4-补心;5-90°弯头;6-45°弯头;7-异径弯头;8-内管箍;
9-管塞;10-等径三通;11-异径三通;12-锁紧螺母;13-等径四通;14-异径四通

（2）控制及调节配件 控制及调节配件是指用来控制水量和关闭水流的各种阀门。控制水流的阀门包括球阀、闸阀、蝶阀、止回阀、水位控制的浮球阀、降低水压的减压阀、保证安全的安全阀,以及排除积气的排气阀和消火栓等(参看图 3.9)。室内给水管道上常用的阀门有:

①闸阀或蝶阀。用于调节和隔断管中水流,一般用于管径>50 mm 的管道上。

②截止阀。用于调节和隔断管中水流,一般用于管径≤50 mm 的管道上。

③止回阀,也叫单向阀。是控制水流只能按一个方向流动,反方向流动则自动关闭。

④浮球阀。安装在各种水池、水塔、水箱的进水口上,室内卫生器具常用于大、小便器的冲洗水箱中。其作用是当进水充满时,浮球浮起,自动关闭进水管;容器内水位下降时,浮球下降,自动开启冲水。室内给水常用小型浮球阀,适用于管径 15～50 mm;水力遥控浮球阀组,适用于各种水箱、水池、水塔的自动供水系统。

⑤减压阀。主要分为比例式和弹簧式两种。适用于高层建筑生活用水、消防用水系统中需减静压及动压的场合。比例式减压阀减压的比例有 2∶1,3∶1,4∶1,5∶1 等几种。弹簧式减压阀可控制主阀的固定出口压力,不因主阀上游进口压力变化而变化,也不因主阀下游出口用水量变化而改变其出口压力。

另外,还有安全阀、排气阀等多种阀门。

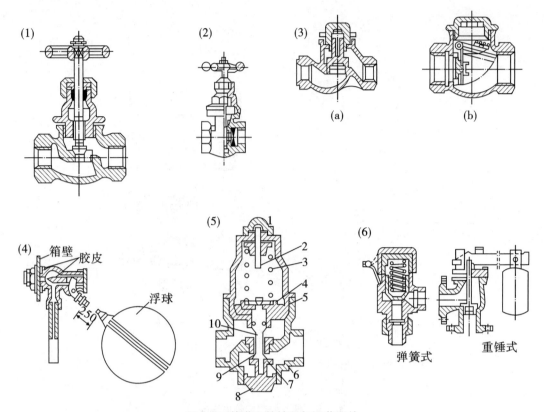

图 3.9 管道上的控制与调节配件
(1)球阀;(2)闸阀;(3)止回阀[(a)为升降式,(b)为旋启式];(4)浮球阀;(5)减压阀;(6)安全阀

42

(3)配水附件　配水附件泛指水龙头,如图 3.10 所示,有如下两种类型。

①配水龙头,俗称水龙头,由钢或铸铁制成,直径有 15 mm,20 mm,25 mm 几种,最大工作压力为 1.60 MPa。

②冷热水混合龙头,主要安装在有热水供应的建筑物内的洗脸盆和浴盆上。

(4)计量仪表

①压力表、真空表、温度表:压力表和真空表用于测量压力和真空值,一般装在水泵出水口和进水口、压力容器上;温度表用于热水设备上。这些仪表用于检测设备运行情况。

②水量测量:包括水表、电磁水表、超声波流量计、孔板、文氏表等。

电磁水表、超声波流量计、孔板、文氏表等用于计量大水量的情况,而小水量的计量常用水表。

水表常用流速式,其工作原理是管径一定时,流速与流量成正比,并利用水流带动水表叶轮转动传递到记录装置,指针即在计算盘上指示出流量的累积值,以示用水量。管径小于 50 mm 时用旋翼式;大于 50 mm 时用螺翼式。水表适用于温度低于 40 ℃、压力小于 1.0 MPa 的清洁水。当计量的水量变化较大时,为计量准确,可采用由大小两个水表组成的复式水表,流量大时水流通过大表,流量小时水流通过小表,总水量为两表的水量和(见图 3.11)。

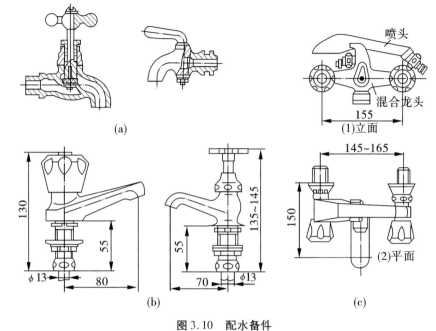

图3.10　配水备件

（a）普通水龙头；（b）洗脸盆龙头；（c）带喷头的浴盆龙头

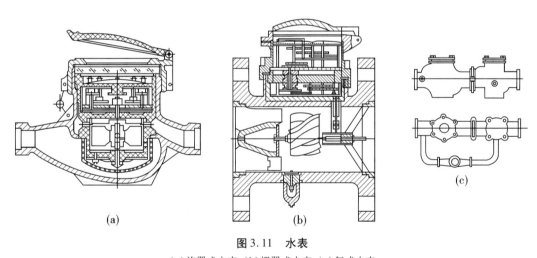

图3.11　水表

（a）旋翼式水表；（b）螺翼式水表；（c）复式水表

　　水表按传动机构状态不同又可分为干式和湿式两种。旋翼式湿式水表规格性能见表3.1,螺翼式水表规格性能见表3.2。

表3.1　旋翼式湿式水表规格性能

型号	公称直径 /mm	特性流量	最大流量	额定流量	最小流量	灵敏度	最大示值 /m³
		/(m³/h)					
LxS-15 小口径(塑料)水表	15	3	1	1.0	0.045	0.017	9999
LxS-20 小口径(塑料)水表	20	5	2.5	1.6	0.075	0.025	9999
LxS-25 小口径(塑料)水表	25	7	3.5	2.2	0.090	0.030	9999
LxS-32 小口径(塑料)水表	32	10	5.0	3.2	0.120	0.040	9999
LxS-40 小口径(塑料)水表	40	20	10.0	6.3	0.220	0.070	9999
LxS-50 小口径(塑料)水表	50	30	15.0	10.0	0.400	0.090	9999

注:1.适用于洁净冷水,水温不超过40℃;
　2.LxS型小水口径水表最大压力为1.0 MPa;塑料水表最大压力为0.6 MPa。

表3.2　大口径螺翼式水表技术数据

公称直径 /mm	流量/(m³/h)				示值/m³	
	流通能力	最大流量	额定流量	最小流量	最小示值	最大示值
80	65	100	60	2	0.01	999 999
100	110	150	100	3	0.01	999 999
150	275	300	200	5	0.01	999 999
200	500	600	400	10	0.01	999 999

注:流通能力为水通过水表产生1 m水柱水头损失时的流量。

　　水表选择包括类型选择和口径选择。水表类型选择主要考虑通过水表的最大流量、最小流量、额定流量及安装水表的管道直径等因素,对照水表性能选用。水表口径的选择是按通过水表的设计秒流量(不包括消防流量),以不超过水表额定流量确定水表口径,并以平均小时流量的6%~8%校核水表灵敏度。对生活与消防共用的供水系统,还需要消防流量复核,使总流量不超过水表最大流量限值。

➢ 3.3　升压及贮水设备

3.3.1　升压设备

3.3.1.1　水泵

　　水泵是给水系统中的主要升压设备。在建筑给水系统中一般采用离心泵,它具有结构简单、管理方便、体积小、效率高、运转平衡和扬程在一定范围内可以调整等优点。

　　(1)离心泵工作原理　离心泵主要由泵壳、泵轴、叶轮、吸水管、压力管等部分组成,其工作原理是靠叶轮在泵壳内旋转,使水靠离心力甩出,从而得到压力,将水送到需要的地方。

开动水泵前,要使泵壳及吸水管中充满水,以排除泵内空气。当叶轮高速转动时,在离心力的作用下,叶片槽道(两叶片间的过水通道)中的水从叶轮中心被甩向泵壳,使水获得动力与压能。由于泵壳的断面是逐渐扩大的,所以水进入泵壳后流速逐渐变小,部分动能转化为压力,因而泵出口处的水便具有较高的压力流入压力管。在水被甩走的同时,水泵进口处形成真空,由于大气压力的作用,将吸水池中的水通过吸水管压向水泵进口(称为吸水),进而流入泵体。由于电动机带动叶轮连续回转,因此离心泵是均匀连续地供水,即不断地将水压送到用水点或高位水箱。

离心泵的工作方式有"吸入式"和"灌入式"两种。泵轴高于吸水面的叫"吸入式",低于吸水面的叫"灌入式"。设水泵的建筑给水系统多与高位水箱联合工作,为了减小水箱的容积,水泵的开停应采用"灌入式",这既可省去真空泵等抽气设备,而且有利于水泵的自动控制运行和管理。

水泵的基本工作参数主要有:

①流量 Q:在单位时间内通过水泵的水的体积,单位常用 L/s 或 m^3/h。

②总扬程 H:当水流过水泵时,水所获得的比能增值,单位用 mH_2O。

③轴功率 N:水泵从申源处所得到的全部功率,单位用 kW。

(2)离心泵的选择 选择离心泵时,必须根据给水系统最大小时的设计流量 Q_h 和相当于该设计流量时系统所需的压力 H_s,按水泵的性能表确定所选水泵的型号。考虑运转过程中泵的磨损和效能降低,应使所选水泵的流量 $Q \geqslant$ 给水系统 Q_h,使水泵的扬程 $H \geqslant H_s$,Q 和 H 一般可以采用 10% ~15% 附加值,并使水泵在高效率工况下运转。

生活水泵应视建筑物的重要性,对供水安全性要求和水泵装置运行可靠性等因素,来确定是否设置备用泵。一般的高层建筑、大型民用建筑、建筑小区应设有一台备用泵。备用泵的容量应与最大一台水泵相同。

(3)变频调速水泵 当小区建筑物经常性水压不足,单独用水泵增压的方式解决时,必须满足变化的用水量。在管道尺寸确定的情况下,用水量变化意味着管内阻力也在变化。而供水管道内的阻力与管内流量的平方成正比,大流量时要求水泵提高扬程,小流量时要求水泵降低扬程。普通水泵自身的调节功能恰恰相反,出水量大时扬程降低,出水量小时扬程升高,且调节范围有限。因此,同一台水泵不能同时满足上述要求,必须用多台大小不同的水泵分级供水。但多台水泵机组占地大、运行管理要求高,很少采用。

变频技术出现后,可以使水泵电机的转速随电流频率变化而改变。水泵在型号尺寸确定的条件下,根据相似定律,其出水量、扬程和功率分别与转速的 1 次方、2 次方和 3 次方成正比,即调节水泵的转速可改变水泵的流量、扬程和功率,使水泵变量供水时保持高效运行,正好与上述要求相符。因此,从原理上讲可用一台水泵满足供水中流量、扬程变化的要求。其工作原理是:在水泵的出水口或管网末端装设压力传感器,将测定的压力值 H 转换成电信号输入压力控制器,并与压力控制器内根据用户需要设定的压力值 H_1 相比较。当 $H>H_1$ 时,控制器向调速器输入降低转速的控制信号,使水泵降低转速,出水量减小;当 $H<H_1$ 时,则向调速器输入提高转速的控制信号,使水泵转速提高,出水量增加。由于保持了水泵出水口或管网末端压力恒定,在一定的流速变化范围内,均能使水

泵高效运行,从而达到节省能耗的目的。但当用水量变化大时,一台大泵靠变频适应小水量,水泵机组的工作效率将会变得十分低下,反而增大了单位电耗,在这种情况下,可设几台水泵由变频器分段切换,以适应用水量变化的不同范围;在夜间用水量极少时可设小型气压罐与小泵联合工作,以节省动力。

(4)水泵房　水泵机组通常布置在水泵房内。水泵房不得布置在有防震或有安静要求房间(如精密仪器间、病房、卧室、教室等)的上下和邻接房间。在同一建筑内的其他房间设水泵时,水泵的基础、吸水管和出水管应有隔振减噪措施。

水泵机组的布置原则是使管路最短且便于连接,弯头最小,布置紧凑,并考虑扩建和发展的因素。水泵机组的基础侧边间距离及其至墙面距离,不得小于 0.70 m;电机容量小于及等于 20 kW 或吸水口直径小于或等于 100 mm 的小型水泵,两台同型号的水泵机组可共用一个基础,基础的一侧与墙面之间可以留通道;水泵机组的基础至少高出地面 0.1 m。

水泵房的高度在无起吊设备时,应不小于 3.2 m(指从地面到梁底的距离)。当有起吊设备时应视具体情况而定。

水泵房门的宽度和高度,应根据设备运入的方便决定。水泵房应有良好的通风和采光,并不致冻结。开窗总面积应不小于泵房的地板面积的 1/6,靠近配电箱处不得开窗(可也固定窗)。泵房内应有地面积水排除措施。在设消防水泵时,应符合"消防规范"的规定。

3.3.1.2　气压给水设备

气压给水设备是水泵与气压罐的联合工作装置,水泵在向楼层供水的同时,还须将水压入存有压缩空气的密闭罐内,罐内存水增加,压缩空气的体积被压缩,达到一定水位时水泵停止工作,罐内水在压缩空气的推动下,向各用水点供水。

(1)气压给水设备分类　气压给水设备可分为变压式和定压式两种。按罐体形式分为立式、卧式和球形式;按罐内水气关系分为气水接触式和气水隔离式。

气压给水设备具有灵活性大,施工安装方便,便于扩建、改建和拆迁;可以设在水泵房内,设备紧凑,占地较小,便于与水泵集中管理;供水可靠,且水在密闭系统中流动不会受污染等优点。但是调节能力小,经常运行费用高。

1)变压式。当水泵启动向用户供水的流量大于用户所需用水量时,多余的水进入水罐,罐内空气因被压缩而增压,直至高限(相当于最高水位)时,压力继电器指令自动停泵,罐内水表面上的压缩空气压力将水输送至用户。当罐内水位下降至设计最低水位时,压力继电器又指令自动开泵。罐内的水压是与压缩空气的体积成反比而变化的,故称变压式,如图 3.12 所示。它常用于中小型给水工程,可不设空气压缩机(在小型工程中,气和水合用一罐),设备较定压式简单,但因压力有波动,故对保证用户用水的舒适性和泵的高速运行均是不利的。

2)定压式。当用户用水、水罐内水位下降时,空气压缩机即自动向气罐内补气,而气罐内的压缩空气又经自动调压阀(调节气压恒为定值)向水罐补气。当水位降至设计最低水位时,泵即自动开启向水罐充水,故它既能保证水泵始终稳定在高效范围内运行,又能保证管网始终以恒压向用户供水。但需专设空气压缩机,并且启动次数较频繁,如图 3.13 所示。

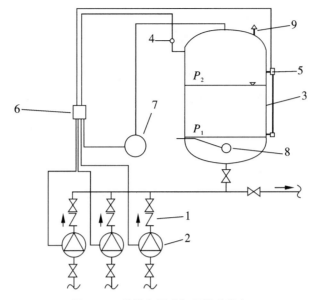

图 3.12 单罐变压式气压给水设备

1-止回阀;2-水泵;3-气压水罐;4-压力信号器;5-液位信号器;
6-控制器;7-补气装置;8-排气阀;9-安全阀

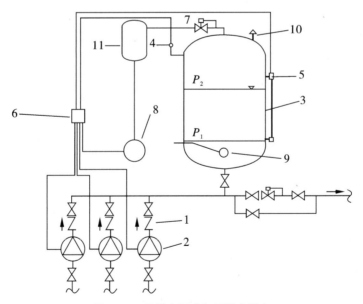

图 3.13 单罐定压式气压给水设备

1-止回阀;2-水泵;3-气压水罐;4-压力信号器;5-液位信号器;6-控制器;
7-压力调节阀;8-补气装置;9-排气阀;10-安全阀;11-贮气罐

3)气水接触式。气压罐内水和气是直接接触的,结构简单,造价较低,管理方便,是工程中常用的形式。在这种装置中,压缩气在水中溶解度比常压下大,气体会随水流流失,为了补充流失的气体,需向罐内补气。补气有余量补气和限量补气两种。余量补气是补充的气多于气体损耗量,多余的气应设排气阀泄出;限量补气是每次补气量与耗损的气量相等,需通过自动平衡补气器实现。

4)气水隔膜式。将罐内的水与空气隔离开,避免因气体溶入水中而耗损的问题。罐体用大法兰固定的平板形膜、蝶形或帽形膜,也有用封头小法兰固定的囊形隔膜,如图3.14所示。隔膜材料应有良好的气密性、抗挠曲性、无毒无味,对水质不产生污染,具抗老化性能。

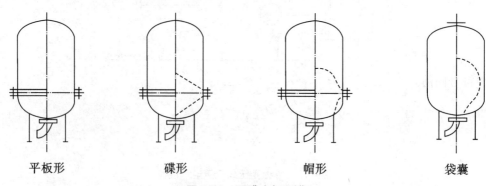

平板形　　　　碟形　　　　帽形　　　　袋囊

图3.14　隔膜式气压罐

(2)气压罐的设计计算

1)气压罐的水容积 V_w。应包括调节水容积、消防贮水和生产事故贮备水容积。调节水容积按水泵与水箱共同工作时的调节容积要求进行计算。

2)气压罐的最低供水水压 P_1。最低供水水压以水头计,应当满足下式要求:

$$P_1 = H_1 + \sum h + H_f \tag{3.2}$$

式中　P_1——气压罐最低供水水压,以水头计(m);

H_1——气压罐最低水位到最不利用水点的高度(m);

$\sum h$——气压罐到最不利用水点的总水头损失(m);

H_f——最不利用水点的工作水头(m)。

3)气压罐的总体积与最高工作压力计算。设气压罐总体积为 V,最大水容积为 V_w,最大工作气压为 P_2,根据气体性质有:

$$P_1 V = P_2 (V - \beta V_w) \tag{3.3}$$

式中　P_1——气压罐最小工作压力,以水头计(m);

P_2——气压罐最大工作压力,以水头计(m);

V——气压罐总容积(m^3);

V_w——气压罐中水的总容积(m^3);

β——容积系数,立式罐为1.1,卧式罐为1.25,隔膜式为1.05。

由上式可以求得:

$$V = \frac{P_2 \beta V_w}{P_2 - P_1} = \frac{\beta V_w}{1 - \frac{p_1}{p_2}} = \frac{\beta V_w}{1 - \alpha} \qquad (3.4)$$

式中　$\alpha = \dfrac{p_1}{p_2}$ 为工作压力比,一般取 0.65 ~ 0.85,有特殊要求时可在 0.5 ~ 0.9 范围内选用。其他符号同前。

$$P_2 = \frac{P_1 V}{V - \beta V_w} = \frac{P_1}{1 - \frac{\beta V_w}{V}} \qquad (3.5)$$

式中符号同前。

3.3.2　贮水设备

3.3.2.1　水箱

(1)水箱设置条件　4 种情况下可设置水箱:①室外给水系统中,市政水压对多层建筑室内所需压力周期性不足时;②室外给水系统中,水压经常不足以供给室内所需时,需设水泵和水箱联合工作,为减小水箱容积,水泵应按自动化运行设计;③在高层、大型公共建筑中,为确保用水安全及贮备一定的消防水量;④建筑给水系统需要保持恒定压力的情况下。

(2)水箱容积确定

1)单独设置水箱时,可按下式确定水箱容积:

$$V = Qt \qquad (3.6)$$

式中　V——高位水箱调节容积(m^3);

　　　Q——由水箱供水的最大连续平均小时供水量(m^3/h);

　　　t——由水箱供水最大连续时间(h)。

2)设置有自动启闭水泵时,可按下式确定水箱容积:

$$V \geqslant 1.25 \frac{Q_b}{4 n_{max}} \qquad (3.7)$$

式中　V——高位水箱调节容积(m^3);

　　　Q_b——水泵的出水量(m^3/h);

　　　n_{max}——水泵一小时最大启动次数。在水泵可以直接启动,且对供电系统无不利影响时,可选用较大值,一般选用 4 ~ 8 次/h。

对于生活用水也可按不小于最高日用水量的 5% 计算,若考虑消防用水量再加上 10 min 的消防贮水量。

3)设置手动启闭水泵时,可按下式确定水箱容积:

$$V = \frac{Q_d}{n} - T_b Q_m \qquad (3.8)$$

49

式中　Q_d——最高日用水量(m^3)；

　　　n——水泵每天启动次数(由设计定)；

　　　T_b——水泵启动一次的运行时间(h)，由设计确定；

　　　Q_m——水泵运行时内平均小时用水量(m^3/h)。

对于生活用水也可按不小于最高日用水量的 12% 计算，若考虑消防用水，再加上 10 min 的消防贮水量。

(3)水箱设置高度　水箱设置高度应使其最低水位能满足最不利配水点或消防栓的流出水头要求。水箱设置的高度可按下式确定：

$$Z_x \geqslant Z_b + H_c + H_s \tag{3.9}$$

式中　Z_x——最高水箱最低水位的标高(m)；

　　　Z_b——最不利配水点或消防栓的标高(m)；

　　　H_c——最不利配水点或消防栓需要的流出水头(mH_2O)；

　　　H_s——水箱出口到最不利配水点或消防栓的管道总水头损失(mH_2O)。

(4)水箱的构成、布置和安装

1)水箱的构成。水箱的形状通常有圆形、方形、矩形和球形，特殊情况下可根据具体条件设计成其他任意形状。圆形水箱结构合理，节约材料、造价低廉，但有时布置不方便，占地较大。方形和矩形水箱布置方便，占地较小，但对大型水箱结构复杂，材料消耗较大，造价较高。

为保证水箱的正常功能和维护的需要，必须有各种管道和阀门配套，一般应设有进水管、出水管、溢流管、泄水管、通气管、水位计、人孔等附件(图3.15)。

50

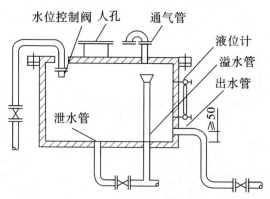

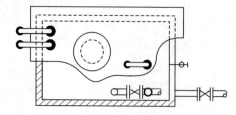

图 3.15　水箱平、剖面图及接管图

①进水管。一般从侧壁接入,也可从底部或顶部接入。当水箱利用管网压力进水时,进水管出口应装设浮球阀。浮球阀的数量一般不少于两个。

②出水管。可从侧壁或底部接出。

③溢流管。可以侧壁接出。溢流管管径比进水管管径大 1 ~ 2 号。

④通气管。供生活饮用水的水箱应设有密封箱盖,箱盖上应设有检修人孔和通气管。通气管可伸至室内或室外,但不得伸到有有害气体的地方,管口应有防止灰尘、昆虫和蚊蝇进入的滤网,一般应将管口朝下设置。

⑤泄水管。应从底部最低处接出。泄水管上装有阀门,可与溢流管相接,但不得与排水系统直接连接。

⑥信号管。在水箱内未装液位信号计时,可设信号管给出溢流信号,信号管一般从水箱侧壁接出,其设置高度应使其管底与溢流管的溢流面齐平。

⑦液位计。一般应在水箱侧壁上安装玻璃液位计,用以指示水位。

水箱内有效水深,一般采用 0.70 ~ 2.50 m。水箱的最低水位,应仍保持一定的安全容积,以免放空影响使用,一般最低水位应高出水箱出水管 0.2 ~ 0.5 m。

2)水箱的布置和安装。水箱应设置在便于维修、光线和通风良好且不结冻的地方(如有可能结冰,水箱应当保温)。它一般布置在屋顶或闷顶内;在我国南方地区,水箱大部分设置在平屋顶上。水箱底距屋面应有不小于 800 mm 的净空,以便安装管道和进行检修。

如水箱布置在水箱间时,则水箱间的位置应便于管道布置,尽量缩短管线长度。水箱间应有良好的通风、采光和防蝇措施,室内最低净高不得低于 2.2 m,同时还应满足水箱布置间距要求(表 3.3)。

对于大型公共建筑和高层建筑,为保证供水安全,宜将水箱分成两格或设置两个水箱。

表 3.3 水箱布置间距

水箱形式	水箱外壁至墙面的距离/m		水箱之间的间距/m	水箱至建筑物结构最低点距离/m
	设浮球阀一侧	无浮球阀一侧		
圆形	0.8	0.5	0.7	0.6
方形或矩形	1.0	0.7	0.7	0.6

注:在水箱旁装有管道时,表中距离从管道外面算起。

(5)水箱材料

1)金属材料,一般采用碳素钢板焊接而成。优点是重量较轻,施工安装方便,但易锈蚀,维护工作量较大,造价较高。

2)钢筋混凝土材料,一般适用于大型水箱,经久耐用,维护简单,造价较低,但质量大,与管道连接处理不好易漏水。为保证水质,在水箱内壁必须贴白色瓷砖。

3)其他材料。一些新兴材料,如采用食品级树脂为原料的玻璃钢等均可用作水箱材料。这种材料耐腐蚀,重量轻,安装维护简便,但造价比较高。

3.3.2.2 贮水池、吸水井

（1）贮水池　市政供水管网的水压如不能达到室内给水管网及用水设备所需水压时，往往需要用水泵进一步升压供水。为避免水泵直接从管道中抽水而造成附近管网的水压线猛降，甚至某些干管部位呈负压，一般不允许生活水泵直接从市政给水管网抽水，需要设贮水池，由水泵从水池中抽水。贮水池的容积设计过大，不仅增加基建投资，而且会影响水质；如果过小，则影响供水的可靠性。

1）贮水池容积。贮水池的有效容积与水源的供水能力和用户要求有关，一般根据用水调节水量，消防贮水量和事故备用水量确定。贮水池的有效容积与水源供水能力可按下列公式计算：

$$V_y \geq (Q_b - Q_g) T_b + V_x + V_s \tag{3.10}$$

$$Q_g T_t \geq (Q_b - Q_g) T_b \tag{3.11}$$

式中　　V_y——贮水池有效容积（m³）；

Q_b——水泵出水量（m³/h）；

Q_g——水源供水能力（m³/h）；

T_b——水泵运行时间（h）；

V_x——火灾延续时间内，室外消防用水总量（m³）；

V_s——事故备用水量（m³）；

T_t——水泵运行间隔时间（h）。

当资料不足时，贮水池的调节水量$(Q_b - Q_g) T_b$，居住区可按小区最高日生活用水量15%～20%确定，建筑物可按其最高日用水量20%～25%确定。

2）贮水池布置及要求。生活贮水池必须远离化粪池、厕所、厨房等卫生环境不良的地方，防止生活饮用水被污染。水池可布置在独立的水泵房屋顶上，或单独布置在室外地面上或地坪下面，或建筑物的地下室（若水池布置在地下室时，不能用建筑物的基础、墙体、地面作为水池的池底、池壁、池盖）。水池的溢流管、排水管应采取间接排水措施，如通过受水器、水封井等排入污水管，以防倒流污染。

室内贮水池的贮水容积如包括室外消防水量时，应在室外设有供消防车取水用的吸水口。生活用水和消防用水共用一个贮水池时，应有保证消防水量平时不被动用的措施。贮水池应设通气管，通气管口应用网罩。通气管设置高度距覆盖层上不小于 0.5 m，通气管管径为 200 mm。

贮水池应设水位指示器，将水位反映到水泵房和操作室。

（2）吸水井　无调节要求的加压给水系统，可设置吸水井，吸水井有效容积不应小于水泵 3 min 的设计流量。吸水井的尺寸应满足吸水管的布置、安装、检修和防止水深过浅的水泵进气等正常工作的要求。吸水井可设置在建筑物内底层或地下室，也可设置在室外地面上或地坪下。

➢ 3.4　建筑给水计算

建筑物的用水量应视用水性质而定。生产用水要根据生产工艺过程、设备情况、产

品性质、地区条件等因素确定,计量方法可按消耗在单位产品的水量计算,也按单位时间内消耗在生产设备上的用水量计算。生活用水则要满足生活上的各种需要所消耗的用水,其水量要根据建筑物内卫生设备的完善程度、气候、使用者的生活习惯、水价等因素确定。

3.4.1　用水量标准

用水量标准(用水定额)是指在某一度量单位内(单位时间、单位产品)被居民或其他用水者所消耗的水量。建筑物不同、卫生设备的完善程度不同,其用水量标准也不相同,"住宅生最高日活用水定额及小时变化系数""宿舍、旅馆和公共建筑生活用水定额及小时变化系数"详见表2.4和2.5。

在给水系统中,除了用到用水量标准外,还要考虑用户在1天24 h内用水量的变化情况,即用"小时变化系数"K_h来表示:

$$K_h = \frac{最高日最大时用水量}{最高日平均时用水量} \tag{3.12}$$

3.4.1.1　最高日用水量

各类建筑最高日生活用水量

$$Q_d = mq_d \tag{3.13}$$

式中　Q_d——最高日用水量(L/d);

m——设计单位数(人、床、辆、m^2等);

q_d——单位用水量标准[L/(人·日)、L/(床·日)、L/(辆·日)、L/(m^2·日)等],见表2.4和2.5。

3.4.1.2　最大小时生活用水量

最大小时生活用水量应根据最高日或最大班生活用水量、每天(或最大班)使用时间和小时变化系数进行计算:

$$Q_h = \frac{Q_d}{T}K_h \tag{3.14}$$

式中　Q_h——最大小时用水量(L/h);

Q_d——最高日用水量(L/d);

T——每天或最大班使用时间(时,班);

K_h——小时变化系数。

在计算最大小时用水量时,建筑物使用时间的确定对计算结果影响很大,所以要根据实际使用情况合理确定。

3.4.2　设计秒流量的计算

在建筑物中,用水情况在一昼夜间是不均匀的,并且"逐时逐秒"地在变化。因此在设计室内给水管网时,必须考虑这一因素,以求得最不利时刻的最大用水量,即为管网计算中的设计秒流量。

设计秒流量是根据建筑物内的卫生器具类型、数目和卫生器具的使用情况来确定的。为了计算方便,引用"卫生器具当量"这一概念,即以污水盆上支管直径为 15 mm 的水龙头的额定流量 0.2/s 作为一个当量值,其他卫生器具的额定流量均以它为标准折算成当量值的倍数,即"当量数"。表 3.4 列出各种卫生器具给水的额定流量、当量、支管管径和流出水头值。

表 3.4　卫生器具的给水额定流量、当量、连接管公称管径和最低工作压力

序号	给水配件名称	额定流量 /(L/s)	当量	连接管公称管径/mm	最低工作压力/MPa
1	洗涤盆、拖布盆、盥洗槽 　单阀水嘴 　单阀水嘴 　混合水嘴	0.15~0.20 0.30~0.40 0.15~0.20(0.14)	0.75~1.00 1.5~2.00 0.75~1.00(0.70)	15 20 15	0.050
2	洗脸盆 　单阀水嘴 　混合水嘴	0.15 0.15(0.10)	0.75 0.75(0.50)	15 15	0.050
3	洗手盆 　感应水嘴 　混合水嘴	0.1 0.15(0.10)	0.50 0.75(0.50)	15 15	0.050
4	浴盆 　单阀水嘴 　混合水嘴(含带淋浴转换器)	0.20 0.24(0.20)	1.00 1.20(1.00)	15 15	0.050 0.050~0.070
5	淋浴器 　混合阀	0.15(0.10)	0.75(0.05)	15	0.050~0.100
6	大便器 　冲洗水箱浮球阀 　延时自闭式冲洗阀	0.10 1.20	0.50 6.00	15 25	0.020 0.100~0.150
7	小便器 　手动或自动自闭式冲洗阀 　自动冲洗水箱进水阀	0.10 0.10	0.50 0.50	15 15	0.050 0.020
8	小便槽穿孔冲洗管 (每 m 长)	0.05	0.25	15~20	0.015
9	净身盆冲洗水嘴	0.10(0.07)	0.50(0.35)	15	0.050
10	医院倒便器	0.20	1.00	15	0.050

续表3.4

序号	给水配件名称	额定流量/(L/s)	当量	连接管公称管径/mm	最低工作压力/MPa
11	实验室化验水嘴(鹅颈) 单联 双联 三联	0.07 0.15 0.20	0.35 0.75 1.00	15 15 15	0.020 0.020 0.020
12	饮水器喷嘴	0.05	0.25	15	0.020
13	洒水栓	0.40 0.70	2.00 3.50	20 25	0.050 ~ 0.100 0.050 ~ 0.100
14	室内地面冲洗水嘴	0.20	1.00	15	0.050
15	家用洗衣机水嘴	0.20	1.00	15	0.050

注:1. 表中括弧内的数值系在有热水供应时,单独计算冷水或热水时使用;

　　2. 当浴盆上附设淋浴器时,或混合龙头有淋浴器转换开关,其额定流量和当量只计龙头,不计淋浴器。但水压应按淋浴器计;

　　3. 家用燃气热水器,所需水压按产品要求和热水供应系统最不利配水点所需工作压力确定;

　　4. 绿地的自动喷灌应按产品要求设计。

　　5. 当卫生器具给水配件所需额定流量和最低工作压力有特殊要求时,其值应按产品要求确定。

对建筑内给水管道设计秒流量的确定方法,世界各国做了大量的研究,归纳起来有平方根法、概率法和经验法三种。目前一些发达国家主要采用概率法建立设计秒流量公式,然后又结合一些经验数据制成表格,供设计使用,十分简便。由于我国与西方国家的起居习惯、生活条件、工作制度等都有较大差别,因此设计秒流量的计算不能照搬国外的公式和数据。当前,我国生活给水管网设计秒流量的计算方法,根据用水特点和计算方法分为三类。

3.4.2.1　住宅建筑生活给水设计秒流量计算

住宅建筑给水管的设计流量是按统计最大秒流量计算的,其统计最大值与室内用水设备设置情况、用水标准和气候、生活习惯都有关系。我国在《建筑给水排水设计规范》(GB 50015—2003)(2009 年版)中规定,按以下步骤计算:

(1)根据住宅配置的卫生器具给水当量、使用人数、用水定额、使用时数及小时变化系数等,计算出最大用水时卫生器具给水当量的平均出流概率。

$$U_0 = \frac{100q_L m K_h}{0.2 \cdot N_g \cdot T \cdot 3600} \tag{3.15}$$

式中　U_0——生活给水管道的最大用水时卫生器具给水当量平均出流概率(%);

　　　　q_L——最高用水日的用水定额[L/(人·d)],按表2.4选用;

　　　　m——每户用水人数;

　　　　K_h——小时变化系数,按表2.4选用;

　　　　N_g——每户设置的卫生器具给水当量数;

T——用水时数(h);

0.2——1 个卫生器具给水当量的额定出流量(L/s)。

(2)根据计算管段上的卫生器具给水当量总数,计算出该管段上的卫生器具给水当量的同时出流概率(以当量计)。

$$U = 100 \frac{1 + \alpha_c (N_g - 1)^{0.49}}{\sqrt{N_g}} \tag{3.16}$$

式中 U——计算管段的卫生器具给水当量同时出流概率(%);

α_c——对应于不同 U_0 的系数,见表3.5;

N_g——计算管段的卫生器具给水当量总数。

表 3.5 $U_0 \sim \alpha_c$ 值对应表

$U_0/\%$	α_c	$U_0/\%$	α_c	$U_0/\%$	α_c
1.0	0.00323	3.0	0.01939	5.0	0.03715
1.5	0.00697	3.5	0.02374	6.0	0.04629
2.0	0.01097	4.0	0.02816	7.0	0.05555
2.5	0.01512	4.5	0.03263	8.0	0.06489

(3)根据计算管段上的给水当量同时出流概率,计算该管段的设计秒流量。

$$q_g = 0.2 \cdot U \cdot N_g \tag{3.17}$$

式中 q_g——计算管段的设计秒流量(L/s)。

(4)当给水干管有两条或两条以上具有不同最大用水时卫生器具给水当量平均出流概率的给水支管时,该管段的最大用水时卫生器具给水当量平均出流概率应按式(3.18)计算:

$$\overline{U_0} = \frac{\sum U_{0i} N_{gi}}{\sum N_{gi}} \tag{3.18}$$

式中 $\overline{U_0}$——给水干管的卫生器具给水当量平均出流概率(%);

U_{0i}——支管的最大用水时卫生器具给水当量平均出流概率(%);

N_{gi}——相应支管的卫生器具给水当量总数。

3.4.2.2 宿舍(Ⅰ、Ⅱ类)、旅馆、宾馆、酒店式公寓、医院、疗养院、幼儿园、养老院、办公楼、商场、图书馆、书店、客运站、航站楼、会展中心、中小学教学楼、公共厕所等建筑的生活给水设计秒流量

应按下式计算:

$$q_g = 0.2\alpha\sqrt{N_g} \tag{3.19}$$

式中 q_g——计算管段的给水设计秒流量（L/s）；

      N_g——计算管段的卫生器具给水当量总数；

      α——根据建筑物用途确定的系数，见表3.6。

表 3.6 根据建筑物用途确定的系数（α）值

建筑物名称	α	建筑物名称	α
幼儿园、托儿所、养老院	1.2	学校	1.8
门诊部、诊疗所	1.4	医院、疗养院、休养所	2.0
办公楼、商场	1.5	酒店式公寓	2.2
图书馆	1.6	集体宿舍、旅馆、招待所、宾馆	2.5
书店	1.7	客运站、会展中心、公共厕所	3.0

使用公式（3.19）时应注意：

（1）如计算值小于该管段上一个最大卫生器具给水额定流量时，应采用一个最大的卫生器具给水额定流量作为设计秒流量；

（2）如计算值大于该管段上按卫生器具给水额定流量累加所得流量值时，应按卫生器具给水额定流量累加所得流量值采用；

（3）有大便器延时自闭冲洗阀的给水管段，大便器延时自闭冲洗阀的给水当量均以0.5计，计算得到的 q_g 附加 1.10 L/s 的流量后，为该管段的给水设计秒流量；

（4）综合楼建筑的 α 值应按加权平均法计算。

3.4.2.3 宿舍（Ⅲ、Ⅳ类）、工业企业的生活间、公共浴室、职工食堂或营业餐馆的厨房、体育场馆、剧院、普通理化实验室等建筑的生活给水管道的设计秒流量

应按下式计算：

$$q_g = \sum q_0 \cdot n_0 \cdot b \qquad (3.20)$$

式中 q_g——计算管段的给水设计秒流量（L/s）；

      q_0——同类型的一个卫生器具给水额定流量（L/s）；

      n_0——同类型卫生器具数；

      b——卫生器具的同时给水百分数（按表3.7采用）。

表 3.7(a) 宿舍（Ⅲ、Ⅳ类）、工业企业生活间、公共浴室、剧院、体育场馆等卫生器具同时给水百分数（%）

卫生器具名称	宿舍（Ⅲ、Ⅳ类）	工业企业生活间	公共浴室	影剧院	体育场馆
洗涤盆（池）	30	33	15	15	15
洗手盆	—	50	50	50	70(50)

续 3.7（a）

卫生器具名称	宿舍 （Ⅲ、Ⅳ类）	工业企业 生活间	公共浴室	影剧院	体育场馆
洗脸盆、盥洗槽水嘴	60～100	60～100	60～100	50	80
浴盆	—	—	50		
无间隔淋浴器	100	100	100	—	100
有间隔淋浴器	80	80	60～80	（60～80）	（60～100）
大便器冲洗水箱	70	30	20	50（20）	70（20）
大便槽自动冲洗水箱	100	100	—	100	100
大便器自闭式冲洗阀	2	2	2	10（2）	15（2）
小便器自闭式冲洗阀	10	10	10	50（10）	70（10）
小便器（槽）自动冲洗水箱	—	100	100	100	100
净身盆	—	33	—	—	—
饮水器	—	30～60	30	30	30
小卖部洗涤盆	—	—	50	50	50

注:1. 表中括号内的数值系电影院、剧院的化妆间,体育场馆的运动员休息室使用;
　　2. 健身中心的卫生间,可采用本表体育场馆运动员休息室的同时给水百分率。

表 3.7（b）　职工食堂、营业餐馆厨房设备同时给水百分数　　　　　　　（%）

厨用设备名称	同时给水百分数
洗涤盆（池）	70
煮锅	60
生产性洗涤机	40
器皿洗涤机	90
开水器	50
蒸汽发生器	100
灶台水嘴	30

注:职工或学生饭堂的洗碗台水嘴,按100%同时给水,但不与厨房用水叠加;

表 3.7（c）　实验室化验水嘴同时给水百分数　　　　　　　（%）

化验水嘴名称	同时给水百分数	
	科研教学实验室	生产实验室
单联化验水嘴	20	30
双联或三联化验水嘴	30	50

3.4.3 管道水力计算

室内给水管道水力计算的目的,在于确定给水管道各管段的管径,求得通过设计秒流量时造成的水头损失,复核室外给水管网水压是否满足使用要求,选定加压装置所需扬程和高位水箱高度。

3.4.3.1 管径的确定

已知管段设计秒流量,可按下式计算:

$$q = v\omega = \frac{\pi}{4}d^2 v \tag{3.21}$$

$$d = 2\sqrt{\frac{q}{\pi v}} \tag{3.22}$$

式中　q——管段设计秒流量(m^3/s);

v——管内水流速度(m/s);

ω——管段过水断面积(m^2);

d——管径(m)。

根据式(3.21)、式(3.22),当管段设计秒流量算出后,只要确定流速,即可求得管径。住宅的入户管,公称直径不宜小于 20 mm。室内给水管道的设计流速可按下述数值选取:立管、支管内的流速一般应为 1.0 ~ 1.8 m/s;连接卫生器具的支管流速为 0.6 ~ 1.2 m/s;消防给水管道的流速,消火栓系统不宜大于 2.5 m/s;自动喷水灭火系统不宜大于 5.0 m/s。生活给水管道的水流速度宜按表 3.8 采用。

表 3.8　生活给水管道的水流速度

公称直径/mm	15 ~ 20	25 ~ 40	50 ~ 70	≥80
水流速度/(m/s)	≤1.0	≤1.2	≤1.5	≤1.8

3.4.3.2 水头损失计算

管网的水头损失为各管道的沿程损失和局部损失之和,即 $h_f = \sum h_y + \sum h_j$

(1)管道沿程水头损失计算公式

$$h_y = iL \tag{3.23}$$

式中　h_y——管道沿程水头损失(kPa);

L——管道长度(m);

i——管道单位长度水头损失(kPa/m),$i = 105C_h^{-1.85}d_j^{-4.87}q_g^{1.85}$;

d_j——管道计算内径(m);

q_g——给水设计流量(m^3/s);

C_h——海澄–威廉系数。各种塑料管、内衬(涂)塑管 $C_h = 140$;铜管、不锈钢管 $C_h = 130$;内衬水泥、树脂的铸铁管 $C_h = 130$;普通钢管、铸铁管 $C_h = 100$。

59

（2）局部水头损失计算公式

$$h_j = \sum \xi \frac{v^2}{2g} \qquad (3.24)$$

式中　h_j——管道各局部水头损失的总和(kPa)；

　　　ξ——局部阻力系数；

　　　v——一般指局部阻力后边(按水流方向)的平均流速(m/s)；

　　　g——重力加速度(m/s²)，取9.8 m/s²。

　　生活给水管道的配水管的局部水头损失,宜按管道的连接方式,采用管(配)件当量长度法计算。当管道的管(配)件当量长度资料不足时,可按下列管件的连接状况,按管网的沿程水头损失的百分数取值：①管(配)件内径与管道内径一致,采用三通分水时,取25%～30%;采用分水器分水时,取15%～20%;②管(配)件内径略大于管道内径,采用三通分水时,取50%～60%;采用分水器分水时,取30%～35%;③管(配)件内径略小于管道内径,管(配)件的插口插入管口内连接,采用三通分水时,取70%～80%;采用分水器分水时,取35%～40%。

　　例1　某6层12户住宅楼,每户卫生间内有低水箱坐式大便器、洗脸盆、洗涤盆、淋雨器和洗衣机水嘴各1个,厨房内有洗涤盆1个。图3.16为该住宅给水系统轴测图,管材为给水塑料管。试计算供水管管径并校核。

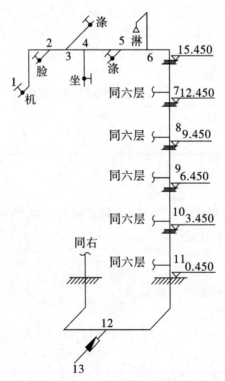

图3.16　给水系统轴侧图

解体思路:

(1)根据公式(3.15)先求出平均出流概率 U_0;

(2)查表找出对应的 α_c 值代入公式(3.16),求出同时出流概率 U;

(3)再代入公式(3.17)就可求得该管段的设计秒流量 q_g;

(4)重复上述步骤可求出所有管段的设计秒流量。

解:由表2.4和2.5可知,该类住宅为Ⅱ类住宅,取用水定额 $q_0 = 210$ L/(人·d),用水时数24 h,小时变化系数 $K_h = 2.5$,每户按3.5人计。

查表3.4得:坐式大便器 $N = 0.5$,淋浴水嘴 $N = 1.0$,洗脸盆水嘴 $N = 0.75$,洗涤盆水嘴 $N = 1.0$,洗衣机水嘴 $N = 1.0$,每户当量总数 $N_g = 5.25$。则最大用水时卫生器具给水当量平均出流概率为:

$$U_0 = \frac{q_0\, m K_h}{0.2 \cdot N_g \cdot T \cdot 3600} \times 100\% = \frac{210 \times 3.5 \times 2.5}{0.2 \times 5.25 \times 24 \times 3600} = 0.0205$$

取 $U_0 = 2.05\%$ 查表3.2可得 $\alpha_c = 0.01101$,根据公式(3.16)、(3.17)可分别计算出 U、q_g 计算结果见表3.9:

表3.9 给水管网水力计算表

管段	管段长度/m	卫生洁具数量/当量						当量总数 N_g	$U/\%$	q_g /(L/s)	管径 /mm	流速 /(m/s)	i /(kPa/m)	h_y /kPa
		洗衣机 $N=1.0$	洗脸盆 $N=0.75$	洗涤盆 $N=1.0$	坐便器 $N=0.5$	洗涤盆 $N=1.0$	淋浴器 $N=1.0$							
1—2	1.0	1.0						1.0	100	0.20	20	0.53	0.206	0.206
2—3	0.5	1.0	0.75					1.75	76.32	0.27	20	0.71	0.352	0.176
3—4	0.5	1.0	0.75	1.0				2.75	61.18	0.34	20	0.89	0.528	0.264
4—5	0.8	1.0	0.75	1.0	0.5			3.25	56.38	0.37	20	0.97	0.614	0.491
5—6	0.5	1.0	0.75	1.0	0.5	1.0		4.25	49.46	0.42	20	1.01	0.776	0.388
6—7	4.5	1.0	0.75	1.0	0.5	1.0	1.0	5.25	44.62	0.47	25	0.71	0.251	1.130
7—8	3.0	2.0	1.5	2.0	1.0	2.0	2.0	10.50	31.88	0.70	25	1.06	0.507	1.521
8—9	3.0		2.25	3.0	1.5			15.75	26.23	0.83	25	1.26	0.691	2.073
9—10	3.0	4.0	3.0	4.0	2.0	4.0	4.0	21.00	22.76	0.96	32	0.94	0.317	0.951
10—11	3.0	5.0	3.75	5.0	2.5	5.0	5.0	26.25	20.56	1.08	32	1.06	0.390	1.170
11—12	3.0	6.0	4.5	6.0		6.0	6.0	31.50	18.86	1.19	32	1.17	0.463	1.389
12—13	3.0	12.0	9.0	12.0	6.0	12.0	12.0	63.00	13.65	1.72	40	1.03	0.276	0.828

$$\sum h_y = 10.587$$

局部水头损失取沿程损失的30%,则 $H_2 = 1.3\sum h_y = 1.3 \times 10.587$ kPa $= 13.76$ kPa $= 1.38$ mH$_2$O。

3.5 高层建筑给水系统

3.5.1 高层建筑的特性

高层建筑是密切伴随着社会的进步,经济技术的发展而发展的,是城市建设的时代特征。高层建筑特点是建筑面积大、高度大、结构复杂,在建筑内生活工作的人数多,使用功能也多。

根据我国《建筑设计防火规范》(GB 50016—2014)规定:高层建筑指建筑高度大于27 m 的住宅建筑和建筑高度大于24 m 的非单层厂房、仓库和其他民用建筑。高层民用根据其建筑高度、使用功能和楼层的建筑面积可分为一类和二类。

高层建筑给水工程的特点有:瞬时给水量大;给水系统和热水系统中的静水压力大;失火时人员流散和扑救困难;室内管道及设备种类繁多、管线长、噪声源多、管径大、标准高。为使众多的管道整齐有序敷设,在高层建筑中,常常在设备层中安装设备并提供管线交叉和水平穿行的空间;垂直穿行的管线常布置在专设的管井中。

3.5.2 高层建筑的供水方式

高层建筑层数多,建筑高度高,低层管道中静水压力过大,不利现象有:龙头开启,水成射流喷溅,影响使用;龙头、阀门等器材磨损迅速,检修频繁,寿命缩短,必须采用耐高压管材、零件及配水器材;下层龙头的流出水头过大,出流量比设计流量大得多,使管道内流速增加,以致产生水流噪音、振动,并可使顶层龙头产生负压抽吸现象,形成回流污染;维修管理费用和水泵运转电费增高。因此,高层建筑生活给水系统应竖向分区,竖向分区压力应符合下列要求:

(1)各分区最低卫生器具配水点处的静水压不宜大于 0.45 MPa;

(2)静水压大于 0.35 MPa 的入户管(或配水横管),宜设减压或调压设施;

(3)各分区最不利配水点的水压,应满足用水水压要求。

为确保高层建筑给水安全可靠,高层建筑应设置两条引入管,室内竖向或水平向管网应连成环状。建筑高度不超过 100 m 的建筑的生活给水系统,宜采用垂直分区并联供水或分区减压的供水方式;建筑高度超过 100 m 的建筑,宜采用垂直串联供水方式。

3.5.2.1 并联供水方式

高位水箱并联供水方式是在各分区内独立设置水箱和水泵,且水泵集中设置在建筑底层或地下室,分别向各区供水,如图 3.17 所示。

这种供水方式的优点是各区为独立供水系统,互不影响,供水安全可靠;水泵集中布置,维护管理方便。其缺点是水泵出水高压管线长,投资费用增加;分区水箱占建筑楼层若干面积,影响建筑房间的布置,减少房间面积。

3.5.2.2 串联供水方式

高位水箱串联供水方式为水泵分散设置在各区的设备层中,自下区水箱抽水供上区用水,如图 3.18 所示。

这种供水方式的优点是设备与管道较简单,投资较节约;能源消耗较小。缺点是水泵分散设置,管理维护不便,且连同水箱所占设备层面积较大;水泵设在设备层,防震隔音要求高;若下区发生事故,其上部数区供水受影响,供水可靠性差。

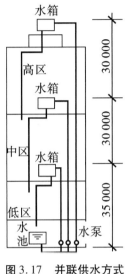

图 3.17　并联供水方式

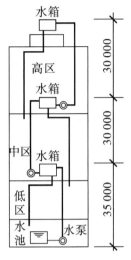

图 3.18　串联供水方式

3.5.2.3　减压水箱供水方式

减压水箱供水方式为整个高层建筑的用水量全部由设置在地下底层的水泵提升至屋顶总水箱,然后再分送至各分区水箱,分区水箱起减压作用,如图 3.19 所示。

这种供水方式的优点是水泵数量最少,设备费用降低,管理维护简单;水泵房面积小,各分区减压水箱调节容积小。它的缺点是水泵运行动力费用高;屋顶总水箱容积大,对建筑的结构和抗震不利;建筑物高度较高分区较多时,下区减压水箱中浮球阀承压过大,造成关不严或经常维修;供水可靠性差。

3.5.2.4　减压阀供水方式

减压阀供水方式是目前我国实际工程中较多采用的一种方式,它的原理与减压水箱供水方式相同,不同处是以减压阀来代替减压水箱,如图 3.20 所示。

这种供水方式的最大优点为减压阀不占设备层房间面积,使建筑面积发挥最大的经济效益。其缺点是水泵运行动力费用较高。

3.5.2.5　无水箱供水方式

近年来,国外不少大型高层建筑采用无水箱的变速水泵或气压罐供水方式,根据给水系统中用水量情况自动改变水泵的转速,使水泵经常处于较高效率下的工作状态。其最大优点是:省去高位水箱,把水箱所占的建筑面积改为房间,增加房间使用率。其缺点是需要一套价格较贵的变速水泵及其自动控制设备,且维修较复杂。因此,这种供水方式在国内的高层建筑设计中很少采用。但在中外合资的工程中已被采用,如广州的中国大酒店,南京的金陵饭店和北京的长城饭店等高层建筑。图 3.21 和图 3.22 为两种无水箱供水方式。

63

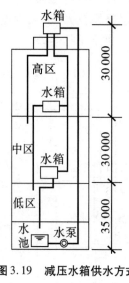

图 3.19　减压水箱供水方式

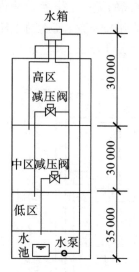

图 3.20　减压阀供水方式

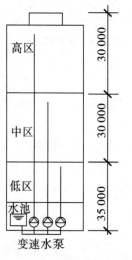

图 3.21　无水箱并联供水方式

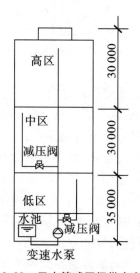

图 3.22　无水箱减压阀供水方式

　　当建筑太高、竖向分区较多时,往往可根据工程的实际情况混合采用各种供水方式,如某 32 层建筑,其给水系统竖向分成四区,地下室至地面三层由市政供水管网直接供水,第 4 ~ 15 层采用变速水泵无水箱供水方式,第 16 ~ 24 层采用减压阀供水方式,第 25 ~ 32 层采用屋顶水箱供水方式。

➤ 3.6　建筑热水与饮用水供应系统

3.6.1　热水给水系统的分类与组成

　　建筑内的热水供应系统按热水供水范围的大小,可分为集中热水供应系统和局部热水供应系统。

集中热水供应系统供水范围大,热水集中制备,用管道输送到各配水点。一般在建筑内设专用锅炉房或热交换间,由加热设备将水加热后,供一幢或几幢建筑用。适用于使用要求高,耗热量大,用水点多且分布较密集的建筑。其热源在条件允许时应首先利用工业余热、废热、地热或太阳能等自然热源,若无上述可利用热源时,可设燃油(气)热水机组或电蓄热设备等供给集中热水供应系统的热源或直接供给热水。

局部热水供应系统供水范围小,热水分散制备。一般靠近用水点设置小型加热设备供一个或几个配水点使用,热水管路短,热损失小。适用于使用要求不高,用水点少而分散的建筑。其热源宜采用蒸汽、煤气、炉灶余热或太阳能等。

各种系统的选用主要根据建筑物所在地区热力系统完善程度和建筑物使用性质、使用热水点的数量、水量和水温等因素确定。

比较完善的热水供应系统,通常由下列几部分组成:

1)加热设备——锅炉、炉灶、太阳能热水器、各种热交换器等;

2)热媒管网——蒸汽管或过热水管、凝结水管等;热水输配水管网和回水管网、循环管网;

3)其他设备和附件——循环水泵,各种器材和仪表等,附件包括蒸汽、热水的控制附件及管道的连接附件。如温度自动调节器、疏水器、减压阀、安全阀、膨胀罐、管道补偿器、闸阀、水嘴等。

集中热水供应系统可认为由第一循环(热媒系统,含发热和加热器等设备)和第二循环系统(热水供水系统,含配水和回水管网等设备)组成。

(1)热媒系统 热媒系统由热源、水加热器和热媒管网组成。由锅炉生产的蒸汽(或过热水)通过热媒管网送到水加热器加热冷水,经过热交换蒸汽变成冷凝水,靠余压送到冷凝水池,冷凝水和新补充的软化水经冷凝循环泵再送回锅炉加热为蒸汽。如此循环完成热的传递作用。对于区域性热水系统不需设置锅炉,水加热器的热媒管道和冷凝水管道直接与热力网连接,有集中供热管网提供热媒。

(2)热水供水系统 热水供水系统由热水配水管网和回水管网组成。被加热到一定温度的热水,从水加热器出来经配水管网送至各个热水配水点。而水加热器的冷水由屋顶水箱或给水管网补给。为保证各用点随时都有规定水温的热水,在立管和水平干管甚至支管设置回水管,使一定量的热水经过循环水泵流回水加热器以补充管网所散失的热量。考虑管网内因温度变化引起水的膨胀,应采取措施消除热水体积膨胀和由于膨胀引起的超压问题。

3.6.2 热水供水方式

热水供水方式按管网压力工况的特点可分为开式和闭式两类。

开式热水供水方式一般在管网顶部设有水箱,管网与大气连通,系统内的水压仅取决于水箱的设置高度,而不受室外给水管网水压波动的影响。所以,当给水管道的水压变化较大且用户要求水压稳定时,宜采用开式热水供水方式,如图3.23所示,该方式须设置高位冷水箱和膨胀管或开式加热水箱。

闭式热水供水方式的管网不与大气相通,冷水直接进入水加热器,需设安全阀,有条件时还可以考虑设隔膜式压力膨胀罐或膨胀管,确保系统安全运转,如图 3.24 所示。闭式热水供水方式具有管路简单、水质不易受外界污染等优点,但供水水压稳定性较差、安全可靠性较差,适用于不设屋顶水箱的热水供应系统。

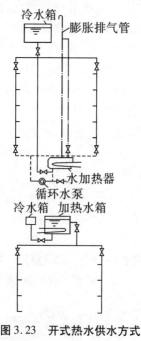

图 3.23   开式热水供水方式

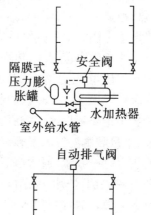

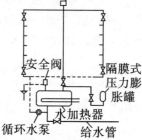

图 3.24   闭式热水供水方式

根据热水管网设置循环管网的方式不同,有全循环、半循环、无循环热水供水方式之分,如图 3.25 所示。

全循环热水供水方式是指热水干管、热水立管及热水支管均能保持热水的循环,各配水龙头随时打开均能提供符合设计水温要求的热水,该方式用于有特殊要求的高标准建筑中,如高级宾馆、饭店、高级住宅等。

半循环方式又分为立管循环和干管循环热水供水方式。立管循环热水供水方式是指热水干管和热水立管内均保持有热水的循环,打开配水龙头时只需放掉热水支管中少量的存水,就能获得规定水温的热水,该方式多用于设有全日供应热水的建筑和设有定时供应热水的高层建筑中。干管循环热水供水方式是指仅保持热水干管内的热水循环,多用于采用定时供应热水的建筑中。在热水供应前,先用循环泵把干管中已冷却的存水循环加热,当打开配水龙头时只需放掉立管和支管内的冷水就可流出符合要求的热水。

无循环热水供水方式是指在热水管网中不设任何循环管道。对于热水供应系统较小、使用要求不高的定时供应系统,如公共浴室、洗衣房等可采用此方式。

此外,热水供水方式还有:根据热水加热方式的不同有直接加热和间接加热;根据热水循环系统中采用的循环动力不同有设循环水泵的机械强制循环方式和不设循环水泵靠热动力差循环的自然循环方式;根据热水配水管网水平干管的位置不同,还有下行上给供水方式和上行下给的供水方式等。

选用何种热水供水方式应根据建筑物用途、热源的供给情况、热水用水量和卫生器

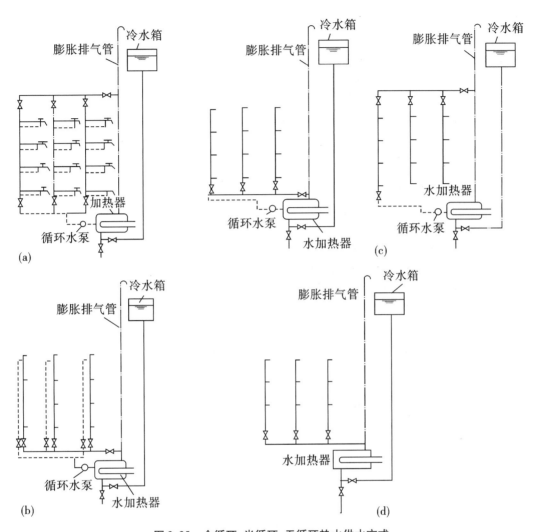

图 3.25 全循环、半循环、无循环热水供水方式

具的布置情况进行技术和经济比较后确定。

3.6.3 加、换热设备及附件

加热方法即发热体的热能通过壁面直接与水接触,使水得到热量的方法。加热方式的不同决定所采用的加热设备也不同。

3.6.3.1 直接加热方式及设备

直接加热也称一次换热,利用燃料直接烧锅炉将水加热,或利用清洁的热媒如蒸汽与被加热水混合来加热,或采用电力加热,或采用太阳能加热等均为直接加热方式。

直接热水加热器根据建筑情况、热水用水量及对热水的要求等,选用适当的锅炉或热水器。直接加热设备主要有下列几种:

(1)热水锅炉 热水锅炉有卧式、立式等,燃料有烧煤、油及燃气等。燃煤锅炉有立式和卧式两类,立式锅炉有横水管、横火管、直水管、弯水管之分。卧式锅炉有外燃回水管、内燃回水管、快装卧式内燃等几种。其中快装卧式内燃锅炉效率较高,具有体积小安装简单等优点,该锅炉可以气水两用。燃煤锅炉使用燃料价格低,但存在烟尘和煤渣对环境的污染问题。燃油锅炉通过燃烧器向正在燃烧的炉膛内喷射成雾状油,燃烧迅速、完全,该锅炉还可改用煤气作为燃料,具有构造简单、体积小、热效率高、排污总量少的优点,对环境有一定要求的建筑物可考虑使用。目前,在国外发达国家加热设备以使用大型电加热设备和燃油锅炉为主。

(2)汽水混合加热器 将清洁的蒸汽通过喷射器喷入冷水中,使水汽充分混合而加热水,蒸汽在水中凝结成热水,热效率高、设备简单、紧凑、造价低。但喷射器有噪声,需设法隔除。

(3)太阳能热水器 太阳能热水器是将太阳能转换成热能并将水加热的装置。其优点是结构简单、维护方便、节省燃料、运行费用低、不存在环境污染问题。其缺点是:受天气、季节、地理位置等影响不能连续稳定运行,为满足用户要求需配置贮热和辅助加热措施、占地面积较大,因而布置受到一定的限制。

太阳能热水器按组合形式分有装配式和组合式。装配式太阳能热水器一般为小型热水器,是将集热器、贮热水箱和管路由工厂装配,适于家庭和分散使用场所。组合式太阳能热水器是将集热器、贮热水箱、循环水泵、辅助加热设备按系统要求分别设置,适用于大面积供应热水系统和集中供应热水系统。图3.26为太阳能热水器安装示意图。

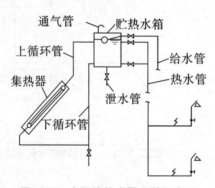

图3.26 太阳能热水器安装示意图

太阳能热水器常布置在平屋顶上,在坡屋顶的方位和倾角合适时也可设置。对于小型家用太阳能热水器也可以利用向阳晒台栏杆和墙面设置。集热器安装倾角等于当地纬度,若侧重在夏季使用,安装角应等于当地纬度减10°,若侧重在冬季使用安装角应等于当地纬度加10°,安装倾角误差为±3°,全玻璃真空管东西向放置的集热器安装倾角可适当减小。

太阳能热水器的设置应避开其他建筑物的阴影,避免设置在烟囱和其他产生烟尘的设施的下风向,以防烟尘污染透明罩影响透光;避开风口,以减少热损失。除考虑设备荷载外,还应考虑风压影响,并应留有0.5 m的通道供检修和操作。

(4)燃气热水器 燃气热水器的热源有天然气、焦炉煤气、液化石油气和混合煤气四种。按加热冷水方式不同,燃气热水器有直流快速式和容积式。直流快速式燃气热水器一般安装在用水点就地加热,可随时点燃并可立即取得热水,供一个或几个配水点使用,常用于家庭、浴室、医院手术室等局部热水供应。容积式燃气热水器具有一定的贮水容积,使用前应预先加热,可供几个配水点或整个管网供水,可用于住宅、公共建筑和工业企业的局部和集中热水供应。

在无集中热水供应系统的居住建筑中,可以设置燃气热水器来供应洗浴热水。燃气热水器在通气不足的情况下,容易发生使用者中毒或窒息的危险,因此禁止将其安装在浴室、卫生间等处,必须设置在通风良好处。

(5)电热水器　电热水器是把电能通过电阻丝变为热能加热冷水的设备,适合家庭和工业、公共建筑单个热水供应点使用。电热水器产品有快速式和容积式两种。快速式电热水器无贮水容积或贮水容积很小,不需在使用前预先加热,在接通水路和电源后即可得到被加热的热水。该类热水器具有体积小、重量轻、热损失少、效率高、容易调节水量和水温、使用安装简便等优点,但电耗大。

容积式电热水器具有一定的贮水容积,其容积为 10 ~ 10000 L,该种热水器在使用前需预先加热,可同时供应几个热水用水点在一段时间内使用,具有耗电量较小、管理集中的优点。但其配水管段比快速式热水器长,热损失大。适用于局部供水和管网供水系统。

3.6.3.2　间接加热方式及设备

间接加热也称二次换热,指加热水不与热媒直接接触,而是通过加热器中的传热作用来加热水。如用蒸汽或热网水等来加热凉水,热媒放热后温度降低,仍可回流到原锅炉循环使用,因此热媒不需要大量补充水,既可节省用水,又可保护锅炉不生水垢,减少了硬水的处理量,避免锅炉的事故发生,提高热效率。

间接加热法所用的热源,一般为蒸汽或过热水。间接加热法适用于要求供水稳定安全、对噪声要求低的旅馆、住宅、医院、办公楼等建筑。间接加热设备主要有以下几种。

(1)容积式水加热器　容积式水加热器内部设有换热管束并具有一定贮热容积,既可加热冷水又能贮备热水,热媒为蒸汽或热水,有卧式、立式之分。图 3.27 为卧式容积构造示意图。

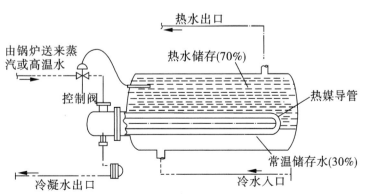

图 3.27　容积式水加热器构造示意图

69

（2）快速式水加热器　根据热媒的不同,快速式水加热器有汽-水和水-水两种类型,前者热媒为蒸汽,后者热媒为过热水;根据加热导管的构造不同,又有单管式、多管式、板式、管壳式、波纹板式、快速式水加热器,热媒与冷水通过较高流速流动,进行紊流加热,提高热媒对管壁、管壁对被加热水的传热系数,以改善传热效果。图 3.28 所示为多管式汽-水快速式水加热器。

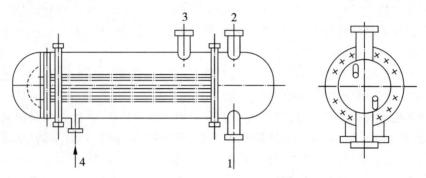

图 3.28　多管式汽-水快速式水加热器
1-冷水;2-热水;3-蒸汽;4-凝水

（3）半容积式水加热器　带有适量贮存与调节容积的内藏容积式水加热器。其基本构造如图 3.29 所示,它由贮热水罐、内藏式快速换热器和内循环泵三个主要部分组成。其中贮热水罐与快速换热器隔离,被加热水在快速换热器内迅速加热后,通过热水配水管进入贮热水罐,当管网中热水用量低于设计用水量时,热水的一部分落到贮罐底部,与补充水(冷水)一道经内循环泵升压后再次进入快速换热器加热。它具有体型小、加热快、换热充分、供水温度稳定、节水节能的优点,但由于内循环泵不间断地运行,需要有极高的质量保证。

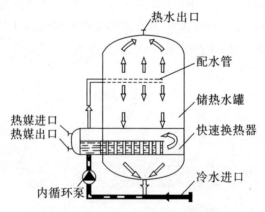

图 3.29　半容积式水加热器构造示意图

（4）半即热式水加热器　带有超前控制,具有少量贮存容积,其构造如图 3.30 所示。热媒经控制阀和底部入口通过立管进入各并联盘管,冷凝水入立管后由底部流出,冷水从底部经孔板入罐,同时有少量冷水进入分流管。入罐冷水经转向器均匀进入罐底并向上流过盘管得到加热,热水由上出口流出。部分热水在顶部进入感温管开口端,冷水以与热水用水量成比例的流量由分流管同时入感温管,感温元件读出瞬间感温管内的冷、热水平均温度,即向控制阀发出信号,按需要调节控制阀,以保持所需的热水输出温度。只要一有热水需求,热水出口处的水温尚未下降,感温元件就能发出信号开启控制阀。加热盘管内的热媒由于不断改向,加热时盘管颤动,形成局部紊流区,属于"紊流加热",故传热系数大,换热速度快,又具有预测温控装置,所以其热水贮存容量小,仅为半容积式水加热器的1/5。同时,由于盘管内外温差的作用,盘管不断收缩、膨胀,可使传热面上的水垢自动脱落。它具有快速加热被加热水、浮动盘管自动除垢的优点,其热水出水温度一般能控制在±2.2 ℃内,且体积小。节省占地面积,适用于各种不同负荷需求的机械循环热水供应系统。

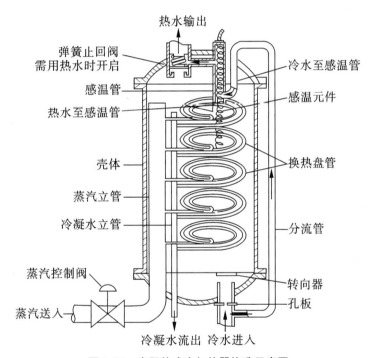

图3.30 半即热式水加热器构造示意图

3.6.3.3 附件

(1)自动温度调节装置 当水加热器的出水温度需要控制时,可采用直接式或间接式自动温度调节装置。直接式自动温度调节器温度调节范围有:0 ~ 50 ℃、20 ~ 70 ℃、50 ~ 100 ℃、70 ~ 120 ℃、100 ~ 150 ℃、150 ~ 200 ℃等温度等级,公称压力为1.0 MPa。宜在温度为−20 ~ +50 ℃的环境内使用,温度调节器必须直立安装,温包放置在水加热器热水出口的附近,把感受到的温度变化传导给温度调节器,自动控制热媒流量,达到自动调温的作用。

间接式自动温度调节器由温包、电触点温度计、阀门电机控制箱等组成。温包把探测到的温度变化传导到电触点温度计,当指针转到大于规定的温度触点时(如限定水加热器出水温度为 70 ℃),即启动电机关小阀门,减少热媒流量降温。当指针转到低于规定的温度触点时,即启动电机开大阀门,增加热媒流量升温。

(2)减压阀　热水供应系统中的加热器常以蒸汽为热媒,若蒸汽供应管网的压力远大于水加热器所规定的蒸汽压力,应设减压阀把蒸汽压力降到需要值,才能保证设备使用安全。减压阀是利用流体通过阀瓣产生阻力而减压,有波纹管式、活塞式、膜片式等几种类型。

(3)疏水器　为保证蒸汽凝结水及时排放,同时又防止蒸汽漏失,在蒸汽的凝结水管段上应装设疏水器。疏水器按其工作压力有低压和高压之分,热水系统通常采用高压疏水器。当水加热器的换热能确保凝结水回水温度不大于 80 ℃ 时,可不装疏水器。蒸汽立管最低处、蒸汽管下凹处的下部宜设疏水器。疏水器一般可选用浮动式或热动力式疏水器。

(4)排气装置　为排除热水管道系统中热水气化产生的气体(溶解氧和二氧化碳),以保证管内热水畅通,防止管道腐蚀,上行下给式系统的配水干管最高处及向上抬高的管段应设自动排气阀,阀下设检修用阀门。下行上给式系统可利用最高配水点放气,当入户支管上有分户计量表时,应在各供水立管顶设自动排气阀。

(5)自然补偿管道和伸缩器　热水系统中管道因受热膨胀而伸长,为保证管网使用安全,在热水管网上应采取补偿管道温度伸缩的措施,以避免管道因承受超过自身许可的内应力而导致弯曲或破裂。

热水管网在设计时常利用管道敷设自然形成的 L 型或 Z 型弯曲管段,来补偿直线管段部分的伸缩量。通常的做法是在转弯前后的直线段上设置固定支架。

当直线管段较长无法利用自然补偿时应设置伸缩器。常用的伸缩器有管套伸缩器、方型伸缩器、波型伸缩器等。套管伸缩器其优点是占用空间小,缺点是由于频繁伸缩,填料易损坏漏水;方型伸缩器是由钢管煨制而成,由于弯曲处无活动接头,具有安全可靠不漏水的优点,缺点是在管道布置时占空间大,与其他管道平行布置时间距较大敷设困难。

热水管道系统中使用最方便、效果最佳的是波型补偿器,即由不锈钢制成的波纹管,用法兰或螺纹连接,具有安装方便、节省面积、外形美观、耐高温等特点。

另外,近年来也有在热水管路中采用可曲挠橡胶接头替代补偿器的做法。但必须采用耐热橡胶。

(6)膨胀管及膨胀罐　在集中热水供应系统中,冷水被加热后,水的体积要膨胀,如果热水系统是密闭的,在卫生器具不用水时,必然会增加系统的压力,有胀裂管道的危险,因此需要设置膨胀管、安全阀或膨胀水罐。

膨胀管上严禁装设阀门,且应防冻,以确保热水供应系统的安全。如果膨胀管安装不便,也可采用闭式热水供应系统中设置的隔膜式压力膨胀水箱(罐)来代替。

(7)泄水装置　在热水管道系统的最低点及向下凹的管段应设泄水装置或利用最低配水点泄水,以便于在维修时放空管道中存水。

(8)压力表　密闭系统中的水加热器、贮水器、锅炉、分汽缸、分水器、集水器等各种承压设备均应装设压力表,以便于操作人员观察其运行工况,做好运行记录,并可以减少和避免一些不安全事故。热水加压泵、循环水泵的出水管(必要时含吸水管)上应装设压力表。压力表装设位置应便于操作人员观察与清洗,且应避免受辐射热、冻结或振动的不利影响。

(9)止回阀 热水管网在下列管段上,应装设止回阀:①水加热器或贮水器的冷水供水管,防止加热设备的升压或冷水管网水压降低时产生倒流。②机械循环系统的第二循环回水管,防止冷水进入热水系统。③冷热水混合器的冷、热水供水管,防止冷、热水通过混合器相互串水而影响其他设备的正常使用。

3.6.3.4 加热设备的选择和布置

加热设备是热水供应系统的核心组成部分,加热设备的选择是关系到热水供应系统能否满足用户使用要求和保证系统能否长期正常运转的关键。应根据现有的热源条件、燃料种类、建筑物功能及热水用水规律、耗热量和建筑物内部布局等因素经综合比较后确定。

近年来随着热水供应理论和技术的发展,确定了一次换热总体效率高于二次换热的基本原则,并提出以燃气、油、煤为燃料的热水锅炉作为首选加热设备。

在无条件采用热水锅炉直接加热方式或在需要供应蒸汽的场所,可以采用间接加热方式。在选择二次换热的加热设备时,既要考虑加热器本身的安全性能、热力性能、阻力性能、维修条件、一次投资、占地面积等诸多因素,还要考虑与其配套的热媒供应设备等因素。

在无条件利用燃气、油、煤等燃料,且无蒸汽、高温水作热源而当地有充足的电能和供电条件时,也可采用电热水器制备热水;当有条件利用太阳能作为热源时,则可采用热管、真空管式太阳能热水器。为保证热水供应不受气候的影响,满足不间断供水的要求,应另外增设一套其他热水器用以辅助太阳能热水器的供热。

当采用蒸汽或高温水为热源时,有条件时尽可能利用工业余热、废热、地热。加热设备宜采用容积式水加热器、半容积式水加热器;当有可靠灵敏的温控调节装置且热源充足时,也可采用半即热式、快速式水加热器。当无蒸汽、高温水等热源且无条件利用燃气、燃油等燃料时,电力充沛的地区可采用电热水器。

设备布置必须满足相关规范、产品样本等规定。尤其是高压锅炉不宜设在居住建筑和公共建筑内,宜设置在单独建筑内,否则应征得消防、安检和环保部门的同意,燃油、燃气锅炉亦应符合消防规范的有关规定。水加热设备和贮热设备可设在锅炉房或单独房间内,房间尺寸应保证设备进出检修方便并满足设备运行要求,设备之间的净距与人行通道的净宽应符合通风、照明、采光、防水、排水等要求。容积式、半容积式水加热器的一侧应有净宽不小于0.7 m的通道,前端应留有抽出加热盘管的位置,且留不少于机组长度2/3的空间,后方应留0.8 m~1.5 m的空间,两侧通道宽度应为机组宽度,且不应小于1.0 m。机组上部部件(烟囱除外)至建筑结构最低点净距不得小于0.8 m,房间净高不得低于2.2 m。

热媒管道布置、凝结水管道和凝结水、凝结水泵的位置、标高应满足第一循环系统的要求;热水贮水、膨胀管和冷水的位置标高,水质处理装置的位置、标高,热水出水口的位置、标高、方向,应与热水配水管网配合。

73

3.6.3.5　热水管道的布置与敷设

建筑内热水管网的布置原则是在满足用户使用要求、便于维修管理的条件下,热水管线应布置最短。

(1)干管布置在热水供应系统中,热水管网的布置形式分为下行上给式和上行下给式。下行上给式的热水干管一般敷设在地沟内、地下室顶部,而上行下给式的热水干管一般敷设在建筑物最高层的顶板下或顶棚内、管道设备层内,暗装的热水干管需加保温以减少热损失。

水平的热水干管应设置不小于0.003的坡度,便于排气和泄水,管网系统的最低点设泄水阀或丝堵,以便于检修时排泄系统的积水。在上行下给式系统中,上行的热水干管最高点应设置排气装置,如自动排气阀、集气罐等。

(2)立管布置:热水立管明装时,一般布置在卫生间内,暗装时一般都设在管道井内。

热水管道穿过建筑物顶棚、楼板、墙壁和基础时均应加套管,以防管道热胀时损坏建筑结构和管道设备。穿楼板的套管应高出楼板地面升高10 cm,以防楼板集水时,通过套管内缝隙流到下层。为调节平衡热水管网的循环流量和检修时缩小停水范围,在配水或回水环形管网的分干管处,配水立管和回水立管的端点以及居住建筑和公共建筑中每一用户或一单元的热水支管上,均应设阀门。

热水管道中水加热器或贮水器的冷水供水管和机械循环第二循环回水管上应设止回阀,以防加热设备内水倒流被泄空而造成安全事故,并防止冷水进入热水系统影响配水点的供水温度。

3.6.4　高层建筑室内热水供应

高层建筑的热水系统同冷水系统一样应作竖向分区,与给水系统的分区应一致,各区水加热器、贮水器的进水均应由同区的给水系统设专管供应,以保证系统内冷、热水的压力平衡,便于调节冷、热水混合龙头的出水温度,达到节水、节能、用水舒适的目的。当确有困难时,如单幢高层住宅的集中热水供应系统只能采用一个或一组水加热器供整幢楼热水时,可相应地采用质量可靠的减压阀等管道附件来解决系统冷热水压力平衡的问题。

由于高层建筑的热水管路长,热水供应要求高,因此应设置循环系统。热水供应循环系统可以采用自然循环或机械循环方式。

高层建筑热水分区供应方式主要有集中供热水和分散供热水两种形式。

(1)集中式　各区热水配水循环管网自成系统,加热设备、循环水泵集中设在底层或地下设备层。各区加热设备的冷水分别来自各区冷水水源,如冷水箱等(见图3.31)。其优点是各区供水自成系统,互不影响,供水安全可靠;设备集中设置,便于维修管理。缺点是高区水加热器需承受高压,耗钢量较多,制作要求和费用高。所以该分区形式不宜用于多于3个分区的高层建筑。

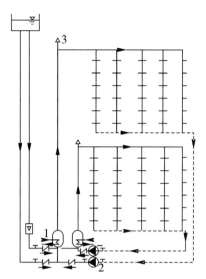

图 3.31　水加热器集中设置的分区集中热水供水方式

1-水加热器;2-循环水泵;3-排气阀

（2）分散式　各区热水配水循环管网也自成系统,但各区的加热设备和循环水泵分散设置在各区的设备层中(见图 3.32)。其优点是供水安全可靠,且加热设备承压均衡,耗钢量少,费用低。缺点是设备分散设置不但要占用一定的建筑面积,维修管理也不方便,且热媒管线较长。

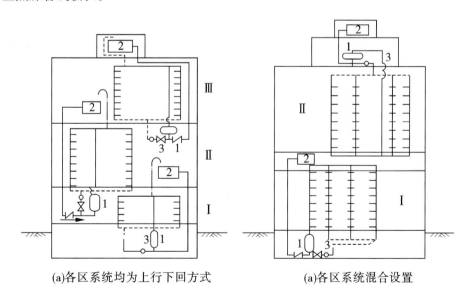

(a)各区系统均为上行下回方式　　　(a)各区系统混合设置

图 3.32　分散设置水加热器、分区设置热水管网的供水方式

1-水加热器;2-给水箱;3-循环水泵

一般高层建筑热水供应范围大,热水供应系统规模也较大,为确保系统运行时的良

好工况,进行管线布置时,应注意以下几点:

1)当分区范围超过5层时,为使各配水点随时得到设计要求的水温,应采用全循环或立管循环方式,当分区范围小但立管数多于5根时,应采用干管循环方式。

2)为防止循环流量在系统中流动时出现短流,影响部分配水点的出水温度,可在回水管上设置阀门,通过调节阀门的开启度,平衡各循环管路的水头损失和循环流量。若因系统大,循环管路长,用阀门调节效果不明显时,可采用同程式管线布置形式,使循环流量通过各循环管路的流程相当,可避免短流现象,利于保证各配水点所需水温。

3)为提高供水安全可靠性,尽量减小管道、附件检修时的停水范围,可充分利用热水循环管路提供的双向供水的有利条件,放大回水管管径,使它与配水管径接近。当管道出现故障时,可临时作配水管使用。

3.6.5 饮用水供应系统及制备方法

饮水供应主要有开水供应系统和冷饮水供应系统两类,采用何种系统应根据当地的生活习惯和建筑物的使用性质确定。

我国办公楼、旅馆、大学生宿舍、军营多采用开水供应系统;大型娱乐场所等公共建筑、厂矿企业生产热车间多采用冷饮水供应系统。

开水供应系统分集中开水供应和管道输送开水两种方式。集中制备开水的加热方法一般采用间接加热方式,不宜采用蒸汽直接加热方式。

集中开水供应是在开水间集中制备开水,人们用容器取水饮用。这种方式适合于机关、学校等建筑,设开水点的开水间宜靠近锅炉房、食堂等有热源的地方。每个集中开水间的服务半径范围一般不宜大于250 m。也可以在建筑内每层设开水间,集中制备开水,即把蒸汽热媒管道送到各层开水间,每层设间接加热开水器,其服务半径不宜大于70 m。随着我国能源工业的发展,还可用燃气、燃油开水炉、电加热开水炉代替间接加热器。

对于标准要求较高的建筑物如宾馆等,可采用集中制备开水用管道输送到各开水供应点。为保证各开水供应点的水温,系统采用机械循环方式,该系统要求水加热器出水水温稳定,每层制备开水不小于105 ℃,回水温度为100 ℃。加热方法可采用水加热器间接加热,也可用电加热直接加热。加热设备可设于底层,采用下行上给的全循环方式,也可设于顶层采用上行下给的全循环方式。

对于中、小学校,体育场,游泳场,火车站等人员流动较集中的公共场所,可采用冷饮水供应系统。人们从饮水器中直接喝水,既方便又可防止疾病的传播。图3.33所示为较常见的一种饮水器。

冷饮水的供应水温可根据建筑物的性质

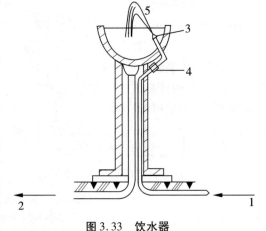

图3.33 饮水器

1-供水管;2-排水管;3-喷嘴;4-调节阀;5-水柱

按需要确定。一般在夏季不启用加热设备。冷饮水温度与自来水水温相同即可。在冬季,冷饮水温度一般取 35～40 ℃,要求与人体温度接近,饮用后无不适感觉。

冷饮水供应系统应设置循环管道,避免水流滞留影响水质,循环回水也应进行消毒灭菌处理。

饮水管道应选用耐腐蚀、内表面光滑、符合食品级卫生要求的薄壁不锈钢管、薄壁铜管、优质塑料管。开水管道应选用许用工作温度大于 100 ℃ 的金属管材。阀门、水表、管道连接件、密封材料、配水水嘴等选用材质均应符合食品级卫生要求,并与管材匹配。保证管道和配件材质不对饮用水质产生有害影响。

➤ 3.7 建筑给水管道和设施安装

3.7.1 引入管和水表结点

3.7.1.1 引入管

引入管自室外管网将水引入室内,铺设时常与外墙垂直,其位置要结合室外给水管网的具体情况,由建筑物用水量最大处接入。在选择引入管的位置时,应考虑便于水表安装与维修,同时要注意与其他地下管线保持一定的距离。

一般的建筑物设一根引入管,单向供水。对不允许间断供水、用水量大且设有消防给水系统的大型或多层建筑,应设两条或两条以上引入管,在室内形成环状供水。

引入管的埋设深度主要根据城市给水管网及当地的气候、水文地质条件和地面的荷载而定。管顶最小覆土深度不得小于冰冻线以下 0.15 m,行车道下的管线覆土深度不宜小于 0.70 m。

生活给水引入管与污水排出管管外壁的水平距离不宜小于 1.0 m,引入管应有不小于 0.003 的坡度坡向室外给水管网,并在最低点设池水阀或管堵。

引入管穿越承重墙或基础时,应预留孔洞或预埋钢套管进行管道保护。如果基础埋深较浅时,则管道可以从基础底部穿过;如果基础埋深较深,则引入管将穿越承重墙或基础本体(图 3.34),管顶上部与预留洞口净空高度一般不小于 0.15 m。

3.7.1.2 水表结点

必须单独计量水量的建筑物,应从引入管上装设水表。为检修水表方便,水表前应设阀门,水表后可设阀门、止回阀和放水阀。对因断水而影响正常生产的工业企业建筑物,只有一条引入管时,应绕水表设旁通管。

水表结点在我国南方地区可设在室外水表井中,井外皮距建筑物外墙 2 m 以上;在寒冷地区常设于室内的供暖房间内。

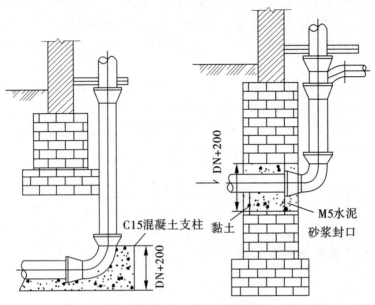

图3.34 引入管进入建筑物基础

3.7.2 管网布置和敷设

室内给水管道系统的布置和敷设,总的要求是保证供水安全可靠、节约工料、便于安装和维修,不妨碍美观。

3.7.2.1 管网布置

设计室内给水管网系统时,应根据建筑物性质、标准、结构、用水要求、用户位置等情况,合理布置。各种给水系统,按照水平配水干管的敷设位置,可以布置成下行上给式、上行下给式和环状式三种方式:

(1)下行上给式 它的水平配水干管敷设在底层(明装、埋设和沟设)或地下室天花板下,居住建筑、公共建筑和工业建筑利用室外管网水压直接供水时多采用这种方式。这种布置方式简单,明装时便于安装维修,埋地管道检修不方便。

(2)上行下给式 它的水平配水干管敷设在顶层天花板下或吊顶内,对于非冰冻地区,也有敷设在屋顶上的,对于高层建筑也可设在技术夹层内。设有高位水箱的居住、公共建筑,机械设备或地下管线较多的工业厂房多采用这种方式。它的特点是最高层配水点流出水头较高,安装在吊顶内的配水干管可能因漏水、结露损坏吊顶和墙面。

(3)环状式 水平配水干管或配水立管互相连成环,组成水平干管环状或立管环状。在有两根引入管时,也可将两根引入管通过配水立管和水平配水干管相连通,组成贯穿环状。高层建筑、大型公共建筑和工艺要求不间断供水的工业建筑常采用这种方式,消火栓管网往往要求环状。该方式的优点是在任何管段发生故障时,可用阀门切断事故管段而不中断供水,使水流通畅,水头损失小,水质不易滞流变质,但管网造价高。

给水管道不宜穿越伸缩缝、沉降缝和变形缝,必须穿越时应设置补偿管道伸缩和剪

切变形的装置。具体措施有:

1)软性接头法:用橡胶软接头管或金属波纹管连接沉降缝、伸缩缝两边的管道。

2)丝扣弯头法(图3.35):建筑物的沉降可由丝扣弯头的旋转补偿,适用于小管径管道。

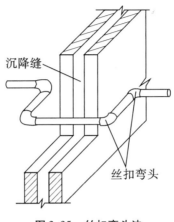

图 3.35　丝扣弯头法

3)活动支架法(图3.36):在沉降缝两侧设支架,使管道只能垂直位移,不能水平横向位移,以适应沉降、伸缩应力。

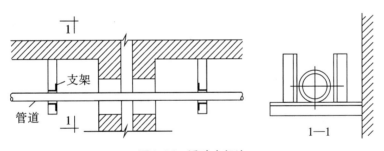

图 3.36　活动支架法

给水管道不应穿越变配电房、通信机房、计算机网络中心、音像库房等遇水会损坏设备和引发事故的房间。给水管道不允许敷设在烟道、风道、排水沟内,不允许穿过生产设备的基础、大小便槽、橱窗、壁柜、木装修等。

厂房、车间内管道架空布置时,应注意不妨碍生产操作、交通运输和建筑物的使用;不得布置在遇水能引起爆炸、燃烧或损坏原料与产品和设备的上方。

3.7.2.2　管道敷设

室内给水管道的敷设应根据建筑物的性质及要求,分为明装和暗装两种。

(1)明装　管道尽量沿墙、梁、柱、顶棚、地板和桁架敷设。特点是便于安装、维修,管理方便、造价低,但管道表面易积灰、结露,影响美观和整洁。该方式适用于一般民用建筑和生产车间。

（2）暗装 管道应尽量暗设在地下室、顶棚室、吊顶、公共管廊、管道层或公共管沟内,立管和支管宜设在公共管道井和管槽内,管道井应每层设检修门。暗设在顶棚、吊顶或管槽内的管道,在阀门处应留有检修门。

在工程设计中,无论采用哪种形式,都应该密切配合主体工程,尤其是对暗装管道施工时更要密切配合。例如在砌筑基础、安装楼板、砌筑内墙时,管道工程应根据设计图纸及时配合施工,预埋好各种管道、管件或预留孔、槽等。

为了把管道位置固定,不使管道因受自重、温度或外力影响而变形或位移,水平管道和垂直管道都应每隔一定距离装设支、吊架。常用支、吊架有钩钉、管卡、吊环、托架等,如图 3.37 所示。

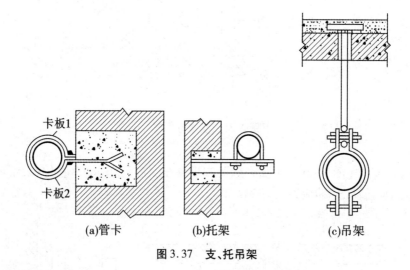

(a)管卡　　(b)托架　　(c)吊架

图 3.37　支、托吊架

对于给水立管,楼层高度小于或等于 5 m,每层只需设一个管卡,楼层高度大于 5 m,每层不得少于两个,通常设于 1.2 ~ 1.8 高度处。支架、吊架间距视管径大小而定,参见表 3.10。

表 3.10(a)　管径在 15 ~ 300 mm 的水平钢管支吊架间距

管径/mm		15	20	25	32	40	50	70	80	100	125	150	200	250	300
支架最大间距/m	保温	2	2.5	2.5	2.5	3	3	4	4	4.5	6	7	7	8	8.5
	不保温	2.5	3	3.5	4	4.5	5	6	6	6.5	7	8	9.5	11	12

表 3.10(b)　塑料管及复合管管道支架的最大间距

管径/mm			12	14	16	18	20	25	32	40	50	63	75	90	110
最大间距/m	立管		0.5	0.6	0.7	0.8	0.9	1.0	1.1	1.3	1.6	1.8	2.0	2.2	2.4
	水平管	冷水管	0.4	0.4	0.5	0.5	0.6	0.7	0.8	0.9	1.0	1.1	1.2	1.35	1.55
		热水管	0.2	0.2	0.25	0.3	0.3	0.35	0.4	0.5	0.6	0.7	0.8	—	—

表 3.10(c)   钢管管道支架的最大间距

公称直径/mm		15	20	25	32	40	50	65	80	100	125	150	200
支架最大 间距/m	垂直管	1.8	2.4	2.4	3	3	3	3.5	3.5	3.5	3.5	4	4
	水平管	1.2	1.8	1.8	2.4	2.4	2.4	3	3	3	3	3.5	3.5

当管道需要穿越墙壁和楼板,应设置金属或塑料套管。安装在楼板内的套管,其顶部应高出装饰地面 20 mm;安装在卫生间及厨房内的套管,其顶部应高出装饰地面 50 mm,底部应与楼板底面相平;安装在墙壁内的套管,其两端应与饰面相平。

干管的安装标高必须符合设计要求,并用支架固定;在不采暖房间,并可能冻结时,应进行保温;宜设 0.002 ~ 0.005 的坡度,坡向泄水装置。

给水立管在各层楼板预留孔洞并设套管,套管与立管之间的环形间隙应封堵。立管安装时需先弹出立管垂直中心线,再自各层地面向上量出横支管的安装高度,丈量各横支管三通(顶层为弯头)的距离,最后校核预留横支管管口高度、方向、用临时丝堵堵口。给水立管的安装应注意:给水立管与排水立管、热水立管并行时,应设于排水立管外侧、热水立管右侧;每根立管的始端应安装阀门,并在阀门的后面安装可拆卸件。

横支管的始端应安装阀门,阀后还应安装可拆卸件;还应设有 0.002 ~ 0.005 的坡度,坡向立管或配水点;支管应用托钩或管卡固定。

3.7.3 卫生器具安装

(1)洗脸(手)盆安装

1)脸盆就位:①按排水管口中心在墙上画垂线,由地面向上量出安装高度(洗脸盆上边缘)并画水平线。立式洗脸盆应先将支柱立好,脸盆安放在柱上,使脸盆中心对准垂线,找平后画好脸盆与地面接触处,用白水泥勾缝抹光。

2)给水安装:①在水嘴根部垫好油灰,插入脸盆给水孔眼内,在反面套上胶垫眼圈,带上根母后用手按住水嘴拧紧。②给水阀与预留给水管连接时,按实际尺寸配好短管,采用螺纹连接。如为暗装管道,先将压盖套在短管上,连接后压盖紧贴墙面,孔隙用白水泥嵌塞。③给水阀与水嘴连接时,按实际尺寸配好铜管,在两端缠绕生胶带,分别插入阀门和水嘴内,拧紧上、下格林装紧。

3)排水安装:立式洗脸盆排水管应暗装,采用 P 式存水弯。托架式洗脸盆如装 P 式存水弯,排水管应暗敷于墙内,管中心距地面 400 mm,管口(带螺纹)伸出光墙面 10 ~ 15 mm,与落水铜管连接时用格林装紧,再将压盖盖住。如装 S 式存水弯,排水管为明装,管口套好螺纹,伸出地面 250 mm,与落水铜管连接方法同上。

(2)浴盆安装

1)浴盆就位:①浴盆应在土建粉刷前进行就位,然后交土建铺贴瓷砖。铺贴瓷砖时应将浴盆边缘镶进瓷砖 10 ~ 15 mm。②按浴盆的实际尺寸,在浴盆两条底筋处用红砖、水泥砂浆砌筑支座墩子,用水平尺找平。墩子的高度应符合浴盆安装高度为 480 mm 的要求。③浴盆在支座墩子达到强度后就位安装。安装时先用水泥砂浆铺平在支座墩子上,然后将浴盆就位,用水平尺纵向、横向找平,稳固好。浴盆与支座墩子的缝隙用水泥砂浆填充抹平。

2)排水安装:①在溢水与落水圆盘下涂抹油灰,在溢水与落水孔背面加垫 3 mm 厚橡胶圈,分别拧紧溢水管与落水管根母,擦净油灰。②在排水三通的下口装好铜管,缠绕生胶带后将格林拧紧,将铜管与三通和预留排水管连接起来。三通的水平端套在浴盆的落水横管上用格林装紧。在浴盆溢水立管上套上格林,插入排水三通上口用格林装紧。③浴盆排水安装后应灌水检查铜管及溢水孔、落水孔有无渗漏现象,然后用牛皮纸或两层旧报纸糊好浴盆面,以免损坏搪瓷或堵塞排水口。

(3)小便器安装 ①将小便器中心压在墙上的安装中心线上,保持安装高度,用钉子穿过便孔,打出安装螺栓位置,画出十字中心线。如成排安装,应用水平尺、卷尺测量小便器的螺栓位置,画出十字中心线。②用电钻装 13.5 mm 的钻头钻墙洞(钻孔深度为 60 mm),栽埋 M6×70 膨胀螺栓,固定在墙上,或向墙洞打入木砖,用 2#木螺丝将小便器紧固。小便器与墙面的缝隙嵌入白水泥,补齐抹光。③连接给水管道。当明装时,用螺纹闸阀、镀锌短管和便器进水口压盖连接;暗装时用角型阀、镀锌管和暗装支管连接,角型阀的下侧用铜管(或镀铬铜管)、锁紧螺母和压盖与小便器进水口相连。④小便器给水横管明敷时距地面1200 mm,暗敷时为 1050 mm,阀门一般采用三角阀门或截止阀,用铜管与小便器连接。⑤小便器出水口与存水弯连接处,用油灰作填料塞紧。存水弯下口与污水管口连接处,用铜格林收紧。存水弯上口套入小便器排水口,下端与排水短管承插连接。经试水各接口处不漏水即可。

(4)大便器安装 ①坐式便器的下水口尺寸应按所选定的便器规格型号及卫生间设计布局正确留口,待地面饰面工程完成后即可安装坐便器。②蹲式便器单独安装应根据卫生间设计布局,确定安装位置。其便器下水口中心距后墙面距离为 640 mm,且左右居中水平安装。蹲式大便器四周在打混凝土地面前,应抹填白灰膏,然后两侧用砖挤牢固。③所有暗埋给水管道隐蔽验收合格,且留口标高、位置正确。

 思考题

1.建筑给水系统的分类及其各自的特点是什么?

2.在进行建筑初步设计时,如何估算建筑物所需要的给水压力?

3.建筑给水方式有哪些?其适用条件各是什么?如何根据计算所需压力值和室外管网能够供给的压力值选择供水方式?

4.变频调速水泵是如何实现恒压供水、节能降耗的?

5.气压给水设备的优缺点是什么?它包括哪些种类?

6.水箱容积如何确定?其设置高度应满足什么条件?

7.什么是设计秒流量?不同类型建筑如何计算设计秒流量?

8.室内给水管道水力计算目的和内容各是什么?

9.已知某城市最高日用水量标准为 100 L/(人·d) 的住宅楼一座,每单元 12 户(每户平均 4 人),户内设低水箱坐式大便器、洗脸盆、洗涤盆、洗衣机水嘴各 1 个,厨房内有洗涤盆 1 个,试求该住宅楼引入管中的设计秒流量。

10.某公共浴室有淋浴器 40 个、浴盆 10 个、洗脸盆 30 个、冲洗水箱式大便器 4 个、手动冲洗阀式小便器 8 个、污水池 3 个,求其给水进户中的设计秒流量。

11.高层建筑给水与多层建筑给水相比,给水各有哪些特点?目前国内使用较多的高层建筑给水方式是什么?

12.建筑热水给水系统的组成有哪些?常用的热水供水方式有哪几种?

13.直接加热和间接加热各有什么特点?

14.饮用水供应主要有几类?各适用于哪些建筑?

15.室内管道敷设的方式有哪些?采用什么方法穿过伸缩缝等?

 知识点(章节):

建筑给水系统的分类(3.1.1);建筑给水系统的组成(3.1.2);给水系统压力(3.1.3);建筑供水方式及适用条件(3.1.4);给水管材(3.2.1);升压设备(3.3.1);贮水设备(3.3.2);设计秒流量计算(3.4.2);并联供水方式(3.5.2.1);串联供水方式(3.5.2.2);热水给水系统的分类与组成(3.6.1);热水供水方式(3.6.2);高层建筑室内热水供应(3.6.4);饮用水供应系统及制备方法(3.6.5);建筑给水管网布置和敷设(3.7.2)。

4

消防给水

建筑消防系统根据使用灭火剂的种类和灭火方式不同可分为下列 3 种系统,即消火栓灭火系统、自动喷水灭火系统和其他非水灭火剂的灭火系统。

由于水具有强溶解性、强浸润性、极大的热容量和汽化热、汽化后为惰性气体且易扩散,并易获取、易输送、价格低、使用方便等特点,因此常用水作为主要的灭火剂。消火栓灭火系统和自动喷水灭火系统都是用水作为灭火剂。

➤ 4.1 消火栓给水系统

4.1.1 设置室内消火栓的场所

室内消火栓灭火系统是建筑物中最基本的灭火设施。根据《建筑设计防火规范》(GB 50016—2014)规定,下列建筑或场所应设置室内消火栓系统:

(1)建筑占地面积大于 300 m^2 的厂房和仓库;

(2)高层公共建筑和建筑高度大于 21 m 的住宅建筑;建筑高度不大于 27 m 的住宅建筑,设置室内消火栓系统确有困难时,可只设置干式消防竖管和不带消火栓箱的 DN65 的室内消火栓;

(3)体积大于 5000 m^3 的车站、码头、机场的候车(船、机)建筑、展览建筑、商店建筑、旅馆建筑、医疗建筑和图书馆建筑等单、多层建筑;

(4)特等、甲等剧场,超过 800 个座位的其他等级的剧场和电影院等,以及超过 1200 个座位的礼堂、体育馆等单、多层建筑;

(5)建筑高度大于 15 m 或体积大于 10000 m^3 的办公楼、教学楼和其他单、多层民用建筑。

另外对于古建筑和消防软管卷盘规范有以下规定:

1)国家级文物保护单位的重点砖木或木结构的古建筑,宜设置室内消火栓系统;

2)设有室内消火栓的人员密集公共建筑、建筑高度大于 100 m 的建筑和建筑面积大于 200 m^2 的商业服务网点内应设置消防软管卷盘或轻便消防水龙;

3)高层住宅建筑的户内宜配置轻便消防水龙。

4.1.2 室内消火栓系统的组成

室内消防给水系统由消火栓箱(包括箱内的消火栓、水枪、水带及报警按钮等)、消防卷盘、消防给水管网、管道附件、消防水池、消防水泵、高位水箱、水泵接合器等组成。如图 4.1。

消防水枪、水带、消火栓等设于有玻璃门的消防箱内,如图 4.2 所示。

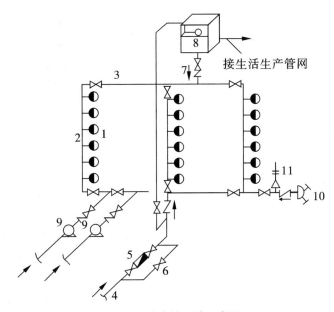

图 4.1　消火栓系统示意图

1-室内消火栓;2-消防立管;3-干管;4-进户管;5-水表;6-旁通管及阀门;7-止回阀;8-水箱;9-消防水泵;10-水泵接合器;11-安全阀

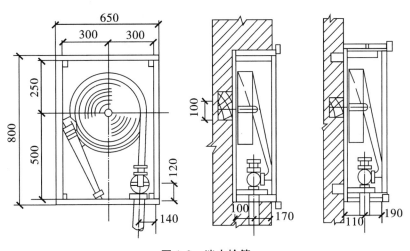

图 4.2　消火栓箱

（1）消防水枪　水枪是灭火的重要工具,一般用铜、铝合金或塑料制成,它的作用在于产生灭火需要的充实水柱。室内一般采用直流式水枪,常用的喷嘴口径有 13 mm、16 mm、19 mm 三种。喷嘴口径 13 mm 的水枪配有 50 mm 的接口;喷嘴口径 16 mm 的水枪配有 50 mm 和 65 mm 的接口;喷嘴口径 19 mm 的水枪配有 65 mm 的接口。采用何种规格的水枪,要根据消防水量和充实水柱长度的要求确定。

高层建筑室内消火栓设备,应配备喷嘴口径不小于 19 mm 的水枪。

（2）消防水带　消防水龙带指两端带有消防接口,可与消火栓、消防泵（车）配套,用于输送水或其他液体灭火剂。水带口径有 50 mm 和 65 mm 两种。口径 13 mm 的水枪可配置口径为50 mm 的水带;口径 16 mm 的水枪可配置口径 50 mm 或 65 mm 的水带;口径 19 mm 的水枪配置口径为 65 mm 的水带。水带长度一般为 15 m、20 m、25 m 三种,水带材质有麻织和化纤之分,衬橡胶水带阻力较小。水带的长度应根据建筑物长度计算选定。

(3)消火栓　消火栓是具有内扣式接口的球形阀式龙头,它的一端与消防竖管相连,另一端与水带相连,有单出口和双出口之分。单出口消火栓口径有 50 mm 和 65 mm 两种,双出口消火栓口径为 65 mm(见图 4.3)。当每支水枪的最小流量小于 3 L/s 时选用口径为 50 mm 消火栓;流量大于 3 L/s 时选用口径为 65 mm 的消火栓。高层建筑室内消火栓的出水口直径应为 65 mm。

(4)消防卷盘　由于消火栓的口径(50 mm 和 65 mm 两种)和栓口压力都较大,对于没有经过特殊训练的普通人员来说,难以操纵,使用不当不仅难以扑灭火灾,甚至会对其造成伤害。在民用建筑内加设消防卷盘,可供没有经过消防训练的普通工作人员使用。

消防卷盘是由口径为 25 mm 或 32 mm 的室内消火栓,内径不小于 19 mm 的输水胶管,喷嘴口径为 6 mm、8 mm 或 9 mm 的小口径开关和转盘配套组成,胶管长度为 20 ~ 40 m,消防卷盘可设置在消火栓箱内,也可设置在专用的消防箱内,如图 4.4 所示。消防卷盘的安装高度应便于取用。

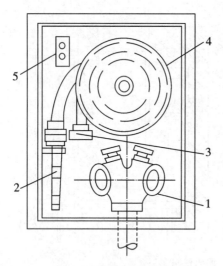

图 4.3　双出口消火栓

1-双出口消火栓;2-水枪;3-水带接口;4-水带;5-按钮

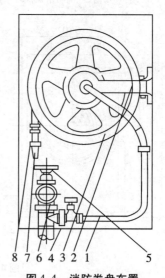

图 4.4　消防卷盘布置

1-卷盘供水管;2-卷盘摇臂;3-卷盘主体;4-箱壁;5-阀门;6-普通消火栓;7-水箱喷嘴;8-软管

(5)水泵接合器　水泵接合器是从外部水源给室内消防管网供水的连接设备,是一个只能单向供水的设备。其主要用途是当室内消防泵发生故障或遇大火室内消防用水不足时,供消防车从室外消火栓取水,通过水泵接合器,将水送到室内消防给水管网用于灭火。

消防水泵接合器主要由弯管、本体、法兰接管、消防接口、闸阀、止回阀、安全阀、放水阀等部件组成。闸阀在管路上作为开关使用,平时常开。止回阀的作用是防止水倒流。

安全阀用来保证管路水压不大于1.6 MPa,以防超压造成管路爆裂。放水阀是供排泄管内余水之用,防止冰冻破坏,避免水锈腐蚀。底座支承整个接合器并和管路相连。

水泵接合器根据安装形式可以分为地下式、地上式、墙壁式、多用式等类型。地上式水泵接合器目标显著,使用方便;地下式水泵接合器安装在路面下,不占用地面空间,适用于寒冷的地区;墙壁式水泵接合器安装在建筑物的墙脚处,墙面上只露两个接口和装饰标志;多用型消防水泵接合器是综合国内外样机进行改型的产品,具有体积小、外形美观、结构合理、维护方便等优点。图4.5是SQ型水泵接合器外形图。

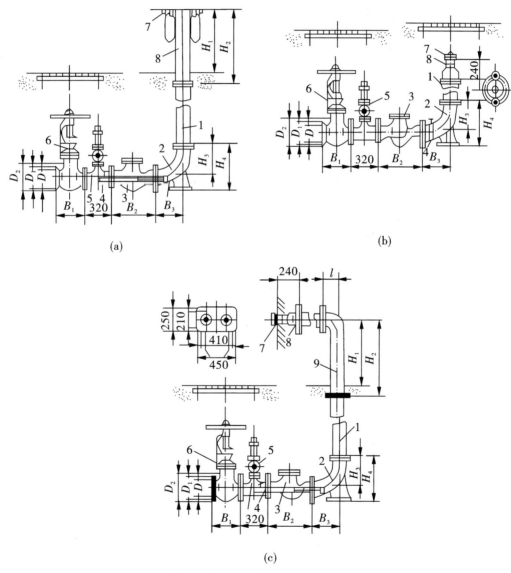

图4.5　水泵接合器

(a)SQ型地上式;(b)SQ型地下式;(c)SQ型墙壁式

1-法兰接管;2-弯管;3-升降式单向阀;4-放水阀;5-安全阀;6-闸阀;7-进水接口;8-水泵接合器;9-法兰弯管

水泵接合器的安装位置应有明显标志,阀门位置应便于操作,附近不得有障碍物。地上式水泵接合器应距地面 0.7 m,地下式水泵接合器应距地面 0.4 m,且不小于井盖的半径。墙壁式水泵接合器应距门窗洞口不小于 2 m。

4.1.3 室内消火栓给水系统的给水方式

根据建筑物的高度、室外给水管网的水压和流量,以及室内消防管道对水压和流量的要求,室内消火栓灭火系统一般有以下几种给水方式:

4.1.3.1 室外管网直接给水的室内消火栓给水系统

当室外管网的压力和流量能满足室内最不利点消火栓的设计水压和流量时,宜采用无加压水泵和水箱的消火栓给水系统,如图 4.6 所示。

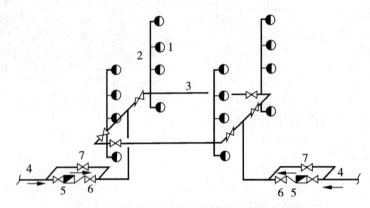

图 4.6　无加压水泵和水箱的消火栓给水系统
1-室内消火栓;2-消防立管;3-干管;4-进户管;5-水表;6-止回阀;7-旁通管及阀门

4.1.3.2 单设水箱的室内消火栓给水系统

在水压变化较大的城市或居住区,宜采用单设水箱的室内消火栓给水系统,如图 4.7 所示。

当生活、生产用水量达到最大时,室外管网不能保证室内最不利点消火栓的压力和流量,由水箱出水满足消防要求;而当生活、生产用水量较小时,室外管网压力又较大,可向高位水箱补水。若最不利点处消火栓出口压力不能满足要求,还必须设置增压稳压设备。这种方式管网应独立设置,水箱可以生产、生活合用,但必须保证贮存 10 min 的消防用水量不被它用,同时还应在室外设水泵接合器。

4.1.3.3 设加压水泵和水箱的室内消火栓给水系统

当室外管网的压力和流量经常不能满足室内消防给水系统所需的水量水压时,宜设有加压水泵和水箱的室内消火栓给水系统,如图 4.8 所示。

消防用水与生活、生产用水合并的室内消火栓给水系统,其消防水泵应保证供应生活、生产、消防用水的最大秒流量,并应满足室内管网最不利点消火栓的水压。水箱应贮存 10 min 的消防用水量。消防水泵应能保证在火警 5 min 内开始工作,并且在火场断电时仍然能正常继续工作。

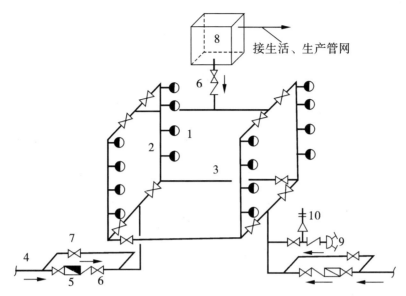

图4.7 单设水箱的室内消火栓给水系统

1-室内消火栓;2-消防立管;3-干管;4-进户管;5-水表;6-止回阀;7-旁通管及阀门;8-水箱;9-水泵结合器;11-安全阀

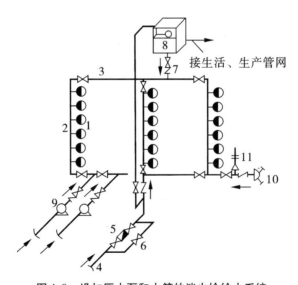

图4.8 设加压水泵和水箱的消火栓给水系统

1-室内消火栓;2-消防立管;3-干管;4-进户管;5-水表;6-旁通管及阀门;7-止回阀;8-水箱;9-水泵;10-水泵结合器;11-安全阀

4.1.3.4 不分区的消火栓给水系统

建筑物高度大于24 m,但不超过50 m,室内消火栓栓口处静水压力不超过1.0 MPa的工业和民用建筑室内消火栓给水系统,可由消防车通过水泵接合器向室内管网供水,以加强室内消防给水系统工作,系统采用不分区的消火栓给水系统,如图4.9所示。

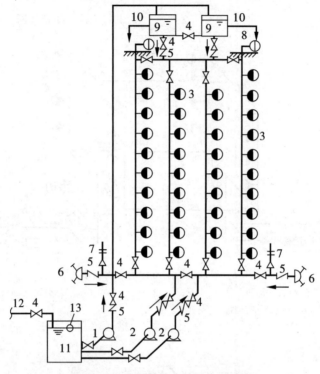

图4.9 不分区的消火栓给水系统图

1-生活、生产水泵;2-消防水泵;3-消火栓和水泵远距离启动水泵
按钮;4-阀门;5-止回阀;6-水泵接合器;7-安全阀;8-屋顶试压消
火栓;9-高位水箱10-至生活、消防管网;11-贮水池;12-来自城市
管网;13-浮球阀

4.1.3.5 分区的消火栓给水系统

建筑物高度超过50 m,消防车已难于协助灭火,室内消火栓给水系统应具有扑灭建筑物内大火的能力,为了加强安全和保证火场供水,当室内消火栓接口处的静水压力大于1.0 MPa时,应采用分区的室内消火栓给水系统。当消火栓口的出水压力大于0.5 MPa时,应采取减压措施。

分区消火栓给水系统可分为并联给水方式[图4.10(a)]、串联给水方式[图4.10(b)]和分区减压给水方式(图4.11)。

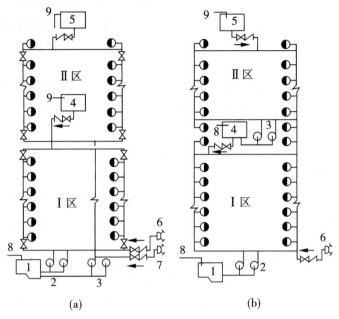

图 4.10 分区供水的消火栓给水系统

（a）并联给水方式；（b）串联给水方式

1-水池；2-Ⅰ区消防水泵；3-Ⅱ区消防水泵；4-Ⅰ区水箱；5-Ⅱ区水箱；
6-Ⅰ区水泵接合器；7-Ⅱ区水泵接合器；8-水池进水管；9-水箱进水管

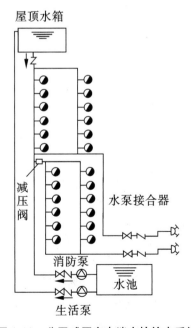

图 4.11 分区减压室内消火栓给水系统

在分区给水系统中,各分区水箱的高度应保证该区最不利消火栓灭火时水枪的充实水柱长度。在分区串联给水系统中,高区水泵在低区高位水箱中吸水,此时低区水泵出水进入该水箱。当分区串联给水系统的高区发生火灾,必须同时启动高、低区消防水泵灭火。

分区减压给水系统的减压设施可以用减压阀(两组),也可以用中间水箱减压。如果采用中间水箱减压,则消防水泵出水应进入中间水箱,并采取相应的控制措施。

4.1.4 室内消火栓给水系统设置要求

4.1.4.1 室内消火栓用水量

室内消火栓用水量是由建筑物的性质、高度、体积、耐火等级及建筑物内可燃物的数量等因素综合确定。室内消火栓用水量不应小于《消防给水及消火栓系统技术规范》(GB 50974—2014)的有关规定。

4.1.4.2 消防水池和高位水箱的储水量

(1)消防水池的有效容积

①当市政给水管网能保证室外消防给水设计流量时,消防水池的有效容积应满足在火灾延续时间内消防用水量的要求;

②当市政给水管网不能保证室外消防给水设计流量时,消防水池的有效容积应满足火灾延续时间内消防用水量和室外消防用水量不足部分之和的要求;

③消防水池的总蓄水有效容积大于 500 m^3 时,宜设两格能独立使用的消防水池;当大于 1000 m^3,应设置能独立使用的两座消防水池。

(2)高位消防水箱的有效容积

①一类高层公共建筑,不应小于 36 m^3,但当建筑高度大于 100 m,不应小于 50 m^3,当建筑高度大于 150 m,不应小于 100 m^3;

②多层公共建筑、二类高层公共建筑和一类高层住宅,不应小于 18 m^3,当一类高层住宅建筑高度超过 100 m 时,不应小于 36 m^3;

③二类高层住宅,不应小于 12 m^3;建筑高度大于 21 m 的多层住宅,不应小于 6 m^3;

④工业建筑室内消防给水设计流量当小于或等于 25 L/s 时,不应小于 12 m^3,大于 25L/s 时,不应小于 18 m^3;

⑤总建筑面积大于 10000 m^2 且小于 30000 m^2 的商店建筑,不应小于 36 m^3,总建筑面积大于 30000 m^2 的商店建筑,不应小于 50 m^3。

4.1.4.3 充实水柱

发生火灾时,火场的辐射热使消防人员无法接近着火点,因此从水枪喷出的水流,应该具有足够的射程,保证所需的水量到达着火点。消防水流的有效射程通常用充实水柱表示。水枪的充实水柱是指从喷嘴起至射流 90% 的水柱水穿过直径 38 mm 圆孔处的一段射流长度,如图 4.12 所示。当水枪的充实水柱长度过大时,射流的反作用力会使消防人员无法把握水枪灭火,影响灭火,充实水柱长度一般不宜大于 15 m。水枪的充实水柱长度可根据图 4.13 所示的室内最高着火点距地面高度、水枪喷嘴距地面高度、水枪射流倾角按(4.1)式计算:

$$S_K = \frac{H_1 - H_2}{\sin\alpha} \qquad (4.1)$$

式中 S_K——充实水柱长度(m),不得小于表4.1的规定;

H_1——室内最高着火点距离地面的高度(m);

H_2——水枪喷嘴距离地面的高度(m);

α——水枪射流倾角,一般取 $45° \sim 60°$

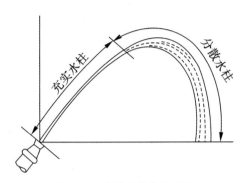

图 4.12 直流水枪充实水柱

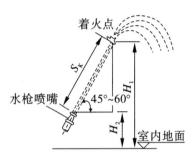

图 4.13 充实水柱计算示意图

表 4.1 各类建筑要求水枪充实水柱最小长度

建筑物类别		充实水柱长度/m
低层建筑	一般建筑	≥7
	乙类厂房;大于6层民用建筑;大于4层厂房、库房	≥10
	高架库房	≥13
高层建筑	民用建筑高度<100 m	≥10
	民用建筑高度≥100 m	≥13
	高层工业建筑	≥13
人防工程内		≥10
修车库、修车库内		≥10

4.1.4.4 消火栓口所需水压

为保证水枪的充实水柱长度,最不利点的消火栓口所需水压由下式计算:

$$H_{xh} = H_q + ALq_{xh}^2 + H_k \qquad (4.2)$$

式中 H_{xh}——消火栓口压力(mH₂O);

H_q——水枪喷嘴造成某充实水柱所需之压力(mH₂O);$H_q = \dfrac{H_f}{1 - \varphi H_f}$,$H_f$ 为垂直射流高度(m),φ 为与水枪出口口径相关的系数,见表4.2;$H_f = \alpha H_m$,α 为试验系数,见表4.3;H_m 为充实水柱长度(m);

L——水龙带长度(m);

A——水龙带阻力系数,按表4.4采用;

q_{xh}——水枪出水流量(L/s);

H_k——消火栓口的阻力损失,取2 m水柱。

表4.2　系数 φ 值

水枪口径/mm	13	16	19
φ	0.0165	0.0124	0.0097

表4.3　系数 α 值

H_m /m	6	8	10	12	16
α	1.19	1.19	1.20	1.21	1.24

表4.4　阻力系数 A 值

水龙带材料	水龙带直径/mm	
	50	65
麻织	0.01501	0.00430
衬胶	0.00677	0.00172

根据以上公式计算出最不利点处消火栓出口处所需的水压力,然后求出整个消火栓管网系统供水入口处所需的供水压力。这是计算消防水泵扬程,选择水泵技术参数的主要依据。

4.1.4.5　室内消防给水管道布置

室内消防给水管道的布置应符合下列规定:

(1)室内消火栓系统管网应布置成环状,当室外消火栓设计流量不大于 20 L/s,且室内消火栓不超过 10 个时,又没有采用设有高位消防水箱的临时高压消防给水系统时,可布置成枝状;

(2)当有室外生产生活消防合用系统直接供水时,合用系统除应满足室外消防给水设计流量以及生产和生活最大小时设计流量的要求外,还应满足室内消防给水系统的设计流量和压力要求;

(3)室内消防管道管径应根据系统设计流量、流速和压力要求经计算确定;室内消火栓竖管管径应根据竖管最低流量净计算确定,但不应小于 DN100。

(4)室内消火栓给水管网宜与自动喷水等其他水灭火系统的管网分开设置;当合用消防泵时,供水管路沿水流方向应在报警阀前分开设置;

(5)室内消火栓竖管应保证检修管道时关闭停用的竖管不超过 1 根,当竖管超过4 根时,可关闭不相邻的 2 根;每根竖管与供水横干管相接处应设置阀门。阀门应保持常开,并应有明显的启闭标志或信号,一般按管网节点的管段数 $n-1$ 的原则设置阀门如图 4.14 所示。

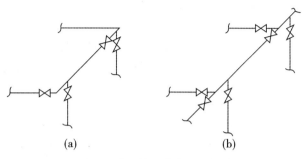

图4.14　消防管网节点阀门布置图

(a)三通节点;(b)四通节点

➤ 4.2 自动喷水灭火系统

自动喷水灭火系统是一种固定形式的自动灭火装置,系统的喷头以适当的间距和高度安装于建筑物、构筑物内部。当建筑物内发生火灾时,喷头会自动开启灭火,同时发出火警信号,起动消防水泵从水源抽水灭火。

自动喷水灭火系统可分为闭式系统和开式系统。闭式系统包括湿式系统、干式系统、预作用系统和重复启闭预作用系统;开式系统包括雨淋系统、水幕系统。

4.2.1 闭式自动喷水灭火系统

闭式自动喷水灭火系统是利用火场达到一定温度时,能自动地将喷头打开,扑灭和控制火势并发出火警信号的室内给水系统。它具有良好的灭火效果,火灾控制率达97%以上。闭式自动喷水灭火系统应布置在火灾危险性较大、起火蔓延快的场所,容易自燃而无人管理的仓库;对消防要求较高的建筑物或个别房间内,如大于或等于50000纱锭的棉纺厂开包、清花车间;面积超过1500 m² 的木器厂房;可燃、难燃物品的高架仓库和高层仓库;特等、甲等剧场,超过1500个座位的其他等级剧场;超过3000个座位的体育馆等,均应设置自动喷水灭火系统。闭式自动喷水灭火系统由闭式喷头、管网、报警阀门系统、探测器、加压装置等组成。发生火灾时,建筑物内温度升高,达到作用温度时自动地打开闭式喷头灭火,并发出信号报警。

闭式自动喷水灭火系统管网,主要有以下五种类型:

(1)湿式自动喷水灭火系统　湿式自动喷水灭火系统(如图4.15)具有自动探测、报警和喷水功能,也可以与火灾自动报警装置联合使用。该系统供水管路和喷头内始终充满有压水,系统由闭式喷头、管道系统、湿式报警阀、报警装置和供水设施等组成。

发生火灾时,火焰或高温气流使闭式喷头的热敏感元件动作,喷头开启,喷水灭火。此时,管网中的水由静止变为流动,使水流指示器动作送出电信号,在报警控制器上指示某一区域已在喷水。由于喷头开启持续喷水泄压,造成湿式报警阀上部水压低于下部水压,在压力差的作用下,原来处于关闭状态的湿式报警阀就自动开启,压力水通过报警阀流向灭火管网,同时打开通向水力警铃的通道,水流冲击水力警铃发出声响报警信号。

97

控制中心根据水流指示器或压力开关的报警信号,自动启动消防水泵向系统加压供水,达到持续自动喷水灭火的目的。

湿式系统的特点是结构简单,施工、管理方便;经济性好;灭火速度快,控制率高;适用范围广,适用于设置在室内温度不低于4 ℃且不高于70 ℃的建筑物、构筑物内。

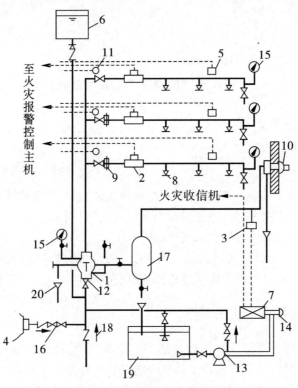

图4.15 湿式自动喷水灭火系统

1-湿式报警阀;2-水流指示器;3-压力继电器;4-水泵接合器;5-感烟探测器;6-水箱;7-控制箱;8-减压孔板;9-喷头;10-水力警铃;11-报警装置;12-闸阀;13-水泵;14-按钮;15-压力表;16-安全阀;17-延迟器;18-止回阀;19-贮水池;20-排水漏斗

(2)干式自动喷水灭火系统 干式系统是由湿式系统发展而来的,平时管网内充满压缩空气或氮气,因此适用于环境温度低于4 ℃或高于70 ℃的场所。系统由闭式喷头、管道系统、充气设备、干式报警阀、报警装置和供水设施等组成,如图4.16所示。

干式报警阀前(与水源相连一侧)的管道内充以压力水,干式报警阀后的管道内充以压缩空气,报警阀处于关闭状态。发生火灾时,闭式喷头热敏感元件动作,喷头开启,管道中的压缩空气从喷头喷出,使干式阀出口侧压力下降,造成报警阀前部水压力大于后部气压力,干式报警阀被自动打开,压力水进入供水管道,将剩余的压缩空气从已打开的喷头处推出,然后喷水灭火。在干式报警阀被打开的同时,通向水力警铃和压力开关的通道也被打开,水流冲击水力警铃和压力开关,并启动水泵加压供水。

干式自动喷水灭火系统的特点是:报警阀后的管道中无水,不怕冻结,不怕温度高;由于喷头动作后的排气过程,所以灭火速度较湿式系统慢;因为有充气设备,建设投资较高,平常管理也比较复杂、要求高。

与湿式自动喷水灭火系统区别在于:干式自动喷水灭火系统喷头动作后有一个排气过程,这将影响灭火的速度和效果。对于管网容积较大的干式自动喷水灭火系统,设计时这种不利影响不能忽略,通常要在干式报警阀出口管道上,附加一个"排气加速器"装置,以加快报警阀处的降压过程,让报警阀快些启动,使压力水迅速进入充气管网,缩短排气时间,及早喷水灭火。

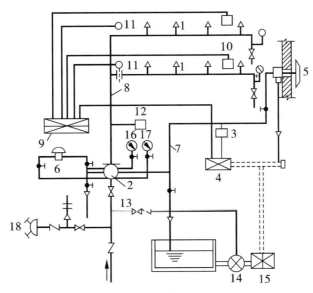

图 4.16 干式自动喷水灭火系统

1-闭式喷头;2-干式报警阀;3-压力继电器;4-电气自控箱;5-水力警铃;6-快开器;
7-信号管;8-配水管;9-火灾收信机;10-感温感烟火灾探测器;11-报警装置;12-气压保持器;13-阀门;15-消防水泵;16-阀后压力表;17-阀前压力表;18-水泵接合器

(3)干湿式自动喷水灭火系统 干湿两用系统(又称干湿交替系统)是把干式和湿式两种系统的优点结合在一起的一种自动喷水灭火系统,在环境温度高于 70 ℃、低于 4 ℃时系统呈干式;环境温度在 4 ~ 70 ℃间转化为湿式系统。这种系统最适合于季节温度的变化比较明显又在寒冷时期无采暖设备的场所。

干湿两用系统在交替使用时,只需要在两用报警阀内采取措施:在寒冷季节将报警阀的销板脱开片板,接通气源,使管路充满压缩空气,呈干式时工作原理;在温暖季节只需切断气源,管路充满压力水,即可成为湿式系统。

干湿式自动喷水灭火系统水、气交替使用,对管道腐蚀较为严重,每年水、气各换一次,管理烦琐,因此应尽量不采用。

(4)预作用自动喷水灭火系统 预作用自动喷水灭火系统如图 4.17 所示,预作用系统通常安装在那些既需要用水灭火但又绝对不允许发生非火灾跑水的地方,如图书馆、档案馆及计算机房等。预作用自动喷水灭火系统由火灾探测报警系统、闭式喷头、预作用阀、充气设备、管道系统及控制组件等组成。

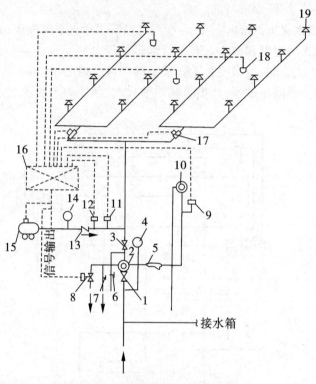

图4.17　预作用喷水灭火系统示意图

1-总控制阀;2-预作用阀;3-检修闸阀;4,14-压力表;5-过滤器;6-截止阀;7-手动开启截止阀;8-电磁阀;9-压力开关;10-水力警铃;11-启闭空压机,压力开关;12-低气压报警压力开关;13-止回阀;15-空压机;16-火灾报警控制箱;17-水流指示器;18-火灾探测器;19-闭式喷头

预作用自动喷水灭火系统具有干式自动喷水灭火系统平时无水的优点,在预作用阀以后的管网中平时不充水,而充加压空气或氮气,只有在发生火灾时,火灾探测系统自动打开预作用阀,才使管道充水变成湿式系统,可避免因系统破损而造成的水渍损失;同时它又没有干式自动喷水灭火系统必须待喷头动作后排完气才能喷水灭火,延迟喷头喷水时间的缺点;另外,系统有早期报警装置,能在喷头动作之前及时报警,以便及早组织扑救。系统将湿式喷水灭火系统与电子报警技术和自动化技术紧密结合,使系统更完善和安全可靠,从而扩大了系统的应用范围。

(5)重复启闭预作用系统　重复启闭预作用系统能在扑灭火灾后自动关阀、复燃时再次开阀喷水的预作用系统。适用于灭火后必须及时停止喷水以减少不必要水渍损失的场所,如计算机房、棉花仓库以及烟草仓库等,应采用重复启闭预作用系统。

目前这种系统有两种形式,一种是喷头具有自动重复启闭的功能,另一种是系统通过烟、温感传感器控制系统的控制阀来实现系统的重复启闭的功能。

4.2.2　开式自动喷水灭火系统

开式自动喷水灭火系统是指系统中采用的是不带感温和闭锁装置,处于常开状态的开式喷头。发生火灾时,由系统中的自动控制装置打开集中控制阀门进行充水,使整个保护区域所有喷头喷水灭火。主要有雨淋喷水灭火系统和水幕系统。

(1)雨淋喷水灭火系统　开式喷头,发生火灾时,由火灾自动报警系统或传动管控制,自动开启雨淋报警阀,同时启动供水泵,向整个保护区域内所有喷头供水灭火。如图 4.18 所示。该系统具有出水量大、灭火及时的优点。适用于火灾蔓延快、危险性大的建筑或部位。

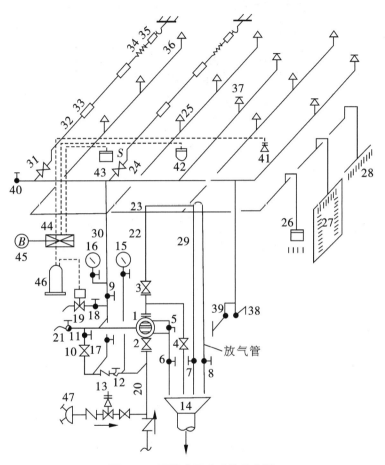

图 4.18　雨淋式灭火系统示意图

1-雨淋阀;2,3,4-闸阀;5,6,7,8,9,11,12,17,18,40-截止阀;10-小孔闸阀;13-止回阀;14-漏斗;15,16-压力表;19-电磁阀;20-供水干管;21-水嘴;22-配水立管;23-配水干管;24-配水支管;25-开式喷头;26-淋水器;27-淋水环;28-水幕;29-溢流管;30-传动管;31-传动阀门;32-钢丝绳;33-易熔锁封;34-拉紧弹簧;35-拉紧连接器;36-钢丝绳钩子;37-闭式喷头;38-手动开关;39-长柄手动开关;41-感光探测器;42-感温探测器;43-感烟探测器;44-收信机;45-报警装置;46-自控箱;47-水泵接合器

(2)水幕系统　由开式洒水喷头或水幕喷头、雨淋报警阀组或感温雨淋阀,以及水流报警装置(水流指示器或压力开关)等组成。如图 4.19 所示。喷头沿线状布置,发生火灾时主要起阻火、冷却、隔离作用,该系统适用于需防火隔离的开口部位,如舞台与观众

之间的隔离水帘、消防防火卷帘的冷却等。

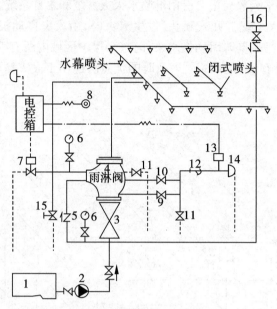

图 4.19 水幕系统示意图

1-水池;2-水泵;3-闸阀;4-雨淋阀;5-止回阀;6-压力表;7-电磁阀;8-按钮;9-试警铃阀;10-警铃管阀;11-放水阀;12-滤网;13-压力开管;14-警铃;15-手动快开阀;16-水箱

4.2.3 自动喷水灭火系统的喷头及其组件

（1）喷头 喷头是自动喷水灭火系统中的关键组件,按有无释放机构分为闭式和开式两种。闭式喷头的喷口有热敏元件组成的释放机构封闭,发生火灾后达到一定温度时能自动开启,如玻璃球爆炸、易熔合金脱离等。其构造按溅水盘的形式和安装位置不同有直立型、下垂型、边墙型、普通型、吊顶型和干式下垂型等,喷头的构造如图 4.20 所示。开式喷头根据用途分为开启式、水幕、喷雾三种类型。其构造如图 4.21 所示。

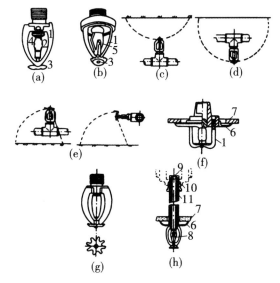

图 4.20 闭式喷头构造示意图

(a)玻璃球洒水喷头;(b)易熔合金洒水喷头;(c)直立型;(d)下垂型;(e)边墙型(立式、水平式);(f)吊顶型;(g)普通型;(h)干式下垂型

1-支架;2-玻璃球;3-溅水盘;4-喷水口;5-合金锁片;6-装饰罩;7-吊顶;8-热敏元件;9-钢球;10-钢球密封圈;11-套筒

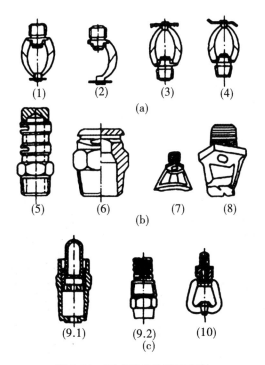

图 4.21 开式喷头构造示意图

(a)开启式洒水喷头;(b)水幕喷头;(c)喷雾喷头;

(1)双臂下垂型;(2)单臂下垂型;(3)双臂直立型;(4)双臂边墙型;(5)双隙式;

(6)单隙式;(7)窗口式;(8)檐口式;(9.1、9.2)高速喷雾式;(10)中速喷雾式

（2）火灾探测器　常用的火灾探测器有感温探测器和感烟探测器两种,前者是通过火灾引起的温升进行火灾探测,后者是利用火灾发生地点的烟雾浓度进行火灾探测。火灾探测器一般安装在房间或走道的顶棚下面,其数量应根据探测器的保护面积和控测区面积计算而定。

（3）报警阀　报警阀的作用是开启和关闭水流,传递控制信号至控制系统并启动水力警铃直接报警的装置。有湿式、干式、干湿式和雨淋式4种类型,如图4.22所示。报警阀的公称直径有DN50、DN65、DN80、DN100、DN125、DN150、DN200七种。

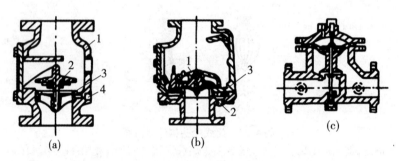

图4.22　报警阀构造示意图

（a）座圈型湿式阀:1-阀体;2-阀瓣;3-沟槽;4-水力警铃接口

（b）差动式干式阀:1-阀瓣;2-水力警铃接口;3-弹性隔膜

（c）雨淋阀

（4）水流报警装置　水流报警装置主要包括水流指示器、水力警铃和压力开关等。

水流指示器用于湿式自动喷水灭火系统中,一般安装在各楼层的配水干管或支管的始端。当喷头开启喷水或管网发生水量泄漏时,管道中的水产生流动,即引起水流指示器中桨片随水流而动作,从而接通电路,20~30 s后继电器触电吸合发出区域水流电信号,并将该电信号传送至消防控制室,如图4.23所示。

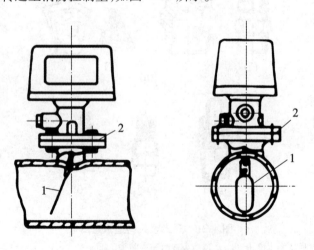

图4.23　水流指示器

1-桨片;2-连接法兰

水力警铃也主要用于湿式喷水灭火系统,安装在报警阀附近(其连接管宜长小于等于6 m)。当报警阀打开消防水源后,具有一定压力的水流冲击叶轮打铃报警。水力警铃结构简单、耐用可靠、灵敏度高、维护工作量小。不得由电动报警装置取代水力警铃。

压力开关垂直安装在延迟器和水力警铃之间的管道上。在水力警铃报警的同时,由于警铃管内水压的升高或气压驱动自动接通电触点,完成电动警铃报警,并向消防控制室传送电信号,启动消防水泵。

(5)延迟器 延迟器是安装于报警阀与水力警铃(或压力开关)之间的一个罐式容器。用于防止由于水压波动等原因引起报警阀开启而导致的误报。报警阀开启后,水流需经30 s左右充满延迟器,而后才响铃报警。

(6)末端试水装置 末端试水装置由试水阀、压力表以及试水接头等组成,用于测试系统的最不利点喷头能否在开放1只时可靠报警并正常启动。试水接头出水口的流量系数应等于同楼层或防火分区内的最小喷头的流量系数。在每个报警阀组控制的最不利点喷头处应设末端试水装置,其他防火分区、楼层的最不利点喷头处,均应设直径为25 mm的试水阀。打开试水装置喷水,可以进行系统调试时的模拟试验和日常测试检查。末端试水装置的出水,应采取孔口出流的方式排入排水管道。

➤ 4.3 消防水泵房及相关设施

4.3.1 消防水泵及泵房

105

独立建造的消防水泵房,其耐火等级不应低于二级。附设在建筑中的消防水泵房应与其他部位隔开。消防水泵房设置在首层时,其疏散门宜直通室外;设置在地下层或楼层上时,其疏散门应靠近安全出口。消防水泵房的门应采用甲级防火门。

消防水泵房应有不少于2条的出水管直接与消防给水管网连接。当其中一条出水管关闭时,其余的出水管应仍能通过全部用水量。出水管上应设置试验和检查用的压力表和DN65的放水阀门。当存在超压可能时,出水管上应设置防超压设施。

消防水泵应采用自灌式吸水,并应在吸水管上设置检修阀门。一组消防水泵的吸水管不应少于2条。当其中一条关闭时,其余的吸水管应仍能通过全部用水量。

当消防水泵直接从环状市政给水管网吸水时,消防水泵的扬程应按市政给水管网的最低压力计算,并以市政给水管网的最高水压校核。

消防水泵的流量按公式(4.3)计算:

$$Q_{xb} = \frac{Q_x}{n} \tag{4.3}$$

式中 Q_{xb}——消防水泵的流量(L/s);

Q_x——室内消防用水总量(L/s);

n——消防水泵台数。

消防水泵的扬程按公式(4.4)计算:

$$H_{xb} = H_{xs} + h + H_Z \tag{4.4}$$

式中　H_{xb}——消防水泵的扬程(kPa);

　　　　H_{xs}——最不利消火栓口的水压(kPa);

　　　　h——计算管路的总水头损失(kPa);

　　　　H_Z——消防水池最低水位与最不利点消火栓的高差(m)。

消防水泵应设置备用泵,其工作能力不应小于最大一台消防工作泵。建筑高度小于 54 m 的住宅和室外消防用水量小于等于 25 L/s 或室内消防用水量小于等于 10 L/s 建筑,可不设置备用泵。消防水泵应保证在火警后 30 s 内启动。

4.3.2　消防水箱

设置临时高压给水系统的建筑物应设置消防水箱(包括气压水罐、水塔、分区给水系统的分区水箱)。消防水箱的设置应符合下列规定:

(1)重力自流的消防水箱应设置在建筑物的最高部位;

(2)消防水箱的消防贮水量按公式 4.5 计算:

$$V_x = 0.6 Q_x \tag{4.5}$$

式中　V_x——消防水箱贮存的消防水量(m^3);

　　　　Q_x——室内消防用水总量;

　　　　0.6——单位换算系数。

(3)消防用水与其他用水合用的水箱应采取消防用水不作他用的技术措施;

(4)发生火灾后,由消防水泵供给的消防用水不应进入消防水箱;

(5)消防水箱可分区设置。

4.3.3　消防水池

在下列情况下应设置消防水池:

(1)市政给水管网为枝状或只有一条进水管,且室内外消防用水量之和大于 20 L/s 或建筑高度大于 50 m。

(2)当生产、生活用水量达到最大时,市政给水管网或入户引入管不能满足室内外消防给水设计流量。

消防水池的消防贮存水量应按公式(4.6)确定:

$$V_c = 3.6(Q_z - Q_g) T_x \tag{4.6}$$

式中　V_c——消防水池贮存消防水量(m^3);

　　　　Q_z——室内消防用水量与室外消防用水量之和(L/s);

　　　　Q_g——市政管网的连续补充水量(L/s);

　　　　T_x——火灾延续时间(h)。

消防水池的补水时间不宜超过 48 小时,但当消防水池有效总容积大于 2000 m^3 时,不应超过 96 h。当容积大于 500 m³时,消防水池应分设成两格能独立使用的消防水池。严寒和寒冷地区的消防水池应采取防冻保护设施。

4.3.4　减压设施

自动喷水灭火系统分支多,每个喷头位置不同,喷头出口压力也不同。为了使各分支管段水压均衡,可采用减压孔板、节流管或减压阀消除多余水压。减压孔板、节流管的结构示意图如图 4.24 所示。

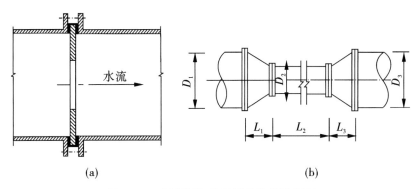

图 4.24　减压孔板、节流管的结构示意图
(a)减压孔板结构示意图;(b)节流管的结构示意图(要求 $L_1 = D_1$; $L_3 = D_3$)

(1)减压孔板　减压孔板应设在直径不小于 50 mm 的水平直管段上,前后管段的长度不宜小于该管段直径的 5 倍。孔口直径不应小于管段直径的 30%,且不应小于20 mm。减压孔板应采用不锈钢板材制作。

当消火栓栓口处的出水压力超过 0.5 MPa 时,应在消火栓栓口前设减压孔板。

(2)节流管　节流管直径宜按上游管段直径的一半确定,且节流管内水的平均流速不应大于 20 m/s,长度不宜小于 1 m。

(3)减压阀　减压阀应设在报警阀组入口前,为了防止堵塞,在入口前应装设过滤器。垂直安装的减压阀,水流方向宜向下。

➢ 4.4　其他灭火系统

因建筑使用功能不同,其内的可燃物性质各异,仅使用水灭火作为消防手段是不能达到扑救火灾的目的,甚至还会带来更大的损失。因此,应根据可燃物的物理、化学性质,采用不同的灭火方法和手段,才能达到预期的目的。

4.4.1　水喷雾灭火系统

水喷雾灭火系统利用水雾喷头把水细化成雾滴后喷射到燃烧的物质表面,通过表面冷却、窒息、乳化及稀释共同作用实现灭火。该灭火系统适用范围广,可提高扑灭固体火灾的灭火效率,且由于水雾具有不会造成液体飞溅、电气绝缘性好的特点,能够扑灭可燃液体火灾、电气火灾等。

(1)水喷雾灭火系统的组成及附件 水喷雾灭火系统有固定式和移动式两种装置,移动式装置可起到固定装置的辅助作用。固定式水喷雾灭火系统一般由高压给水设备、控制阀、水雾喷头、火灾探测自动控制系统等组成,如图4.25所示。

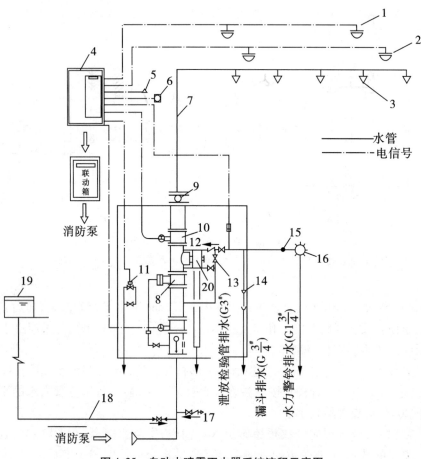

图4.25 自动水喷雾灭火器系统流程示意图

1-定温探测器;2-差温探测器;3-水雾喷头;4-报警控制器;5-现场声报警;6-防爆遥控现场电启动器;7-配水干管;8-雨淋阀;9-挠曲橡胶接头;10-蝶阀;11-电磁阀;12-止回阀;13-报警试验阀;14-节流孔;15-过滤器;16-水力警铃;17-水泵接合器;18-消防专用水管;19-水塔;20-泄水试验阀

水雾喷头的类型有离心雾化型喷头和撞击雾化型喷头,如图4.26所示。离心雾化型水雾喷头喷射出的雾状水滴较小,雾化程度高,具有良好的电绝缘性,可用于扑救电气火灾。撞击型水雾喷头是利用撞击原理分散水流,水的雾化程度较差,雾状水的电绝缘性能差,不适用于扑救电气火灾。

为保证水流的畅通和防止水雾喷头发生堵塞,应在雨淋阀前的管道上设置过滤器。当水雾喷头无滤网时,雨淋阀后的管道亦应设过滤器,过滤器滤网应采用耐腐蚀金属材料,滤网的孔径应为 $4.0 \sim 4.7$ 目/cm^2。

当水雾喷头设置于有粉尘的场所时,应设防尘罩,且火灾时防尘罩能自行打开或脱落;当水雾喷头设置于含有腐蚀性介质的场所,应选用防腐型水雾喷头。

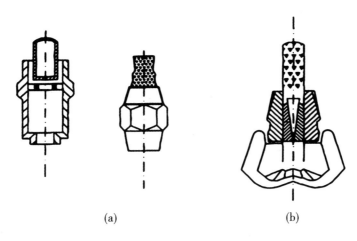

图 4.26 水雾喷头
(a)离心雾化型水雾喷头;(b)撞击型水雾喷头

4.4.2 固定消防水炮灭火系统

固定消防炮灭火系统用于保护面积较大、火灾危险性较高且价值较昂贵的重点工程的群组设备等要害场所,能及时、有效地扑灭较大规模的区域性火灾,灭火威力较大。按喷射介质不同,该系统可分为水炮灭火系统、泡沫炮灭火系统和干粉炮灭火系统。

水炮灭火系统主要由水源、消防泵组、管道、闸门、水炮、动力源和控制装置等组成,适用于一般固体可燃物火灾场所。室内消防水炮的布置数量不应少于两门,布置高度应保证消防水炮的射流不受上部建筑构件的影响,并应能使两门水炮的水射流同时到达被保护区域的任一部位,水炮的射程应按产品射程的指标值计算。其用水量应按两门水炮的水射流同时到达防护区任一部位的要求计算。

4.4.3 泡沫灭火系统

泡沫灭火工作原理是利用泡沫灭火剂,使其与水混溶后产生一种可漂浮、黏附在可燃、易燃液体、固体表面,或者充满某一着火空间,使着火物质与空气隔绝、冷却,从而使燃烧熄灭。

泡沫灭火剂按其成分分为 3 种类型:化学泡沫灭火剂、蛋白质泡沫灭火剂和合成型泡沫灭火剂。

化学泡沫灭火剂是由带结晶水的硫酸铝$[Al_2(SO_4)_3 \cdot H_2O]$和碳酸氢钠($NaHCO_3$)组成,两者混合后反应产生 CO_2 灭火。目前我国仅用于手动灭火器中。

蛋白质泡沫灭火剂主要成分是把骨胶朊、毛角朊、动物角、蹄、豆饼等水解后,适当投加稳定剂、防冻剂、缓蚀剂、防腐剂、降黏剂等添加剂混合成液体。目前国内一般采用蛋白泡沫液添加适量氟碳表面活性剂制成的泡沫液。

合成型泡沫灭火剂是以石油产品为基料制成的泡沫灭火剂。目前国内应用较多的有凝胶剂、水成膜和高倍数3种合成型泡沫灭火剂。适用于油田、炼油厂、油库、发电厂、汽车库、飞机库、矿井坑道等场所。

泡沫灭火系统按其安装方式不同有固定式、半固定式和移动式三种类型;按泡沫喷射方式不同有液上喷射、液下喷射和喷淋三种方式,按泡沫发泡倍数不同分有低倍、中倍和高倍三种类型。

选择泡沫灭火系统时,应根据可燃物性质选用泡沫液;泡沫罐的贮存要求温度在0~40℃且通风、干燥的场所;还应保证有足够的消防用水量、满足水质和水温($t=4\sim35℃$)等要求。

4.4.4 干粉灭火系统

干粉灭火系统由干粉供应源通过输送管道连接到固定的喷嘴上,通过喷嘴喷出干粉的灭火系统。干粉灭火剂是一种干燥的、易于流动的细微粉末,平时贮存于干粉灭火器或干粉灭火设备中,灭火时靠加压气体(二氧化碳或氮气)的压力将干粉从喷嘴射出,形成一股携夹着加压气体的雾状粉流射向燃烧物,对燃烧物质起化学抑制和烧爆作用,使燃烧熄灭,干粉灭火具有灭火历时短、效率高、绝缘好、灭火后损失小、不怕冻、不用水、可长期贮存等优点。系统的组成如图4.27所示。

110

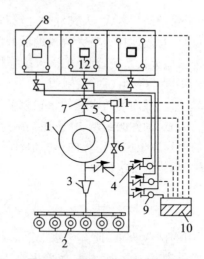

图4.27 干粉灭火系统的组成

1-干粉贮罐;2-氮气瓶和集气管;3-压力控制器;4-单向阀;5-压力传感器;6-减压阀;7-球阀;8-喷嘴;9-启动气瓶;10-消防控制中心;11-电磁阀;12-火灾探测器

干粉的种类有普通型干粉(BC类)、多用途干粉(ABC类)和金属专用灭火剂(D类火灾专用干粉)等。BC类干粉根据其制造基料的不同有钠盐、钾盐、氨基干粉等,用于扑救易燃、可燃液体如汽油、润滑油等火灾,也可用于扑救可燃气体(液化气、乙炔气等)和带电设备的火灾。ABC类干粉按其组成的基料不同有磷酸盐、硫酸铵与磷酸铵混合物和聚磷酸铵等,用于扑救易燃液体、可燃气体、带电设备和一般固体物质如术材、棉、麻、竹等形成的火灾。D类火灾专用干粉,用于金属燃烧形成的火灾。当其投加到某些燃烧金属表面时,可与金属发生反应而形成熔层;从而使金属与周围空气隔绝,使燃烧停止。

干粉灭火剂的贮存装置应接近其防护区,但火灾时不能对其形成着火危险;干粉还应避免潮湿和高温。输送干粉的管道宜短而直、光滑、无焊瘤、缝隙,管内应清洁,无残留杂物。

4.4.5 卤代烷灭火系统

卤代烷灭火系统是把具有灭火功能的卤代烷碳氢化合物作为灭火剂的消防系统。这类灭火剂主要有一氯一溴甲烷(CH_2ClBr,简称1011)、二氟二溴甲烷(CF_2Br_2,简称1202)、二氟一氯一溴甲烷(CF_2ClBr,简称1211)、三氟一溴甲烷(CF_3Br,简称1301)、四氟二溴乙烷($C_2F_4Br_2$,简称2402)。

卤代烷灭火系统具有灭火速度快,对保护物体不产生损坏和污染等优点,可用于不能用水灭火的场所。其灭火机理是通过溴和氢等卤素氢化物的化学催化作用抑制燃烧反应的,但因反应会浩成大气臭氧层中O_3大量减少,甚至出现空洞,影响臭氧层对太阳紫外线辐射的阻碍和削弱作用。因此,目前禁止生产与使用。现已开发出化学合成类及惰性气体类等多种替代卤代烷灭火剂的气体灭火剂,其中七氟丙烷灭火系统(FM200)是目前替代物中效果较好的产品。

4.4.6 二氧化碳灭火系统

二氧化碳经高压液化后罐装、储存,喷出时体积急剧膨胀并吸收大量的热,可降低火灾现场的温度,同时稀释被保护空间的氧气浓度达到窒息灭火的效果。二氧化碳防灭火系统主要由二氧化碳转换器及其控制柜、调压装置、缓冲罐、安全阀、监测盘等组成。如图4.28所示。

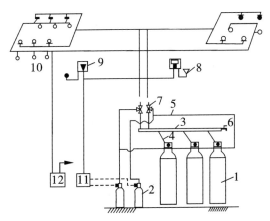

图4.28 CO₂灭火系统组成

1-CO₂贮存容器;2-启动用气容器;3-总管;4-连接管;
5-操作器;6-安全阀;17-选择阀;8-报警器;9-手动启
动装置;10-探测器;11-控制盘;12-检测盘

二氧化碳是一种惰性气体,灭火时不污染火场环境,灭火后很快散逸、不留痕迹,灭火快、空间淹没效果好,可用于扑救灭火前可切断气源的气体火灾,液体火灾或石蜡、沥青等可熔化的固体火灾,固体表面火灾及棉毛、织物、纸张等部分固体深位火灾,电气火灾。但不适用于扑灭硝化纤维、火药等含氧化剂的化学制品火灾,钾、钠、镁、钛、锆等活泼金属火灾,氢化钾、氢化钠等金属氢化物火灾。另外,要特别注意二氧化碳对人体有窒息作用,只能用于无人场所,如用在经常有人的场所应采取防护措施以确保安全。按设计应用形式不同有全淹没灭火系统方式和局部应用灭火系统方式。

4.4.7 蒸汽灭火系统

蒸汽灭火工作原理在火场燃烧区施放一定量的惰性水蒸气,稀释或置换燃烧区内的可燃气体(蒸汽)和助燃气体,从而达到窒息灭火的作用。该灭火系统具有设备简单、造价低、淹没性好等优点。适用于石油化工、炼油、火力发等厂房,电燃油锅炉房、重油油品等库房或扑救高温设备。但不适用于体积大、面积大的火灾区,不适用于扑灭电器设备、贵重仪表、文物档案等火灾。

蒸汽灭火系统可分为固定式蒸汽灭火系统和半固定式灭火系统两类,如图4.29所示。

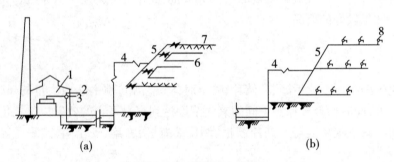

图4.29 蒸汽灭火系统

(a)固定式蒸汽灭火系统;(b)半固定式蒸汽灭火系统

1-蒸汽锅炉房;2-生活蒸汽管网;3-生产蒸汽管网;4-输汽干管;5-配汽支管;6-配汽管;7-蒸汽幕;8-接蒸汽喷枪短管

4.4.8 烟雾灭火系统

烟雾灭火系统是以硝酸钾、三聚氰胺、木炭、碳酸氢钾、硫黄等原料混合而成发烟剂,装于烟雾灭火容器内,发生火灾时,混合发烟剂燃烧反应释放出大量烟雾气体,将烟雾喷射到燃烧物质上面的空间;形成浓厚的烟雾气体层,着火处因受到烟雾的覆盖、抑制作用及其对氧气的稀释作用而熄灭。

烟雾灭火系统具有设备简单、扑灭初期火灾快、不需水、电及人工操作等优点,适用于无水、电设施的独立油罐或醇、酯、酮类等贮罐的初起火灾,且可在冰冻期较长地区使用。

烟雾灭火系统的组成见图4.30。灭火器安装位置有罐内式和罐外式两种类型。罐内式又有滑动式和三翼式两种形式,罐内式是将烟雾灭火器置于罐中心并用浮漂托于液面上;罐外式是将灭火器置于罐外,但其烟雾喷头伸入罐内中心液面上。

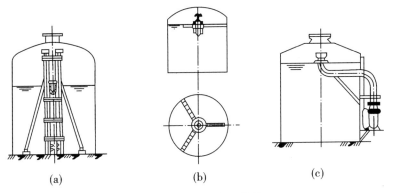

图4.30　烟雾灭火系统图

(a)滑动式灭出系统;(b)三翼式灭火系统;(c)罐外式灭火系统

➢ 4.5　建筑消防及火灾自动控制系统

4.5.1　火灾自动报警系统类型与组成

（1）系统构成　火灾自动报警系统主要由触发器件、火灾报警系统、火灾警报装置和其他辅助功能的装置组成如图4.31所示。系统中两个重要的组成部分如下所述。

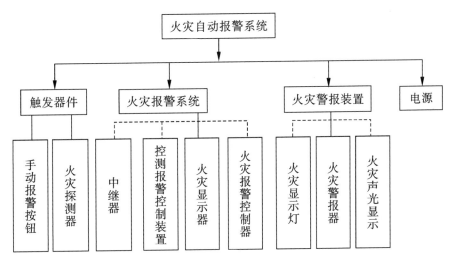

图4.31　火灾自动报警系统组成

1)火灾探测器。火灾探测器是火灾自动报警系统中主要部件之一,其中至少含有一种类型传感器(敏感部件),能连续或按间隔时间周期地监视与火灾有关的物理或化学现象。火灾探测器能够给火灾报警控制器提供合适的信号以通报火警或操作自动消防设施,或者经火灾报警器判定,然后自动发出或人工手动发送到火灾警报装置(如喇叭、警笛)或人工报警中心、消防队等。

火灾探测方法是以物质燃烧过程中产生的各种火灾现象为依据,以实现早期发现火灾为前提。分析普通可燃物的火灾特点,以物质燃烧过程中发生的能量转换和物质转换为基础,可形成不同的火灾探测方法,如图4.32所示。

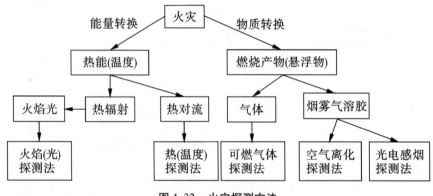

图4.32　火灾探测方法

114

火灾探测器的种类很多,一般根据被探测的火灾参数特征、响应被探测火灾参数的方法和原理、敏感组件的种类及分布特征等划分。通常根据监测的火灾特性不同,火灾探测器可分为感烟、感温、感光和可燃气体等四种类型。

2)火灾报警控制器。火灾报警控制器是自动消防系统的重要组成部分,其先进性是现代建筑消防系统的重要标志。火灾报警控制器接收火灾探测器送来的火警信号,经过运算(逻辑运算)处理后认定火灾,发出火警信号。一方面启动火警警报装置,发出声、光报警等;另一方面启动灭火联动装置,用以驱动各种灭火设备,同时也启动联锁减灾系统,用以驱动各种减灾设备。现代火灾报警控制器采用先进的计算机技术、电子技术及自动控制技术,使其向着体积小、功能强、控制灵活、安全可靠的方向发展。

按报警控制器的作用性质来分,可将报警控制器分为区域报警控制器、集中报警控制器及通用报警控制器三种。区域报警控制器是直接接受火灾探测器(或中继器)发来报警信号的多路火灾报警控制器;集中报警控制器是接受区域报警控制器(或相当于区域报警控制器的其他装置)发来的报警信号的多路火灾报警控制器;通用报警控制器是既可作区域报警控制器又可作集中报警控制器的多路火灾报警控制器。

(2)系统类型　火灾自动报警系统根据所保护建筑物的重要性和系统的大小,可分为区域报警控制系统、集中报警控制系统和控制中心报警系统。三种系统框分别如图4.33~图4.35所示。随着火灾自动报警系统技术的发展,上述主要依据传统的多线制报警设备来划分的三种监控系统,现已逐渐被通用型报警控制器+重复显示屏(又叫楼层显示器)的方式所替代,其系统中,将原集中监控系统和控制中心监控系统中的区域报警控制器用重复显示屏替代,集中报警控制器用通用型报警控制器替代。

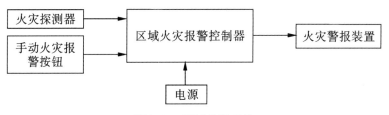

图 4.33　区域监控系统

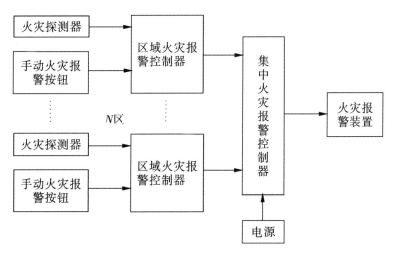

图 4.34　集中监控系统

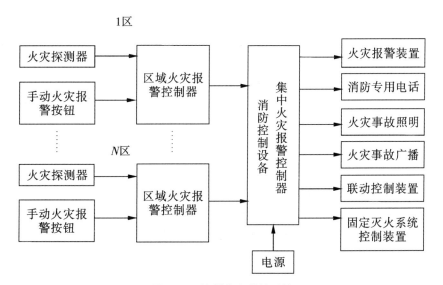

图 4.35　控制中心监控系统

（3）系统工作原理　当建筑物内某一监视现场（房间、走廊、楼梯灯）着火，火灾探测器便把从现场探测到的信息（烟气、温度、火光等）以电信号形式立即传到报警控制器,控制器将此信号与现场正常状态信号比较。若确认着火，则输出两回路信号：一路指令声光显示装置动作，发出音响报警及显示火灾现场地址（楼层、房号等），并记录第一次报警时间；另一路则指令设于现场的执行器（继电器或电磁阀等）开启喷水阀，喷洒灭火剂进行灭火。为了防止系统失控或执行器中组件、阀门失灵而贻误救火时间，故现场附近还设有手动开关，用以手动报警以及控制执行器（或灭火器）动作，以便及时扑灭火灾。同时控制器还发出其他联动控制系统的报警信号，使整个消防自动控制系统工作，以便及时完成灭火救灾，这一完整过程就是火灾自动报警系统工作的基本过程。

4.5.2　消防联动控制系统

现代化的大楼越来越向高层发展，在现代化的高层、超高层建筑中由于室外消防设备受条件限制，一旦起火，只能靠自救。而自救中，最主要的就是靠消防联动系统。现在，几乎所有的高层建筑都应用消防联动控制的灭火、防排烟等系统。

（1）消防联动控制系统组成　消防联动控制系统属于火灾自动报警系统中的一个重要组成部分，其功能是接收火灾报警控制器发出的火灾报警信号，按预设逻辑完成各项消防功能。通常是由消防联动控制器、模块、气体灭火控制器、消防电气控制装置、消防设备应急电源、消防应急广播设备、消防电话、传输设备、消防控制室图形显示装置、消防电动装置、消火栓按钮等全部或部分设备组成。

（2）联动控制设备及控制原理　消防联动控制，是指火灾探测器探测到火灾信号后，能自动切除报警区域内有关的空调器，关闭管道上的防火阀，停止有关换风机，开启有关管道的排烟阀，自动关闭有关部位的电动防火门、防火卷帘门，按顺序切断非消防用电源，接通事故照明及疏散标志灯，停运除消防电梯外的全部电梯，并通过控制中心的控制器，立即启动灭火系统进行自动灭火。

➤ 4.6　消防设施和消防给水工程安装

4.6.1　消火栓给水系统的布置

4.6.1.1　消火栓的布置

（1）室内消火栓的设置应符合下列规定

1）除无可燃物的设备层外，设置室内消火栓的建筑物，其各层均应设置消火栓。住宅的室内消火栓宜设置在楼梯间及其休息平台上。当设两根消防竖管确有困难时，可设一根消防竖管，但必须采用双口双阀型消火栓。干式消火栓竖管应在首层靠出口部位设置便于消防车供水的快速接口和止回阀。

2）消防电梯前室内应设置消火栓，并应计入消火栓使用数量。

3）室内消火栓应设在明显易于取用的地点。栓口离地面为 1.1 m，其出水方向应便于消防水带的敷设,并宜与设置消火栓的墙面成90°角或向下。冷库的室内消火栓应设在常温穿堂内或楼梯间内。

4)设有室内消火栓的建筑,如为平屋顶时宜在平屋顶上设置试验和检查用的消火栓。

5)高位水箱设置高度不能保证最不利点消火栓的水压要求时,应在每个室内消火栓处设置直接启动消防水泵的按钮,并应有保护措施。

4.6.1.2 水泵接合器的布置

高层民用建筑;高层工业建筑和超过4层的多层工业建筑,设有消防管网的住宅、超过5层的其他多层民用建筑等,室内消火栓给水系统应设置消防水泵接合器。距接合器15~40 m内应设室外消火栓或消防水池。接合器的数量应按室内消防用水量计算确定,每个接合器的流量按10~15 L/s计算。水泵接合器应与室内环状管网连接,其连接点应尽量远离消防水泵输水管与室内管网的连接点,以使消防水泵接合器向室内管网输水的能力达到最大。

4.6.1.3 消防水泵

消防水泵是消防给水系统的心脏,在火灾情况下,应能坚持工作,不应受到火灾的威胁。为保证消防水泵不间断供水,一组(两台或两台以上,其中包括备用泵)消防水泵应有两条吸水管,当其中一条吸水管在检修或损坏时,其余的吸水管应仍能通过100%的用水总量。

高压消防水泵、临时高压消防水泵,各个水泵均应有独立的吸水管,即每台工作消防泵(如一个系统,一台工作泵、一台备用泵,可共用一条吸水管)均应有独立的吸水管从消防水池(或市政管网)直接取水,保证供应火场用水。消防水泵应能及时启动,保证火场的消防用水。因此,消防水泵采用自灌式引水方式,若有困难时,应有可靠迅速的充水设备。

为保证环状管道有可靠的水源,环状管道应有两条进水管,即消防水泵房应有不少于两条出水管直接与环状管道连接。当采用两条出水管时,每条出水管均应能供应全部用水量。也就是说当其中一条出水管在检修时,其余的进水管应仍能供应全部用水量。泵房出水管与环状管网连接时,应与环状管网的不同管段连接,以便确保供水安全。

4.6.1.4 消防水池和水箱

(1)消防水池　消防水池设置要求如4.3.3所述。

(2)消防水箱　消防水箱对扑救初期火灾起着重要作用,为确保供水的可靠性,消防水箱向消防管网供水应采用重力流供水方式。消防水箱的安装高度应满足室内最不利点消火栓所需的水压和消防水压规定的要求,否则应在系统中设增压设备,以保证火灾初期消防水泵开启前消防系统的水压要求。

4.6.1.5 给水管道的布置

室内消火栓超过10个且室内消防用水量大于15 L/s时,室内消防给水管道至少应有两条引入管与室外环状管网连接,并应将室内管道连成环状,或将引入管与室外管道连成环状。当环状管网的一条引入管发生故障时,其余的引入管应仍能供应全部用水量。

室内消防给水管道应用阀门分成若干独立段,如某段损坏时,停止使用的消火栓在一层中不应超过 5 个。阀门应经常处于开启状态,并应有明显的启闭标志。

4.6.2　自动喷水灭火系统的布置

(1)喷头的布置　喷头的布置有正方形、长方形和菱形,具体采用何种形式应根据建筑平面和构造确定。

喷头的布置间距和位置原则上应满足房间的任何部位发生火灾时均能有一定强度的喷水保护。对喷头布置成正方形、长方形、菱形情况下的喷头布置间距,可根据喷头喷水强度、喷头的流量系数和工作压力确定。喷头一般布置于屋内顶板下、吊顶下或斜屋顶下,安装时应考虑与屋内大梁、顶板、边墙有一定合理距离。

(2)管网的布置　管网的布置形式有侧边式和中央式,如图 4.36 所示。相对干管而言,支管上喷头应尽量对称布置。

一般情况下,轻危险级和中危险级系统每根支管上设置的喷头数小于或等于 8 个,严重危险级系统每根支管上设置的喷头小于或等于 6 个。

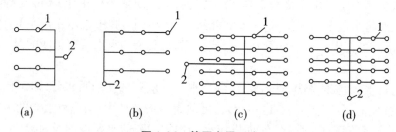

图 4.36　管网布置形式
(a)侧边中心方式;(b)侧边末端方式;(c)中央中心方式;(d)中央末端方式

(3)报警阀的布置　报警阀应设在距地面高度为 1.2 m,且没有冰冻危险,易于排水,管理维修方便及明显的地点。每个报警阀组供水的最高与最低喷头,其高程差不宜大于 50 m。一个报警阀所控制的喷头数应符合相关规定。

(4)水力警铃的布置　水力警铃应设在有人值班的地点附近,与报警阀连接的管道,其管径为 20 mm,总长度不宜大于 20 m。

(5)末端试水装置　每个报警阀组控制的最不利点喷头处,应设末端试水装置。末端试水装置应由试水阀、压力表以及试水接头组成。其他防火分区、楼层的最不利点喷头处,均应设置直径为 25 mm 的试水阀,以便必要时连接末端试水装置。

(6)水泵设置　自动喷水灭火系统应设独立的供水泵,并应按一运一备或两运一备比例设置备用泵;水泵应采用自灌式吸水方式,每组供水泵的吸水管不应少于 2 根;报警阀入口前设置环状管道的系统,每组供水泵的出水管不应少于 2 根;供水泵的吸水管应设控制阀,出水管应设控制阀、止回阀、压力表和直径不小于 65 mm 的试水阀。必要时,应采取控制供水泵出口压力的措施。

(7)水箱的设置　采用临时高压给水系统的自动喷水灭火系统应设高位消防水箱。建筑高度不超过 24 m,并按轻危险级或中危险级场所设置湿式系统、干式系统或预作用系统时,如设置高位消防水箱确有困难,应采用 5 L/s 流量的气压给水设备供给 10 min 初期用水量。

消防水箱的出水管应符合下列规定:应设止回阀,并应于报警阀入口前管道连接;轻危险级、中危险级场所的系统,管径不应小于 80 mm,严重危险级和仓库危险级不应小于 100 mm。

(8)水泵接合器的设置　系统应设水泵接合器,每个水泵接合器的流量宜按 10~15 L/s 计算。

 思考题

1.室内哪些场所应设置消火栓? 室内消火栓系统的组成包括哪些?

2.室内消火栓给水系统的给水方式有哪些?

3.怎样确定消火栓用水量和间距?

4.什么是水枪充实水柱? 如何计算?

5.室内消防给水管道的布置应符合哪些规定?

6.什么是自动喷水灭火系统?

7.湿式自动喷水灭火系统有哪些组成部分?

8.干式自动喷水灭火系统的工作过程是什么?

9.预作用喷水灭火系统的优点是什么? 适用于什么场所?

10.什么是开式自动喷水灭火系统? 开式自动喷水灭火系统有哪些类型?

11.水流报警装置主要包括哪些组成部分? 水流指示器有什么作用? 一般安装在什么位置?

12.延迟器有什么作用? 一般安装在什么位置?

13.消防水泵房有哪些布置要求?

14.什么情况下应设置消防水池?

15.消防减压设施有哪些?

16.常用的其他灭火方式有哪些?

17.消火栓的布置应符合哪些规定?

18.自动喷水灭火系统的喷头和管网布置有哪些形式?

 知识点(章节):

室内消火栓设置场所(4.1.1);室内消火栓系统的组成(4.1.2);室内消火栓给水系统的给水方式(4.1.3);室内消火栓用水量(4.1.4);室内消火栓消防水池和水箱储水量(4.1.4);充实水柱(4.1.4);湿式自动喷水灭火系统(4.2.1);干式自动喷水灭火系统(4.2.1);干式自动喷水灭火系统(4.2.1);预作用喷水灭火系统(4.2.1);重复启闭预作

119

用系统(4.2.1);开式自动喷水灭火系统(4.2.2);水流报警装置、延迟器(4.2.3);消防水泵房(4.3.1);消防水池(4.3.3);固定消防水炮灭火系统(4.4.2);七氟丙烷灭火系统(4.4.5);火灾自动报警系统(4.5.1);消防联动控制系统(4.5.2);消火栓布置(4.6.1);自动喷水喷头布置(4.6.2)。

5

建筑排水

▶ 5.1 排水系统的分类和组成

5.1.1 排水系统的分类

根据所排除污(废)水的性质,建筑排水系统可分为污(废)水排水系统和屋面雨水排水系统。

(1)污(废)水排水系统　污(废)水排水系统分为生活排水系统和工业废水排水系统。

1)生活排水系统。接纳并排除居住建筑、公共建筑及工业企业的生活污水和生活废水。按照污(废)水、卫生条件或杂用水水源的需要,生活排水系统又可分为排除大便器(槽)、小便器(槽)以及用途与此相似的卫生设备产生的生活污水排水系统和排除盥洗、洗涤废水的生活废水排水系统。

2)工业废水排水系统。排除工业企业生产过程中产生的废水。按照污染程度的不同,可分为生产废水和生产污水排水系统。生产废水是指在使用过程中受到轻度污染或水温稍有增高的水,通常经某些处理后即可在生产中循环或重复使用或直接排放的废水。生产污水是指在使用过程中被化学杂质(有机物、重金属离子、酸、碱等)或机械杂质(悬浮物及胶体物)污染较重的污水,一般具有危害性,需要经过处理,达到排放标准后才能排放。

(2)屋面雨水排水系统　屋面雨水排水系统的作用是收集排除建筑屋面雨水和冰、雪融化水。建筑物屋面雨水排水系统应单独设置。

5.1.2 排水系统体制

建筑排水系统的体制分为合流制和分流制。

建筑排水合流制是指生活污水与生活废水、生产污水与生产废水采用同一套排水管道系统排放,或污、废水在建筑物内汇合后用同一排水干管排至建筑物外;分流制是指生活污水与生活废水、或生产污水与生产废水设置独立的管道系统:生活污水排水系统、生活废水排水系统、生产污水排水系统、生产废水排水系统分别排水。

排水系统体制应根据污、废水性质及污染程度、室外排水体制、综合利用要求等诸多因素确定。以下情况宜采用生活污水与生活废水分流的排水系统:

(1)建筑物使用性质对卫生标准要求较高时。分流排水可防止大便器瞬时洪峰流态造成管道中压力波动而破坏水封,避免对室内环境造成污染;

(2)生活排水中废水量较大,且环保部门要求生活污水需经化粪池处理后才能排入城镇排水管道时,采用分流排水可减小化粪池容积;

(3)当小区或建筑物设有中水系统,生活废水需回收利用时应分流排水,生活废水单独收集作为中水水源。

5.1.3 污水排放条件

局部受到油脂、致病菌、放射性元素、有机溶剂等污染,以及温度高于 40 ℃的建筑排

水,应单独排水至水处理构筑物或回收构筑物,具体如下:

(1)职工食堂、营业餐厅的厨房含有大量油脂的洗涤废水;

(2)机械自动洗车台排除的含有大量泥砂的冲洗水;

(3)含有大量致病菌、放射性元素超过排放标准的医院污水;

(4)水温超过40 ℃的锅炉、水加热器等加热设备的排水;

(5)用作回用水水源的生活排水;

(6)实验室有毒有害废水。

5.1.4　排水系统的组成

建筑内部排水系统的任务是要能迅速通畅地将污水排到室外,并能保持系统气压稳定,同时将管道系统内有害气体排到室外而保证室内良好的空气环境。建筑内部排水系统基本组成部分如图5.1所示。

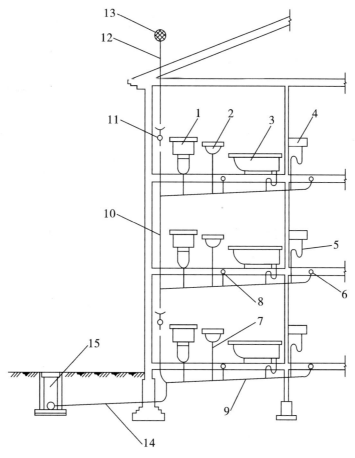

图 5.1　建筑排水系统示意图

1-大便器;2-洗脸盆;3-浴盆;4-洗涤盆;5-存水弯;6-清扫口;7-器具排水管;8-地漏;9-横支管;
10-立管;11-检查口;12-伸顶通气管;13-铅丝网罩;14-排出管;15-排水检查井

（1）卫生器具或生产设备受水器 卫生器具又称卫生设备或卫生洁具,是接纳、排出人们在日常生活中产生的污(废)水或污物的容器或装置。生产设备受水器是接纳、排出工业企业在生产过程中产生的污(废)水或污物的容器或装置。除便溺用的卫生器具外,其他卫生器具均在排水口处设置栅栏。

（2）排水管道 排水管道由器具排水管(含存水弯)、横支管、立管、埋地横干管和排出管组成。

1）器具排水管。指连接卫生器具和排水横支管之间的短管,除坐式大便器外,其间还包括水封装置。

2）排水横支管。将器具排水管流来的污水转输到立管中去,横支管应具有一定的坡度。

3）排水立管。用于承接各楼层横支管排来的污水。

4）埋地横干管。是把几根排水立管与排出管连接起来的管段,可根据室内排水立管的数量和布置情况确定是否需要设置埋地横干管。

5）排出管。也称出户管,是排水立管或排水横干管与室外排水检查井之间的连接管段。

（3）通气管系统 生活污水管道或散发有害气体的生产污水管道系统上,为了平衡排水系统内的压力、创造良好的水流条件、确保管内水流畅通、保护存水弯水封、减小系统的噪音和及时排除系统内的有害气体,设置通气管系统。

（4）清通设备 清通设备主要包括检查口、清扫口、检查井,其作用是当管道堵塞时,用于疏通建筑内部排水管道。

（5）污(废)水抽升设备 当建筑物地下室、地下铁道等地下空间的污废水无法自留排至室外检查井时,需设置污(废)水提升设施。

（6）污水局部处理设施 当建筑内排出的污水不允许直接排入室外排水管道时,则要设置污水局部处理设施,使污水水质得到初步改善后再排入室外排水管道。根据污水性质的不同,可以采用不同的污水局部处理设施,如化粪池、隔油池、沉砂池等。

➤ 5.2 排水管材、附件及卫生器具

5.2.1 排水管材及管件

建筑内部排水管道应采用建筑排水塑料管及管件或柔性接口机制排水铸铁管及相应管件。在选择排水管道管材时,应综合考虑建筑物的使用性质、建筑高度、抗震要求、防火要求及当地的管材供应条件,因地制宜选用。

（1）排水塑料管 目前,在建筑内部常用的排水塑料管是硬聚氯乙烯塑料管,具有优良的化学稳定性、耐腐蚀、内外壁光滑、不易结垢、重量轻、价格低、容易切割、便于施工与安装等优点;但其强度低、耐温性差、易产生噪声。常用于排放温度在-5~50 ℃的污水。

排水塑料管有普通排水塑料管、芯层发泡排水塑料管、拉毛排水塑料管和螺旋消声

排水塑料管等几种。

管道连接方法有螺纹和胶圈连接及黏接,常用黏接方法,既快捷方便又牢固。常用管件如图5.2所示。

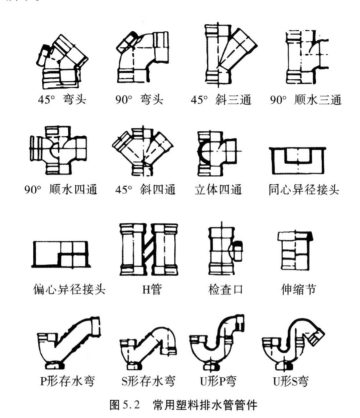

45° 弯头　　90° 弯头　　45° 斜三通　　90° 顺水三通

90° 顺水四通　　45° 斜四通　　立体四通　　同心异径接头

偏心异径接头　　H管　　检查口　　伸缩节

P形存水弯　　S形存水弯　　U形P弯　　U形S弯

图5.2　常用塑料排水管管件

（2）排水铸铁管　对于建筑内的排水系统,铸铁管正在逐渐被硬聚氯乙烯塑料管取代,只有在某些特殊的地方使用。排水铸铁管有刚性接口和柔性接口两种方式,建筑内部排水管道应采用柔性接口机制排水铸铁管。柔性接口机制排水铸铁管有两种:一种是连续铸造工艺制造,承口带法兰,管壁较厚,采用法兰压盖、橡胶密封圈、螺栓连接,如图5.3(a)所示;另一种是水平旋转离心铸造工艺制造,无承口,管壁薄而均匀,质量轻,采用不锈钢带,橡胶密封圈、卡紧螺栓连接,如图5.3(b)所示,具有安装更换管道方便、美观的特点。

柔性接口排水铸铁管具有强度大、抗振性能好、噪声低、防火性能好、寿命长、膨胀系数小、安装施工方便、美观(不带承口)、耐磨和耐高温性能好的优点,但是造价较高。建筑高度超过100 m的高层建筑、对防火等级要求高的建筑物、地震区建筑、要求环境安静的场所、环境温度可能出现0 ℃以下的场所及连续排水温度大于40 ℃或瞬时排水温度大于80 ℃的排水管道应采用柔性接口机制排水铸铁管。

排水铸铁管管件有立管检查口、三通、45°三通、45°弯头、90°弯头、45°和30°通气管、四通、P形和S形存水弯等,图5.4所示为常用的铸铁管排水管件。

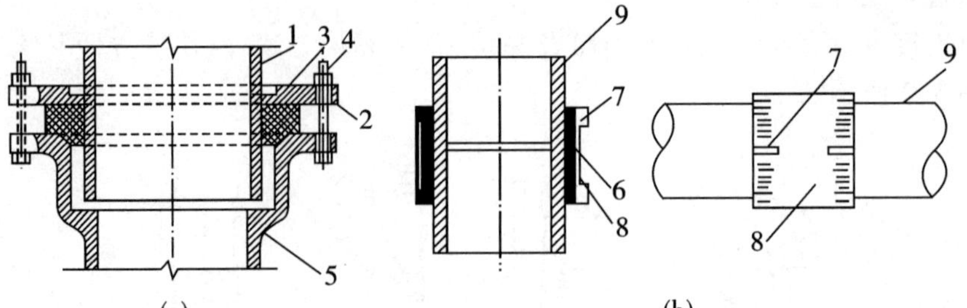

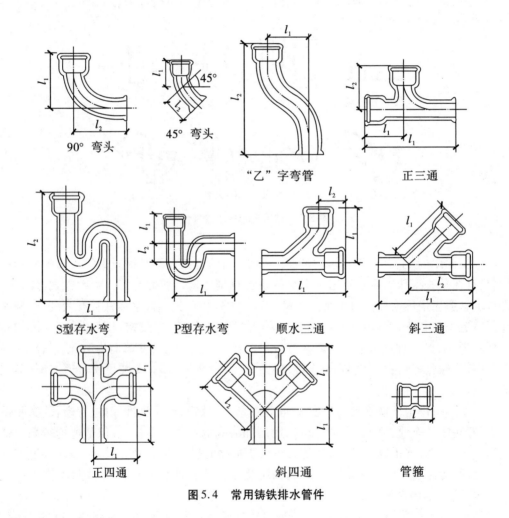

(a)   (b)

图5.3　排水铸铁管连接方法

(a)法兰压盖螺栓连接;(b)不锈钢带卡紧螺栓连接

1-插口端头;2-法兰压盖;3-橡胶密封圈;4-紧固螺栓;5-承口端头;6-橡胶圈;7-卡紧螺栓;8-不锈钢带;9-排水铸铁管

126

90°弯头　　　45°弯头　　　"乙"字弯管　　　正三通

S型存水弯　　　P型存水弯　　　顺水三通　　　斜三通

正四通　　　斜四通　　　管箍

图5.4　常用铸铁排水管件

5.2.2 排水附件

(1)存水弯 存水弯的作用是防止排水管道系统中的气体窜入室内。按存水弯的构造分为管式存水弯和瓶式存水弯。管式存水弯有 P 形、S 形和 U 形三种,见图 5.5。P 形存水弯适用于排水横管距卫生器具出水口位置较近的场所;S 形存水弯适用于排水横管距卫生器具出水口位置较远,卫生器具排水管与排水横管垂直连接的场所;U 形存水弯设在水平横支管上。瓶式存水弯本身也是由管体组成,但排水管不连续,其特点是易于清通,外形较美观,一般用于洗脸盆或洗涤盆等卫生器具的排出管上。

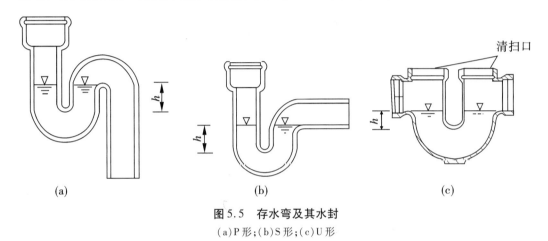

图 5.5 存水弯及其水封
(a)P 形;(b)S 形;(c)U 形

图 5.6 为几种新型的补气存水弯,补气存水弯在卫生器具大量排水形成虹吸时能够及时向存水弯出水端补气,防止惯性虹吸过多吸走存水弯内的水,保证水封的高度。其中,图 5.6(a)为外置内补气,图 5.6(b)为内置内补气,图 5.6(c)为外补气。

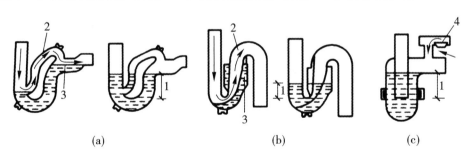

图 5.6 几种新型存水弯
(a)外置内补气存水弯;(b)内置内补气存水弯;(c)外补气存水弯
1-水封;2-补气管;3-滞水室;4-阀

(2)地漏 地漏是一种内有水封,用来排放地面水的特殊排水装置,设置在经常有水溅落的卫生器具(如浴盆、洗脸盆、小便器、洗涤盆等)地面有水需要排除的场所(如淋浴间、水泵房)或地面需要清洗的场所(如食堂、餐厅),住宅还可用作洗衣机排水口。图

5.7 是几种类型地漏的构造图。

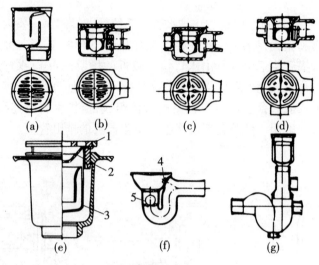

图 5.7　地漏

(a)普通地漏;(b)单通道地漏;(c)双通道地漏;(d)三通道地漏;
(e)双箅杯式地漏;(f)防倒流地漏;(g)双接口多功能地漏
1-外箅;2-内箅;3-杯式水封;4-清扫口;5-浮球

128

（3）检查口　一种带有可开启检查盖,装设在排水立管及较长横管段的附件。如图
5.8 所示。

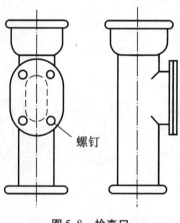

螺钉

图 5.8　检查口

（4）清扫口　一种装在排水横管上用于清扫排水横管的附件。清扫口设置在楼板或
地坪上,且与地面相平。也可用带清扫口的弯头配件或在排水管起点设置堵头代替清扫
口。如图 5.9 所示。

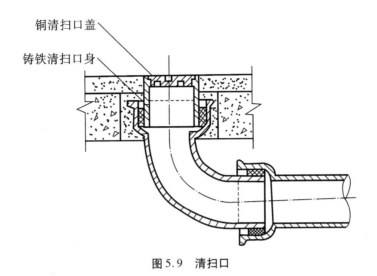

图 5.9   清扫口

5.2.3　卫生器具

卫生器具是指用于收集和排除生产、生活中产生的污、废水的设备,是室内排水系统的重要组成部分。卫生器具一般采用不透水、无气孔、表面光滑、耐腐蚀、耐磨损、耐冷热、便于清扫、有一定强度的材料制造,如陶瓷、搪瓷生铁、塑料、复合材料等。

卫生器具按其用途可分为盥洗和沐浴用卫生器具、洗涤用卫生器具和便溺用卫生器具等。

（1）盥洗和沐浴用卫生器具

1）洗脸盆。一般用于洗脸、洗手、洗头的盥洗用卫生器具,常设置在盥洗室、浴室、卫生间和理发室,也用于公共洗手间、医院各治疗间和厕所等。洗脸盆安装分为挂式、立柱式和台式三种。如图 5.10 所示为挂式。

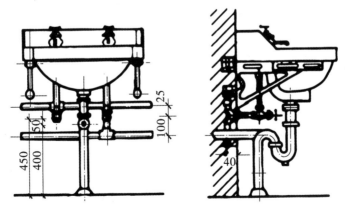

图 5.10   挂式洗脸盆

2）盥洗槽。盥洗槽常设在公共卫生间内,可供多人同时洗手洗脸等用的盥洗用卫生器具。按水槽形式分,有单面长条形、双面长条形和圆环形。

3)浴盆。浴盆一般用陶瓷、搪瓷、玻璃钢、塑料等制成,设在住宅、宾馆、医院等的卫生间或公共浴室,供人们清洁身体。浴盆配有冷、热水或混合水龙头,并配有淋浴设备。浴盆有长方形(图 5.11)、方形、斜边形和不规则形状。

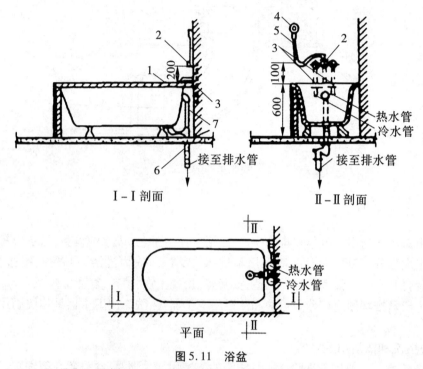

图 5.11 浴盆

1-浴盆;2-混合阀门;3-给水管;4-莲蓬头;5-蛇皮管;6-存水弯;7-溢水管

4)淋浴器。淋浴器由莲蓬头、出水管和控制阀组成,喷洒水流供人沐浴的卫生器具。一般用于住宅、旅馆、工业企业生活间、医院、学校、机关和体育馆等建筑的卫生间或公共浴室内。淋浴器有单管式和双管式。

淋浴器有成套供应的成品和现场用管件组装两类,淋浴器的冷、热水管有明装和暗装两种,明装检修较为方便。较高级建筑多采用暗装,并采用单手柄混水阀门。图 5.12 为明装淋浴器的安装图。

(2)洗涤用卫生器具 用来洗涤食物、衣物、器物等物品的卫生器具。常用的有洗涤盆(池)、污水盆(池)、化验盆等。

1)洗涤盆(池)。装设在厨房或公共食堂内,用作洗涤碗碟、蔬菜的洗涤用卫生器具。多为陶瓷、搪瓷、不锈钢和玻璃钢制品,有单格、双格和三格之分,有的还带搁板和背衬。双格洗涤盆的一格用来洗涤,另一格泄水。大型公共食堂内也有现场建造的洗涤盆,如洗菜盆、洗碗池等。图 5.13 为单格陶瓷洗涤盆、现场建造的双格洗涤池、双格不锈钢洗涤盆和双格不锈钢带搁板洗涤盆。

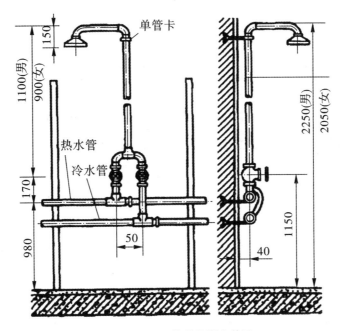

图 5.12　明装淋浴器安装图

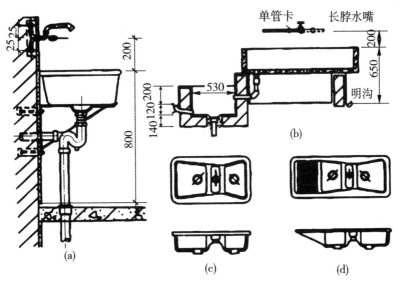

图 5.13　洗涤盆(池)

(a)单格陶瓷洗涤盆;(b)现场建造的双格洗涤池;(c)双格不锈钢洗涤盆;(d)双格不
锈钢带搁板洗涤盆

2)污水盆(池)。污水盆装设在公共建筑的厕所、盥洗室内,供洗涤拖把、打扫厕所或
倾倒污水用,安装图见图 5.14。

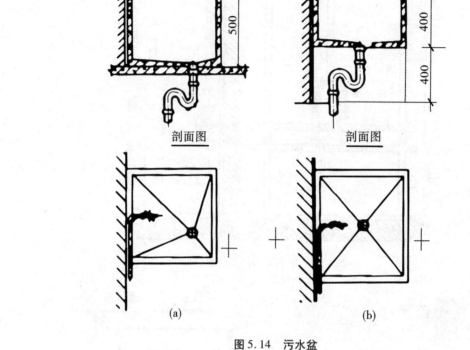

图5.14　污水盆

(a)落地式;(b)挂墙式

132

3)化验盆　化验盆是洗涤化验器皿,供化验用水,倾倒化验污水用的卫生器具,如图5.15所示。盆体本身带有存水弯,材质多用陶瓷,也有玻璃钢、搪瓷制品。根据使用要求,可装设单联、双联和三联式鹅颈龙头。化验盆一般设在工厂、科研机关和学校的化验室或实验室内。

(3)便溺用卫生器具　便溺用卫生器具设置在卫生间或厕所内,用于收集生活污水。

1)大便器。大便器用于接纳、排除粪便,同时防臭。按其使用方式分有坐式大便器、蹲式大便器和大便槽。

蹲式大便器多用于集体宿舍和公共建筑物中的公共厕所中。蹲式大便器本身不带存水弯,安装时另加存水弯。在地板上安装蹲式大便器,至少需设高为180 mm的平台。蹲式大便器可单独或成组安装,多采用高位水箱或延时自闭式冲洗阀或脚踏式冲洗阀冲洗,图5.16为高水箱蹲式大便器安装图。

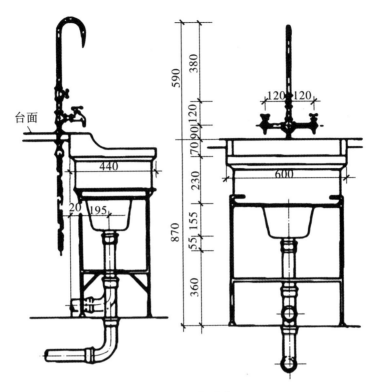

图 5.15　化验盆

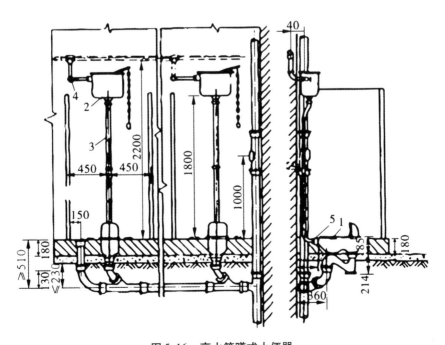

图 5.16　高水箱蹲式大便器

1-蹲式大便器;2-高水箱;3-冲水管;4-角阀;5-橡胶碗

坐式大便器按冲洗的水力原理分为冲洗式和虹吸式两类。近年来开发出一些功能更完善、节水效果明显、排污能力强、冲洗噪声小、造型美观、使用舒适的虹吸类坐便器，如喷射虹吸式坐便器和漩涡虹吸式连体坐便器。图 5.17 所示为几种坐式大便器的构造示意图。

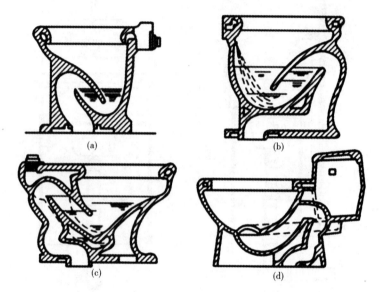

(a)　　　　　　　(b)

(c)　　　　　　　(d)

图 5.17　坐式大便器
(a)冲洗式；(b)虹吸式；(c)喷射虹吸式；(d)漩涡虹吸式

坐式大便器通常采用低水箱冲洗，按照水箱与大便器的关系又分为分开式和连体式，一般用于住宅和宾馆。图 5.18 所示为坐式大便器安装图。

大便槽是一个长条形沟槽。一般采用混凝土或钢筋混凝土浇筑，槽底有一定坡度，便槽用隔板分成若干蹲位。由于冲洗不及时，污物易附着在槽壁上，易散发臭味，但设备简单，造价低，常用于低标准的公共厕所，如学校、火车站、汽车站、码头及游乐场所等人员集中的公共厕所。大便槽采用集中自动冲洗水箱或红外线数控冲洗装置。

2)小便器。小便器设置在公共建筑的男厕所内，用于收集和排除小便的便溺用卫生器具。按其形状分为立式和挂式两类，如图 5.19 所示。立式小便器又称落地小便器，用于标准高的建筑；挂式小便器又称小便斗，安装在墙壁上。公共建筑的冲洗方式，宜采用感应式或非手触式。

3)小便槽。可供多人同时使用的长条形沟槽，由长条形水槽、冲洗水管、排水地漏和存水弯等组成。采用混凝土结构，表面贴瓷砖，用于工业企业、公共建筑和集体宿舍的公共卫生间。小便槽在同样面积下比小便器可容纳的使用人数多，且构造简单经济。

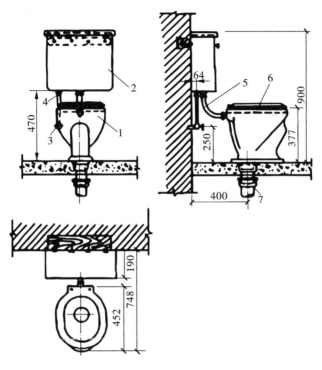

图5.18 低水箱坐式大便器安装图

1-坐式大便器;2-低水箱;3-角阀;4-给水管;5-冲水管;6-盖子;7-排水管

135

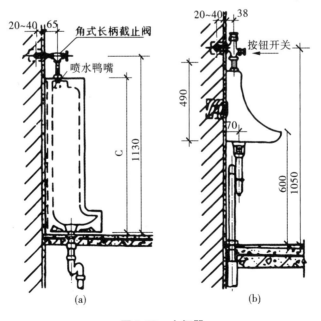

图5.19 小便器

(a)立式小便器;(b)挂式小便器

（4）冲洗设备 冲洗设备是便溺用卫生器具的配套设备,有冲洗水箱和冲洗阀两种。

1）冲洗水箱。按冲洗的水力原理分为冲洗式和虹吸式两类;按启动方式分为手动式、自动式;按安装位置分为高水箱和低水箱。目前,自动冲洗水箱多采用虹吸式。高位水箱用于蹲式大便器和大小便槽,公共厕所宜用自动冲洗水箱,如图 5.20 所示。住宅和旅馆的坐式大便器多用手动低位水箱冲洗,如图 5.21 所示。

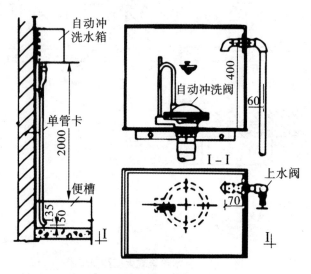

图 5.20 自动冲洗水箱

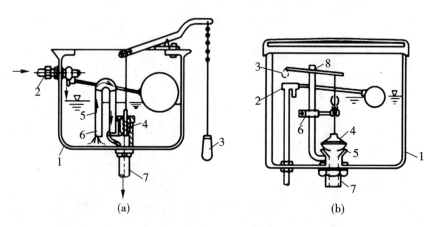

图 5.21 手动冲洗水箱

（a）虹吸冲洗水箱;（b）水力冲洗水箱

1-水箱;2-浮球阀;3-拉链-弹簧阀;4-橡胶球阀;5-虹吸管;6-小孔;7-冲洗管;8-溢流管;
9-扳手;10-阀座;11-导向装置

冲洗水箱的优点是具有足够冲洗一次所需的储水容量,水箱进水管管径小,所需出流水头小,即水箱浮球阀要求的流出水头仅 20～30 kPa,一般室内给水压力均易满足;冲洗水箱能起空气隔断作用,不致引起回流污染。冲洗水箱的缺点是占地面积大、有噪声、进水浮球阀容易漏水、水箱及冲洗管外壁易产生凝结水、自动冲洗水箱浪费水量。

2)冲洗阀。冲洗阀为直接安装在大、小便器冲洗管上的另一种冲洗设备。冲洗阀体积小,外表洁净美观,不需水箱,使用便利。但其构造复杂,容易阻塞损坏,要经常检修。冲洗阀多用在公共建筑、工厂及火车站厕所内。按照现行政策及有关规定,公共建筑的冲洗阀宜选用感应式或脚踏式。

➤ 5.3　排水管道布置与敷设

5.3.1　卫生器具的布置与敷设

在卫生间和公共厕所布置卫生器具时,既要考虑所选用的卫生器具类型、尺寸和方便使用,又要考虑管线短,排水通畅,便于维护管理。图5.22是公共厕所、宾馆卫生间和住宅卫生间的卫生器具平面布置图。

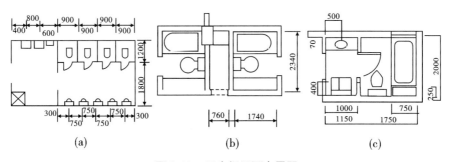

图5.22　卫生间平面布置图
(a)公共建筑;(b)宾馆;(c)住宅

卫生间和公共厕所内的地漏应设在地面最低处、易于溅水的卫生器具附近;不宜设在排水支管顶端,以防止卫生器具排放的固体杂物在最远卫生器具和地漏之间的横支管内沉淀。

5.3.2　排水管道的布置与敷设

排水管道的布置应满足水力条件最佳、便于维护管理、保证生产、使用安全、保护管道不易受到损害以及经济和美观等的要求。

(1)排水畅通,水力条件好。为使排水管道系统能够将室内产生的污废水以最短的距离、最少的时间排出室外,应采用水力条件好的管件和连接方法。排水支管不易太长,尽量少转弯,连接的卫生器具不易太多;立管宜靠近外墙,靠近排水量大、水中杂质多的卫生器具;厨房和卫生间的排水立管应分别设置;排出管以最短的距离排出室外,尽量避免在室内转弯。

(2)保证设有排水管道的房间或场所的正常使用。在某些房间或场所布置排水管道时,要保证这些房间或场所正常使用,如排水横支管不得敷设在对生产工艺或卫生有特殊要求的生产厂房内以及食品和贵重商品仓库、通风小室、电气机房和电梯机房内;不得布置在遇水会引起燃烧、爆炸的原料、产品和设备的上面,也不得布置在食堂、饮食业厨房的主副食操作、烹调和备餐场所的上方。

(3)保证排水管道不受损坏。为使排水系统安全可靠的使用,必须保证排水管道不会受到腐蚀、外力、热烤等破坏。如管道不得穿过沉降缝、伸缩缝、变形缝、烟道和风道;管道穿过承重墙和基础时应预留孔洞;埋地管道不得布置在可能受重物压坏处或穿越生产设备基础;湿陷性黄土地区横干管应设在地沟内;排水立管应采用柔性接口;塑料排水管道应远离温度高的设备和装置,在汇合管件处(如三通)设置伸缩节等。

(4)室内环境卫生条件好。为创造一个安全、卫生、舒适、安静、美观的生活、生产环境,管道不得穿越住宅客厅、餐厅,并不宜靠近与卧室相邻的内墙;商品住宅卫生间的卫生器具排水管不宜穿越楼板进入他户;建筑层数较多,对于伸顶通气的排水管道而言,底层横支管与立管连接处至立管底部的距离小于表5.1规定的距离时,底部支管应单独排出。有条件时宜设专用通气管道。

表5.1 最低横支管与立管连接处至立管管底的最小垂直距离

立管连接卫生器具的层数	垂直距离/m	
	仅设伸顶通气	设通气立管
≤4	0.45	按配件最小安装尺寸确定
5～6	0.75	
7～12	1.20	
13～19	3.00	0.75
≥20	3.00	1.20

(5)施工安装、维护管理方便。为便于施工安装,管道距楼板和墙应有一定的距离。为便于日常维护管理,排水立管宜靠近外墙,以减少埋地横干管的长度;对于废水含有大量的悬浮物或沉淀物、管道需要经常冲洗、排水支管较多、排水点位置不固定的公共餐饮业的厨房、公共浴池、洗衣房、生产车间,可以用排水沟代替排水管。

应按规范规定设置检查口或清扫口。如铸铁排水立管上检查口之间的距离不宜大于10 m,塑料排水立管宜每六层设置一个检查口。但在建筑物最底层和设有卫生器具的二层以上建筑物的最高层,应设置检查口;检查口应在地(楼板)面以上1.0 m,并应高于该层卫生器具上边缘0.15 m。

在连接2个及2个以上的大便器或3个及3个以上卫生器具的铸铁排水横管上,宜设置清扫口。在连接4个及4个以上大便器的塑料排水横管上宜设置清扫口。清扫口宜设置在楼板或地坪上,且与地面相平。

在水流偏转角大于45°的排水横管上,应设检查口或清扫口。当排水立管底部或排出管上的清扫口至室外检查井中心的距离大于表5.2的数值时,应在排出管上设清扫口。排水横管的直线管段上检查口或清扫口之间的最大距离,应符合表5.3的规定。

表5.2　排水立管或排出管上的清扫口至室外检查井中心的最大允许长度

管径/mm	50	75	100	>100
最大长度/m	10	12	15	20

表5.3　排水横管的直线管段上检查口或清扫口之间的最大距离

管径/mm	清扫设备及类型	距离/m	
		生活废水	生活污水
50～75	检查口	15	12
	清扫口	10	8
100～150	检查口	20	15
	清扫口	15	10
200	检查口	25	20

（6）占地面积小，总管线短，工程造价低。

5.3.3　通气系统的布置与敷设

排水通气立管应高出屋面 0.3 m 以上，并大于最大积雪厚度；在距通气管出口 4 m 以内有门窗时，通气管应高出门窗过梁 0.6 m 或引向无门窗一侧。对于平屋顶，若经常有人逗留，则通气管应高出屋面 2.0 m，当伸顶通气管为金属管材时，应设置防雷装置。通气管应装设风帽或网罩，以防杂物落入。

建筑标准要求较高的多层住宅和公共建筑、10 层及 10 层以上的高层建筑卫生间的生活污水立管宜设专用通气立管。如果生活排水立管所承担的卫生器具排水设计流量，超过仅设伸顶通气立管的排水立管的最大排水能力时，应设专用通气管道系统。专用通气管道系统包括通气支管、通气立管、结合通气管和汇合通气管等，如图 5.23 所示。

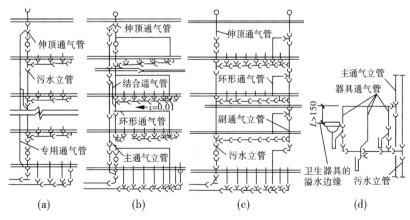

图 5.23　通气管系统图式

（a）专用通气立管（b）主通气立管与环形通气管（c）副通气立管与环形通气管（d）主通气立管与器具通气管

➤ 5.4　高层建筑排水系统

高层建筑排水立管长,排水量大,立管内气压波动大。因此,高层建筑排水系统必须解决好通气问题,稳定管内气压。

5.4.1　高层建筑排水方式

高层建筑排水方式主要有设置专用通气管道系统和新型单立管排水系统,新型单立管排水系统主要有苏维脱排水系统、空气芯旋流排水系统和芯形排水系统。

(1)专用通气管道系统　设置专用通气管能较好地稳定排水管内气压,提高通水能力。

(2)苏维脱排水系统　该系统主要配件为气水混合器和气水分离器,如图5.24所示。

1)气水混合器。气水混合器由上流入口、乙字弯、隔板、隔板上小孔、横支管流入口、混合室和排出口组成,如图5.24(b)所示。气水混合器设置在立管与横管连接处,自立管下降的污水,经乙字管时,水流撞击分散与周围的空气混合,变成比重轻、呈水沫状的气水混合物,下降速度减慢,可避免出现过大的抽吸力。横支管排出的污水受隔板阻挡,只能从隔板右侧向下排放,不会在立管中形成水舌,能使立管中保持气流畅通,气压稳定。

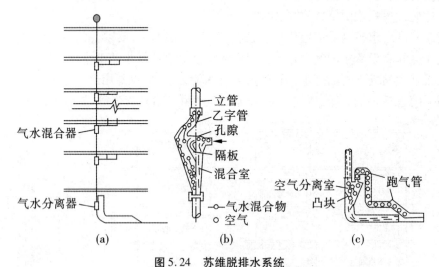

图5.24　苏维脱排水系统

(a)苏维脱排水系统;(b)气水混合器;(c)气水分离器

2)气水分离器。气水分离器由流入口、顶部通气口、有突块的空气分离室、跑气管和排出口组成,如图5.24(c)所示。气水分离器设置在立管底部的转弯处,分离水中的气体,使污水的体积变小,速度减慢,动能减小,底部正压减小,使管内气压稳定。

（3）空气芯旋流排水系统　该系统的主要配件为旋流器和旋流排水弯头,如图5.25所示。

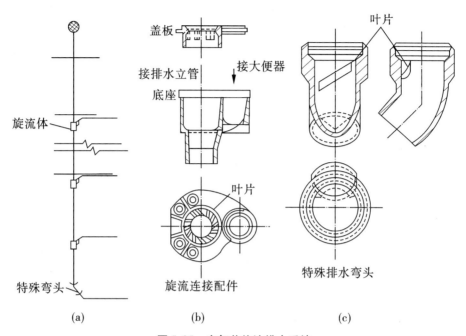

图5.25　空气芯旋流排水系统
(a)空气芯排水系统;(b) 旋流器;(c)旋流排水弯头

1)旋流器。旋流器由底座、盖板、旋流叶片组成,如图5.25(b)所示,安装在立管与横管的连接处。从横支管排出的污水,通过导流板从切线方向以旋转状态进入立管,立管下降水流经固定旋流叶片沿壁旋转下降,当水流下降一段距离后,旋流作用减弱,但流过下层旋流接头时,经旋流叶片导流,又可增加旋流作用,直至底部,使管中间形成气流畅通的空气芯,压力变化很小。

2)旋流排水弯头。旋流排水弯头是一个内有导向叶片的45°弯头,如图5.25(c)所示,安装在排水立管底部转弯处。立管下降的附壁薄膜水流,在导向叶片作用下,旋向弯头对壁,使水流沿弯头下部流入干管,可避免因干管内出现水跃而封闭气流,造成过大正压。

（4）芯形排水系统　该系统的主要配件为环流器和角笛弯头。

1)环流器。环流器由上部立管插入内部的倒锥体和2～4个横向接口组成,如图5.26所示,安装在立管与横管连接处。横管排出的污水受内管阻挡反弹后沿壁下降,立管中的污水经内管入环流器,经锥体时水流扩散,形成水气混合液,流速减慢,沿壁呈水膜状下降,使管中气流畅通。

2)角笛弯头。如图5.27所示,安装在立管底部转弯处。自立管下降的水流因过水断面扩大,流速变缓,夹杂在污水中的空气释放,且弯头曲率半径大,加强了排水能力,可消除水跃和水塞现象,避免立管底部产生过大正压。

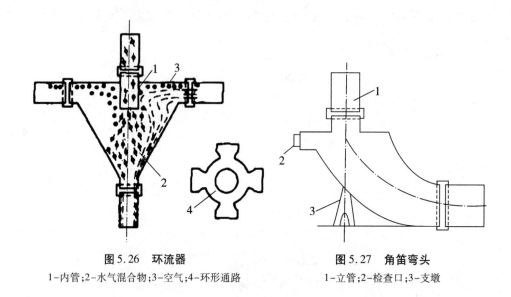

图 5.26　环流器
1-内管;2-水气混合物;3-空气;4-环形通路

图 5.27　角笛弯头
1-立管;2-检查口;3-支墩

以上单立管排水系统在我国高层建筑排水工程中已有应用,但尚不普遍。我国已经引进、改进和开发生产了 5 种上部特制配件和 3 种下部特制配件,上部特制配件有混合器、环流器、环旋器、侧流器、管旋器等;下部特制配件有跑气器、角笛式弯头、大曲率异径弯头等。

5.4.2　高层建筑排水系统的管道布置

高层建筑的使用功能较多,装饰要求较高,管道多且管径大。为了使排水管道布置简洁、走向明确,满足使用和装饰要求,并便于安装和检修,常将排水立管和给水管道设在管道井中。一般管道井应设置在用水房间旁边,以使排水横支管最短。管道井垂直贯穿各层,以使立管段能垂直布设。这就是高层建筑的建筑设计常采用"标准层"的主要原因。标准层即这些楼层内房间的布置在平面轴线上是一致的。这主要指卫生间和厨房,上下楼层都在同一位置,这就便于设置管道井。管道井内应有足够的面积,保证管道安装间距和检修用的空间。为了方便检修,要求管井中在各层楼层标高处设置平台,并且各层有门通向公共走道。

有的立管也可直接设在用水房间内而不设管道井,对装饰要求较高的建筑,可采用外包装的方式将其包装起来,但要在闸门、检查口处设置检修窗或检修门。

高层建筑中,即使其使用要求单一,但由于楼层太多,其结构布置和构件尺寸往往也会因层高不同而有变化,这就使排水管道井受其影响,而使管道井平面位置有局部变化。另外,当高层建筑中,上下两区的房屋使用功能不一样时,若要求上下用水房间布置在同一位置上,会有困难。管道井不能穿过下层房间。最好的办法是在两区交界处增设一层设备层。立管通过设备层时作水平布置,再进入下面区域的管道井。设备层不仅有排水管道布设,还有给水管道和相关设备布设等。由于排水管道内水流是重力流,宜优先考虑排水管设置位置,并协调其他设备位置布设。设备层的层高可稍微低些,但要具备通风、排水和照明功能。

➤ 5.5　建筑雨水排水

建筑雨水排放系统用以排除屋面的雨水和冰雪融化水,避免屋面积水造成渗漏。屋面雨水排放系统可分为外排水系统和内排水系统两种,应根据建筑物结构形式、气候条件及使用要求来选定排水方式。

5.5.1　外排水系统

外排水系统的雨水管道沿建筑外墙敷设,管道不通过室内,可避免在室内产生雨水管道的跑、冒、滴、漏等问题,而且系统简单、易于施工、工程造价低。外排水系统可分为檐沟外排水系统和天沟外排水系统。

(1)檐沟外排水系统　该系统由檐沟和水落管组成,如图 5.28 所示。屋面雨水沿具有一定坡度的屋面汇集到檐沟中,然后再流入按一定间隔设置于外墙面的水落管排至地面、明沟或经雨水口流入雨水管道。水落管多采用铸铁管或镀锌铁皮管,也可采用石棉水泥管、UPVC 管等,一般为圆形断面,管径为 75 mm 或 100 mm,镀锌铁皮管的断面也可为矩形,断面尺寸一般为 80 mm×100 mm 或 80 mm×120 mm。水落管的间距设置与降雨量及一根水落管服务的屋面面积有关,根据经验,民用建筑约为 8 ~ 16 m,工业建筑约为 18 ~ 24 m。檐沟外排水系统适用于普通住宅、屋面面积较小的公共建筑和单跨工业厂房等,该系统不能用于解决多跨厂房内跨的雨水排除问题。

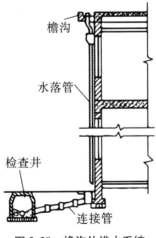

图 5.28　檐沟外排水系统

(2)天沟外排水系统　该系统由天沟、雨水斗和雨水立管组成。屋面雨水沿坡向天沟的屋面汇集到天沟,再沿天沟流入雨水斗,经雨水立管排至地面、明沟或雨水管道。天沟断面多为矩形;为确保天沟水流通畅,天沟单向长度一般不宜大于 50 m;天沟坡度一般为 0.003 ~ 0.006,坡度过小则难以施工,易造成积水;为防止漏水,天沟应以建筑物的伸缩缝、沉降缝作为分水线,在其两边设置。天沟外排水系统适用于长度不超过 100 m 的多跨工业厂房。天沟布置及其与雨水管的连接分别如图 5.29 和图 5.30 所示。

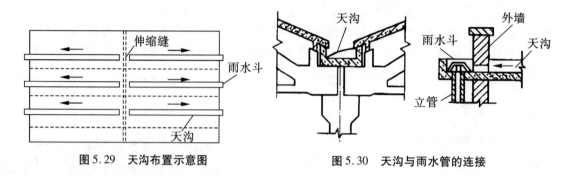

图 5.29　天沟布置示意图　　　　图 5.30　天沟与雨水管的连接

5.5.2　内排水系统

内排水系统的雨水管道设置在室内,屋面雨水沿具有坡度的屋面汇集到雨水斗,经雨水斗流入室内雨水管道,最终排至室外雨水管道。内排水系统适用于长度特别大或屋面有天窗的多跨工业厂房、锯齿形或壳形屋面的建筑、大面积平屋顶建筑、寒冷地区的建筑以及对建筑立面要求较高、采用外排水有困难的建筑。

内排水系统由雨水斗、连接管、悬吊管、立管、排出管、埋地干管和检查井等组成,如图 5.31 所示。

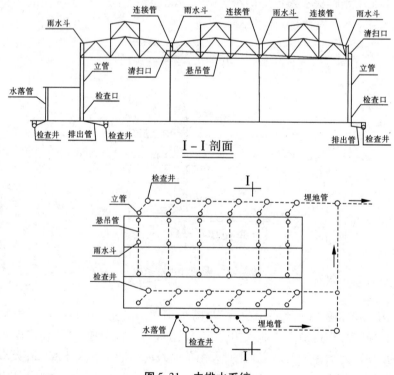

图 5.31　内排水系统

(1)雨水斗 雨水斗的作用是迅速地排除屋面雨雪水,并能将粗大杂物拦阻下来。为此,要求选用导水通畅、水流平稳、通过流量大、天沟水位低、水流中掺气量小的雨水斗。目前我国常用的雨水斗有 65 型、79 型和 87 式三种,雨水斗有重力式和虹吸式等,如图 5.32 所示。

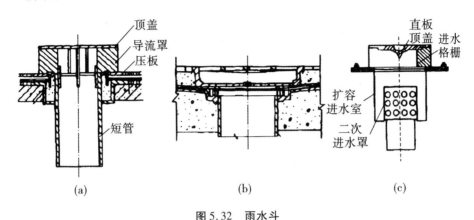

图 5.32 雨水斗
(a)87 式(重力半有压流);(b)平算式(重力流);(c)虹吸式(压力流)

雨水斗的个数及间距应经水力计算确定,布置时应以伸缩缝、沉降缝和防火墙为分水线,两边各自设为一套系统,若分水线两侧的两个雨水斗需连接在同一根立管或悬吊管上时,应采用柔性接头,并保证密封、不漏水。在布置雨水斗时还应使每个雨水斗的集水面积尽量均匀,并便于与悬吊管或雨水立管连接。当采用多斗系统时,雨水斗宜对称布置在立管的两侧,且立管顶端不能设置雨水斗。寒冷地区的雨水斗应设置在屋面积雪易融区内,如易受室内温度影响的屋面及雪水易融化范围内的天沟内。

(2)连接管 连接管是连接雨水斗和悬吊管的一般竖向短管,多采用铸铁管或钢管,其管径一般与雨水斗短管的管径相同,但不得小于 100 mm,并应牢固地固定在建筑物的承重结构上。

(3)悬吊管 工业厂房因地面上设备基础和生产工艺情况,无法在室内地下敷设雨水横管时,可采用悬吊管来排水。悬吊管用于承接连接管排来的雨水并将其排入雨水立管。悬吊管一般采用明装,沿屋架、墙、梁或柱布置,并应与之牢固固定。悬吊管的管径不得小于与之相连的连接管管径,也不宜大于 300 mm,敷设的坡度应不小于 0.005。悬吊管长度超过 15 m 时,应在悬吊管起端和管中装设检查口或带法兰盘的三通,其间距不得大于 20 m,位置应靠近墙、柱敷设。悬吊管与立管的连接宜采用 2 个 45°三通或 45°四通和 90°斜三通或 90°斜四通。悬吊管一般采用铸铁管,在可能受到振动或生产工艺有特殊要求时,亦可采用钢管,连接方式为焊接。

(4)立管 立管用于承接悬吊管或雨水斗排来的雨水,并将其引入埋地管或排出管。立管管径不得小于与之相连接的悬吊管管径,但也不宜大于 300 mm。接入同一根立管的雨水斗,其安装高度宜在同一标高层,且每根立管连接的悬吊管不应超过 2 根。立管上应设检查口,从检查口中心至地面的距离宜为 1.0 m。立管一般沿墙、柱设置,其管材与悬吊管相同。

（5）排出管　排出管是将立管的雨水引入检查井的一段埋地横管，其管径不得小于与之相连的立管管径，管材一般采用铸铁管，有特殊要求时也可采用钢管，接口应焊接。排出管在穿越基础墙时应预留孔洞，管上不得接入其他排水管道。

（6）埋地管　埋地管是布置在室内地下的横管，用于承接立管排来的雨水，并将其引入室外雨水管道。埋地管的最小管径为 200 mm，最大不超过 600 mm，敷设时不得穿越设备基础或其他地下设施，其埋设深度应满足污水管道埋深的规定，穿越墙基础时应预留孔洞，其最小坡度可与生产废水管道的最小坡度一致。埋地管管材可采用混凝土管、钢筋混凝土管、陶土管、石棉水泥管和承压铸铁管等。

（7）雨水系统的附属构筑物　雨水系统的附属构筑物主要有检查井、检查口井和排气井等。

检查井用于连接立管或埋地管（也可采用管道配件连接）。在敞开式内排水系统中，排出管与埋地管的连接处，埋地管道的交汇、转弯、管径及坡度的改变处以及长度超过 30 m 的直线管段上，均应设置检查井。检查井井深不小于 0.7 m，井径不小于 1.0 m，井内应设置高流槽，并高出管顶 200 mm，用来疏导水流，以防溢水，如图 5.33（a）所示。接入检查井的雨水排出管，其出口与下游排水管宜采用管顶平接法，且水流转角不得小于 135°，如图 5.33（b）所示。

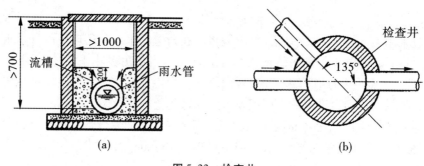

（a）　　　　　　　　　　　　　　　（b）

图 5.33　检查井

（a）高流槽检查井；（b）检查井接管要求

检查口井就是将密闭式内排水系统中设置于埋地管上的检查口安放在检查井内，以方便检修。

排气井的作用是避免雨水从检查井内上冒，多设置于敞开式内排水系统中。在靠近埋地管起端的几根排出管宜先接入排气井，使水流在排气井中经过消能、气水分离后再平稳流入检查井，而气体则由排气管排出。如图 5.34 所示。

146

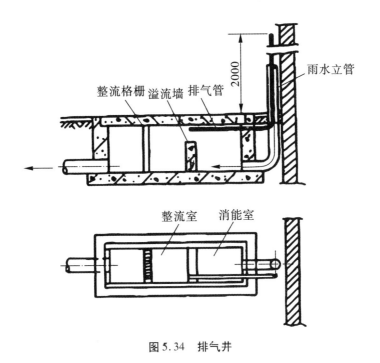

整流格栅 溢流墙 排气管

雨水立管

2000

整流室 消能室

图 5.34 排气井

➤ 5.6 建筑中水工程

"中水"一词源于日本。它是将城市和居民生活中产生的杂排水经适当处理,达到一定的水质标准后,回用于冲洗厕所、清洗汽车、绿化、浇洒道路或冷却水补充等用途的非饮用水。因其水质介于上水(给水)与下水(排水)之间而得名。

5.6.1 中水系统的分类与组成

(1)中水系统的分类 中水系统按其服务范围可分为建筑中水系统、小区中水系统和城镇中水系统。

建筑中水系统是指单幢建筑的中水系统,原水取自建筑物内的排水,经处理达到中水水质标准后回用,可利用生活给水补充中水水量,如图5.35所示。建筑中水系统具有投资少、见效快的特点,是目前使用最多的中水系统。

小区中水系统适用于居住小区、大中专院校、机关单位等建筑群。中水水源来自小区内各建筑排放的污、废水。室内饮用水和中水供应采用双系统分质供水,污水按生活废水和生活污水分别排放。

城镇中水系统,经城镇二级污水处理厂处理的出水和雨水作为中水水源,经中水处理站处理达到生活杂用水水质标准后,供城镇杂用水使用。

(2)中水系统的组成 中水系统由中水原水系统、中水处理设施和中水供应系统三部分组成。中水原水系统包括原水收集设施、输送管道系统和一些附属构筑物。

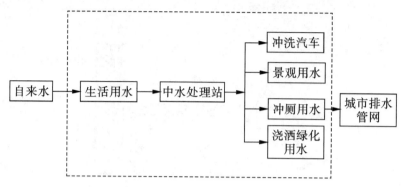

图 5.35 建筑物中水系统框图

中水处理设施一般包括前处理、主处理和后处理设施。其中,前处理设施主要有格栅、滤网和调节池等;主处理设施根据工艺要求不同可以选择不同的构筑物,常用的有沉淀池、混凝池、生物处理构筑物等;后处理设施根据水质要求可以采用过滤、活性炭吸附、膜分离或生物曝气池等。

中水供应系统包括供配水管网和升压贮水设备,如中水贮水池、中水高位水箱、中水泵站等。

5.6.2 中水水源及中水回用水质标准

(1)中水水源 中水水源选择应根据原水水质、水量、排水状况和中水回用水的水质水量来确定。中水水源按污染程度不同一般分为几种类型,建筑物中水水源,与建筑小区中水水源的排序有所不同,选择时可以根据处理难易程度和水量大小顺序进行排列。具体排序可参见《建筑中水设计规范》。

实际工程中通常是几种水组合排放,常见的有三种组合形式:

1)盥洗废水和沐浴废水(有时包括冷却水)的混合排水,称为优质杂排水,应优先选用。

2)盥洗废水、沐浴废水和厨房排水的混合排水,称为杂排水,其水质比优质杂排水差一些。

3)各类生活污水的混合排水(含杂排水和冲厕排水),称为生活排水,水质最差,处理难度较大。

综合医院污水含有较多病菌,作为中水水源时须经消毒处理,产生的中水仅可用于独立的不与人直接接触的系统。传染病医院、结核病医院污水含有多种传染病菌、病毒,放射性废水会对人体造成伤害,因此不得作为中水水源。

中水水源的水量一般按照建筑内作为中水水源给水量的80% ~90%计算。

(2)中水回用水质标准 中水回用水质总的来说应符合下列要求:

1)卫生上应安全可靠,其控制指标主要有大肠菌群、细菌总数、SS、BOD_5、COD 等。

2)人们在感官上无不快感觉,其控制指标主要有浊度、色度、臭味、表面活性剂、油脂等。

3)不应引起设备和管道的腐蚀和结垢,其控制指标主要有硬度、pH 值、溶解性物质等。

中水回用水质标准应根据不同的用途具体确定,具体参见有关规定。

5.6.3　中水处理的基本流程及处理设施

(1)中水处理的基本流程　中水处理工艺流程应根据中水原水的水质、水量及中水回用对水质、水量的要求进行选择,进行方案比较时还应考虑场地状况、环境要求、投资条件、缺水背景、管理水平等因素,经技术经济比较后确定。

1)当以优质杂排水或杂排水作为中水水源时,可采用以物化处理为主的工艺流程,或采用生物处理和物化处理相结合的工艺流程。

2)当以含有粪便污水的排水作为中水原水时,宜采用二段生物处理与物化处理相结合的处理工艺流程。

3)利用污水处理站二级处理出水作为中水水源时,宜选用物化处理或与生化处理结合的深度处理工艺流程。

(2)中水处理设施

1)格栅、筛网。格栅、筛网用于截流原排水中较大的漂浮或悬浮的机械杂质,设置在进水管上或调节池进口处。筛网一般设于格栅后面,进一步截留细小杂质,如毛发、线头等。

2)调节池。调节池的作用是调节水量,均化水质,以保证后续处理设施能够稳定、高效的运行。调节池的容积应按照排水量的变化规律、处理规模和处理设备的运行方式决定。为防止原排水在池内沉淀、腐化,一般应进行预曝气。

3)沉淀池。沉淀池的作用是分离清水。在建筑中水工程中,处理规模相对较小,多采用竖流式或斜板(管)沉淀池。

4)生化处理。中水处理常用的生物处理方法主要有生物接触氧化法、生物转盘等。近几年,厌氧-好氧工艺(A/O 法)、膜生物反应器(MBR)等处理方法也被应用到中水处理过程,并取得了较好的处理效果。

5)过滤。过滤主要是去除二级处理后水中残留悬浮物和胶体物质。一般采用普通快滤池、压力式砂过滤器、纤维球过滤器、超滤膜过滤器等。目前,我国采用无烟煤、石英砂双层过滤、深层滤池较多,其效果好,含污能力强,周期长。压力式过滤器均有定型产品,可参照产品样本给定的性能进行选用。

6)消毒。中水系统的消毒处理是中水回用的安全保证。任何一种流程都必须有消毒步骤,以达到卫生学方面的中水标准。常用的消毒剂有液氯、次氯酸钠、氯片、漂白粉、臭氧、二氧化氯和紫外线等,其中液氯、次氯酸钠和二氧化氯使用较多。

5.6.4　中水系统的安全防护及控制监测

(1)安全防护　中水系统可节约水资源,减少环境污染,具有良好的综合效益,但也有不安全的一面。为了防止中水供水的中断、误用、误接等事故的发生,在中水供应和使

149

用过程中,还要采取必要措施,以确保中水供应与使用的安全性。

中水系统中主要的安全防护措施有:

1)中水处理设施应安全稳定运行,出水水质应达到《生活杂用水水质标准》。因排水的不稳定性,在主要处理前应设调节池,连续运行时,调节池的调节容积按日处理量的30%~40%计算;间歇运行时,调节容积为设备最大连续处理水量的1.2倍。中水高位水箱的容积不小于日中水用水量的5%。因中水处理站的出水量与中水用水量不一致,在处理设施后应设中水贮水池,连续运行时,中水贮水池调节容积按日处理水量的20%~30%计算;间歇运行时,可按处理设备连续运行期间内,设备处理水量与中水用水量差值的1.2倍计算。

2)中水管道禁止与生活饮用水给水管道直接连接,包括通过倒流防止器或防污隔断阀连接,以免污染生活饮用水。中水贮存池(箱)内的自来水补水管应采取自来水防污染措施,补水管出水口应高于中水贮存池(箱)内溢流水位,其间距不得小于管径的2.5倍,严禁采用淹没式浮球阀补水。中水管道与生活饮用水给水管道、排水管道平行埋设时,其水平净距不得小于0.5 m;交叉埋设时,中水管道应位于生活饮用水给水管道下面、排水管道的上面,其净距均不得小于0.15 m。

3)室内中水管道宜明装敷设,有要求时也可敷设在管井、吊顶内,不宜暗装于墙体和楼面内,以便于检查维修。

4)中水贮存池(箱)的溢流管、泄空管不得直接与下水道连接,应采用间接排水的隔断措施,以防止下水道污染中水水质。溢流管和排气管应设网罩防止蚊虫进入。

5)中水管道应采取下列防止误接、误用、误饮的措施:

①中水管道外壁应涂浅绿色标志,以严格与其他管道相区别;

②水池(箱)、阀门、水表及给水栓、取水口均应有明显的"中水"标志;

③公共场所及绿色的中水取水口应设置带锁装置,车库中用于冲洗地面和洗车用的中水水龙头也应上锁或明示不得饮用;

④工程验收时应逐段进行检查,防止误接。

(2)控制监测 控制监测是中水处理系统安全运行的可靠保证。中水处理系统的控制监测主要有以下几方面:

1)卫生学指标的监测。中水回用水的卫生学指标是中水供水安全性的重要指标,中水供应系统应设置监测仪表以保证消毒剂的最低投加量和足够的反应时间,使中水回用水质满足卫生学指标要求。

2)水质指标的监测。在系统的原水管上和中水供应管上设置取样管,定期取样送检。经常性的监测项目包括主要指标的分析,如 pH 值、SS、COD、余氯等。

3)水量的计量与平衡。在系统的原水管上和中水供应管上设置计量装置,以保证水量的平衡。

4)中水处理设备的运行控制。中水处理设备的运行方式有手动、半自动和自动三种。一般处理规模小于或等于200 m^3/d 时,可采用手动控制;大于200 m^3/d 且小于400 m^3/d 时,可采用半自动控制;大于400 m^3/d 时,可采用自动控制。运行控制监控的主要内容有:水泵的启停、液位显示和报警、流量计量、水质检测等。

➤ 5.7 建筑物内污、废水的提升与局部处理

5.7.1 建筑物内污、废水的提升

民用和公共建筑的地下室、人防建筑及工业建筑内部标高低于室外地坪的车间和其他用水设备房间排放的污废水,若其污水不能自流排至室外检查井,必须提升排出,以保持室内良好的环境卫生。建筑内部污废水提升包括污水泵的选择、污水集水池容积确定和污水泵房设计。

如果地下室很大,使用功能多,且已采用分流制排水系统,则提升设施也应采用相应的设施,将污、废水分别集流,分别提升后排向不同的地方,生活污水排向化粪池,生活废水排向室外排水系统检查井或回收利用。

(1)污水水泵和污水泵房 建筑内部污水提升常用的设备有潜水泵、气压扬液泵、液下泵和卧式离心泵。因潜水泵和液下泵在液下运行,无噪声和振动,自灌问题也自然解决,所以,应优先选用。当选用卧式泵时,因污水中含有杂物、吸水管上一般不能装设底阀,不能人工灌水,所以应设计成自灌式,水泵轴线应在集水池水位下面。

为使水泵各自独立、自动运行,各水泵应有独立的吸水管。污水泵较易堵塞,其部件易磨损,常需检修,所以水泵出水管和自灌式水泵吸水管上应设阀门。

污水泵应有一台备用机组。当集水池无事故排出管时,水泵应有不间断的动力供应。水泵启闭有手动和自动控制两种,为了及时排水改善泵房的工作条件、缩小集水池容积,宜采用自动控制装置。

水泵出水量与水泵启动方式有关。当水泵自动启动时,水泵出水量按设计秒流量确定;当水泵手动启动时,按最大时污水量确定。

污水泵房应有良好的通风装置,并靠近集水池。生活污水水泵应在单独的房间内,以控制和减少对环境的污染。对卫生环境要求特殊的生产厂房和公共建筑内不得设污水泵房。当水泵房在建筑物内时,应有隔振防噪声措施。

(2)集水池 集水池的有效容积,应按地下室内污水量大小、污水泵启闭方式和现场场地条件等因素确定。污水量大并采用自动启闭(不大于6次/时)时,可按略大于污水泵中最大一台水泵5 min出水量作为其有效容积。对于污水量很小,集水池有效容积可取不大于6 h的平均小时污水量,但应考虑所取小时数污水不发生腐化。集水池总容积应为有效容积、附加容积、保护高度容积之和。附加容积为集水池内设置格栅,水泵设置、水位控制器等安装、检修所需容积。保护高度(坑)容积为有效容积最高水位以上0.3~0.5 m高所需容积,集水池的有效水深h_y,见图5.36。

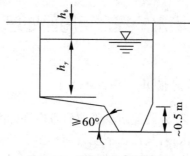

图 5.36　集水池的有效水深

5.7.2　建筑污、废水的局部处理

有些污水、废水达不到城市排水管网的排放标准,应在这些污、废水排放前作一些处理。对于很多没有污水处理厂的城镇,建筑污水处理对改善城镇卫生状况就更重要。常用的构筑物主要有:

(1)化粪池　国内化粪池的应用较为普遍,这是由于我国目前大多数城市或工矿企业的排水系统多为合流制,很少有生活污水处理厂的缘故。因此,民用建筑和工业建筑生活间内所排出的生活粪便污水,必须流经化粪池处理后才能排入合流制下水道或水体中去。

化粪池是用来截留生活污水中的粪便及其他悬浮物,池内大部分有机物质在微生物的作用下进行消化,使其转化为消化污泥。经此初步处理,以达到城市排水管网的排放标准。化粪池应定期清理消化污泥,见图 5.37。

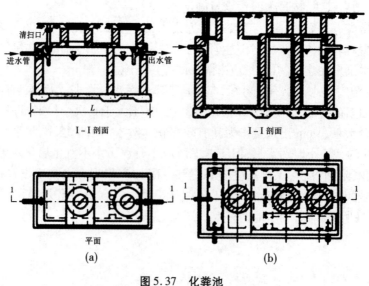

图 5.37　化粪池
(a)双格化粪池;(b)三格化粪池

（2）隔油池　职工食堂、营业餐厅、肉类或食品加工车间排出的水中含有油脂（主要为动物油、植物油等），一般称植物油和大部分矿物油为"油"，而将动物油称"脂"或"脂肪"。各种油和脂比水轻，密度为 $0.9 \sim 0.92$ g/m^3。除汽油和煤油等矿物油外，不同油脂的固化温度各不相同，在 $15 \sim 38$ ℃之间。这些油脂易凝固在排水管壁上，缩小管道断面或堵塞管道，沉积于排水沟里，污染环境。有些污水，如汽车洗车水、维修车间排出水等，含有汽油、煤油、柴油、机油等。在排水管道中挥发后遇火会引起火灾。因此，这些含油的水在排入城市管网前应先除油。油脂的比重都比水小，应使用隔油池除去水中的油脂，如图 5.38 所示。

污水流量按设计秒流量计算，含食用油污水在池内流速不得大于 0.005 m/s。

隔油池应按设计清沉渣周期（一般为 $6 \sim 7$ d）定期清理。如果使用期间清沉渣时间超过定期清理时间，则会产生堵塞现象。

隔油池和化粪池均有标准图集可供选用。

（3）降温池

1）降温池的设置。

①温度超过 40 ℃的污（废）水，排入市政排水管网前，应采取降温措施。一般可采用降温池，宜利用废水冷却。所需冷却水量，应利用热平衡计算。

②对温度较高的污（废）水，应尽可能将其所含热量回收利用。

③温度超过 100 ℃的高温水，在降温池设计时最好将降温过程中二次蒸发所产生的饱和蒸汽导出池外，而只对温度为 100 ℃的水进行降温处理。

④降温池一般设于室外。若设于室内，降温池应密闭并设置人孔和通向室外的通气管。

⑤间断排水的降温池，其容积应按最大排水量和冷却水量之和计算；连续排水的降温池，其容积应保证冷热水充分混合。

一般小型锅炉房均为定期排污，应按间断排水的降温池设计。如图 5.39 所示。

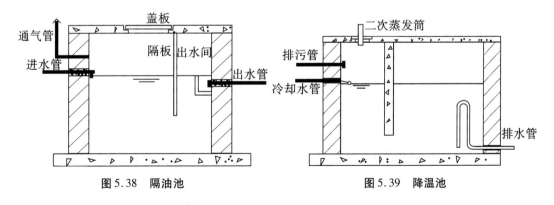

图 5.38　隔油池　　　　　　　　　图 5.39　降温池

2）降温池的类型。降温池有虹吸式和隔板式两种类型，虹吸式适用于主要靠自来水冷却降温的情况，隔板式常用于冷却废水降温的情况。

➤ 5.8　建筑排水系统的安装

5.8.1　卫生器具安装的基本技术要求

卫浴设备、钢材、管材、管件及附属制品等,在进场后使用前应认真检查,必须符合国家或部颁标准有关质量、技术要求,并有产品出厂合格证明。

卫生器具的安装应采用预埋螺栓或膨胀螺栓安装固定;卫生器具安装高度如设计无要求时,应符合表5.4的规定。卫生器具给水配件的安装高度,如设计无要求时,应符合表5.5的规定。

表5.4　卫生器具的安装高度

项次	卫生器具名称		卫生器具安装高度/mm		备注
			居住和公共建筑	幼儿园	
1	污水盆(池)	架空式	800	800	自地面至器具上边缘
		落地式	500	500	
2	洗涤盆（池）		800	800	自地面至器具上边缘
3	洗涤盆、洗手盆（有塞、无塞）		800	500	
4	盥洗槽		800	500	
5	浴盆		≯520		
6	蹲式 大便器	高水箱	1800	1800	自台阶面至高水箱底
		低水箱	900	900	自台阶面至低水箱底
7	坐式大便器	高水箱	1800	1800	自地面至高水箱底
		低水箱 外露排水管式	510	370	自地面至低水箱底
		虹吸喷射式	470		
8	小便器	挂式	600	450	自地面至下边缘
9	小便槽		200	150	自地面至台阶面
10	大便槽冲洗水箱		≮2000		自台阶面至水箱底
11	妇女节卫生盆		360		自地面至器具上边缘
12	化验盆		800		自地面至器具上边缘

表5.5　卫生器具给水配件的安装高度

项次	给水配件名称		配件中心距地面高度/mm	冷热水龙头距离/mm
1	架空式污水盆(池)水龙头		1000	—
2	落地式污水盆(池)水龙头		800	—
3	洗涤盆(池)水龙头		1000	150
4	住宅集中给水龙头		1000	—
5	洗手盆水龙头		1000	—
6	洗脸盆	水龙头(上配水)	1000	150
		水龙头(下配水)	800	150
		角阀(下配水)	450	—
7	盥洗槽	水龙头	1000	150
		冷热水管上下并行其中热水龙头	1100	150
8	浴盆	水龙头(上配水)	670	150
9	淋浴器	截止阀	1150	95(成品)
		混合阀	1150	—
		淋浴喷头下沿	2100	—
10	蹲式大便器(台阶面算起)	高水箱角阀及截止阀	2040	—
		低水箱角阀	250	—
		手动式自闭冲洗阀	600	—
		脚踏式自闭冲洗阀	150	—
		拉管式冲洗阀(从地面算起)	1600	—
		带防污助冲器阀门(从地面算起)	900	—
11	坐式大便器	高水箱角阀及截止阀	2040	—
		低水箱角阀	150	—
12	大便槽冲洗水箱截止阀(从台阶算起)		≮2400	—
13	立式小便器角阀		1130	—
14	挂式小便器角阀及截止阀		1050	—
15	小便槽多孔冲洗器		1100	—
16	实验室化验室化验水龙头		1000	—
17	妇女卫生盆混合阀		360	—

注:装设在幼儿园内的洗手盆、洗脸盆和盥洗槽水嘴中心离地面安装高度应为700 mm,其他卫生器具给水配件的安装高度,应按卫生器具实际尺寸相应减少。

　　排水栓和地漏的安装应平正、牢固,低于排水表面,周边无渗漏。地漏水封高度不得小于 50 mm。卫生器具交工前应做满水和通水试验。有饰面的浴盆,应留有通向浴盆排水口的检修门。小便槽冲洗管,应采用镀锌钢管或硬质塑料管。冲洗孔应斜向下方安装,冲洗水流同墙面成45°角。镀锌钢管钻孔后应进行二次镀锌。卫生器具的支、托架必须防腐良好,安装平整、牢固,与器具接触紧密、平稳。

预加工好的管段,应加临时管箍或用水泥袋纸将管口包好,以防丝头生锈腐蚀。预加工好的干、立、支管,要分项按编号排放整齐,用木方垫好,不许大管压小管码放,并应防止脚踏、物砸。经除锈、刷油防腐处理后的管材、管件、型钢、托吊、卡架等金属制品、宜放在有防雨、雪措施、运输畅通的专用场地,其周围不应堆放杂物。

5.8.2 室内排水管道的安装规定

室内排水管道宜在地下或楼板填层中埋设或在地面上、楼板下明设。当建筑有要求时,可在管槽、管道井、管隆、管沟或吊顶、架空层内暗设,但应便于安装和检修。在气温较高、全年不结冻的地区,可沿建筑物外墙敷设。

大容量的用水设备(浴缸、污水盆)排水管的管径应不小于 50 mm,普通排水管的管径必须不小于 40 mm,排水管的连接处必须牢固,不渗水;排水管与排水口的连接必须密封不渗水。排水横管(D40~50 mm)的标准坡度为0.035,最小坡度为0.025,每米的管道落差最小为 25 mm。

 思考题

1. 建筑排水系统有哪些分类和组成?

2. 建筑排水系统有哪些排水体制?

3. 建筑排水常用管材有哪些?

4. 常用的卫生器具有哪些?

5. 排水管道的布置有哪些要求?

6. 通气系统的布置有哪些要求?

7. 高层建筑的排水方式有哪些?

8. 什么是雨水外排水系统? 什么是雨水内排水系统? 雨水内排水系统由什么组成?

9. 中水系统如何分类? 有哪些组成部分?

10. 中水系统有哪些处理设施?

11. 建筑污、废水局部处理常用构筑物有哪些?

12. 室内排水管道安装有哪些规定?

知识点(章节)：

建筑排水系统的分类(5.1.1)；排水体制(5.1.2)；建筑排水系统的组成(5.1.4)；建筑排水管材(5.2.1)；卫生器具(5.2.3)；排水管道布置与敷设(5.3.2)；通气系统的布置与敷设(5.3.3)；高层建筑排水方式(5.4.1)；雨水外排水系统(5.5.1)；雨水内排水系统(5.5.2)；中水系统的分类和组成(5.6.1)；中水水源和回用水质标准(5.6.2)；建筑污、废水局部处理(5.7.2)；建筑排水系统安装(5.8)。

6

室内供暖

➤ 6.1 供暖系统的组成及分类

6.1.1 供暖系统的组成

供暖是指用人工方法向室内供给热量,保持一定的室内温度,以创造适宜的生活或工作条件的技术。冬季建筑物室外温度低于室内温度,在室内外温差作用下,室内热量自发地由室内传到室外,为了使人们有一个舒适的工作和生活环境,就必须向室内补充一定的热量,以保证室内具有一定的温度。向室内提供热量的工程设备系统称为供暖系统。

一个供暖系统通常包括三个组成部分:热源/热媒制备设施;热网/热媒输送管道;热用户/热媒利用设施(用户内散热设备)。

(1)热源 在热能工程中,能从中吸取热量的任何物质、装置或天然能源,称为热源。目前最广泛用于供暖系统的热源有区域锅炉房和热电厂,在此类热源内燃料燃烧产生热能,用以加热热媒(热水或蒸汽),热源是直接消耗能源、实现热能转换的部分,是供暖系统能源效率最重要的组成部分。

(2)热网 由热源向热用户输送和分配供热介质的管道系统,称为热网。在热媒输送中,还会由于水泵运行、管道散热、水力和热力工况分配不均等原因,造成能量消耗,因此,热网运行工况也是供暖系统能源效率重要的组成部分。

(3)热用户 集中供暖系统应用热能的用户,称为热用户。在热用户内,利用散热设备向室内供暖(如散热器供暖)。供暖系统及其设备形式和运行调节方式,不仅影响使用效果,同样也影响供暖系统的能源效率。

供暖系统的工作原理:热媒在热源中被加热,吸收热量后由热网送至室内,通过散热设备放出热量,使室内温度升高,而后再经热网返回热源重新被加热,如此往复循环,补充各种热量消耗,使室内温度保持不变,如图6.1所示。

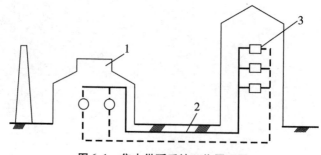

图6.1 集中供暖系统工作原理图

1-热源(锅炉房);2-热网(输热管道);3-热用户(散热器)

6.1.2 供暖系统分类

对供暖系统理解的角度不同,供暖系统的分类方式则不同,供暖系统的分类方式也各有侧重。本节仅对供暖系统的分类加以讨论,各类型系统的具体内容和特点将在后面的相应章节中加以论述。

(1)按照供暖设备的集中程度划分 根据供暖设备的位置关系,供暖系统可分为局部供暖系统和集中供暖系统。

1)集中供暖系统:热源设备和散热设备分别设置,用管网将其连接,由热源设备向散热设备供应热量的供热系统,称为集中供暖系统。

集中供暖系统一般用于热源产热量多,热用户多且距离热源远,供热半径大的情况下。集中供暖热效率高,利于节能。一般情况下,集中供暖区域的大型供热锅炉的热效率可达到80%以上,而分散小型锅炉的热效率只有80%左右,甚至更低。集中供暖方式减少了锅炉的数量,降低了污染物排放浓度,利于管理,故此方式是我国北方主要应用的供热手段。

2)局部(分散)供暖系统:热源设备、热网和散热设备三个组成部分在构造上连接在一起的就地供热系统,称为局部供暖系统。

局部供暖系统可以作为独立供暖方式使用,也可用于集中供暖系统的辅助供热方式,如电热供暖、家用燃气热水锅炉供暖等。

(2)按照热媒种类的不同划分 在集中供暖系统中,把热量从热源输送到热用户的物质叫作热媒。热媒是指热量传输的媒介,即热量的载体。常见的热媒有热水、蒸汽和空气等。

1)热水供暖系统:以热水作为热媒进行供热的系统,称为热水供暖系统。

其工作过程:来自热网的温度较高的热水,通过热网从热源输送到热用户的散热设备中,在散热设备中放热后,温度下降,返回锅炉。热水供暖系统多用于单纯性供暖,即热量仅用于建筑室内供热。

2)蒸汽供暖系统:以蒸汽作为热媒进行供热的系统,称为蒸汽供暖系统。

其工作过程:水在锅炉中被加热成具有一定压力和温度的蒸汽,蒸汽靠自身压力作用通过管道流入散热设备中,在散热设备中放出热量后蒸汽变成凝结水,凝结水靠重力经疏水器后沿凝结水管道返回凝结水箱内,再由凝结水泵送入锅炉重新被加热变成蒸汽后循环使用。蒸汽供暖系统多用于工业建筑及其辅助建筑、热电厂、间歇供暖建筑中。

3)热风供暖系统:以空气作为热媒进行供热的系统,称为热风供暖系统。

其工作过程:空气在加热器中被加热后,通过散热设备送入房间进行供暖。热风供暖系统一般多用在既有采暖需要又有通风需求的房间,适用于工业厂房、公共建筑等采暖场合。

➤ 6.2 热水供暖系统

热水供暖系统的热媒为水,其优点为:热能利用率高、输送时无效热损失小、散热设备不易腐蚀、使用周期长、散热设备表面温度较低且符合卫生要求;操作方便,运行安全,易于实现供水温度的集中调节,系统蓄热能力高,散热均匀,适于远距离输送。所以,热水供暖系统在建筑中应用最为广泛。

6.2.1 热水供暖系统的分类

(1)按系统循环动力的不同划分　分为重力循环系统和机械循环系统。靠水的密度差进行循环的系统,称为重力循环系统;靠水泵进行循环的系统,称为机械循环系统。

(2)按供回水管道设置的方式不同划分　分为单管系统和双管系统。热水经供水管顺序流过多组散热器,并顺序地在各散热器中冷却的系统,称为单管系统;热水经供水管平行地分配给多个散热器,冷却后的回水自每个散热器直接沿回水立管或水平回水管流回热源的系统,称为双管系统。

(3)按管道敷设方式的不同划分　分为垂直式系统和水平式系统。垂直式供暖系统是指不同楼层的各散热器用垂直立管连接的系统;水平式供暖系统是指同一楼层的各散热器用水平管线连接的系统。

(4)按热媒温度的不同划分　分为低温热水供暖系统(水温低于100 ℃)和高温热水供暖系统(水温高于100 ℃),室内热水供暖系统大多都采用低温热水供暖系统。

6.2.2 热水供暖系统工作原理

6.2.2.1 重力(自然)循环热水供暖系统

图6.2是重力循环热水供暖系统工作原理图。重力循环热水供暖系统运行前,先将系统内充满冷水,水在锅炉内被加热后,密度变小,同时受着从散热器流回密度较大的回水的驱动,使热水沿供水干管上升,进入散热器。在散热器内水被冷却,再沿回水干管流回锅炉。整个供暖系统因供、回水密度差的不同而维持其循环流动。维持系统循环流动的压力称为自然循环作用压力。重力循环热水供暖系统自然循环作用压力的大小取决于水温在循环环路内的变化状况。

计算自然循环作用压力大小时,假设整个供暖系统只有一个加热中心(锅炉)和一个冷却中心(散热器),水温只在两处发生变化,即锅炉内和散热器内。现假设在图6.2的循环环路最低点断面A-A处有一个假想阀门,若突然将阀门关闭,则断面A-A两侧将受到不同的水柱压力,断面A-A两侧所受到的水柱压力之差就是驱使热水进行循环流动的作用压力。

断面A-A左侧的水柱作用力为:

$$P_L = g(h_0\rho_h + h\rho_g + h_1\rho_g) \tag{6.1}$$

断面A-A右侧的水柱作用力为:

$$P_R = g(h_0\rho_h + h\rho_h + h_1\rho_g) \tag{6.2}$$

断面A-A两侧作用力之差$\Delta P = P_R - P_L$,即系统内的作用压力,其值为:

$$\Delta P = gh(\rho_h - \rho_g) \tag{6.3}$$

式中 ΔP —— 自然循环系统的作用力(Pa);

$\quad\quad g$ —— 重力加速度,取 $9.81(m/s^2)$;

$\quad\quad h$ —— 锅炉中心到散热器中心的垂直距离(m);

$\quad\quad \rho_g$ —— 热水的密度(kg/m^3);

$\quad\quad \rho_h$ —— 水冷却后的密度(kg/m^3)。

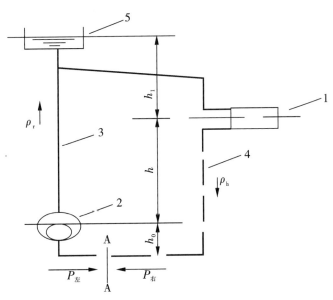

图 6.2　重力循环热水供暖系统工作原理图
1-散热器;2-热水锅炉;3-供水管路;
4-回水管路;5-膨胀水箱

由式(6.3)可知,当供、回水温度固定时,自然循环作用压力取决于冷、热水之间的密度差和锅炉中心到散热器中心之间的垂直距离。

综上所述,是在假设水温只在锅炉内和散热器内发生变化,但在实际情况中,即使管道外面有保温措施,沿途中管壁散热也是不可避免的,而水的温度和密度沿着循环环路长度不断变化,这在自然循环系统中起着不可忽略的作用。

在重力循环热水供暖系统内水流的速度较慢,一般水平干管流速小于 $0.2\ m/s$,而干管中空气泡的浮升速度为 $0.1\sim0.2\ m/s$,在立管中约为 $0.25\ m/s$,所以水中集聚的空气能够逆着水流的方向向最高处聚集,为了能顺利排出系统内的空气,系统内的供水干管必须有向膨胀水箱方向上升的坡度,其坡度为 $0.005\sim0.01$,散热器支管的坡度一般为 0.01,而回水干管则应有向锅炉方向的向下的坡度,其坡度为 $0.005\sim0.01$。

重力循环热水供暖系统因不设水泵,工作时不消耗电能,无噪声且管理也较简单,但它的作用半径较小、管径大,作用范围受到限制,通常不宜超过 $50\ m$。

由于重力循环热水供暖系统的作用力很小,为了避免系统的管径过大,要求锅炉中心与最低层散热器中心之间的垂直距离不宜小于 $3.0\ m$。因此,只有建筑物占地面积较小,且有可能在地下室、半地下室或就近较低处设置锅炉时,才能采用重力循环热水供暖系统。

6.2.2.2 机械循环热水供暖系统

机械循环热水供暖系统与重力循环热水供暖系统的最主要区别是在系统中设置了循环水泵,主要靠水泵的机械能使水在系统中强制循环,如图6.3所示。它由锅炉、输热管道、水泵、散热器和膨胀水箱等组成。

在机械循环热水供暖系统中,为了顺利排除系统中的空气,供水干管应沿着水流方向有向上的坡度,使气泡沿水流方向汇集到系统最高点,通过设在最高点的排气装置排除系统中的空气。

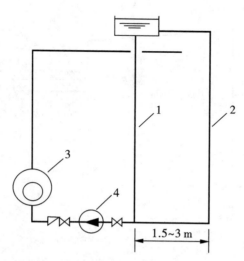

图6.3 机械循环热水供暖系统工作原理图
1-膨胀管;2-循环管;3-热水锅炉;4-循环水泵

机械循环热水供暖系统中,水泵装在回水干管上,膨胀管连接在水泵吸入端管路上,膨胀水箱位于系统的最高点,由于它能容纳水受热后膨胀的体积,因此,可使整个系统在正压状态下工作,不会有水汽化的状况发生,避免了因水汽化所带来的断水现象的产生。供水及回水干管坡向与重力循环相同,其目的是使系统内的水能全部排出。供、回水干管的坡度一般为0.003,不得小于0.002。

机械循环热水供暖系统中设置了水泵,它的循环作用压力要比自然循环系统大得多,因此,应用范围更广泛,锅炉房不需要设置在地下室,但需消耗电能,系统管理比较复杂,适用于民用建筑及工业建筑。

6.2.3 热水供暖系统常用形式

6.2.3.1 重力循环热水供暖系统

重力循环热水供暖系统主要有双管上供下回式和单管上供下回式两种形式,如图6.4所示。

(1)双管上供下回式热水供暖系统 图6.4(a)为双管上供下回式热水供暖系统的示意图,各层散热器都并联在供、回水立管上,热水经供水干管、立管进入各层散热器,冷

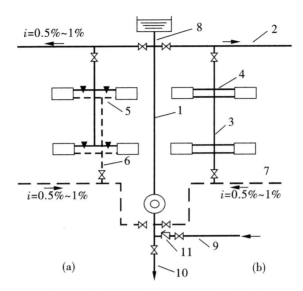

图 6.4　重力循环热水供暖系统的主要形式
(a)双管上供下回式系统;(b)单管顺流式系统
1-总立管;2-供水干管;3-供水立管;4-散热器供水支管;5-散热器回水支管;6-回
水立管;7-回水干管;8-膨胀水箱连接管;9-充水管;10-泄水管;11-止回阀

却后经回水立管、干管直接流回锅炉,如不考虑水在管道中的冷却,则进入各层散热器的水温相同。

该系统适合于作用半径不超过 50 m 的三层(≤10 m)以下的建筑。它的特点是升温慢、作用压力小;管径小、系统简单;易产生垂直失调;室温可调节。

(2)单管上供下回式热水供暖系统　图 6.4(b)为单管上供下回式(顺流式)热水供暖系统的示意图,热水送入供水立管后,由上向下循序流过各层散热器,水温逐层降低,各组散热器并联在立管上。

该系统适合于作用半径不超过 50 m 的多层建筑。它的特点是升温慢、作用压力小;管径大、系统简单;水力稳定性好、可缩小锅炉中心与散热器中心距离。且系统简单,节省管材,造价低廉,安装方便,上下层房间的温度差异小;其缺点是不能进行个体调节。

6.2.3.2　机械循环热水供暖系统

(1)机械循环双管上供下回式热水供暖系统　图 6.5 为机械循环上供下回式热水供暖系统的示意图,它适用于室温有调节要求的四层以下建筑。供水干管布置在所有散热器上方,而回水干管布置在所有散热器下方,所以称为上供下回。

在这种系统中,水在系统内循环,主要依靠循环水泵所产生的机械作用压头,但同时也存在自然作用压头,它使流过上层散热器的热水量多于实际需要量,并使流过下层散热器的热水量少于实际需要量;从而造成上层房间温度偏高,下层房间温度偏低的"垂直失调"现象。

(2)机械循环双管下供下回式热水供暖系统　图 6.6 为机械循环双管下供下回式热水供暖系统的示意图,它适用于平屋顶建筑物的顶层难以布置干管的场合以及有地下室的四层以下的建筑,缓和了上供下回系统的垂直失调现象。

在这种系统中,供回水干管敷设在底层散热器之下,系统内的排气较为困难,可以通过专设的空气管或顶层散热器上的跑风门进行排气。

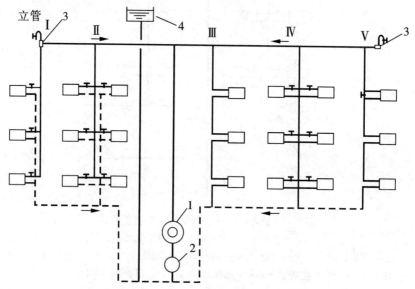

图6.5 机械循环双管上供下回式热水供暖系统
1-热水锅炉;2-循环水泵;3-集气罐;4-膨胀水箱

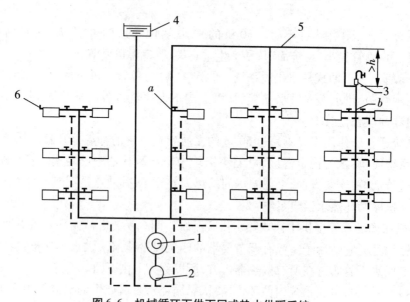

图6.6 机械循环下供下回式热水供暖系统
1-热水锅炉;2-循环水泵;3-集气罐;4-膨胀水箱;5-空气管;6-冷风阀

(3)机械循环中供式热水供暖系统 图6.7为机械循环中供式热水供暖系统示意图,它适用于顶层无法设置供水干管或边施工边使用的建筑,水平供水干管布置在系统的中部。

这种系统既减轻了上供下回系统因楼层过高易引起的垂直失调的问题,同时也避免了顶层梁底高度过低致使供水干管挡住窗户而妨碍开启的问题。

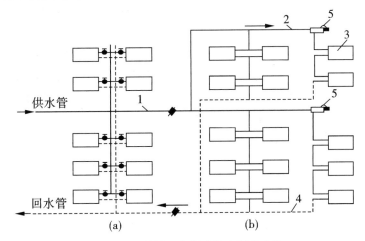

图6.7 机械循环中供式热水供暖系统

(a)上部系统:下供下回式系统 (b)下部系统:上供下回式系统

1-供水总干管;2-供水干管;3-散热器;4-回水总干管;5-集气罐

(4)机械循环下供上回式热水供暖系统 这种系统的缺点是散热器的放热系数比上供下回式低,且散热器热媒的平均温度几乎等于散热器的出口水温,因此在相同的立管供水温度下,散热器的面积要比上供下回式系统有所增加。图6.8为机械循环下供上回式热水供暖系统示意图。

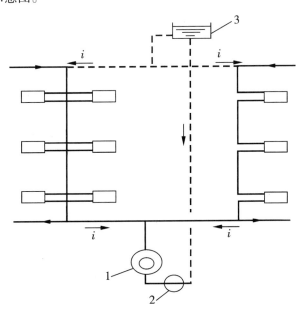

图6.8 机械循环下供上回式热水供暖系统

1-热水锅炉;2-循环水泵;3-膨胀水箱

（5）水平串联式与跨越式热水供暖系统　水平式系统按供水与散热器的连接方式可分为串联式和跨越式两类。

图6.9为水平串联式（顺流式）热水供暖系统示意图，由一根立管水平串联起多组散热器的布置形式。由于系统串联的散热器较多，因此易出现前端过热，末端过冷的水平失调现象，因而一般每个环路散热器组数以8～12为宜。

这种系统的排气可采用在每个散热器的上部设置专门的空气管，最终集中在一个散热器上由放气阀集中排气，当设置空气管有碍建筑使用和美观时，也可以在每个散热器上装一个排气阀进行局部排气。该系统虽然省管材，但每个散热器不能进行局部调节，所以只能用在对室温控制要求不高的建筑物中。

图6.10为水平跨越式热水供暖系统示意图，跨越式系统由于增加了跨越管，所以该系统可以在散热器上进行局部调节，适用于需要进行局部调节的建筑物，它的排气措施与水平串联式系统相同。

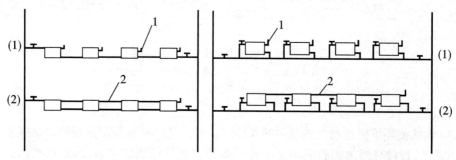

图6.9　水平串联式热水供暖系统　　　　图6.10　水平跨越式热水供暖系统
　　1-冷风阀;2-空气管　　　　　　　　　　1-冷风阀;2-空气管

（6）同程式与异程式热水供暖系统　通过各立管的循环环路的总长度都相等的系统称为同程式系统，如图6.11所示。同程式系统各循环环路的长度相同，每个环路水头损失近似相等，阻力容易平衡，可避免或减轻水力失调。通过各立管的循环环路的总长度不相等的系统称为异程式系统。异程式的特点是回水干管行程较短，节省初投资，易于施工。但这种系统，靠近总立管的分立管的循环环路较短；远离总立管的分立管的循环环路较长。因此容易造成各环路水头损失不相等，最远环路与最近环路之间的压力损失相差很大，压力平衡很困难，最终导致热水流量分配失调，靠近总立管的分立管的环路供水量过剩，而远离总立管的分立管的环路供水量不足。在供暖要求标准较高的建筑物中宜采用同程式系统。

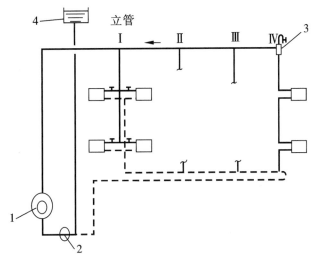

图 6.11 机械循环同程式热水供暖系统
1-热水管路;2-循环水泵;3-集气罐;4-膨胀水箱

6.2.4 热水供暖系统常见的问题

(1)排气问题 热水供暖系统中气体的来源:采暖系统冲洗后存留在管道和设备中的空气;水温发生变化时水中溶解的空气析出;系统局部发生压降时热水汽化为水蒸气。

热水供暖系统中气体的危害:气体在管路中形成气塞,影响热媒循环;气体占据散热器内部空间,减少散热面积且使散热片温度不均匀;热水供暖系统内部温度高、压力大,空气中的氧在系统内会腐蚀管道,影响系统寿命。

热水供暖系统排气的方法:利用设备进行排气(如膨胀水箱、冷风阀、集气罐等);通过设计手段进行排气,即供、回水干管有一定坡度。

(2)膨胀问题 水膨胀的原因和影响:水温升高时,水产生膨胀应力,改变采暖系统内部的压强,损坏管路和设备;水温降低时收缩,采暖系统压强降低,容易发生汽化,产生倒空现象。

解决办法:利用膨胀水箱,把水因升温而增大的体积排出系统;冷却收缩时,可以向系统内补充水。

(3)应力问题 管道应力主要由四个因素构成:由于管道内的流体压力作用所产生的应力;由于外荷载(管道的自重和风雪荷载)作用在管道上所产生的应力;由于管道的热胀冷缩所产生的应力;强制拼装产生的残余应力、焊接残余应力。

管道应力的危害:热应力会导致管道弯曲、破裂和管道的垮塌。

管道应力的消除措施:对于供热系统的设计来说,热胀冷缩应力的解决主要有两种方法。第一种方法为自然补偿,即在管道连接时,采用多弯头的连接方法,将管道热胀冷缩的应力由弯头的弹性来承担;利用自然转弯、变形,补偿管道的热伸长;如在供水干管和立管连接时,采用乙字弯连接方式,既能解决热胀冷缩问题,又可以使立管向墙体一侧靠近,节省空间。另一种方法是利用设备对管道热胀冷缩的应力进行补偿,也称为补偿器补偿,如波纹管补偿器。

(4)失调问题　水平失调:机械循环系统中,由于系统作用半径较大、连接立管较多,因而通过各个立管环路的压力损失较难平衡。有时靠近总立管最近的立管即使选用了最小管径 DN15,仍有很多剩余压力。初调节不当时,会出现近处立管流量超过需求,而远处立管流量不足,在远近管处出现流量失调而引起在水平方向冷热不均的现象,即系统水平失调。

垂直失调:在双管系统中,由于各层散热器与锅炉之间的高度差不同,虽然进入和流出各层散热器的供、回水温度相同(不考虑管路沿途冷却的影响),但仍将形成上层作用压力大、下层作用压力小的现象。在建筑物内同一竖向的各层房间的室温不符合设计要求的温度,而出现的上、下层冷热不均的现象,即系统垂直失调。

失调的解决办法:一种方法是在设计的时候通过水力计算,控制管径和流量,达到调节失调的目的;另一种方法是在各管道上设置阀门,通过调节各管道上的阀门来控制失调。

➤ 6.3　蒸汽供暖系统

蒸汽供暖系统的热媒为蒸汽,其优点为:蒸汽具有汽化潜热,所以在热负荷相同的情况下,蒸汽量比热水流量小很多,节省管材;蒸汽供暖系统散热器平均温度比热水供暖系统高,可减少散热器的面积;蒸汽的比容大、密度小,因而在高层建筑供暖时,不会像热水供暖那样,产生很大的静水压力;蒸汽的热惰性小,供汽时热得快,停汽时冷得也快,很适宜于间歇供热的用户;蒸汽供暖系统使用范围广,在工厂中得到广泛应用。但蒸汽供暖系统散热器的表面温度高,易烧烤积聚在散热器上的有机灰尘,而产生异味,卫生条件较差,因而在民用建筑中,不宜使用蒸汽供暖系统。

6.3.1　蒸汽供暖系统的分类

(1)按照供汽压力的大小不同划分　分为高压蒸汽供暖系统、低压蒸汽供暖系统和真空蒸汽供暖系统。供汽的表压力高于 70 kPa 时,称为高压蒸汽供暖系统;供汽的表压力等于或者低于 70 kPa 时,称为低压蒸汽供暖系统;当系统中的压力低于大气压力时,称为真空蒸汽供暖系统。

(2)按照蒸汽干管布置方式的不同划分　分为上供式系统、中供式系统和下供式系统。

(3)按照立管布置特点的不同划分　分为单管式系统和双管式系统。目前国内绝大多数蒸汽供暖系采用双管式系统。

(4)按照回水动力的不同划分　分为重力回水系统和机械回水系统。高压蒸汽供暖都采用机械回水方式。

6.3.2　低压蒸汽供暖系统

6.3.2.1　重力回水低压蒸汽供暖系统

图 6.12 是重力回水低压蒸汽供暖系统示意图。在系统运行前,锅炉充水至 I－I 平

面,锅炉中的水被加热后产生一定压力和温度的蒸汽,蒸汽在自身压力作用下克服流动阻力,沿供汽管道输送到散热器内,进行热量交换,而后凝水靠自重作用沿凝水管路经疏水器流回蒸汽锅炉,重新加热变成蒸汽,如此往复循环。同时聚集在散热器和供汽管道内的空气也被驱入凝水管道,最后经连接在凝水管末端的排气装置排出。

重力回水低压蒸汽供暖系统形式简单,运行时不消耗电能,适用于小型供暖系统。但在供暖系统作用半径较长时,就要采用较高的蒸汽输送到最远散热器。如仍采用重力回水方式,凝水管里面Ⅱ-Ⅱ高度就可能达到甚至超过底层散热器的高度,底层散热器就会充满水并积聚空气,蒸汽就无法进入,从而影响散热。因此,当系统作用半径较大、供汽压力较高时,就都采用机械回水系统。

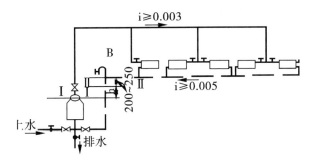

图 6.12　重力回水低压蒸汽供暖系统示意图

6.3.2.2　机械回水低压蒸汽供暖系统

图 6.13 是机械回水低压蒸汽供暖系统示意图。它不同于连续循环重力回水系统,机械回水系是一个"断开式"系统,凝水不直接返回锅炉,而是首先进入凝水箱,然后再用凝水泵将凝水箱内的凝水送回锅炉重新加热。在低压蒸汽供暖系统中,凝水箱的位置应低于所有的散热器及凝水管,并且进凝水箱的凝水干管应随凝水的流向作向下的坡度,使从散热器流出的凝水靠重力自流进入凝水箱。机械回水系统的最主要的优点是扩大了供热范围,因而应用最为普遍。

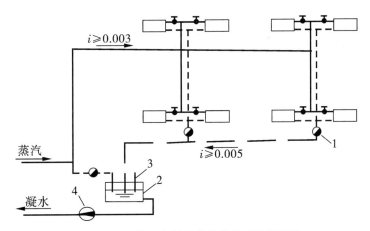

图 6.13　机械回水低压蒸汽供暖系统示意图

1-低压恒温式疏水器;2-凝水箱;3-空气管;4-凝水泵

6.3.3　高压蒸汽供暖系统

高压蒸汽供暖系统供汽压力大,与低压蒸汽供暖系统相比,其作用面积较大,蒸汽流速也大,管径小,因此在相同的热负荷情况下,高压蒸汽供暖系统在管道初投资方面较省,有较好的经济性。也正由于这种系统的压力高,因此散热器的表面温度非常高,使得房间卫生条件极差,并易烫伤人,所以这种系统一般只在工业厂房中使用。

高压蒸汽和凝水在遇到阀门等改变流速方向的构件时,有时在立管中会反向流动发出噪声和产生"水击"等现象。为了避免这一现象,在管道内最好使凝水和蒸汽同向流动。所以一般高压蒸汽供暖系统均采用双管上供下回式系统。

由于凝结水温度高,在凝结水通过疏水器减压后,部分凝结水可能会汽化,产生二次蒸汽。因此为了降低凝结水的温度和减少凝结水管的含汽率,可以设置二次蒸发器,二次蒸发器中产生的低压蒸汽可以应用于附近的低压蒸汽供暖系统或热水供暖系统中。

高压蒸汽供暖系统在启停过程中,管道温度的变化要比热水供暖系统和低压蒸汽供暖系统大,故应考虑采用自然补偿、设置补偿器来解决管道热胀冷缩问题。

6.3.4　蒸汽供暖系统常见的问题

(1)疏水问题　疏水是指收集蒸汽管道中的凝结水,从而不形成水塞,发生水击现象;也指排出凝水管中凝结水中的气体。凝水管中的疏水措施则是保证管内无气体,防止形成气塞,影响系统循环,同时也防止气体进入锅炉造成损害。

疏水的措施有两种:一是在凝水管上设置疏水器(机械回水),或在蒸汽管上设置疏水器(重力回水);另一种方法是在供蒸汽干管和回水干管上分别设置一定的坡度。

(2)排气问题　凝水管中的气体会影响锅炉的寿命、腐蚀管道以及影响系统内热媒的循环。排除气体的方法之一是在设计时对供热干管和回水干管设置适当的坡度。另一种方法是在重力回水系统的凝水管上设置排气阀,或在机械回水系统的凝水管上设凝水池排气。在适当位置用疏水器进行汽水分离,也能达到排气的效果。

(3)水击问题　水击是指蒸汽管道中沿途凝结水被高速运动的蒸汽推动产生的浪花或水塞与管件相撞产生振动和巨响的现象。减少水击的关键是及时排除凝结水,降低蒸汽流速,设置合适的坡度使凝结水与蒸汽同向流动。

(4)二次气化问题　二次气化是指回水管中的高温凝结水因压降而沸腾、气化,在凝结水中产生大量的气体而影响供暖系统工作的现象。二次气化在系统中产生的位置有两处,一是疏水器内部自身结构可能造成二次气化,但疏水器自身可以进行气水分离,故对系统无影响;另外,在某些管段处(如突缩管段,流速增大、压力减小),凝结水也会发生变化。

(5)热胀冷缩问题　该问题与热水供暖系统管道的热胀冷缩问题相同,故不再重复讨论。

➢ 6.4 热风供暖和辐射供暖

6.4.1 热风供暖系统

热风供暖系统的热媒是空气,通过加热设备先将空气加热,然后将高于室温的热空气送入室内,与室内的空气进行混合换热,加热房间、维持室内气温达到供暖使用要求的目的。空气可以通过热水、蒸汽或高温烟气来加热。

热风供暖是比较经济的供暖方式之一,它具有热惰性小、升温快、室内温度分布均匀、温度梯度较小、设备简单和投资较小等优点。因此,在既需要采暖又需要通风换气的建筑内通常采用能送较高温度空气的热风供暖系统;在产生有害物质很少的工业厂房中,广泛应用暖风机来供暖;在人们短时间内聚散,需间歇调节的建筑内,如影剧院、体育馆等,以及由于防火防爆和卫生要求必须采用全新风系统的车间等都适合用热风供暖系统。热风供暖系统使用的设备一般为暖风机、热风幕等。

暖风机是由空气加热器、通风机和电动机组合而成的一种供暖通风联合机组。由于暖风机具有加热空气和传输空气两种功能,因此省去了敷设大型风管的麻烦。暖风机供暖是靠强迫对流来加热周围的空气,与一般散热器供暖系统相比,它作用范围大、散热量大,但消耗电能较多、维护管理复杂、费用高。

图 6.14 为 NC 型暖风机,它是由风机、电动机、空气加热器、百叶格等组成,可悬挂或用支架安装在墙上或柱子上,也叫悬挂式暖风机。

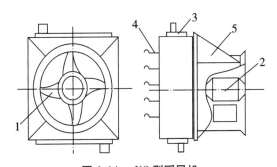

图 6.14　NC 型暖风机

1-风机;2-电动机;3-空气加热器;4-百叶格;5-支架

图 6.15 为 NBL 型暖风机。这种大型暖风机的风机,不同于小型暖风机用的轴流风机,它采用的是离心风机,因此它的射程长、风速高、送风量大、散热量也大(每台暖风机散热量在 200 kW 以上)。这种暖风机是直接放在地面上,故又被称为落地式暖风机。

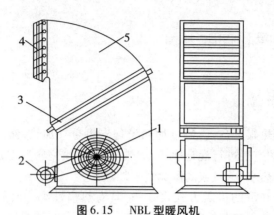

图 6.15　NBL 型暖风机

1-风机;2-电动机;3-空气加热器;4-百叶格;5-支架

6.4.2　辐射供暖

辐射供暖是一种利用建筑物内的屋顶面、地面、墙面或其他表面的辐射散热设备散出的热量来达到房间或局部工作点供暖要求的供暖方法。

辐射供暖由于它具有卫生、经济、节能、舒适等一系列优越性,所以很快就被人们所接受而得到迅速推广。近二十年来,几乎各类建筑对辐射供暖都有应用,且使用效果较好。在我国建筑设计中近年来辐射供暖方式也逐步推广应用,特别是低温热水地板辐射供暖,目前在我国北方广大地区已有相当规模的应用,甚至在有的地区已形成热点。

辐射供暖具有辐射强度和温度的双重作用,形成了真正符合人体散热要求的热环境,体现了以人为本的理念。辐射供暖与土建专业联系比较密切,不需要在室内布置散热器及连接散热器的支管和立管,所以不仅美观,而且不占建筑面积,也便于布置家具。而且室内沿高度方向上的温度分布较均匀,温度梯度小。

同样舒适条件的前提下,辐射供暖房间的设计温度可以比对流供暖降低 2 ℃,因此,可以降低供暖热负荷,节约能量。

辐射供暖的种类和形式很多,按辐射体表面温度可分为:低温辐射供暖系统(辐射板面温度低于 80 ℃);中温辐射供暖系统(辐射板面温度在 80～200 ℃);高温辐射供暖系统(辐射板面温度高于 500 ℃)。

目前,低温辐射供暖系统使用较多。它是把加热管直接埋设在建筑物构件内而形成散热面,散热面的主要形式有顶棚式、墙面式和地面式等。低温地板辐射供暖系统的一般做法是,在建筑物地面结构层上,首先铺设高效保温隔热材料,而后用 DN15 或 DN20 的通水管,按一定管间距固定在保温材料上,最后回填碎石混凝土,经夯实平整后再做地面面层,如图 6.16 所示。低温地板辐射供暖系统的热媒为低温热水,其供水温度一般采用 35～45 ℃,不应大于 60 ℃,供回水温差为 5～10 ℃。低温辐射供暖适用于民用建筑与公共建筑,尤其适合于安装散热器会影响美观的建筑物。

辐射板表面平均温度,推荐采用下列数值:

地面式辐射(经常有人停留)25~27 ℃,(短期有人停留)28~30 ℃。

顶面式辐射(房高2.5~3.0 m)28~30 ℃,(房高3.1~4.0 m)33~36 ℃。

墙面式辐射(离地≤1.0 m)35 ℃,(离地1.0~3.5 m)45 ℃。

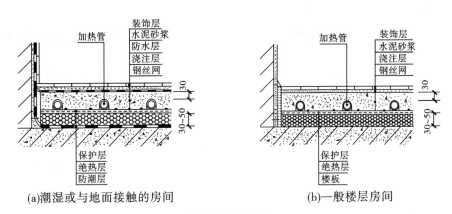

图 6.16　地板辐射结构图

➤ 6.5　供暖设计热负荷

供暖系统热负荷是指为了在冬季维持室内一定温度,由供暖系统向建筑物供给热量的多少,它是随建筑得失热量变化而变化的量值;供暖系统设计热负荷是指在设计室外温度下,为了达到要求的室内温度,供暖系统在单位时间内向建筑物供给的热量,它是在设计时供暖建筑物所需要的最基本热量。

6.5.1　设计热负荷的计算

供暖系统的设计热负荷 Q 一般包括得热量和失热量两部分。失热量包括:围护结构耗热量、冷风渗透耗热量、冷风侵入耗热量等。建筑物内部得热量包括:人体的散热量、太阳辐射热量、设备散热量等。

$$Q = Q_{耗} - Q_{得} \tag{6.4}$$

对于一般民用建筑,冬季得热量很小,所以实际中以建筑耗热量作为供暖热负荷,即:

$$Q = Q_{耗} \tag{6.5}$$

供暖设计热负荷一般包括三个部分:

$$Q = Q_1 + Q_2 + Q_3 \tag{6.6}$$

式中各个参数意义如下：

Q——设计热负荷(W)；

Q_1——围护结构耗热量(W)；

Q_2——冷风渗透耗热量，即加热由门窗缝隙渗入室内的冷空气的耗热量(W)；

Q_3——冷风侵入耗热量，即加热由门及相邻房间侵入的冷空气的耗热量(W)。

6.5.1.1 围护结构的耗热量 Q_1

围护结构耗热量是以围护结构基本耗热量为基础，根据实际情况由围护结构修正值辅以修正获得。

（1）围护结构基本耗热量 围护结构基本耗热量是指经过墙、窗、门、地面和屋顶等，由于室内外温差而造成的从室内传向室外的热量，由传热学内容可知，围护结构基本耗热量是以一维稳定传热过程为基础进行计算的。

围护结构基本耗热量可按下式计算：

$$Q' = \alpha F K(t_\mathrm{n} - t_\mathrm{wn}) \tag{6.7}$$

式中各个参数介绍如下：

1）供暖室内计算温度 t_n，查表 6.1 可得民用及工业辅助建筑冬季室内计算温度(t_n)。

表 6.1 民用及工业辅助建筑的冬季室内计算温度要求

房间名称	室内温度/℃	房间名称	室内温度/℃
饭店、宾馆的卧室	20	办公室、休息室	18
饭店、宾馆的起居室	20	食堂	18
住宅、宿舍的卧室	18	幼儿园	20
住宅、宿舍的起居室	18	医务室	20
厨房	10	游泳馆	26
走廊	16	浴室、更衣室	25
厕所	12	盥洗室	12

2）供暖室外计算温度 t_wn，应采用历年平均不保证 5 天的日平均温度。采暖室外计算温度是一个固定数值，但不同地区的供暖室外计算温度不同，具体数值可查《民用建筑供暖通风与空气调节设计规范》(GB 50736—2012)。

3）围护结构的传热系数 K，可以按照传热学中的相关公式进行计算，需要注意的是一般建筑物的外墙和屋顶都属于匀质多层材料的平壁结构。常用围护结构的传热系数可直接从有关手册中查得。

4）围护结构的温差修正系数 α，主要用于计算与大气不直接接触，中间隔着不供暖房间或空间的外围护结构的基本耗热量。温差修正系数可通过查表 6.2 获得。

5）F 为建筑物的面积。

表 6.2 温差修正系数 α

围护结构特性	α
外墙、屋顶、地面以及与室外相通的楼板等	1.00
闷顶和与室外空气相通的非供暖地下室上面的楼板等	0.90
与有外门窗的不供暖楼梯间相邻的隔墙（1~6 层建筑）	0.60
与有外门窗的不供暖楼梯间相邻的隔墙（7~30 层建筑）	0.50
非供暖地下室上面的楼板，外墙上有窗时	0.75
非供暖地下室上面的楼板，外墙上无窗户且位于室外地坪以上时	0.60
非供暖地下室上面的楼板，外墙上无窗户且位于室外地坪以下时	0.40
与有外门窗的不供暖房间相邻的隔墙	0.70
与无外门窗的不供暖房间相邻的隔墙	0.40
伸缩缝墙、沉降缝墙	0.30
防震缝墙	0.70

与相邻房间的温差大于或等于 5 ℃时，应计算通过隔墙或楼板的传热量。与相邻房间的温差小于 5 ℃时，且通过隔墙或楼板的传热量大于该房间热负荷的 10% 时，应计算其传热量。

（2）围护结构的耗热量修正　修正后的围护结构耗热量公式为：

$$Q_1 = (1+x_g) \sum \alpha FK(t_n - t_w)(1 + x_{ch} + x_f) \tag{6.8}$$

式中各参数意义如下：

1）朝向修正率 x_{ch}，是考虑建筑物受太阳照射影响而对围护结构基本耗热量的修正。《民用建筑供暖通风与空气调节设计规范》（GB 50736—2012）中规定朝向修正率 x_{ch} 选用数值如表 6.3 所示。

表 6.3　朝向修正率 x_{ch}

朝向	朝向修正率 x_{ch}
北、东北、西北	0~10%
东、西	−5%
东南、西南	−10%~−15%
南	−15%~−30%

选用朝向修正时，应考虑当地冬季日照率、建筑物使用和被遮挡情况。对于冬季日照率小于 35% 的地区，东南、西南和南向修正率，宜采用 −10%~0，东向、西向可不加以修正。

2）风力附加率 x_f，是考虑室外风速变化而对围护结构基本耗热量的修正。对建在不避风的高地、河边、海岸、旷野上的建筑物以及营区内特别凸出的建筑物,应考虑垂直外围护结构附加 5% ~ 10% 。

3)高度附加率 x_g,是考虑房间高度对围护结构耗热量的影响而附加的耗热量。当房间高度在 4 m 以下时,可以不考虑高度附加。高度超过 4 m 时,则每高出 1 m 附加 2% ,但总的附加率不应大于 15% 。

6.5.1.2 冷风渗透耗热量 Q_2

在风压和热压造成的室内外压差作用下,室外的冷空气通过门窗等缝隙渗入室内,被加热后又逸出室外。把这部分冷空气从室外温度加热到室内设计温度所消耗的热量,称为冷风渗透耗热量。

影响冷风渗透耗热量的因素有:门窗构造、门窗朝向、室外风向和风速以及室内外空气温差、建筑物高低以及建筑物内部通道状况等。对于多层建筑,由于房屋不高,冷风渗透耗热量主要考虑风压的作用。对于高层建筑,要考虑风压和热压作用下的冷风渗透耗热量。

6.5.1.3 冷风侵入耗热量 Q_3

把由开启的外门侵入室内的冷空气加热到室内设计温度所消耗的热量称为冷风侵入耗热量。对出入频繁的公共建筑主要出入口,其外门冷风侵入耗热量,可按外门冷风侵入耗热量的 5 倍考虑。

6.5.2 建筑物热负荷的估算

在进行初步设计或规划设计时,需要估算建筑物的供暖负荷,此时需要快速地对建筑所需要的热负荷进行概算,可用热指标法。

热指标是在调查了同一类型建筑物的供暖热负荷后,得出的该类建筑物单位建筑面积或者在室内外温差为 1 ℃ 时单位建筑物体积的平均供暖热负荷。热指标概算有两种方法,一种是单位面积热指标法,另一种是在室内外温差为 1 ℃ 时的单位体积热指标法。

(1)面积热指标 q_f 面积热指标 q_f 指每平方米建筑面积所需要的热负荷,其单位为 W/m^2。采用面积热指标估算热负荷的计算公式如下:

$$Q = q_f \cdot F \tag{6.9}$$

式中 F——建筑物的建筑面积(m^2),面积热指标按表6.4取值。

表6.4   民用建筑单位面积采暖热指标

建筑物类型	单位面积热指标/$(W \cdot m^2)$	建筑物类型	单位面积热指标/$(W \cdot m^2)$
住宅	45 ~ 70	商店	65 ~ 75
办公、学校	60 ~ 80	单层建筑	80 ~ 105
医院、幼儿园	65 ~ 80	食堂、餐厅	115 ~ 140
旅馆	65 ~ 70	影剧院	90 ~ 115
图书馆	45 ~ 75	礼堂、体育馆	115 ~ 160

（2）体积热指标 q_v　体积热指标 q_v 指每立方米建筑体积在室内外温差为 1 ℃时所需要的热负荷,其单位为 W/(m³·℃)。采用体积热指标估算热负荷的计算公式如下:

$$Q = q_v V(t_n - t_{wn}) \tag{6.10}$$

式中　V——建筑物的外围体积(m³),体积热指标 q_v 按表6.5取值。

表6.5　工业车间采暖体积热指标

建筑物名称	建筑物体积	采暖体积热指标	建筑物名称	建筑物体积	采暖体积热指标
	1000 m³	W/(m³·℃)		1000 m³	W/(m³·℃)
金工装配车间	10~50	0.52~0.47	油漆车间	50 以下	0.64~0.58
	50~100	0.47~0.44		50~100	0.58~0.52
	100~150	0.44~0.41	木工车间	5 以下	0.70~0.64
	150~200	0.41~0.38		5~10	0.64~0.52
	200 以上	0.38~0.29		10~50	0.52~0.47
				50 以上	0.47~0.41
焊接车间	50~100	0.44~0.41	工具机修间	10~50	0.50~0.44
	100~150	0.41~0.35		50~100	0.44~0.41
	150~250	0.35~0.33			
	250 以上	0.33~0.29			
中央实验室	5 以下	0.81~0.70	生活间及办公室	0.5~1	1.16~0.76
	5~10	0.70~0.58		1~2	0.93~0.52
	10 以上	0.58~0.47		2~5	0.87~0.47
				5~10	0.76~0.41
				10~20	0.64~0.35

179

➤ 6.6　供暖系统的主要设备及附件

供暖系统中的热媒是通过采暖房间内设置的散热设备来传热的。目前常用的散热设备有散热器、暖风机和辐射板。

6.6.1　散热器

散热器是安装在采暖房间内的一种散热散备,它是把来自管网的热媒(热水或蒸汽)的部分热量传给室内,补偿房间散失热量,维持室内所要求的温度,从而达到采暖的目的。

散热器种类繁多,按其制造材质分为铸铁和钢制两种;按其结构形状可分为管型、翼型、柱型、平板型和串片式等;按其传热方式分为对流型和辐射型。

(1)铸铁散热器　铸铁散热器由铸铁浇铸而成,结构简单、耐腐蚀、使用寿命长、外形也比较美观、金属强度高、传热效果好、易于组合,因而被广泛使用。缺点是金属耗量大、承压能力低、占地较多。工程中常用的铸铁散热器有柱型和翼型两种。

(2)钢制散热器　钢制散热器与铸铁散热器相比,具有金属耗量少、耐压强度高、外形美观整洁、体积小占地少、易于布置等优点,但易受腐蚀、使用寿命短,多用于高层建筑和高温水供暖系统中,不能用于蒸汽供暖系统,也不宜用于湿度较大的采暖房间内。钢制散热器主要有闭式钢串片散热器、板式钢制散热器、柱式钢制散热器和扁管式钢制散热器等。

(3)铝制散热器　铝制散热器具有结构紧凑、重量轻、造型美观、占地面积小、富有装饰性、散热快、热工性能好、承压高、使用寿命长、便于运输安装等优点;缺点是在碱性水中会产生碱性腐蚀。因此,必须在酸性水中使用(pH 值<7),而多数锅炉用水 pH 值均大于 7,不利于铝制散热器的使用。

(4)铜制散热器　铜制散热器具有一般金属的高强度,同时又不易裂缝、不易折断,并且具有一定的抗冻胀和抗冲击能力,铜制散热器之所以有如此优良稳定的性能,是由于铜在化学活性排序中序位很低,仅高于银、铂、金,性能稳定,有很强的耐腐蚀性,不会有杂质溶于水中,能使水保持清洁卫生,但价格较高。

(5)复合型散热器　复合材料型散热器是普通铝制散热器发展的一个新阶段,如铜铝复合、钢铝复合、铝塑复合等。这些新产品具有主动防腐的特点,适用于任何水质,耐腐蚀、使用寿命长,是轻型、高效、节材、节能、美观、耐用、环保的产品。

6.6.2　膨胀水箱

膨胀水箱一般用钢板制作,通常是圆形或矩形。膨胀水箱在自然循环系统中起到排气作用,在机械循环中还起到恒定系统压力的作用。膨胀水箱安装在系统的最高点,用来容纳系统加热后膨胀的体积水量,并控制水位高度。箱上连接有膨胀管、溢流管、信号管、排水管及循环管等管路。

(1)膨胀管　膨胀管是系统主干管与膨胀水箱的连接管,当其与自然循环系统连接时,应接在总立管的顶端,如图 6.2 所示;当其与机械循环系统连接时,应接在循环水泵入口前,如图 6.3 所示。膨胀管上不允许设阀门,以免偶然关断系统内压力增高发生事故。

(2)循环管　为了防止膨胀水箱内的水冻结,膨胀水箱需设置循环管。在机械循环系统中,连接点与定压点应保持 1.5～3.0 m 的距离,以使热水能缓慢地在循环管、膨胀管和水箱之间流动。循环管上也不应设置阀门,以免水箱内的水冻结。

(3)溢流管　用于控制系统的最高水位,当膨胀水箱容纳不下系统中多余的膨胀水量时,水可从溢流管溢出排至附近下水系统。溢流管上严禁装设阀门。

(4)信号管　用于检查膨胀水箱水位,决定系统是否需要补水。可接到值班室的污水盆或工作人员容易观察的地方,信号管末端应设置阀门。

(5)排水管 用于清洗或检修放空水箱时使用,可与溢流管一起就近接入排水设施,其上应安装阀门。

6.6.3 其他附件

(1)排气装置 为保证供暖系统的正常运行,无论是自然循环系统还是机械循环系统都必须及时排除系统中积存的空气。在不同的系统中可用不同的排气设备。在自然循环系统和机械循环系统的上供下回式系统中,可用集气罐、自动排气阀来排除系统中的空气,且装在系统末端的最高点。

1)集气罐。集气罐一般由直径为 100～250 mm 的短管制成,它分立式和卧式两种。集气罐应设于系统供水干管的最高处。当系统充水时,应打开排气阀,直至有水从管中流出,方可关闭排气阀;系统运行期间,应定期打开排气阀排出空气。

2)自动排气阀。自动排气阀的自动排气是靠其本体内的自动机构使系统中的空气自动排出系统外,自动排气阀外形美观、体积小、管理方便、节约能源。自动排气阀应设在气流的最高处,对热水供暖系统最好设在末端最高处。

3)手动排气阀。手动排气阀适用于公称压力 $p \leqslant 600$ kPa,工作温度的水或蒸汽供暖系统的散热器上。手动排气阀多用在水平式和下供下回式系统中,旋紧在散热器上部专设的丝孔上,以手动方式排出空气。

(2)除污器 除污器是阻留系统热网水中污物防止造成系统室内管路堵塞的设备,除污器一般为圆形钢制筒体。除污器形式有立式直通、卧式直通和卧式角通三种。

除污器一般安装在采暖系统的入口调压装置前,或锅炉房循环水泵的吸入口和换热器前面;其他小孔口也应该设除污器或过滤器。

(3)热量表 用来进行热量的测量和计算,并作为计费结算依据的计量仪器称为热量表。根据热量计算方程,一套完整的热量表一般由热水流量计、温度传感器和计算仪三部分组成。

(4)散热器控制阀 散热器控制阀安装在散热器的入口管上,是一种自动控制散热器散热量的设备,它由阀体部分和感温元件控制等部分组成。当室内温度高于给定的温度时,感温元件受热,其顶杆压缩阀杆,将阀口关小,进入散热器的水量会减少,散热器的散热量也会减小,室温随之降低。当室温下降到设置的低限值时,感温元件开始收缩,阀杆靠弹簧作用抬起,阀孔开大,水流量增大,散热器散热量也随之增加,室温开始升高。控温范围在 13～28 ℃,温控误差为±1 ℃。

(5)调压板 当外网压力超过用户的允许压力时,可通过设调压板来减少建筑物入口供水干管上的压力。调压板用于压力 $p \leqslant 1000$ kPa 的系统中。选择调压板时孔口直径不应小于 3 mm,且调压板前应设除污器或过滤器,以免杂质堵塞调压板的孔口。调压板厚度一般为 2～3 mm,安装在两个法兰之间。

(6)疏水器 通常设在散热器的回水支管或系统的凝水管上。它的作用是自动阻止蒸汽逸漏且迅速地排出用热设备及管道中的凝水,同时排除系统当中积存的空气和其他不凝气体。最常用的疏水器有机械型疏水器、热动力型疏水器和恒温型疏水器。

(7)减压阀 减压阀的原理是蒸汽通过断面收缩孔时因节流损失压力降低。它可以依靠启闭阀孔对蒸汽节流而达到减压的目的,并且能够控制阀后压力。常用的减压阀有活塞式、波纹管式两种,分别用于工作温度不高于200 ℃、300 ℃的蒸汽管路上。

（8）安全阀 安全阀是保证系统不超过允许压力范围的一种安全控制装置。一旦系统压力超过设计规定的最高允许值,阀门自动开启,直至压力降到允许值而自动关闭。安全阀有微启式、全启式和速启式三种类型,供暖系统中多用微启式安全阀。

➤ 6.7 供暖管网布置与供暖设施施工

供暖管道的布置与供暖设施施工是否合理,将直接影响供暖系统造价和使用效果,因此,在布置和施工时,要考虑建筑物的类型、用途、外形、结构尺寸及使用要求;同时也要考虑已确定的供暖系统的种类和系统形式以及热源的种类、位置和连接方式等诸方面的因素。

6.7.1 室内供暖系统管路的布置

6.7.1.1 室内热水供暖系统管路布置

（1）干管布置 对于上供式热水供暖系统,供热干管暗装时应布置在建筑物顶部的设备层中或吊顶内,明装时可沿墙敷设在窗过梁和顶棚之间的位置。对于下供式热水供暖系统,供热干管和回水或凝水干管均应敷设在建筑物地下室顶板之下或底层地下室之下的采暖地沟内,也可沿墙明装在底层地面上。

（2）立管布置 立管可布置在房间的窗间、墙内或者墙身转角处,对于有两面外墙的房间,立管宜设在温度低的外墙转角处。楼梯间的立管应尽量单独布置,以防冻结后影响其他立管的正常供暖。要求暗装时,立管可敷设在墙体内预留的沟槽中,也可敷设在管道竖井内。立管应垂直地面安装,穿楼板时应设套管加以保护,以保证管道自由伸缩且不损坏建筑结构,但套管内应采用柔性材料封堵。

（3）支管布置 支管与散热器的连接方式有三种,上进下出式、下进上出式和下进下出式。散热器支管的进水、出水口可以布置在同侧,也可以布置在异侧。连接散热器的支管应有坡度以利于排气,当支管全长小于500 mm 时,其坡度值为5 mm,大于500 mm 时,其坡度值为10 mm,进水、回水支管均沿流向顺坡。

6.7.1.2 蒸汽供暖系统管路布置

蒸汽供暖系统管路布置基本要求与热水供暖系统相同,但要注意以下几点:

（1）水平敷设的供汽和凝水管道,必须有足够的坡度,并尽可能地使汽水同向流动;

（2）布置蒸汽供暖系统时,应尽量使系统作用半径小,流量分配均匀;

（3）合理地设置疏水器;

（4）立管应从蒸汽干管的上方或侧上方接出;

（5）水平式凝水干管通过过门地沟时,需将凝水管内的空气与凝水分流,应在门上设空气绕行管。

6.7.2 室外供热管道的敷设

室外供热管道通常指从锅炉房或热交换站出来接至建筑物之间的供暖管道。室外供热管道布置应力求短直,尽量利用各类自然补偿方式,管道的敷设应考虑当地气象、水文、地质、交通线、绿化和总平面布置、维修方面等因素,并作好经济比较。

6.7.2.1 室外供热管网的定线原则

供热管网布置形式有枝状和环状两大类型。供热管线平面位置的确定即定线的主要原则如下:

(1)城市道路上的热力管道一般应平行于道路的中心线,并应尽量敷设在车行道以外的地方,一般情况下同一条管道应只沿街道的一侧敷设。

(2)穿过厂区的城市热力管道,应敷设在易于检修和维护的位置。

(3)通过非建筑区的热力管道,应沿公路敷设。

(4)热力管道选线时,应尽量避开土质松软地区、地震断裂带、滑坡危险地带以及地下水位高等不利地段。

(5)管径不大于300 mm的热力管道,可以穿过建筑物的地下室或从建筑物下专门敷设的通行地沟内穿过。

(6)热力管道可以和给水管道、10 kV以下电力电缆、通信电缆、压缩空气管道、压力排水管道和重油管道一起敷设在综合管沟内。但热力管道要高于给水管道和重油管道,且给水管道要做绝缘层和防水层。

(7)地上敷设的城市热力管道可以和其他管道敷设在一起,但应便于检修,不可布置在腐蚀性介质管道的下方。

6.7.2.2 室外供热管网的敷设方式

(1)管沟敷设 供暖管道布置在地下管道沟内的敷设方式称为管沟敷设。

管沟敷设是一种比较常用的敷设方式。为便于管道安装,挖沟时应将挖出来的土堆放在沟边一侧,土堆底边应与沟边应保持0.6~1 m的距离,沟底要求找平夯实,以防止管道弯曲而受力不均。管道下沟前,应检查沟底标高沟宽尺寸是否符合设计要求,保温管应检查保温层是否有损伤,如局部有损伤时,应将损伤部位放在上面,并做好标记,便于统一修理。

管道应先在沟边进行分段焊接,每段长度在25~35 m范围内。放管时,应用绳索将一端固定在地锚上,并套卷管段拉住另一端,用撬杠将管段移至沟边,放好滑木杠,统一指挥慢速放绳使管段沿滑木杠下滚。为避免管道弯曲,拉绳不得少于两条,沟内不得站人。

沟内管道焊接,连接前要清理管腔,找平找直,焊接处要挖出操作坑,且其大小要便于焊接操作。阀门、配件、补偿器支架等,应在施工前按施工要求预先放在沟边沿线,并应在试压前安装完毕。管道防腐,应预先集中处理,管道两端留出焊口的距离,焊口处的防腐在试压完成后再处理。

(2)架空敷设 住宅小区及公共建筑的供暖管道一般不宜考虑架空敷设,只有在不允许地下敷设时和不影响美观的前提下才考虑架空敷设。架空敷设时应尽量利用建筑物的外墙、屋顶,并考虑建筑物或构筑物对管道荷载的支撑能力。架空管道吊装,可采用机械或人工起吊,绑扎管道的钢丝绳吊点位置,应使管道不产生弯曲为宜。已吊装尚未连接的管段,要用支架上的卡子固定好。

采用丝扣连接的管道,吊装后随即连接;采用焊接时,管道全部吊装完毕后再焊接。焊缝不许设在托架和支座上,管道间的连接焊缝与支架间的距离应大于 150 ~ 200 mm。按设计和施工各规定位置,应分别安装阀门、集气罐、补偿器等附属设备并与管道连接好。管道安装完毕,要用水平尺在每段管上进行一次复核,找正调直,使管道在一条直线上。

管道的防腐保温,应符合设计要求和施工规范的规定,注意做好保温层外的防雨、防潮等保护措施。

(3)埋地敷设 当建筑物所处地区的地下水位比较低时,通常可采用直埋敷设,供暖管道应敷设在地下水位以上的土层内。直埋管道的保温层需选用电绝缘性和防水性良好的保温材料制作。

6.7.3 供暖设施施工

(1)散热器的安装

1)散热器组对。散热器组对用的主要材料是对丝、垫片、补芯和堵头。散热器组对前,应把每片散热器内部和管口清理干净,散热器片表面要除锈,刷一遍防锈漆。组对时将散热器放到组对平台上,先把丝套上垫片放入散热器接口中,再将第二片散热器(这片散热器相对接口的螺纹方向必须是相反的)接口对准第一片散热器接口中的对丝,用两把散热器钥匙同时插入对丝孔内,同时、同向、同速度转动,使对丝同时在两片散热器接口入扣,利用对丝将两片散热器拉紧,每组散热器的片数与组数应按设计规定事先统计好,然后组对。

2)散热器的试压。散热器组成后,必须进行水压试验,合格后才能安装。试验压力设计无要求时应为工作压力的 1.5 倍,但不得小于 0.6 MPa。水压试验的持续时间为 2 ~ 3 min,在持续时间内不得有压力降,不渗不漏为合格。

3)散热器安装。散热器安装一般在内墙抹灰完成后进行,安装程序包括定位、画线、埋设支架、安装散热器、连接支管。散热器安装形式有明装、暗装和半暗装三种。

散热器一般布置在外窗下面,其中心线应与外窗的中心线相重合。散热器背面距墙面的距离一般为 30 mm,同一房间的散热器应位于同一水平线上。散热器在混凝土墙上安装时,可采用膨胀螺栓固定,或在墙内预埋钢板、焊托钩固定。当散热器墙上安装时,应首先确定散热器托钩的数量和位置。安装时要轻抬轻放,避免碰坏散热器托钩。

(2)膨胀水箱的安装

1)开式膨胀水箱的安装。开式膨胀水箱一般安装在系统最高点 1.0 m 以上;可用槽钢支架支撑,箱底和支架间需垫方木以防滑动;水箱底部距楼地面净高不小于 300 mm;在非采暖房间安装应采取保温措施;膨胀水箱开管孔、焊接短管一般在水箱就位后进行,以便根据现场实际确定开孔方向和位置。

2)闭式膨胀水箱的安装。闭式膨胀水箱由气压罐和水泵等组合在同一机座上,具有自动补水、排气、泄水和保护等功能。依靠其自控装置控制水泵启停,当系统压力低于设定压力时,开泵补水;反之停泵,并由气压罐保压。闭式膨胀水箱一般安装在混凝土基础上,应保持设备水平,与墙面和其他设备之间的间距不小于0.7 m。设备就位、找平找正后连接管道、阀门。安装后按设计要求试压、调试。

(3)排气装置的安装

1)集气罐的安装。集气罐一般采用DN100～DN250钢管焊制而成,安装在管道的最高点或空气容易积聚处,但应低于膨胀水箱0.3 m,并专设支架固定。排气管上的阀门应接至便于操作处。

2)排气阀的安装。排气阀常用规格DN15～DN25,多为螺纹连接。自动排气阀应安装在系统的最高点,设专门支架固定,阀前应装手动阀以便检修时关闭,排气管应引至室外或地漏上方。散热器自动和手动排气阀需在散热器堵头上钻孔、攻丝,然后安装。

(4)除污器和过滤器的安装

1)除污器的安装:除污器一般安装在地面基础上或承重墙上,位于循环水泵或换热器前;与管道通常采用法兰连接,并装有阀门、仪表和旁通管;安装时注意介质流向,不得装反。

2)过滤器的安装:过滤器位于热表、减压阀、疏水器、空调器、冷水机组之前。体积一般较小,采用螺纹或法兰连接方式与管道组装在一起。安装时应注意介质流向,一般为由单侧流向双侧,即介质沿Y形下方流入。

(5)疏水器的安装　疏水器应安装在便于操作和检修的位置,安装应平整、牢固,管路应有坡度,排水管一般接至凝水干管的上方。疏水器前应设放气管,来排放空气或不凝气体,减少系统的气堵现象,疏水器管道水平敷设时,管道应坡向疏水阀,以防水击。

(6)减压阀的安装　减压阀安装前应将管道的杂质清除干净,阀前管径一般与阀门相同,阀后管径可比阀前管径大。阀体一般垂直安装,介质流向必须与阀体上的箭头一致。

减压阀两侧应安装阀门,并设旁通管和旁通阀。为便于调整压力,减压阀前、后均应安装压力表。阀后应安装安全阀,安全阀排泄管应接至安全地点。

 思考题

1. 供暖系统由哪些部分组成? 各自的作用是什么?
2. 按热媒不同,供暖系统可分为哪几类?
3. 供暖热源有哪几种? 如何选用?
4. 简要说明重力循环热水供暖系统工作原理。
5. 机械循环热水供暖系统由哪些部分组成?
6. 热水供暖系统常见问题有哪些?
7. 蒸汽供暖系统有什么优点? 适用于哪些建筑? 常见问题有哪些?
8. 什么是地板辐射采暖? 有什么优点?

9. 供暖设计热负荷包括哪几部分？各如何计算？

10. 供暖系统中，散热器、膨胀水箱的作用有哪些？

11. 供暖系统管道布置对建筑构造的要求是什么？

12. 室外供暖管道布置和敷设时可采取哪些方式？

 知识点(章节)：

供暖系统组成(6.1.1)；供暖系统分类(6.1.2)；重力循环热水供暖系统工作原理 (6.2.2)；机械循环热水供暖系统(6.2.2)；热水供暖系统常见问题(6.2.4)；蒸汽供暖系统及其分类(6.3.1)；蒸汽供暖系统常见问题(6.3.4)；地板辐射采暖(6.4.2)；供暖设计热负荷及计算(6.5.1)；建筑物热负荷估算(6.5.2)；散热器(6.6.1)；膨胀水箱(6.6.2)；室内供暖系统管道布置(6.7.1)；室外供热管道敷设(6.7.2)。

7

建筑通风

➤ 7.1 建筑通风系统的分类与组成

当建筑物存在大量余热余湿及有害物质时,宜优先采用通风措施加以消除。建筑通风应从总体规划、建筑设计和工艺等方面采取有效的综合预防和治理措施。对不可避免放散的有害或污染环境的物质,在排放前必须采取通风净化措施,并达到国家有关大气环境质量标准和各种污染物排放标准的要求。

所谓通风就是把室内废气直接或处理后排出室外,把室外新鲜空气送入到室内,保证室内空气环境符合卫生标准和生产工艺的要求,保证排放到室外的废气符合排放标准。通风包括排风和送风两大过程。一般将从室内排除废气称为排风,向室内补充新鲜空气称为送风。

按照空气流动的工作动力不同,通风分为自然通风和机械通风。一般情况下,应首先考虑采用自然通风消除建筑物余热、余湿和进行室内污染物浓度控制。对于室外空气污染和噪声污染严重的地区,不宜采用自然通风。当自然通风不能满足要求时,应采用机械通风,或自然通风和机械通风结合的复合通风。

不同类型的建筑对室内空气环境的要求不尽相同,因而通风装置在不同的场合具体任务也不完全一样。

一般的民用建筑和一些发热量小而且污染轻微的小型工业厂房,通常只要求保持室内的空气清洁新鲜,并在一定程度上改善室内的气象参数——空气的温度、相对湿度和流动速度。一般只需要采取一些简单的措施,如通过门窗洞口换气、利用穿堂风降温、使用电风扇提高空气的流动速度等。这些情况下,对送风或者排风都不进行处理。

在工厂的许多生产车间里,伴随着生产过程散发出大量的热、湿、各种工业粉尘以及有害气体和蒸汽,如不采取防护措施,势必恶化车间工作环境,危害工人身体健康,影响生产正常进行;损坏机具设备和建筑结构;大量的工业粉尘和有害气体排入大气中,导致大气污染,况且有许多工业粉尘和有害气体又是值得回收的原材料。这时的通风任务,就是要对工业有害物采取有效的防护措施,以消除其对工人健康和生产的危害,创造良好的劳动条件,同时也尽可能对它们回收利用,化害为利,并切实做到防止大气污染。

因此,通风的主要任务是用以维持室内环境满足人们生活或生产过程的要求。具体应满足:向室内补充新鲜的空气,满足人体对氧气的需求;通风可使建筑物内空气稀释流通,减少有害气体的浓度;控制工业有害物,也就是控制生产车间产生的粉尘、有害气体或蒸汽、余热、余湿。

对建筑物内放散热、蒸汽或有害物质的设备,宜采用局部排风。当不能采用局部排风或局部排风达不到卫生要求时,应辅以全面通风或采用全面通风。凡属下列情况之一时,应单独设置排风系统:①两种或两种以上的有害物质混合后能引起燃烧或爆炸时;②混合后能形成毒害更大或腐蚀性的混合物、化合物时;③混合后易使蒸汽凝结并聚积粉尘时;④散发剧毒物质的房间和设备;⑤建筑物内设有储存易燃易爆物质的单独房间或有防火防爆要求的单独房间;⑥有防疫的卫生要求时。

室内送风、排风设计时,应根据污染物的特性及污染源的变化,优化气流组织设计;不应使含有大量热、蒸汽或有害物质的空气流入人员活动区,且不应破坏局部排风系统的正常工作。

➤ 7.2 自然通风

自然通风是依靠室外风力形成的风压和室内空气温差形成的热压使室内外空气进行交换的通风方式。利用风压作用的自然通风如图 7.1 所示,气流由建筑物迎风面的门窗进入室内,把室内的空气从背风面的门窗挤压出去。利用风压进行通风,在民用建筑中普遍采用,穿堂风即是南方地区利用风压进行通风降温的手段。利用热压作用的自然通风如图 7.2 所示,当室内空气温度高于室外时,室内空气密度减小,室外空气密度较大,由于密度差形成作用力,使室外空气从建筑物下部门窗进入室内,室内空气从建筑物上部孔洞或天窗排出,实现换气。

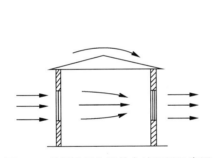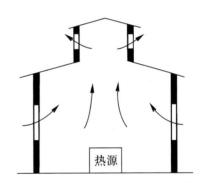

图 7.1　利用风压作用的自然通风示意图　　图 7.2　利用热压作用的自然通风示意图

自然通风不需要动力设备,不消耗电能,无噪声污染,是一种较为节能的通风方式。但自然通风由于作用力较小,一般情况下不能对进风和排风进行处理。风压与热压均受自然条件的影响,通风效果不稳定。

利用自然通风的建筑在设计时,应符合下列规定:

(1)利用穿堂风进行自然通风的建筑,其迎风面与夏季最多风向宜成 60°~90°角,且不应小于 45°,同时应考虑可利用的春秋季风向以充分利用自然通风;

(2)建筑群平面布置应重视有利自然通风因素,如优先考虑错列式、斜列式等布置形式。

自然通风应采用阻力系数小、噪声低、易于操作和维修的进排风口或窗扇。严寒寒冷地区的进排风口还应考虑保温措施。夏季自然通风用的进风口,其下缘距室内地面的高度不宜大于 1.2 m。自然通风进风口应远离污染源 3 m 以上;冬季自然通风用的进风口,当其下缘距室内地面的高度小于 4 m 时,宜采取防止冷风吹向人员活动区的措施。采用自然通风的生活、工作房间的通风开口有效面积不应小于该房间地板面积的 5%;厨房的通风开口有效面积不应小于该房间地板面积的 10%,并不得小于 0.60 m²。自然通风设计时,宜对建筑进行自然通风潜力分析,依据气候条件确定自然通风策略并优化建筑设计。采用自然通风的建筑,自然通风量的计算应同时考虑热压以及风压的作用。

热压作用的通风量,宜按下列方法确定:

(1)室内发热量较均匀、空间形式较简单的单层大空间建筑,可采用简化计算方法确定;

(2)住宅和办公建筑中,考虑多个房间之间或多个楼层之间的通风,可采用多区域网络法进行计算;

(3)建筑体形复杂或室内发热量明显不均的建筑,可按计算流体动力学(CFD)数值模拟方法确定。

风压作用的通风量,宜按下列原则确定:

(1)分别计算过渡季及夏季的自然通风量,并按其最小值确定;

(2)室外风向按计算季节中的当地室外最多风向确定;

(3)室外风速按基准高度室外最多风向的平均风速确定。当采用计算流体动力学(CFD)数值模拟时,应考虑当地地形条件及其梯度风、遮挡物的影响;

(4)仅当建筑迎风面与计算季节的最多风向成45°~90°角时,该面上的外窗或有效开口利用面积可作为进风口进行计算。

通风系统设计时宜结合建筑设计,合理利用被动式通风技术强化自然通风。被动通风可采用下列方式:当常规自然通风系统不能提供足够风量时,可采用捕风装置加强自然通风,如图7.3所示;当采用常规自然通风难以排除建筑内的余热、余湿或污染物时,可采用屋顶无动力风帽装置,无动力风帽的接口直径宜与其连接的风管管径相同;当建筑物利用风压有局限或热压不足时,可采用太阳能诱导等通风方式,如图7.4所示。

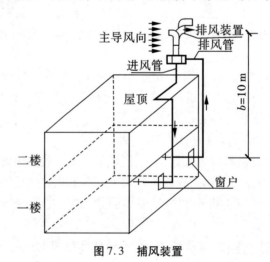

图7.3 捕风装置

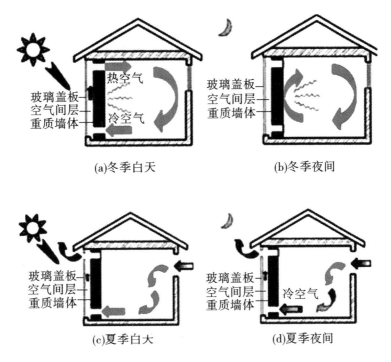

图 7.4   太阳能诱导通风

191

➤ 7.3   机械通风及设备

机械通风是依靠风机产生的风压强制室内外空气流动进行换气的通风方式。机械通风工作可靠,初投资和运行费用高。按通风系统的作用范围不同,通风系统可分为全面通风和局部通风。

与自然通风相比,机械通风具有以下优点:送入车间或工作房间的空气可以经过加热或冷却、加湿或减湿的处理;从车间排除的空气,可以进行净化除尘,保证工厂附近的空气不被污染;按能够满足卫生和生产上所要求造成房间内人为的气象条件;可以将吸入的新鲜空气按照需要送到车间或工作房间内各个地点,同时也可以将室内污浊的空气和有害气体从产生地点直接排至室外;通风量在一年四季中都可以保持平衡,不受外界气候的影响,必要时,根据车间或工作房间内生产与工作情况,还可以任意调节换气量。

7.3.1   全面通风

全面通风是对整个房间进行通风换气,使室内空气环境符合卫生标准的要求。利用风机实施全面通风的系统可分成机械进风系统和机械排风系统。对于某一房间或区域,可以有以下几种系统组合方式:①既有机械进风系统,又有机械排风系统;②只有机械排风系统,室外空气靠门窗自然渗入;③机械进风系统和局部排风系统相结合;④机械排风与空调系统相结合;⑤机械通风与空调系统相结合,或是说由空调系统实现全面通风的任务。

(1)全面送风 如图7.5所示,室外新鲜空气经空气处理装置处理,达到室内卫生标准和工艺要求,利用离心风机经风管和风口送到室内,此时室内为正压状态,通过门窗的开启,室内部分空气被排至室外,使室内空气处于平衡状态。全面送风适用于室内对送风有一定的要求或需控制室内有害物浓度的情况。

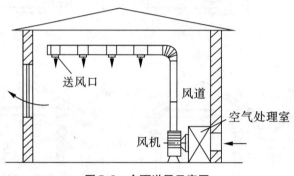

图7.5 全面送风示意图

(2)全面排风 图7.6所示是室内污浊空气通过装设在外墙上的轴流风机排至室外,此时室内为负压状态,室外新鲜空气经开启的门窗进入室内。图7.7所示是室内污浊空气通过离心式风机作用,通过排风管道和排风口排到室外,这种方式可对排出的有害气体净化处理后再排放到大气中,减少了对环境的污染。

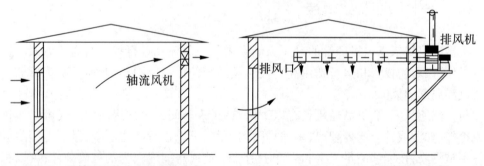

图7.6 用轴流风机全面排风示意图   图7.7 用离心式风机全面排风示意图

建筑物全面排风系统吸风口的布置,应符合下列规定:

1)位于房间上部区域的吸风口,除用于排除氢气与空气混合物时,吸风口上缘至顶棚平面或屋顶的距离不大于0.4 m;

2)用于排除氢气与空气混合物时,吸风口上缘至顶棚平面或屋顶的距离不大于0.1 m;

3)用于排出密度大于空气的有害气体时,位于房间下部区域的排风口,其下缘至地板距离不大于0.3 m;

4)因建筑结构造成有爆炸危险气体排出的死角处,应设置导流设施。

（3）全面送排风　如图7.8所示，室外新鲜空气在送风机作用下经空气处理设备、送风管道和送风口送到室内，室内污浊空气在排风机作用下直接排到室外或净化后排放。这种通风方式效果比较好。

（4）置换通风　是一种新型的通风形式，它可使人停留区具有较高的空气品质、热舒适性和通风效率，节约建筑能耗。如图7.9所示，其工作原理是以极低的送风速度将新鲜的冷空气由房间底部送入室内，由于送风温度低于室内温度，新鲜空气在后续进风的推动下与室内的热源（人体或设备）产生热对流，在热对流的作用下向上运动，从而将热量和污染物等带至房间上部，脱离人停留区，并从设置在房间顶部的排风口排出。

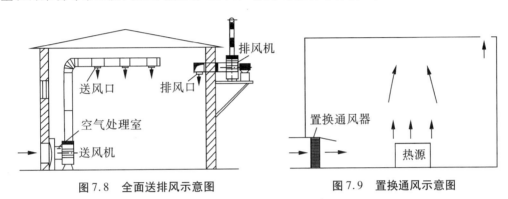

图7.8　全面送排风示意图　　　　图7.9　置换通风示意图

7.3.2　局部通风

局部通风包括局部送风、局部排风系统。

（1）局部排风　就是在有害物产生地点即将其排除，防止有害物质在室内扩散。如图7.10所示，有害物质在风机提供的动力下，经局部排风罩收集，通过风管输送到净化设备处理后排放。

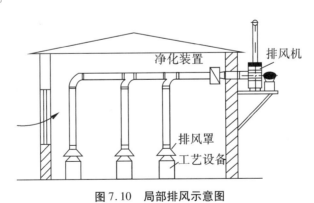

图7.10　局部排风示意图

（2）局部送风　就是将达到室内卫生标准和工艺要求的空气送到室内的指定地点（例如，工人的操作地点），以改善局部空间的空气环境。如图7.11所示，在一些大型的车间中，尤其是有大量余热的高温车间，采用全面通风已经无法保证室内所有区域都达

193

到适宜的程度,需要采用局部送风系统。局部送风系统对于面积很大、工作人数较少的车间,没有必要对整个车间送风,只需向少数的局部工作地点送风,在局部地点形成良好的空气环境。局部送风又分系统式局部送风和分散式局部送风两种。系统式局部送风系统,可以对送出的空气进行加热或冷却处理;分散式局部送风系统,一般采用循环的轴流风扇或喷雾风扇。

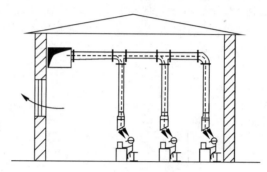

图 7.11　局部送风示意图

7.3.3　通风设备

（1）室外进风装置　室外进风装置是通风及空调系统采集新鲜空气的入口。根据进风室的位置不同,室外进风装置可采用竖直风道塔式进风口,如图 7.12 所示,其位置应满足下列要求:

1）设置在室外空气较为洁净的地点,在水平和垂直方向上都应远离污染源;

2）室外进风口下缘距室外地坪的高度不宜小于 2 m,并须装设百叶窗,以免吸入地面上的粉尘和污染物,同时可避免雨、雪的侵入;

3）用于降温的通风系统,其室外进风口宜设置在背阴的外墙侧;

4）室外进风口的标高应低于周围的排风口,且宜设置在排风口的上风侧,以防吸入排风口排出的污浊空气;当进风口、排风口相距的水平间距小于 20 m 时,进风口应比排风口至少低 6 m;

5）屋顶式进风口应高出屋面 0.5 ~ 1.0 m,以免吸进屋面上的积灰或被积雪埋没。

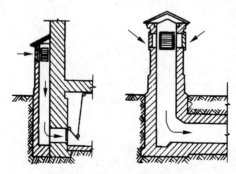

图 7.12　塔式室外进风装置

室外新鲜空气由进风装置采集后直接送入室内通风房间或送入进风室,根据用户对进风的要求进行预处理。机械送风系统的进风室多设在建筑物的地下层或底层,在工业厂房内为了减少占地面积也可以设在室外进风口内侧的平台上。

(2)室外排风装置 室外排风装置的任务是将室内被污染的空气直接排到大气中去。管道式自然排风系统通常是通过屋顶向室外排风,排风装置的构造形式与进风装置相同。排风口也应高出屋面0.5 m以上,若附近设有进风装置,则应比进风口至少高出2 m。

机械排风系统一般也从屋顶排风,以减轻对附近环境的污染。室外排风口通常做成风帽形式,对于除尘或有毒的通风系统常用锥形风帽,也可直接由侧墙开孔作为排风口。

(3)风道 风道的作用是输送空气。风道的制作材料、形状、布置均与工艺流程、设备和建筑结构有关。

1)风道材料。制作风道的常用材料有薄钢板、塑料、玻璃钢、矿渣石膏板、砖、混凝土等。镀锌薄钢板风道防腐蚀、易于加工制作、能承受较高温度。玻璃钢风道强度高、耐腐蚀、重量轻,用作输送含腐蚀性气体及大量蒸汽的通风系统。聚氯乙烯塑料板风道耐腐蚀性好、弹性较好、热稳定性较差。铝板风道有良好塑性和较强耐酸性,但易被碱类腐蚀。复合玻纤板风道不再需要额外的保温,防火性能较好,安装方便。砖、混凝土风道节省钢材,经久耐用,阻力大,但易漏风,应做好密封。

风道选材是由系统所输送的空气性质以及就地取材的原则来确定的。一般输送腐蚀性气体的风道可用涂刷防腐油漆的钢板或硬塑料板、玻璃钢制作;埋地风道通常用混凝土板做底、两边砌砖,内表面抹光,用预制钢筋混凝土板做顶,如果地下水位较高,尚需做防水层;利用建筑空间兼作风道时,多采用混凝土或砖砌风道。

工业通风系统常用薄钢板制作风道,截面呈圆形或矩形,根据用途(一般通风系统、除尘系统)及截面尺寸($D = 100 \sim 200$ mm)的不同,钢板厚度为0.5~3 mm。输送腐蚀性气体的通风系统,如采用涂刷防腐油漆的钢板风道仍不能满足要求时,可用硬聚氯乙烯塑料板制作,截面也可做成圆形或矩形,厚度为2~8 mm。

2)风道的形状。风道的截面形状为圆形或矩形。圆形风道的强度大、风道阻力小、消耗材料少,但占据空间多,布置时难以与建筑结构配合。对于高流速、小管径的除尘和高速空调系统,或是需要暗装时可采用圆形风道。矩形风道制作简单、便于加工、能充分利用建筑空间、布置时容易与建筑结构相配合,但材料消耗多、阻力大,低流速、大面积的风道多采用矩形。矩形风道适宜的高宽比在3.0以下。我国已制定了通风管道统一规格可供遵循。

3)风道保温。风道在输送空气过程中,如果要求管道内空气温度维持恒定,或是避免低温风道穿越房间时外表面结露,或是为了防止风道对某空间的空气参数产生影响等情况,均应考虑风道的保温处理问题。保温材料主要有软木、泡沫塑料、玻璃纤维板等。常用的保温结构由防腐层、保温层、防潮层和保护层组成。保温厚度应根据保温要求进行计算,保温层结构可参阅有关国家标准图。

4)风道布置。风道布置应与建筑、生产工艺密切配合,尽量短、顺、直;除尘系统的风道宜采用明装圆形钢板风道,应垂直或倾斜敷设;风道上应在便于操作和观测的地方设置必需的调节和测量装置;输送高温气体的风道应采用热补偿措施。

风道的布置应在进风口、送风口、排风口、空气处理设备、通风机的位置确定之后进行。风道布置原则应该服从整个通风系统的总体布局,并与土建、生产工艺、给水和排水等各专业互相协调、配合;应使风道少占建筑空间并不妨碍生产操作;风道布置还应尽量缩短管线、减少分支、避免复杂的局部管件,并便于安装、调节和维修;风道之间或风道与其他设备、管件之间应合理连接,以减少阻力和噪声;风道布置应尽量避免穿越沉降缝、伸缩缝和防火墙等;对于埋地风道,应避免与建筑物基础或生产设备底座交叉,并应与其他管线综合考虑;风道在穿越火灾危险性较大房间的隔墙、楼板以及垂直和水平风道的交接处,均应符合防火设计规范的规定。

(4)通风机　通风机是通风空调系统的重要组成部分,用于为空气气流提供必需的动力以克服输送过程中的压力损失。在通风工程中,根据通风机的作用原理主要有离心式和轴流式两种类型。在特殊场所使用的还有高温通风机、防爆通风机、防腐通风机和耐磨通风机等。

1)离心式通风机,简称离心风机,其构造如图 7.13 所示,与离心式水泵相类似,同属流体机械的一种类型。它是由叶轮、机轴、机壳、集流器(吸风口)、电机等部分组成,叶轮上有一定数量的叶片,机轴由电动机带动旋转,叶片间的空气随叶轮旋转而获得离心力,并从叶轮中心以高速抛出叶轮之外,汇集到螺旋线形的机壳中,速度逐渐减慢,空气的动压转化为静压获得一定的压能,最终从排风口压出。当叶轮中的空气被压出后,叶轮中心处形成负压,此时室外空气在大气压力作用下由吸风口被吸入叶轮,再次获得能量后被压出,形成连续的空气流动。

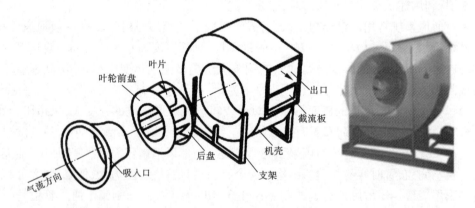

图 7.13　离心风机构造示意图

不同用途的风机,在制作材料及构造上有所不同,用于一般通风换气的普通风机(输送空气的温度不高于 80 ℃,含尘浓度不大于 150 mg/m³),常用钢板制作,小型的也有铝板制作;除尘风机要求耐磨和防止堵塞,因此钢板较厚,叶片较少并呈流线型;防腐风机一般用硬聚氯乙烯板或不锈钢板制作;防爆风机的外壳和叶轮均用铝、铜等有色金属制作,或外壳用钢板而叶轮用有色金属制作等。

离心风机基本性能通常用下列参数表示:

①流量:单位时间内风机所输送的流体体积,单位为 m³/h。

②风机的压头:指单位重量流体通过风机后获得的有效能量,单位为 Pa。

③功率:原动机传到风机轴上的功率,称为轴功率;单位时间内流体从风机中所得到的实际能量,称为有效功率,单位为 W。

④效率:指轴功率被流体利用的程度,用有效功率与轴功率的比值表示效率。

⑤转速:指风机叶轮每分钟的转数,单位是转/分。

2)轴流式通风机简称轴流风机,如图 7.14 所示,叶轮安装在圆筒形外壳中,由轮毂和铆在其上的叶片组成,叶片与轮毂平面安装成一定的角度。叶片的构造形式很多,如帆翼型扭曲或不扭曲的叶片,等厚板型扭曲或不扭曲叶片等。大型轴流风机的叶片安装角度是可以调节的,借以改变风量和全压。轴流风机是借助叶轮的推力作用促使气流流动,气流的方向与机轴平行。有的轴流风机做成长轴形式,将电动机放在机壳的外面。大型的轴流风机不与电动机同轴,而用三角皮带传动。当叶轮由电动机带动旋转时,空气从吸风口进入,在风机中沿轴向流动经过叶轮和扩压器时压头增大,从出风口排出。

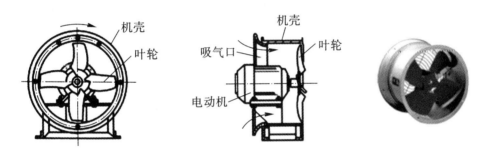

图 7.14　轴流风机简图
1-圆筒形机壳;2-叶轮;3-进口;4-电动机

3)通风机选择。通风机应根据管路特性曲线和风机性能曲线进行选择,并应符合下列规定:

①通风机风量应附加风管和设备的漏风量。送、排风系统可附加 5% ~ 10%,排烟兼排风系统宜附加 10% ~ 20%;

②通风机采用定速时,通风机的压力在计算系统压力损失上宜附加 10% ~ 15%;

③通风机采用变速时,通风机的压力应以计算系统总压力损失作为额定压力;

④设计工况下,通风机效率不应低于其最高效率的 90%;

⑤兼用排烟的风机应符合国家现行建筑设计防火规范的规定。

(5)排风净化处理设备　为防止大气污染以及回收可以利用的物质,排风系统的空气排入大气前,应根据实际情况采取必要的净化、回收以及综合利用措施。一般情况下排风的处理主要有除尘、净化及高空排放。

除尘是指使空气的粉尘与空气分离的过程。常用的除尘设备主要有旋风除尘器、湿式除尘器、过滤式除尘器等。而消除有害气体对人体及其他方面的危害,称之为净化。

净化设备有各种吸收塔及活性炭吸附器等。另外,有些情况下,由于各种条件限制而不得不将未经任何净化或净化不够的废气直接排入高空,通过在大气中的扩散进行稀释,最终使降落到地面的有害物浓度不超过标准的规定,这种处理方法称之为有害气体的高空排放。

除尘器用于分离机械排风系统所排出空气中的粉尘,目的是防止大气污染并回收空气中的有用物质。根据其除尘机理一般可以分为重力沉降室、旋风除尘器、湿式除尘器、过滤式(袋式)除尘器和电除尘器等。

1)重力沉降室。重力沉降室是利用重力作用使粉尘自然沉降的一种最简单的除尘装置,如图7.15所示,重力沉降室就是一个比输送气体的管道增大了若干倍的除尘室。含尘气流由沉降室的一端上方进入,由于断面积的突然扩大,使流动速度降低,在气流缓慢地向另一端流动的过程中,气流中的尘粒在重力的作用下,逐渐向下沉降,净化后的空气由重力沉降室的另一端排出。

重力沉降室用于净化密度大、颗粒粗的粉尘,特别是磨损性很强的粉尘。经过精心设计,重力沉降室能有效地捕集 50 μm 以上的尘粒。占地面积大、除尘效率低是重力沉降室的主要缺点。但其具有结构简单、投资少、维护管理容易以及压力损失小(一般为50 ~ 150 Pa)等优点。

2)旋风除尘器。旋风除尘器是利用气流旋转过程中作用在尘粒上的惯性离心力,使尘粒从气流中分离出来,从而达到净化空气的目的。如图7.16所示。

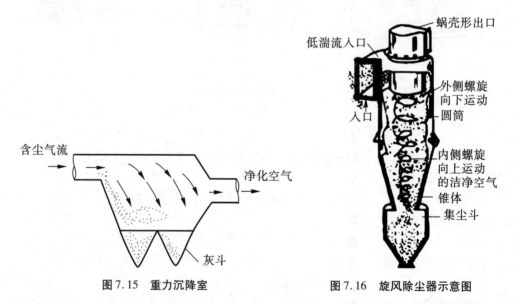

图7.15 重力沉降室   图7.16 旋风除尘器示意图

旋风除尘器是由筒体、锥体、排出管组成,含尘气流通过进口起旋器产生旋转气流,粉尘在离心力作用下脱离气流向筒锥体边壁运动,到达壁附近的粉尘在气流的作用下进入集尘斗,去除了粉尘的气体汇向轴心区域由排气芯管排出。

旋风除尘器结构简单、体积小、维护方便,对于 10 ~ 20 μm 的粉尘,效率为90%左右,是工业通风中常用的除尘设备之一,是应用于小型锅炉和多级除尘的第一级除尘。

　　3)过滤式(袋式)除尘器。过滤式除尘器是利用多孔的袋状过滤元件从含尘气体中捕集粉尘的一种除尘设备,主要有过滤装置和清灰装置两部分组成。前者的作用是捕集粉尘,后者则用以定期清除滤袋上的积尘,保持除尘器的处理能力。通常还设有清灰控制装置,使除尘器按一定的时间间隔和程序清灰。

　　按清灰方式袋式除尘器的主要类型有:气流反吹类、机械振打类、脉冲喷吹类。如图7.17、图7.18所示,分别为脉冲喷吹清灰式除尘器和机械振打式袋式除尘器。清灰方式在很大程度上影响着袋式除尘器的性能,也是袋式除尘器的分类根据。

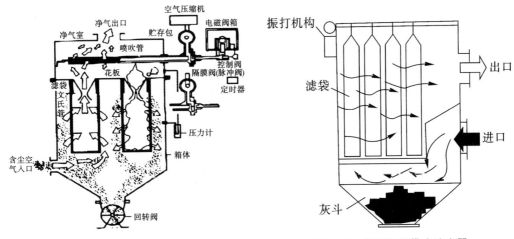

图7.17　脉冲喷吹清灰式除尘器　　　　　图7.18　机械振打袋式除尘器

199

　　4)电除尘器。电除尘器又称静电除尘器,是利用电场产生的静电力将气体中粉尘分离的一种除尘设备。

　　电除尘器由本体及直流高压电源两部分构成。本体中排列有数量众多的、保持一定间距的金属集尘极(又称极板)与电晕极(又称极线),用以产生电晕,捕集粉尘。还设有清除电极上沉积粉尘的清灰装置、气流均布装置、存输灰装置等。图7.19为电除尘器的工作原理图。

　　电除尘器是一种干式高效除尘器,其特点是可用于去除微小尘粒,去除效率高,处理能力大,但是由于其设备庞大、投资高、结构复杂、耗电量大等缺点,目前主要用于某些大型工程或进风的除尘净化处理中。

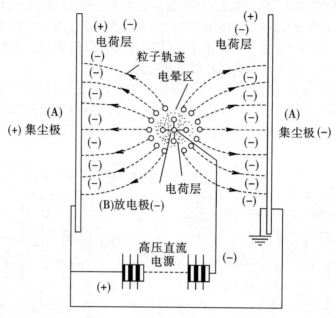

图 7.19　电除尘器的工作原理图

5)湿式除尘器。湿式除尘器主要利用含尘气流与液滴或液膜的相互作用实现气尘分离。其中粗大尘粒与液滴(或雾滴)的惯性碰撞、接触阻留(即拦截效应)得以捕集,而细微尘粒则在扩散、凝聚等机理的共同作用下,使尘粒从气流中分离出来达到净化含尘气流的目的。图 7.20 为水浴除尘器示意图。

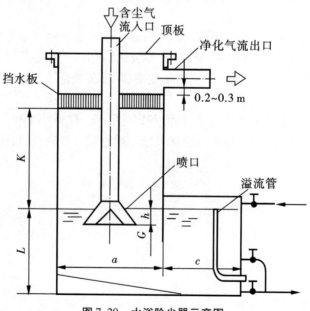

图 7.20　水浴除尘器示意图

湿式除尘器按照气液接触方式可分为两类:一类是迫使含尘气体冲入液体内部,利用气流与液面的高速接触激起大量水滴,使粉尘与水滴充分接触,粗大尘粒加湿后直接沉降在池底,与水滴碰撞后的细小尘粒由于凝聚、增重而被液体补集,如冲激式除尘器、卧式旋风水膜除尘器;另一类是用各种方式向气流中喷入水雾,使尘粒与液滴、液膜发生碰撞,如喷雾塔。

一般来说,湿式除尘器结构简单,投资低,占地面积小,除尘效率较高,并能同时进行有害气体的净化。其缺点主要是不能干法回收物料,而且泥浆处理比较困难,有时需要设置专门的废水处理系统。

➢ 7.4　主要设备构件及管道布置与敷设

对于自然通风,其设备装置较简单,只需用进、排风窗以及附属的开关装置即可。其他各种通风方式,包括机械通风系统和管道式自然通风系统,则有较多的构件和设备组成。机械排风系统一般由有害污染物收集和净化装备、排风道、风机、排风口及风帽等组成;而机械送风系统一般由进风室、风道、空气处理设备、风机和送风口等组成。在机械通风系统中还需设置必要的调节通风量和启闭系统运行的各种控制部件,即各类阀门。在这些通风方式中,除了利用管道输送空气以及机械通风系统使用风机造成空气流动的作用压力外,一般还包括如下一些部分:全面排风系统尚有室内排风口和室外排风装置;局部排风系统尚有局部排风罩、排风处理设备以及室外排风装置;进风系统尚有室外进风装置、进风处理设备以及室内送风口等。下面介绍室内送、排风口的布置与敷设。

室内送风口是送风系统中风道的末端装置,由送风道而来的空气,通过送风口以适当的速度均匀地分配到各个指定的送风点。室内排风口是排风系统的始端吸入装置,车间内被污染的空气经过排风口进入排风道内。室内送、排风口的任务是将各送风、排风口所需的空气量按一定的方向、速度送入室内和排出室外。

室内送风口的形式有多种,构造最简单的形式是在风管上直接开设孔口送风,根据孔口开设的位置有侧向送风口、下部送风口,如图 7.21 所示。图 7.21(a)为风管侧送风口,除孔口本身外,送风口无任何调节装置,无法调节送风的流量和方向;图 7.21(b)为插板式风口,其中送风口处设置了插板,可以调节送风口截面积的大小,便于调节送风量,但仍不能改变和控制气流的方向。

性能较好的常用室内送风口是百叶式送风口,可以在风道上、风道末端或墙上安装,如图 7.22 所示。对于布置在墙内或暗装的风道可采用这种送风口,将其安装在风道末端或墙壁上。百叶式送风口有单、双层和活动式、固定式之分,其中双层百叶式风口不仅可以调节控制气流速度,还可以调整气流的角度,为了美观还可采用各种花纹图案式送风口。

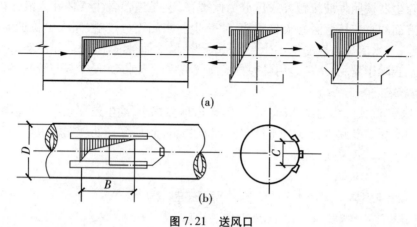

图 7.21　送风口

(a)风管侧送风口；(b)插板式送、吸风口

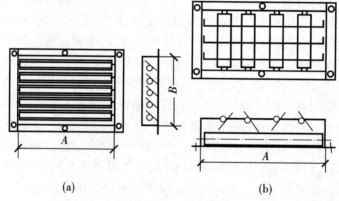

图 7.22　百叶式送风口

(a)单层百叶式风口；(b)双层百叶式风口

　　在工业厂房中，往往需要向某些工作地点供应大量的空气，从较高的上部风道向工作区送风，为了避免工作地点有"吹风"的感觉，要求在送风口附近的风速迅速降低，能满足这种要求的大型室内送风口，通常叫作空气分布器，如图 7.23 所示。送风口及空气分布器的形式很多，其构造和性能可查阅《全国通用采暖通风标准设计图集》。

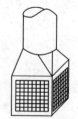

图 7.23　空气分布器

　　室内送、排风口的位置决定了通风房间的气流组织形式。室内送、排风口的布置情况，是决定通风气流方向的一个重要因素，而气流的方向是否合理，将直接影响全面通风的效果。通风房间气流组织的常用形式有上送下排、下送上排、中间送上下排等，选用时应按照房间功能、污染物类型、有害源位置、有害物分布情况、工作地点的位置等因素来确定。

思考题

1. 什么叫通风？它的分类有哪些？
2. 通风的主要任务是什么？什么情况下应单独设置排风系统？
3. 简述自然通风和机械通风的分类及工作原理。
4. 利用自然通风的建筑，在设计时应符合哪些规定？
5. 室外进风装置的位置应满足哪些要求？
6. 简述除尘器的用途和分类。
7. 常见的风口有哪些形式？各自有什么特点？
8. 找一找学校里设置机械通风机的位置，并指明属于哪种风机类型。

 知识点(章节)：

建筑通风系统分类与任务(7.1)；自然通风(7.2)；全面通风(7.3.1)；局部通风(7.3.2)；通风设备(7.3.3)；通风主要设备及管道敷设(7.4)。

8

建筑防排烟

➤ 8.1 概述

高层建筑发生火灾,烟雾是阻碍人们逃生和进行灭火行动、导致人员死亡的主要原因之一。

8.1.1 火灾烟气的特点

(1)毒害性 烟气包含高浓度的一氧化碳(CO)及其他各类有毒气体如氰化氢(HCN)、氯化氢(HCl),对人体产生的直接危害。

(2)遮光性 烟气极大降低可见度,使人易于失去正确的疏散方向,降低了人们在疏散过程中的行进速度。

(3)恐怖性 火灾现场往往使人感到惊慌失措,秩序混乱,形成巨大的心理恐惧,使人失去正常的行为能力,严重影响人们的迅速疏散,重则导致伤亡,轻则影响人们身心健康。

(4)高温危害性 燃烧的高温使火灾蔓延,使金属材料强度降低,导致结构倒塌,人员伤亡。高温还会使人昏厥、烧伤。

8.1.2 烟气的扩散机理

烟气是指物质在不完全燃烧时产生的固体及液体粒子在空气中的悬浮状态。烟气的流动扩散,主要受到风压和热压等因素的影响。

风压是指空气流动时遇阻,速度降低,动能转化成压能从而产生的压力。热压或烟囱效应指的是当建筑物内部的温度高于外部空气温度时,在建筑物的竖井中(如楼梯井、电梯井、设备管道井等竖向通道)产生的上升热空气的现象,如图 8.1 所示。当建筑物的下部或迎风面房间发生火灾时,由于风压和热压的作用,火灾造成的危害性要比建筑物的上部或背风面房间失火所造成的危害大得多。因此,将火灾产生的大量烟气及时排除,并阻止烟气向防烟分区以外扩散,以确保建筑物内人员的顺利疏散、安全避难和为消防队员创造有利扑救条件,是建筑内设置防排烟系统的主要目的。

防烟、排烟通常采用的方式有:
(1)设置自然防排烟设施,利用烟气的热浮力特性进行自然排烟和防烟;
(2)设置机械送风、机械排烟系统,对保护区域实行正压送风防烟和机械排烟;
(3)对建筑进行防烟分隔或建立防烟封闭避难区;
(4)对建材和家具进行阻燃、消烟处理;
(5)喷洒化学消烟剂或水雾消除烟气中的有毒成分及烟尘粒子。

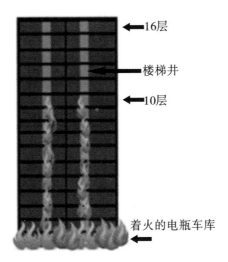

图 8.1　热压烟囱效应

➤ 8.2　建筑防火、防烟分区与安全疏散

当建筑房间发生火灾时,作为室内人员的疏散通道,一般路线是经过走廊、楼梯间前室、楼梯到达安全地点。把以上各部分用防火墙或防烟墙隔开,采取防火排烟措施,就可使室内人员在疏散过程中得到安全保护。

8.2.1　建筑防火分区

建筑防火分区是指在建筑内部采用防火墙、楼板及其他防火分隔设施分隔而成,能在一定时间内防止火灾向同一建筑的其余部分蔓延的局部空间。防火分区可有效防止火灾时火势蔓延和烟气传播,便于人员的安全疏散和火灾的消防扑救,减少火灾的损失。

在建筑设计中进行防火分区的目的是防止火灾的扩大。可根据房间的用途和性质的不同对建筑物进行防火分区,分区内应设置防火墙、防火门、防火卷帘等设备。通常规定楼梯间、通风竖井、风道空间、电梯、自动扶梯升降通路等形成竖井的部分要作为防火分区。

根据我国《建筑设计防火规范》(GB 50016—2014)的规定:耐火等级为一、二级的高层民用建筑每个防火分区最大允许建筑面积为 1500 m^2,耐火等级为一、二级的单、多层民用建筑每个防火分区最大允许建筑面积为 2500 m^2,对于体育馆、剧场的观众厅,防火分区的最大允许建筑面积可适当增加;耐火等级为三级的单、多层民用建筑每个防火分区最大允许建筑面积为 1200 m^2,耐火等级为四级的单、多层民用建筑每个防火分区最大允许建筑面积为 600 m^2;耐火等级为一级的地下或半地下建筑(室)每个防火分区最大允许建筑面积为 500 m^2,设备用房的防火分区最大允许建筑面积不应大于 1000 m^2。当建筑内设有自动灭火系统时,防火分区的面积可按上述规定增加 1.0 倍;局部设置时,防火分区的增加面积可按该局部面积的 1.0 倍计算。裙房与高层建筑主体之间设置防火墙时,裙房的防火分区可按单、多层建筑的要求确定。

8.2.2　建筑防烟分区

防烟分区是在建筑内部采用挡烟设施分隔而成,能在一定时间内防止火灾烟气向同一防火分区的其余部分蔓延的局部空间。

设置排烟系统的场所或部位应划分防烟分区。防烟分区不应跨越防火分区,并应符合下列要求:①防烟分区面积不宜大于 2000 m²;②采用隔墙等形成封闭的分隔空间时,该空间应作为一个防烟分区;③防烟分区的长边不应大于 60 m;当室内高度超过 6 m,且具有自然对流条件时,长边不应大于 75 m;④防烟分区应采用挡烟垂壁、结构梁及隔墙等划分;⑤储烟仓高度不应小于空间净高的 10%,且不应小于 500 mm,同时应保证疏散所需的清晰高度。

设置防烟分区时,如果面积过大,会使烟气波及面积扩大,增加受灾面,不利安全疏散和扑救;如面积过小,不仅影响使用,还会提高工程造价。通常应按楼层划分防烟分区,特殊用途的场所应单独划分防烟分区。防烟分区一般根据建筑物的种类和要求不同,可按其用途、面积、楼层划分:

（1）按用途划分　对于建筑物的各个部分,按其不同的用途,如厨房、卫生间、起居室、客房及办公室等,来划分防烟分区比较合适,也较方便。国外常把高层建筑的各部分划分为居住或办公用房、疏散通道、楼梯、电梯及其前室、停车库等防烟分区。但按此种方法划分防烟分区时,应注意对通风空调管道、电气配管、给排水管道等穿墙和楼板处,用不燃烧材料填塞密实。

（2）按面积划分　在建筑物内按面积将其划分为若干个基准防烟分区,这些防烟分区在各个楼层,一般形状相同、尺寸相同、用途相同。不同形状的用途的防烟分区,其面积也宜一致。每个楼层的防烟分区可采用同一套防排烟设施。如所有防烟分区共用一套排烟设备时,排烟风机的容量应按最大防烟分区的面积计算。

（3）按楼层划分　在高层建筑中,底层部分和上层部分的用途往往不太相同,如高层旅馆建筑,底层布置餐厅、接待室、商店、会议室、多功能厅等,上层部分多为客房。火灾统计资料表明,底层发生火灾的机会较多,火灾概率大,上部主体发生火灾的机会较小。因此,应尽可能根据房间的不同用途沿垂直方向按楼层划分防烟分区。

在建筑设计中进行防烟分区的目的则是对防火分区的细分化,防烟分区内不能防止火灾的扩大,它仅能有效地控制火灾产生的烟气流动。要在有发生火灾危险的房间和用作疏散通道的走廊间加设防烟隔断,在楼梯间设置前室,并设自动关闭门,作为防火、防烟的分界。此外还应注意竖井分区,如大型商场的中央自动扶梯处是一个大开口,应设置用感烟探测器控制的隔烟防火卷帘。防火墙的排烟管道上,应设排烟防火阀,并与排烟风机联动。

设置排烟设施的建筑内,敞开楼梯和自动扶梯穿越楼板的开口部应设置挡烟垂壁等设施,如图 8.2 所示;室内或走道的任一点至防烟分区内最近的排烟口或排烟窗的水平距离不应大于 30 m,当室内高度超过 6 m,且具有自然对流条件时其水平距离可增加

25% 。当防烟楼梯间采用机械加压送风方式的防烟系统时,楼梯间应设置机械加压送风设施,前室可不设机械加压送风设施,但合用前室应设机械加压送风设施,如图 8.3 所示。防烟楼梯间的楼梯间与合用前室的机械加压送风系统应分别独立设置。带裙房的高层建筑的防烟楼梯间及其前室、消防电梯前室或合用前室,当裙房高度以上部分利用可开启外窗进行自然通风,裙房等高范围内不具备自然通风条件时,该高层建筑不具备自然通风条件的前室、消防电梯前室或合用前室应设置局部机械加压送风系统。

图 8.2 玻璃挡烟垂壁

图 8.3 电梯前室机械加压送风口

8.2.3 安全疏散

民用建筑应根据其建筑高度、规模、使用功能和耐火等级等因素合理设置安全疏散和避难设施。安全出口和疏散门的位置、数量、宽度及疏散楼梯间的形式,应满足人员安全疏散的要求。为保证安全地撤离危险区域,建筑物应设置必要的疏散设施,如太平门、疏散楼梯、天桥、逃生孔以及疏散保护区域等。图 8.4 所示为常见的疏散出口标识。建筑内的安全出口和疏散门应分散布置,且建筑内每个防火分区或一个防火分区的每个楼层、每个住宅单元每层相邻两个安全出口以及每个房间相邻两个疏散门最近边缘之间的水平距离不应小于 5 m。建筑的楼梯间宜通至屋面,通向屋面的门或窗应向外开启。应事先制定疏散计划,研究疏散方案和疏散路线,如撤离时途经的门、走道、楼梯(自动扶梯和电梯不应计作安全疏散设施)等;确定建筑物内某点至安全出口的时间和距离;计算疏散流量和全部人员撤出危险区域的疏散时间,保证走道和楼梯等的通行能力,还必须设置指示人们疏散、离开危险区的视听信号。

图8.4 疏散出口标识

疏散路线一般分为四个阶段:第一阶段为室内任一点到房间门口;第二阶段为从房间门口至进入楼梯间的路程,即走廊内的疏散;第三阶段为楼梯间内疏散;第四阶段为出楼梯间进入安全区。沿着疏散路线,各个阶段的安全性应当依次提高。

➤ 8.3 防排烟系统

8.3.1 自然排烟

自然排烟是利用火灾产生的烟气流的浮力和外部风力作用,通过建筑物的对外开口(如门、窗、阳台或专门设置在侧墙上部的排烟口等)或通风排烟竖井,如图8.5、图8.6所示,把烟气排至室外的排烟方式,其实质是热烟气和冷空气的对流运动。在自然排烟中,必须有冷空气的进口和热烟气的排出口。

自然排烟方式的优点是结构简单,不需要电源和复杂的装置,运行可靠性高,平时可用于建筑物的通风换气等;缺点是排烟效果受风压、热压等因素的影响,排烟效果不稳定,设计不当会适得其反。多层建筑宜采用自然排烟系统。总建筑面积小于 3000 m² 的单层厂房、仓库的自然排烟系统可采用在顶部设置由可熔材料制作的固定采光带(窗)。

排烟窗应设置在排烟区域的顶部或外墙,并应符合下列要求:①当设置在外墙上时,排烟窗应在储烟仓以内或室内净高度的 1/2 以上,并应沿火灾烟气的气流方向开启;②宜分散均匀布置,每组排烟窗的长度不宜大于 3.0 m;③设置在防火墙两侧的排烟窗之间水平距离不应小于 2.0 m;④自动排烟窗附近应同时设置便于操作的手动开启装置,手动开启装置距地面高度宜 1.3~1.5 m;⑤走道设有机械排烟系统的建筑物,当房间面积不大于 300 m² 时,除排烟窗的设置高度及开启方向可不限外,其余仍按上述要求执行。

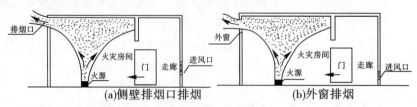

图8.5 利用侧壁排烟口或外窗的自然排烟

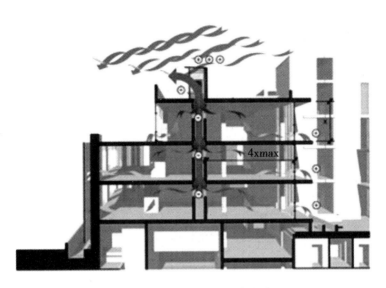

图 8.6　利用排烟竖井的自然排烟

8.3.2　机械排烟

机械排烟系统横向应按每个防火分区独立设置。排烟系统竖向穿越防火分区时垂直风管应设置在管井内,且与垂直风管连接的水平风管应设置 280 ℃排烟防火阀。

机械排烟分为局部排烟和集中排烟两种方式,即利用排烟机把着火房间中产生的烟气通过排烟口排到室外的排烟方式,也叫负压机械排烟方式。使用排烟风机进行强制排烟,不受室外风力的影响,工作可靠,但初投资大。

局部排烟方式是在每个需要排烟的部位设置独立的排烟风机直接进行排烟;其初投资大,而且日常维护管理麻烦,管理费用也高。集中排烟方式是将建筑划分为若干个区,在每个区内设置排烟风机,通过排烟口和排烟竖井或风道利用设置在建筑物屋顶的排烟风机,排至室外。排烟稳定,投资较大,操作管理比较复杂,需要有防排烟设备,要有事故备用电源。

排烟风机可采用离心式或轴流排烟风机(满足 280 ℃时连续工作 30 min 的要求),排烟风机入口处应设置 280 ℃能自动关闭的排烟防火阀,该阀应与排烟风机连锁,当该阀关闭时,排烟风机应能停止运转。

排烟阀或排烟口的设置应符合下列要求:①排烟口应设在防烟分区所形成的储烟仓内;②走道内排烟口应设置在其净空高度的 1/2 以上,当设置在侧墙时,其最近的边缘与吊顶的距离不应大于 0.5 m;③火灾时由火灾自动报警系统联动开启排烟区域的排烟阀或排烟口,应在现场设置手动开启装置;④排烟口的设置宜使烟流方向与人员疏散方向相反,排烟口与附近安全出口相邻边缘之间的水平距离不应小于 1.5 m;⑤每个排烟口的排烟量不应大于最大允许排烟量;⑥排烟口的风速不宜大于 10 m/s。

8.3.3　机械加压送风防烟

利用风机向楼梯间及前室送风,使其压力高于火灾房间,防止烟气侵入,保证疏散通道的安全,如图8.7所示。

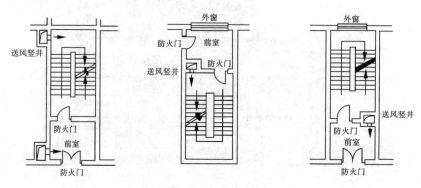

图 8.7　机械加压送风防烟

设置机械加压送风防烟的部位:不具备自然排烟条件的防烟楼梯间、消防电梯间前室或合用前室;采用自然排烟措施的防烟楼梯间,其不具备自然排烟条件的前室;封闭避难层。楼梯间宜每隔二至三层设一个加压送风口;前室的加压送风口应每层设一个。机械加压送风防烟系统一般由加压送风机(应设有备用电源)、风道(不应装防火阀)、送风口以及风机控制柜等组成。该系统的风源必须吸自室外,且不应受到烟气的污染。一般情况该系统与排烟系统共同存在,如图8.8所示。

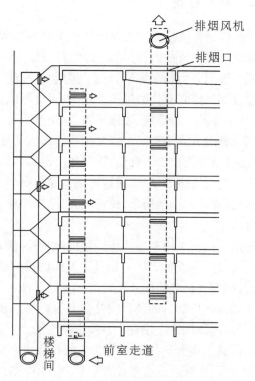

图 8.8　同时设置机械加压送风防烟系统和排烟系统

212

8.3.4 密闭防烟方式

对于面积较小,且其墙体、楼板耐火性能较好、密闭性好并采用防火门的房间,可以采取关闭防火门使火灾房间与周围隔绝,让火势由于缺氧而熄灭的密闭防烟方式。

8.3.5 防火阀

防火阀是安装在通风、空调调节系统的送、回风管道上,平时呈常开状态,火灾时当管道内烟气温度达到 70 ℃ 或 280 ℃ 时关闭,并在一定时间内能满足漏烟量和耐火完整性要求,起隔烟阻火作用的阀门。用于防火防排烟的阀门种类很多,根据功能主要分为防火阀、正压送风口和排烟阀三大类。

（1）防火阀　防火阀一般安装在通风空调管道穿越防火分区处,平时开启,火灾时关闭用以切断烟、火沿风道向其他防火分区蔓延。这类阀门可分为四种:由安装在阀体中的温度熔断器带动阀体连动机械动作的防火阀,温度熔断器的易熔片或易熔环的熔断温度一般为 70 ℃,是使用最多的一类阀,如图 8.9 所示;防火阀内带有 0 ~ 90 ℃ 无级调节功能的称为防火调节阀,如图 8.10 所示;由设在顶棚上的烟感器联动的称为防烟防火阀;由设在顶棚上的温感器连动的防火阀,这类阀门在国内工程中很少使用。

图 8.9　70 ℃ 防火阀　　　　　　图 8.10　防火调节阀

通风、空气调节系统的风管在下列部位应设置公称动作温度为 70 ℃ 的防火阀:①穿越防火分区处;②穿越通风、空气调节机房的房间隔墙和楼板处;③穿越重要或火灾危险性大的场所的房间隔墙和楼板处;④穿越防火分隔处的变形缝两侧;⑤竖向风管与每层水平风管交接处的水平管段上。当建筑内每个防火分区的通风、空气调节系统均独立设置时,水平风管与竖向总管的交接处可不设防火阀。

（2）正压送风口　前室的正压送风口由常闭型电磁式多叶调节阀组成,每层设置。楼梯间的送风口多采用自垂式百叶风口。

（3）排烟阀　安装在专用排烟管道上,按防烟分区设置。排烟阀分为排烟阀、排烟口和排烟防火阀。

常开排烟防火阀一般安装在排烟系统的管道上,平时处于常开状态,火灾时,当排烟气流温度达到280 ℃时,温感器动作将阀门关闭,起到排烟阻火的作用。常闭排烟防火阀一般安装在排烟系统的管道上或排烟口或排烟风机吸入口处,具有排烟阀和防火阀的双重功能,平时处于常闭状态,火灾时电动打开进行排烟,当排烟气流温度达到280 ℃时,温感器动作将阀门关闭起到防火的作用,如图8.11所示。

图8.11　280 ℃排烟防火阀

一般来说,在排烟系统的排烟支管上应设排烟防火阀;排烟管道进入排烟机机房处应设排烟防火阀,并与排烟机连锁;在必须穿过防火墙的排烟管道上应设排烟防火阀,并与排烟机连锁。

➤ 8.4　防烟和排烟设施设置

8.4.1　防烟设施设置

(1)设置防烟设施场所或部位　建筑的下列场所或部位应设置防烟设施:①防烟楼梯间及其前室;②消防电梯间前室或合用前室;③避难走道的前室、避难层(间)。

(2)楼梯间不设置防烟系统的条件　建筑高度不大于50 m的公共建筑、厂房、仓库和建筑高度不大于100 m的住宅建筑,当其防烟楼梯间的前室或合用前室符合下列条件之一时,楼梯间可不设置防烟系统:①前室或合用前室采用敞开的阳台、凹廊;②前室或合用前室具有不同朝向的可开启外窗,且可开启外窗的面积满足自然排烟口的面积要求。

8.4.2　排烟设施设置

(1)厂房或仓库设置排烟设施场所或部位　厂房或仓库的下列场所或部位应设置排

烟设施:①人员或可燃物较多的丙类生产场所,丙类厂房内建筑面积大于300 m²且经常有人停留或可燃物较多的地上房间;②建筑面积大于5000 m²的丁类生产车间;③占地面积大于1000 m²的丙类仓库;④高度大于32 m的高层厂房(仓库)内长度大于20 m的疏散走道,其他厂房(仓库)内长度大于40 m的疏散走道。

(2)民用建筑设置排烟设施场所或部位　民用建筑的下列场所或部位应设置排烟设施:①设置在一、二、三层且房间建筑面积大于100 m²的歌舞娱乐放映游艺场所,设置在四层及以上楼层、地下或半地下的歌舞娱乐放映游艺场所;②中庭;③公共建筑内建筑面积大于100 m²且经常有人停留的地上房间;④公共建筑内建筑面积大于300 m²且可燃物较多的地上房间;⑤建筑内长度大于20 m的疏散走道。

(3)地下或半地下建筑(室)、地上建筑内的无窗房间　地下或半地下建筑(室)、地上建筑内的无窗房间,当总建筑面积大于200 m²或一个房间建筑面积大于50 m²,且经常有人停留或可燃物较多时,应设置排烟设施。

➤ 8.5　建筑防排烟系统安装

8.5.1　防排烟系统管路材料要求

材料的可燃性等级一般分为:不燃级——A级;难燃级——B1级;可燃级——B2级;易燃级——B3级。

(1)排烟管道　排烟管道本体、框架、固定材料、密封材料及柔性接头必须采用不燃材料制作。当吊顶内有可燃物时,吊顶内的排烟管道应采用不燃烧材料进行隔热,并应与可燃物保持不小于150 mm的距离。

(2)正压送风管道　送风管道应采用不燃烧材料制作,当采用金属风道时,管道风速不应大于20 m/s;当采用内表面光滑的混凝土等非金属材料风道时,不应大于15 m/s。当加压送风管穿越有火灾可能的区域时,风管的耐火极限应不小于1 h。送风井道应采用耐火极限不小于1 h的隔墙与相邻部位分隔,当墙上必须设置检修门时应采用丙级防火门。

(3)通风空调系统管道　通风空调系统的管道等应采用不燃材料制作。接触腐蚀性介质的风管和柔性接头,可采用难燃材料制作。复合材料风管的覆面材料必须为不燃材料,内部的绝热材料应为不燃或难燃B1级,且对人体无害的材料。

(4)保温消声材料　管道和设备的保温材料,消声材料和黏结剂应为不燃烧材料或难燃烧材料。甲乙类厂房、库房、高层工业建筑以及影剧院、体育馆等公共建筑的采暖及空调管道和设备,其保温材料应采用不燃材料。

8.5.2　送风、排烟管道制作与施工

(1)送风、排烟管道施工　送风、排烟管道可采用镀锌钢板等金属材料,或采用混凝土砌块等非金属材料制成。金属风管的材料品种、规格、性能与厚度等应符合设计和现

行国家产品标准的规定。当设计无规定时,应按《通风与空调工程施工质量验收规范》(GB 50243—2016)执行。钢板或镀锌钢板的厚度不得小于表8.1的规定。

表8.1　钢板风管板材厚度　　　　　　　　　　　　　　（mm）

风管直径 D 或长边尺寸 b ＼ 类别	圆形风管	矩形风管		除尘系统风管
		中、低压系统	高压系统	
$D(b) \leq 320$	0.5	0.5	0.75	1.5
$320 < D(b) \leq 450$	0.6	0.6	0.75	1.5
$450 < D(b) \leq 630$	0.75	0.6	0.75	2.0
$630 < D(b) \leq 1000$	0.75	0.75	1.0	2.0
$1000 < D(b) \leq 1250$	1.0	1.0	1.0	2.0
$1250 < D(b) \leq 2000$	1.2	1.0	1.2	按设计
$2000 < D(b) \leq 4000$	按设计	1.2	按设计	按设计

注:1. 螺旋风管的钢板厚度可适当减小 $10\% \sim 15\%$ 。

2. 排烟系统风管钢板厚度可按高压系统。

3. 特殊除尘系统风管钢板厚度应符合设计要求。

4. 不适用于地下人防与防火隔离的预埋管。

216

风管系统安装后,必须进行严密性检验,合格后方能交付下道工序。风管系统严密性检验以主、干管为主。在加工工艺得到保证的前提下,低压风管系统可采用漏光法检测。在风管穿过需要封闭的防火、防爆的墙体或楼板时,应设预埋管或防护套管,其钢板厚度不应小于1.6 mm。风管与防护套管之间,应用不燃且对人体无危害的柔性材料封堵;风管内严禁其他管线穿越;输送含有易燃、易爆气体或安装在易燃、易爆环境的风管系统应有良好的接地,通过生活区或其他辅助生产房间时必须严密,并不得设置接口;室外立管的固定拉索严禁拉在避雷针或避雷网上;输送空气温度高于80 ℃的风管,应按设计规定采取防护措施。

(2)风管支、吊架　风管支、吊架的安装应符合下列规定:

1)风管水平安装,直径或长边尺寸小于等于400 mm,间距不应大于4 m;大于400 mm,不应大于3 m。螺旋风管的支、吊架间距可分别延长至5 m和3.75 m;对于薄钢板法兰的风管,其支、吊架间距不应大于3 m。

2)风管垂直安装,间距不应大于4 m,单根直管至少应有2个固定点。

3)风管支、吊架宜按国标图集与规范选用强度和刚度相适应的形式和规格。对于直径或边长大于2500 mm的超宽、超重等特殊风管的支、吊架应按设计规定。

4)支、吊架不宜设置在风口、阀门。检查门及自控机构处,离风口或插接管的距离不宜小于200 mm。

5)当水平悬吊的主、干风管长度超过20 m时,应设置防止摆动的固定点,每个系统不应少于1个。

6)吊架的螺孔应采用机械加工。吊杆应平直,螺纹完整、光洁。安装后各副支、吊架的受力应均匀,无明显变形。

风管或空调设备使用的可调隔振支、吊架的拉伸或压缩量应按设计的要求进行调整。

7)抱箍支架,折角应平直,抱箍应紧贴并箍紧风管。安装在支架上的圆形风管应设托座和抱箍,其圆弧应均匀,且与风管外径相一致。

8.5.3　防排烟系统的安装

(1)送风机、排烟风机的安装

1)送风机、排烟风机应设在混凝土或钢架基础上,如图8.12、图8.13所示;

2)若排烟系统必须与空调系统共用,需要设置减震装置时,不应使用橡胶减震装置;

3)送风机、排烟风机外壳至墙壁或其他设备的距离不应小于600 mm;

4)机房围护结构的耐火极限应不小于2.5 h,机房的门应采用乙级防火门。

图8.12　机械加压送风机

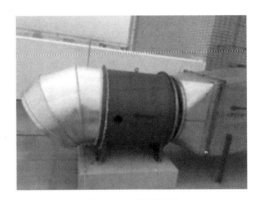

图8.13　排烟风机

(2)送风口、排烟口的安装

1)送风口、排烟口应可靠地固定在设计位置上;

2)排烟口应设在储烟仓内;

3)送风口(阀)与排烟口(阀)的机械传动部件应不脱落、不松弛、运行可靠;

4)消防控制中心给出的动作信号或现场手动操作,必须能使送风口、排烟口可靠的动作;

5)走道排烟阀及前室常闭送风阀手控缆绳安装,其长度应不大于6 m,90°弯曲应不多于3个,半径不小于300 mm;预埋管不应有死弯及凹陷;

6)风口与风管的连接应严密、牢固,边框与建筑装饰面贴实,外表面应平整。

思考题

1. 建筑防排烟的目的是什么？建筑防排烟通常采用什么方式？
2. 什么是建筑防火分区？如何设置防火分区？
3. 什么是防烟分区？如何设置防烟分区？
4. 安全疏散路线包含哪些阶段？
5. 什么是自然排烟？它有哪些优缺点？
6. 什么是机械排烟？如何设置机械排烟？
7. 排烟阀或排烟口的设置应符合哪些要求？
8. 民用建筑应在哪些场所或部位设置排烟设施？
9. 风管支、吊架的安装应符合哪些规定？
10. 找一找学校里设置防排烟系统的位置，并阐述其工作原理。

 知识点(章节)：

建筑防排烟的目的和方式(8.1.2)；建筑防火分区(8.2.1)；建筑防烟分区(8.2.2)；安全疏散(8.2.3)；自然排烟(8.3.1)；机械排烟(8.3.2)；机械加压送风排烟(8.3.3)；防火阀(8.3.4)；防烟设施设置(8.4.1)；排烟设施设置(8.4.2)；防排烟系统的安装(8.5.3)。

9

空气调节

➢ 9.1　空调系统的分类和组成

空气调节是通风的高级形式,任务是在任何自然环境下,采用人工的方法,创造和保持一定的温度、湿度、气流速度及一定的室内空气洁净度,满足生产工艺和人体的舒适要求。空气调节一般分为舒适性空调和工艺性空调两类,舒适性空调是为了满足人体健康和舒适性要求,工艺性空调是为了满足生产过程和科学实验的需要。

空气调节系统通常由空气处理、空气输送、空气分配、冷热源、冷热媒输送部分组成。空气处理部分包括空气过滤器、冷却器(喷水室)、加热器等各种热湿处理设备,作用是将送风进行处理达到设计要求的送风状态。空气输送部分包括风机、风道、风量调节装置等,作用是将处理后的空气输送到空调房间。空气分配部分包括各种类型风口,作用是合理地组织室内气流,使气流均匀分布。冷热源部分的作用是提供冷却器(喷水室)、加热器等设备所需的冷媒水和热水(蒸汽)。冷热媒输送部分包括泵和管道,作用将冷热媒输送到空气处理设备。

根据空气处理设备的设置情况,空气调节系统分为集中式空调系统、半集中式空调系统和分散式空调系统。

9.1.1　集中式空调系统

集中式空调系统的特点是系统中的所有空气处理设备,包括风机、冷却器、加热器、加湿器和过滤器等都设置在一个集中的空调机房里,空气经过集中处理后,再送往各个空调房间,如图9.1所示。

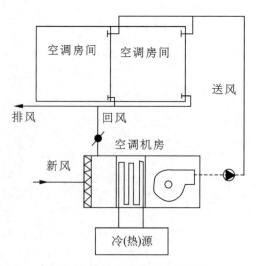

图9.1　集中式空调系统示意图

集中式空调系统设备集中布置,便于管理和控制,处理空气量大,但机房占地面积较大。根据集中式空调系统处理空气来源分类,可分封闭式系统、直流式系统和混合式系统。

(1)封闭式系统 系统处理的空气全部来自空调房间本身,没有室外新鲜空气补充,房间和空气处理设备之间形成一个封闭环路,如图9.2所示。封闭式系统用于密闭空间且无法(不需要)采用室外新鲜空气的场合。这种系统冷热耗量最省,但卫生效果差。

(2)直流式系统 直流式系统也叫全新风系统,系统处理的空气全部来自室外,新鲜空气经处理后送入室内,空调房间全部采用室外新风,再由风机排走没有循环使用的房间回风,如图9.3所示。直流式系统适用于不允许采用室内回风的场合。这种系统能耗较大,但卫生效果好。

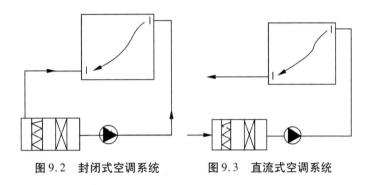

图9.2 封闭式空调系统　　　　图9.3 直流式空调系统

(3)混合式系统 系统处理的空气是室内一部分回风和室外新鲜空气的混合气体,如图9.4所示。这种系统既能满足卫生要求,又经济合理,应用广泛。

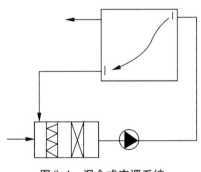

图9.4 混合式空调系统

9.1.2 半集中式空调系统

该系统的特点是除了集中空调机房外,还设有分散在各个房间里的二次设备(又称为末端装置),其中多半设有冷热交换装置(也称二次盘管),它的功能主要是在空气进入被调房间之前,对来自集中处理设备的空气作进一步补充处理,进而承担一部分冷热负荷。半集中式空调系统占建筑空间少,各空调房间可根据需要独立调节室温,房间无人时,可单独关闭室内机组的风机,节省运行费用,但布置分散,维护管理不便,水系统复杂。

（1）风机盘管机组的种类及工作过程　风机盘管一般分为立式和卧式两种,如图9.5所示。风机盘管机组主要由风机、盘管及空气过滤器、电动机、控制器等组成。风机盘管就是借助风机的作用,使室内空气通过盘管而被冷却或加热,在室内不断地循环,以保持空调房间要求的状态。

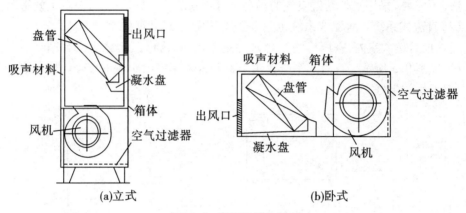

(a)立式　　　　　　　　　　(b)卧式

图9.5　风机盘管机组

（2）风机盘管新风供给方式　风机盘管新风供给方式如图9.6~图9.9所示。图9.6所示为室外新风靠房间的缝隙自然渗入(室内机械排风)补充新风,机组处理的空气基本上是再循环空气,这种方式投资和运行费用低,但室内卫生条件差,因受无组织渗透风影响,室内温度场不均匀,这种系统适用于室内人少的场合。图9.7所示为墙洞引入新风直接进入机组,新风口可调节进风量,这种方式能保证室内新风量的要求,但新风负荷的变化会影响室内状态,这种系统适用于室内参数要求不高的建筑物。图9.8所示为由独立的新风系统提供新风,新风可经过新风机组处理到一定的状态后,由送风风道直接送入空调房间,也可送入风机盘管机组,如图9.9所示。这种独立新风系统提高了空调系统的调节和运转的灵活性,目前应用广泛。

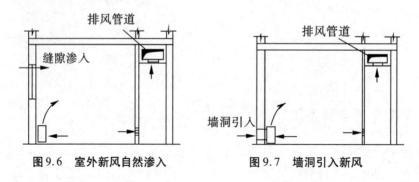

图9.6　室外新风自然渗入　　　图9.7　墙洞引入新风

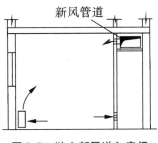
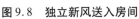
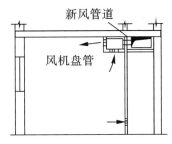

图9.8 独立新风送入房间   图9.9 独立新风送入盘管

9.1.3 分散式空调系统

分散式空调系统又称为局部式空调系统。系统将冷、热源和空气处理设备、空气输送设备、自动控制系统等集中设置在一个箱体内,形成一个紧凑的空调机组,也称为空调器,是由工厂定型生产的一种空气调节设备。具有结构紧凑、体积较小、安装方便、使用灵活以及不需要专人管理等特点,因此在中、小型空调工程中应用非常广泛。该系统不需要集中的空调机房,可以根据需要布置在空调房间或邻室。当建筑物中只有少数房间需要空调或空调房间较分散时,宜采用分散式空调系统。具体种类如下:

(1)按容量大小分为挂式和立柜式。

(2)按供热方式分为冷风型、电热型和热泵型。冷风型仅用作夏季供冷;电热型夏季由制冷系统供冷,冬季由电加热器供暖;热泵型冬夏仍用制冷机工作,借助四通换向阀的转换,使制冷剂正向或逆向循环,实现供冷或供暖。

223

(3)根据冷凝器的冷却方式分为风冷式和水冷式。风冷式的冷凝器由室外空气冷却;水冷式的冷凝器由冷却水冷却。容量大的机组冷凝器常用水冷式。

(4)按机组的整体性分为整体式和分体式。整体式是将空气处理部分、制冷设备及自控设备等安装在一起,形成一个整体;分体式将空气处理设备和制冷设备分别组成室内机组和室外机组,两机组间用制冷剂管道连接,分体式空调的室外机如图9.10所示。

室外机

图9.10 分体式空调的室外机

9.1.4 其他空调系统

(1)户式中央空调 户式中央空调又称为家用中央空调,是一个小型化的独立空调系统。区别于传统的大型楼宇空调以及家用分体机,家用中央空调将室内空调负荷集中处理,产生的冷(热)量是通过一定的介质输送到空调房间,实现室内空气调节的目的。根据家用中央空调冷(热)负荷输送介质的不同可将家用中央空调分为风管系统、冷(热)水系统、冷媒系统(多联型)三种类型。

1)风管式系统 其室外机是靠空气进行热交换,室内机组将空气进行冷(热)处理,由风管系统输送到空调房间的风口装置,实现夏季供冷和冬季供暖。风管式系统初投资较小,对控制技术要求不高。新风系统使得空气质量提高,人体舒适度提高。

2)冷(热)水系统 该系统通过室外主机产生出空调冷(热)水,由管路系统输送至室内的各末端装置,在末端装置处冷(热)水与室内空气进行热量交换,产生冷(热)风,从而消除房间空调负荷。它是一种集中产生冷(热)量、分散处理各房间负荷的空调系统形式。冷(热)水机组的末端装置通常为风机盘管。水系统布置灵活,独立调节性好,能满足复杂房型分散使用、各个房间独立运行的需要,且管道系统便于装饰协调。

3)多联型系统 这是一种制冷剂系统,该系统由制冷剂管路连接的室外机和室内机组成,室外机主要由室外侧换热器、压缩机和其他附件组成,一台室外机通过管路可向多个室内机输送制冷剂,通过压缩机的变频技术和电子膨胀阀等技术,来实现对各房间的独立调节,节能性能非常好。但多联型系统的制冷剂管路较长,施工要求高。

(2)分层空调 影剧院、体育馆、展览厅和工业厂房等高大空间建筑,传统空调系统是对其整个空间均进行空气调节,能耗非常高。而在这类建筑的空间内,往往上部空间只是作为建筑构造或安装吊车等需要,不要求进行空气调节,只有作为人活动、机器设备工作的下部空间才需要进行空气调节。为此,可利用合理的气流组织仅对下部空间进行空气调节,而对上部大空间不予进行空气调节或夏季采用上部通风排热,这种空调方式称为分层空调,如图9.11所示。分层空调与全室空调相比,减少空调的初投资和运行费用,节能效果显著。

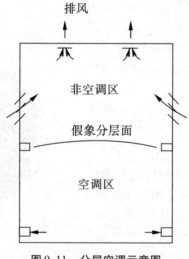

图9.11 分层空调示意图

(3)蓄冷空调 图9.12所示为蓄冷空调基本原理示意图,蓄冷空调是在常规空调系统的供冷循环系统中增加了蓄冷槽。蓄冷空调是指空调系统在非空调使用时间,或利用夜间低谷负荷电力运转制冷机,将冷量储存在蓄冰装置中,在用电高峰且空调用冷高峰期将储存的冷量释放出来,达到转移尖峰用电负荷、降低设备装机容量的空调。特别适合用于负荷比较集中、变化较大的场合如体育馆、影剧院、音乐厅等。蓄冷模式有全负荷蓄冷与部分负荷蓄冷两种。全负荷蓄冷是在非空调使用时间储存足够的冷量,空调使用时段内制冷机停止工作,空调冷负荷全部由冰蓄冷系统供给。全负荷蓄冷运行费用低,但设备投资高。部分蓄冷是利用非空调时间运转制冷机制冷蓄冰,当空调用冷高峰时,将储存的冷量释放,同时,制冷机仍然工作,两者共同负担空调冷负荷。与传统空调和全负荷蓄冷相比,制冷机容量小,投资降低。

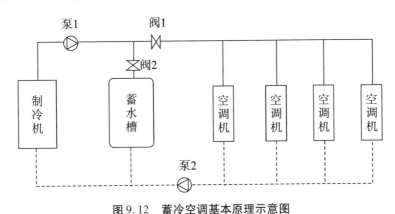

图 9.12　蓄冷空调基本原理示意图

蓄冷空调系统的优点有:削峰填谷、平衡电力负荷;改善发电机组效率、减少环境污染;减小机组装机容量、节省空调用户的电力花费;断电时利用一般功率发电机仍可保持室内空调运行;除湿效果良好;可快速达到冷却效果;节省空调及电力设备的保养成本;水泵与空调机组运转振动及噪音降低;使用寿命长;在过渡季节,可以融冰定量供冷,而无须开主机,不会出现"大马拉小车"的状况,运行更合理,费用节约明显。不足之处有:对于冰蓄冷系统,如果主机和蓄冰装置等设备均布置于冷冻机房内,会增加蓄冷设备费用及其占用的空间;同时会增加水管和风管的保温费用,机房设备投资比常规水冷、电冷和溴化锂机组系统稍高;冰蓄冷系统只能夏天供冷,冬天需要供热系统,可以采用热网换热采暖。

（4）水源热泵　水源热泵是以水为热源可进行制冷或制热循环的一种热泵,工作原理与一般空气–空气热泵相同,在制热时以水为热源,在制冷时以水为排热源。在易于获得温度较为稳定的大量水的地方,如地下水及江河湖海的地表水,在一年内温度变化较小,都可将水作为热源。用水作为热源传热性能好,但水系统复杂,需设水泵,使运行费用增高。水源热泵的热源水都是与大地土壤进行热量交换的,最终热量的提取或蓄存都往来于大地之中,通常也称为地源热泵。按换热介质水循环方式可分为闭式系统和开式系统。闭式系统是水通过预埋地下的盘管来进行循环流动并传递热量;开式系统是指直接利用地下水与地表水来传递热量。水源热泵系统可供暖、空调,还可供生活热水,一机多用,一套系统可以替换原来的锅炉加空调的两套装置或系统。特别是对于同时有供热和供冷要求的建筑物,水源热泵有着明显的优点。不仅节省了大量能源,而且用一套设备可以同时满足供热和供冷的要求,减少了设备的初期投资。其总投资额仅为传统空调

225

系统的 60%,并且安装容易、工作量比传统空调系统少、工期短,更改安装也容易。与锅炉(电、燃料)和空气源热泵的供热系统相比,水源热泵具明显的优势。锅炉供热只能将 90%~98% 的电能或 70%~90% 的燃料内能转化为热量,供用户使用,因此地源热泵要比电锅炉加热节省三分之二以上的电能,比燃料锅炉节省二分之一以上的能量;由于水源热泵的热源温度全年较为稳定,一般为 10~25 ℃,其制冷、制热系数可达 3.5~4.4,与传统的空气源热泵相比,要高出 40% 左右,其运行费用为普通中央空调的 50%~60%。因此,近些年来,该项技术得到了相当广泛的应用,成为一种有效的供热和供冷空调技术。

(5)辐射板空调 辐射板一般是以水作为冷媒传递热量,冷媒通过特殊结构的系统末端装置——辐射板,将能量传递到其表面,并通过对流和辐射方式直接与室内空气进行换热,简化了能量从冷源至室内空气之间的传递过程,减少了冷源冷量的损失。辐射板空调通常将辐射板表面温度控制在室内空气的露点温度以上,即在"干工况"下运行,负责除去室内显热负荷,并将室内温度维持在舒适范围内。通风系统负责新鲜空气的输送、室内湿度控制及室内排风。辐射板按结构划分有水泥核心型、三明治型、冷网络型等;按冷辐射表面的位置分为辐射顶板供冷、辐射地板供冷和垂直墙壁供冷等形式。

➤ 9.2 空气处理设备、消声与隔振

9.2.1 空气加热设备

在空调工程中经常需要对送风进行加热处理。目前广泛使用的加热设备,有表面式空气加热器和电加热器两种类型,前者用于集中式空调系统的空气处理室和半集中式空调系统的末端装置中,后者主要用在各空调房间的送风支管上作为精调设备,以及用于空调机组中。

(1)表面式空气加热器 又称为表面式换热器,是以热水或蒸汽作为热媒通过金属表面传热的一种换热设备。图 9.13 是用于集中加热空气的一种表面式空气加热器的外形图。不同型号的加热器,其肋管(管道及肋片)的材料和构造型式多种多样。为了增强传热效果,表面式换热器通常采用肋片管制作。

用表面式换热器处理空气时,对空气进行热湿交换的工作介质不直接和被处理的空气接触,而是通过换热器的金属表面与空气进行热湿交换。在表面式加热器中通入热水或蒸汽,可以实现空气的等湿加热过程,通入冷水或制冷剂,可以实现空气的等湿和减湿冷却过程。

表面式换热器具有构造简单、占地面积少、水质要求不高、水系统阻力小等优点。因而,在机房面积较小的场合,特别是高层建筑的舒适性空

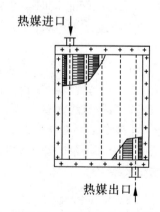

图 9.13 表面式空气加热器

调中得到了广泛的应用。

用于半集中式空调系统末端装置中的加热器,通常称为"二次盘管",有的专为加热空气用,也有的属于冷、热两用型,即冬季作为加热器、夏季作为冷却器。其构造原理与上述大型的加热器相同,只是容量小、体积小,并使用有色金属来制作(如铜管铝肋片等)。

表面式换热器通常垂直安装,也可以水平或倾斜安装。但是,以蒸汽作热媒的空气加热器不宜水平安装,以免积聚凝结水而影响传热效果。此外,垂直安装的表面式冷却器必须使肋片处于垂直位置,以免肋片上部积水而增加空气阻力。

表面式换热器根据空气流动方向可以并联或串联安装。通常是通过的空气量大时采用并联,需要的空气温升(或温降)大时采用串联。

表面式冷却器的下部应装设集水盘,以接收和排除凝结水。

为了便于使用和维修,在冷、热媒管路上应装设阀门、压力表和温度计。在蒸汽加热器管路上还应装设蒸汽压力调节阀和疏水器。为了保证换热器正常工作,在水系统的最高点应设排空气装置,最低点设泄水和排污阀门。

(2)电加热器 电加热器是让电流通过电阻丝发热来加热空气的设备。具有结构紧凑、加热均匀、热量稳定、控制方便等优点。但由于电费较贵,通常只在加热量较小的空调机组等场合采用。在恒温精度较高的空调系统里,常安装在空调房间的送风支管上,作为控制房间温度的调节加热器。图9.14为管式电加热器示意图。

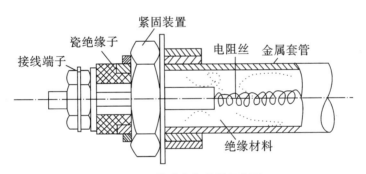

图9.14 管式电加热器示意图

电加热器有裸线式和管式两种结构。裸线式电加热器具有结构简单、热惰性小、加热迅速等优点。但由于电阻丝容易烧断、安全性差,使用时必须有可靠的接地装置。管式电加热器是由若干根管状电热元件组成的,管状电热元件是将螺旋形的电阻丝装在细钢管里,并在空隙部分用导热而不导电的结晶氧化镁绝缘,外形做成各种不同的形状和尺寸,如图9.14所示。这种电加热器的优点是加热均匀、热量稳定、经久耐用、使用安全性好,但它的热惰性大,构造也比较复杂。

9.2.2 空气冷却设备

空调工程常用的冷却器有表面式空气冷却器和喷水室。表面式空气冷却器其结构同表面式空气加热器,不同的是以冷冻水或制冷剂作为冷媒,以冷冻水为冷媒称为水冷式空气冷却器,以制冷剂为冷媒称为直接蒸发式空气冷却器。

(1)喷水室 喷水室是用于空调系统中夏季对空气冷却除湿、冬季对空气加湿的设备,它是通过水直接与被处理的空气接触来进行热、湿交换,在喷水室中喷入不同温度的水,可以实现空气的加热、冷却、加湿和减湿等过程。用喷水室处理空气能够实现多种空气处理,冬夏季工况可以共用一套空气处理设备,具有一定的净化空气的能力,金属耗量小,容易加工制作。缺点是对水质条件要求高、占地面积大、水系统复杂、耗电较多。在空调房间的温、湿度要求较高的场合,如制药厂、纺织厂等工艺性空调系统中,得到了广泛的应用。

喷水室由喷嘴、喷水管路、挡水板、集水池和外壳等组成,集水池内又有回水、溢水、补水和泄水等四种管路和附属部件。图 9.15 是应用较多的低速、单级卧式喷水式的结构示意图。利用喷水室进行空气冷却就是在喷水室中直接向流过的空气喷淋大量低温水滴,将具有一定温度的水通过水泵、喷水管再经喷嘴喷出雾状水滴与空气接触,以便通过水滴与空气接触过程中的热、湿交换而使空气冷却或者减湿冷却。

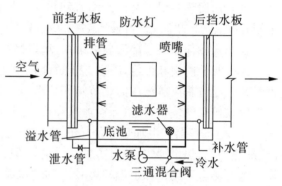

图 9.15 喷水式构造图

喷淋段通常设有 1 ~ 3 排喷嘴,喷水方向根据与被处理空气的流动情况分为顺喷、逆喷和对喷。喷出的水滴与空气进行热湿交换后落入池底中。喷嘴的排数和喷嘴的方向应根据计算来确定,可能是一排逆喷(即喷水方向与空气流向相反),也可能是两排对喷(第一排顺喷,第二排逆喷)或三排对喷(第一排顺喷,后两排逆喷)。通常多采用两排对喷,只有在喷水量较大时才增为三排。

喷水室可以用砖砌或用混凝土浇制及预制,也可以用钢板加工制作成定性的形式。喷水室的侧墙、室顶需做隔热层,水池施工时应做防水层,要求密闭、不漏风、不渗水。为使空气处理后不带水滴应设挡水板。挡水板一般采用镀锌钢板或塑料压制成波折状,分为前挡水板和后挡水板,通常都是用镀锌薄钢板加工成波折的形式。前挡水板为 150 ~ 250 mm,后挡水板为 350 ~ 500 mm。前挡水板又称为分风板,其作用是挡住可能飞溅处理的水滴,并使进入喷水式的空气能均匀地流过整个断面宽度;后挡水板的作用是把夹在空气中的水滴分离出来,减少空气带走的水量。在喷水室中,被处理的空气先经过前挡水板,与喷嘴喷出的水滴接触进行热湿交换,处理后的空气经过后挡水板流出。喷水室的集水池容积一般按能容纳 2 ~ 3 min 的喷水量考虑,深度为 0.5 ~ 0.6 m。

此外,根据空气热湿处理的要求,还有带旁通风道的喷水室和加填料层的喷水室。前者可使一部分空气不经喷水室的处理,直接与经过喷水室的空气混合,达到要求的空气终参数,后者可进一步提高空气的净化和热湿交换效果。

喷水处理法可用于任何空调系统,特别是有条件利用地下水或山涧水等天然冷源的场合。此外,当空调房间的生产工艺要求严格控制空气的相对湿度(如化纤厂)或要求空气具有较高的相对湿度(如纺织厂)时,用喷水室处理空气的优点尤为突出。但是这种方法缺点是耗水量大、机房占地面积较大以及水系统比较复杂。

(2)表面式空气冷却器　表面式空气冷却器简称表冷器,是由铜管上缠绕的金属翼片所组成排管状或盘管状的冷却设备,分为水冷式和直接蒸发式两种类型。水冷式表面冷却器与空气加热器的原理相同,只是将热媒换成冷媒——冷水而已。直接蒸发式表面冷却器就是制冷系统中的蒸发器,这种冷却方式是靠制冷剂在其中蒸发吸热而使空气冷却的。

表冷器的管内通入冷冻水,空气从管表面侧通过进行热交换冷却空气,因为冷冻水的温度一般在 7~9 ℃左右,夏季有时管表面温度低于被处理空气的露点湿度,这样就会在管子表面产生凝结水滴,使其完成一个空气降温去湿的过程。表冷器在空调系统被广泛使用,其结构简单、运行安全可靠、操作方便,但必须提供冷冻水源,不能对空气进行加湿处理。使用表面式冷却器,能对空气进行干式冷却(使空气的温度降低但含湿量不变)或减湿冷却两种处理过程,这决定于冷却器表面的温度是高于或低于空气的露点温度。

与喷水室相比较,用表面式冷却器处理空气具有设备结构紧凑、机房占地面积小、水系统简单以及操作管理方便等优点,因此应用也很广泛。但它只能对空气实现上述两种处理过程,而不像喷水室尚能对空气进行加湿等处理,此外也不便于严格控制调节空气的相对湿度。

9.2.3　空气加湿设备

空气加湿有两种方式,一种是在空气处理室或空调机组中进行,称为集中加湿;一种是在房间内集中加湿空气,称为局部补充加湿。具体的空气加湿方法有喷水室喷水加湿、喷蒸汽加湿和电加湿方法等。

(1)喷水室喷水加湿　用喷水室加湿空气,是一种常用的集中加湿法。对于全年运行的空调系统,如果夏季是用喷水室对空气进行减湿冷却处理的,在其他季节需要对空气进行加湿处理时,仍可使用该喷水室,只需改变相应的喷水温度或喷淋循环水,而不必变更喷水式的结构。当水通过喷嘴喷出细水滴或水雾时,空气与水雾进行湿热交换,这种交换取决于喷水的温度。当喷水的平均水温高于被处理的空气露点温度时,喷嘴喷出的水会迅速蒸发,使空气达到水温下的饱和状态,从而达到加湿的目的。而空气需要去湿处理时,喷水水温要低于空气的露点温度,此时,空气中的水蒸气会部分凝结成水,使空气得以去湿。所以调节水温,可以在喷水室完成加湿和去湿的过程,水温可以靠调节装置来控制。

另外,喷水室在加湿和去湿的过程中还可以起到净化空气的作用。加湿效率因喷水室的喷水形式不同而有差异:一排顺喷平均效率在60%左右,一排逆排喷为75%,二排顺喷为84%,二排对喷为90%,二排逆喷为95%左右。

(2)喷蒸汽加湿　喷蒸汽加湿是常用的集中加湿法。如图9.16所示,喷蒸汽加湿是用普通喷管(多孔管)或专用的蒸汽加湿器,将来自锅炉房的水蒸气直接喷射入风管和流动空气中去,例如使用表面式冷却器处理空气的集中式空调系统,冬季就可以采用这种加湿的方式。这种加湿方法简单而经济,对工业空调可采用这种方法加湿。由于在加湿过程中会产生异味或凝结水滴,对风道有锈蚀作用,故不适于一般舒适性空调系统。

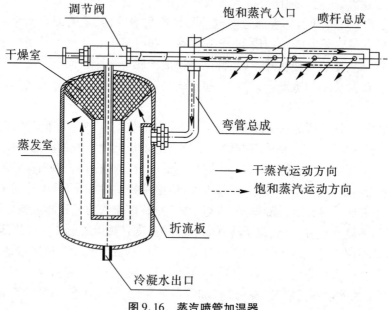

图9.16　蒸汽喷管加湿器

（3）水蒸发加湿　水蒸发加湿是用电加湿器加热水从而产生蒸汽,使其在常压下蒸发到空气中去,这种方法主要用于空调机组中。电加湿器是使用电能生产蒸汽来加湿空气。

根据工作原理不同,有电热式和电极式两种。电热式加湿器是在水槽中放入管状电热元件,元件通电后将水加热产生蒸汽。补水靠浮球阀自动控制,以免发生断水空烧现象,如图9.17所示。

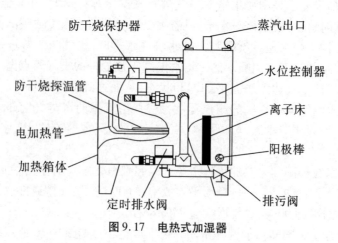

图9.17　电热式加湿器

如图9.18所示,电极式加湿器是利用铜棒或不锈钢棒插入盛水的容器中做电极,当电极与电源接通后,电流从水中流过,水的电阻转化的热量把水加热产生蒸汽。电极式加湿器结构紧凑,加湿量易于控制。但耗电量较大,电极上容易产生水垢和腐蚀。因此,适用于小型的空调系统。

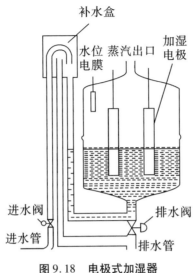

图 9.18　电极式加湿器

9.2.4　空气减湿方法

在气候潮湿的地区、地下建筑以及某些生产工艺和产品贮存需要空气干燥的场合,往往需要对空气进行减湿处理。空气减湿的方法很多,除了前述的空气冷却器外,还有制冷减湿、加热通风减湿、液体吸湿剂减湿和固体吸湿剂减湿等方法。

(1)制冷减湿　制冷减湿是靠制冷除湿机来降低空气的含湿量。除湿机实际上是一个小型的制冷系统,由制冷系统和风机等组成。当待处理的潮湿空气流过蒸发器时,由于蒸发器表面的温度低于空气的露点温度,于是使空气温度降低,将空气在蒸发器外表面温度下所能容纳的饱和湿量以上的那部分水分凝结出来,达到除湿目的。已经减湿降温后的空气随后再流过冷凝器,又被加热升温,吸收高温气态制冷剂凝结放出的热量,使空气的温度升高、相对湿度减小,从而降低了空气的相对湿度,然后进入室内。制冷除湿机的产品种类很多,有的做成小型立柜式,有的做成固定或移动式整体机组,不同型号的除湿量在每小时几公斤到几十公斤的范围内。从除湿机的工作原理可知,它的送风温度较高。因此,适用于既要减湿,又需要加热的场所。当相对湿度低于50%,或空气的露点温度低于4 ℃时不可使用。

(2)加热通风减湿　加热通风减湿是将湿度较低的室外空气加热送入室内,从室内排出同等数量的潮湿空气,这种方法易受自然条件影响。

(3)液体吸湿剂减湿　液体吸湿剂减湿是将氯化锂等盐水溶液与空气直接接触,空气中的水分被盐水吸收,从而达到减湿的目的。

(4)固体吸湿剂减湿　固体吸湿剂减湿原理是空气经过吸湿材料的表面或孔隙,空气中的水分被吸附,常用的固体吸湿剂有两种类型:一种是具有吸附性能的多孔材料,如

231

硅胶(SiO_2)、铝胶(Al_2O_3)等,吸湿后材料的固体形态并不改变;另一种是具有吸收能力的固体材料,如氯化钙($CaCl_2$)等,这种材料在吸湿之后,由固态逐渐变为液态,最后失去吸湿能力。固体吸湿剂的吸湿能力不是固定不变的,在使用一段时间后失去了吸湿能力时,需进行"再生"处理,即用高湿空气将吸附的水分带走(如对硅胶),或用加热蒸煮法使吸收的水分蒸发掉(如对氯化钙)。

9.2.5 空气净化

在空调工程中,为了满足房间的送风要求,需要使用不同的热、湿处理设备和净化处理设备,将空气处理到某一个送风状态点,然后向室内送风。对于一些洁净车间、厂房、手术室、实验室等场所,空气的净化处理显得尤为重要。空气过滤器是用来对空气进行净化处理的设备,根据过滤效率的高低,通常分为初效、中效和高效过滤器三种类型,各种类型有不同的标准和使用效能。过滤效率是评价空气过滤器的一个重要指标,它是指在额定风量下过滤器前、后空气含尘浓度差与过滤器前空气含尘浓度的百分数,即

$$\eta = (C_1 - C_2)/C_1 \times 100\%$$

式中 C_1、C_2——过滤器前后的含尘浓度。

(1)初效空气过滤器 初效空气过滤器适用于中央空调和集中通风系统过滤、大型空压机过滤、洁净回风系统、中高效过滤装置的前置预过滤系统,主要过滤 5 μm 以上尘埃粒子,过滤效率一般小于60%。初效空气过滤器有板式、折叠式、袋式、箱式四种样式,外框材料有纸质框、铝合金框、镀锌铁框,不锈钢框,过滤材料有无纺布、尼龙网、活性炭过滤棉、金属孔网等,防护网有双面喷塑铁丝网和双面镀锌铁丝网,如图 9.19 所示。一般具有价廉、重量轻、通用性好、结构紧凑的优点。

图 9.19 初效空气过滤器

(2)中效空气过滤器 中效空气过滤器主要用于中央空调和集中送风系统的初级过滤,以保护系统中下一级过滤器和系统本身,在对空气净化洁净度要求不严格的场所,经中效空气过滤器处理后的空气可直接送至用户。中效空气过滤器被广泛应用于中央空调通风系统、制药、医院、电子、食品等工业净化中,中效空气过滤器还可作为高效空气过滤器的前端过滤,以减少高效空气过滤器的负荷,延长其使用寿命。中效空气过滤器边

框有冷板喷塑、镀锌板等形式,过滤材料有无纺布、玻璃纤维等,过滤粒径 1~5 μm,过滤效率60%~95%。中效空气过滤器分袋式和非袋式两种,图9.20所示即为袋式中效空气过滤器。

(3)高效空气过滤器　高效空气过滤器广泛用于光学电子、LCD液晶制造,生物医药、精密仪器、饮料食品、PCB印刷等行业无尘净化车间的空调末端送风处。主要用于捕集 0.5 μm 以下的颗粒灰尘及各种悬浮物。通常采用超细玻璃纤维纸作滤料,胶版纸、铝膜等材料作分割板,与木框铝合金胶合而成,过滤效率高,图9.21所示即为高效空气过滤器的一种。

图9.20　中效空气过滤器　　　　图9.21　高效空气过滤器

空气过滤器应经常拆换清洗,以免因滤料上积尘太多,使房间的温、湿度和室内空气洁净度达不到设计的要求。对空气过滤器的选用,应主要根据空调房间的净化要求和室外空气的污染情况而定。对以温度、湿度要求为主的一般净化要求的空调系统,通常只设一级初效过滤器,在新、回风混合之后或新风入口处采用初效过滤器即可。对有较高净化要求的空调系统,应设初效和中效两级过滤器,在风机之后增加中效过滤器,其中第二级中效过滤器应集中设在系统的正压段(即风机的出风口段)。有高度净化要求的空调系统,一般用初效和中效两级过滤器作预过滤,再根据洁净度级别的高低要求使用高效过滤器进行第三级过滤,高效过滤器应尽量靠近送风口安装。

9.2.6　消声与隔振设施

空调设备大体上由压缩机、风机以及箱体和面板等构成,在工作过程中由于设备振动、压缩机、电机、风叶运转导致机械噪声及空气动力噪声等,为消除空调运作过程中的噪声,从而带给人们安静舒适的环境,选消声措施很有必要。消声措施包括两个方面:

一是设法减少噪声的产生。隔振是控制噪声的产生与传播的重要措施,也是减少振动对环境和人类影响的重要措施。隔振是将振动源与承载物或地基之间的刚性连接改变为弹性连接,利用弹性装置的隔振作用,减弱振动源与承载物或地基之间的能量传递,降低振动对环境的影响。按目的不同,隔振措施可分为积极隔振和消极隔振。积极隔振是隔离机械设备本身的振动通过其机脚、支座传到基础或基座,以减少振源对周围环境或建筑结构的影响,也就是隔离振源。一般的动力机器、回转机械、锻冲压设备均需要积极隔振。所以积极隔振也称为动力隔振。消极隔振是防止周围环境的振动通过地基(或支承)传到需要保护的仪表、器械、电子仪表、精密仪器、贵重设备,就是减少或避免外来振动对被保护仪器设备的影响,所以消极隔振也称为运动隔振或防护隔振。

二是必要时在系统中设置消声器。空调消声器的构造形式很多,根据声波传播过程中的干涉、反射及吸收等消除噪声,按所采用的消声原理可分为阻性消声器、抗性消声器、共振消声器和复合消声器等类型。

(1)阻性消声器 阻性消声器是把吸声材料(主要是多孔材料)固定在气流流动的管道内壁,或按一定的方式在管道内排列起来,利用吸声材料消耗声能降低噪声。当声波通过敷设有吸声材料的管道时,将激发多孔材料孔隙中空气的分子振动,由于摩擦阻力和黏滞力的作用,使部分声能转化为热能而耗散,起到消减噪声的作用。因多孔材料的吸声机理类似于电路中的电阻消耗电能,故称利用多孔吸声材料消声的消声器为阻性消声器。消声器的长度越大,内饰面吸声面积越大,吸声系数越高,消声效果越好。这种消声器对于高频和中频噪声有一定的消声效果,但对低频噪声的消声效果较差。

阻性消声器有许多类型,常用的有管式、片式和格式消声器,构造如图9.22所示。管式消声器是在风管的内壁面贴一层吸声材料,吸收声能降低噪声。其特点是结构简单、制作方便、阻力小。但只宜用于截面直径在400 mm以下的管道。风道截面增大时,消声效果下降。片式和格式消声器实际上是一组管式消声器的组合,主要是为了解决管式消声器不能用于大断面风道的问题。片式和格式消声器构造简单,阻力小,对中高频噪声的吸声效果好,但应注意这类消声器中的空气流速不能太高,以免气流产生的紊流噪声使消声器失效。格式消声器中每格的尺寸宜控制在200 mm×200 mm左右。片式消声器的片间距一般在100~200 mm的范围内,片间距增大时,消声量会相应地降低。

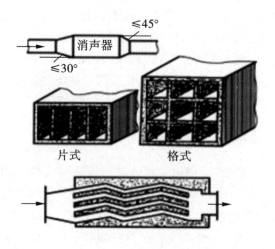

图9.22 管式、片式和格式消声器构造示意图

(2)抗性消声器 抗性消声器又称为膨胀式消声器,不直接吸收声能。它的基本结构是由扩张室和连接管串联而成的,如图9.23所示,其消声原理是利用管道内截面的突

然变化(扩张和收缩),使沿风管传播的声波反射、干涉,再沿管道继续传播而起到消声的作用。抗性消声器的性能和管道结构有关。这种消声器消声频带较窄,对消除低频噪声有很一定效果,对高频噪声消声效果较差,一般风道截面的变化在4倍以上才较为有效。因此,在机房的建筑空间较小的场合,应用会受到限制。

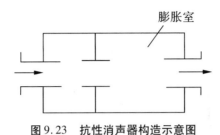

图9.23 抗性消声器构造示意图

(3)共振消声器 吸声材料通常对低频噪声的吸声能力很低,要增加低频噪声的吸声量,就需要大大地增加吸声材料的厚度,这显然是不经济的。为了改善低频噪声的吸声效果,通常采用共振消声器。共振消声器的构造如图9.24所示,图中的金属板上有一些小孔,金属板后是共振腔,小孔处的空气柱和共振腔内的空气构成一个弹性振动系统。当外界噪声的振动频率与该弹性振动系统的振动频率相同时,引起小孔处的空气柱强烈共振,空气柱与孔壁发生剧烈摩擦,声能就因克服摩擦阻力而消耗。这种消声器有消除低频噪声的性能,但频率范围很窄。

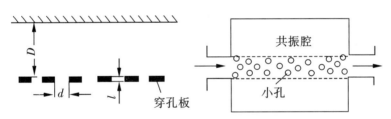

图9.24 共振消声器构造示意图

(4)复合消声器 复合消声器又称为宽频带消声器,它是利用阻性消声器对中、高噪声的消声效果好,抗性消声器和共振消声器对低频噪声消声效果好的特点,综合设计成从低频到高频噪声的范围内都具有较好消声效果的消声器。常用的有阻性复合式消声器、阻抗共振复合式消声器和微穿孔板式消声器等类型,如图9.25所示为微穿孔板式消声器。

图 9.25　微穿孔板式消声器

用于消声器的吸声材料应满足下述要求:吸声系数要高,对低频也要有良好的吸声性能;防火,不易飞散,受温湿度影响变形小、吸湿性小、无臭;重量轻,易于施工;材料均匀性好,空气流通阻力较小;不易附着灰尘,易清扫,防蛀;使用寿命长,价格低廉。

(5)隔振器　在空调系统运行过程中,除了考虑消声处理措施外,还要对风机、水泵等产生共振的设备设置弹性减震支座,并且应在风机、水泵、压缩机等运转设备的进出口管路上设置隔振软管,在管道的支吊架、穿墙处作隔振处理,以防与这些运转设备连接的管路传播噪声。隔振器是用减振材料制作的,减振材料的品种很多,空调工程中常用的减振材料有橡胶和金属弹簧。

在所有降低噪声的措施中,最有效的是削弱噪声源。因此在设计机房时就必须考虑合理安排机房位置,降低机器设备的振动,机房墙体采取吸声、隔声措施,选择风机时尽量选择低噪声风机,并控制风道的气流流速。选择合适的消声器可以降低一般空气动力设备噪声。

为减小风机的噪声,可采取下列一些措施:①选用高效率、低噪声形式的风机,并尽量使其运行工作点接近最高效率点;②风机与电动机的传动方式最好采用直接连接,其次采用联轴器连接或带轮传动方式;③适当降低风道管路中的空气流速,一般消声要求的系统中,主风管中的流速不超过 8 m/s,以减少因风管中流速过大而产生的噪声;有严格的消声要求的系统,不宜超过 5 m/s;④将风机安装在减振基础上,并且风机的进、出风口与风管之间采用软管连接;⑤在空调机房内和风管中粘贴吸声材料,以及将风机设在有局部隔声措施的小室内等。

➢ 9.3　空调水系统

在一座建筑物内可能采用多种空调形式,如全空气系统、空气-水系统、制冷剂系统等。除了制冷剂系统外,建筑物的冷负荷和热负荷大多由集中冷、热源设备制备的冷冻水和热水(蒸汽)来承担。因此,建筑物内的空调水系统庞大而复杂。空调水系统按其功能分为冷冻水系统(输送冷量)、热水系统(输送热量)和冷却水系统(排除冷水机组的冷凝热量),如图9.26所示。除了在全年中有很多时间需要同时供冷和供热的空调建筑外,在大部分空调建筑中通常冷冻水系统和热水系统用同一管路系统,只需将冷水机组及其水泵和热源及其水泵并联即可。

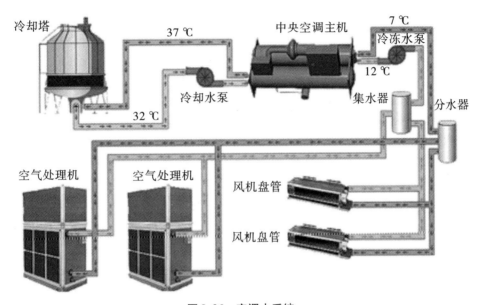

图9.26　空调水系统

9.3.1　冷冻水循环系统

制冷的目的在于供给用户使用,向用户供冷的方式有两种,即直接供冷和间接供冷。

直接供冷的特点是将制冷装置的蒸发器直接置于需冷却的对象处,使低压液态制冷剂直接吸收该对象的热量。采用这种方式供冷可以减少一些中间设备,故投资和机房占地面积小,而且制冷系数较高。缺点是蓄冷性能较差,制冷剂渗漏可能性增多,所以适用于不太大的系统或低温系统。

间接供冷的特点是用蒸发器首先冷却某种载冷剂,然后再将此载冷剂输送到各个用户,使需冷却对象降低温度。这种供冷方式使用灵活,控制方便,特别适合于区域性的供冷。我们常说的冷冻水循环系统(以水作为载冷剂)就属于间接供冷方式。

中央空调设备的冷冻水回水,经集水器、除污器、循环水泵进入冷水机组蒸发器内,吸收了制冷剂蒸发的冷量,使其温度降低成为冷水,进入分水器后再送入空调设备的表冷器或冷却盘管内,与被处理的空气进行热交换后,再回到冷水机组内进行循环再处理。简单来讲,冷冻水就是把冷量从空调制冷机房传送到使用房间进行冷热交换的媒质。

(1)双管系统　双管系统是目前应用最广泛的水系统,特别是在以夏季供冷为主要目的的南方地区。双管系统采用一根供水管和一根回水管,冬季供热水和夏季供冷水都是在同一套管路中进行,在过渡季节的某个室外温度时,进行冷、热水的转换。

双管系统的主要优点是系统简单,初投资较小。但存在以下缺点:由于冬季供热水和夏季供冷水时,供、回水温差的差别较大,因此冬季、夏季工况水系统中循环水量的差别较大,有时冬季、夏季工况需要分设两台水泵;由于各空调房间热湿负荷的变化规律不一致,在过渡季节,会出现朝阳面有的房间要求供冷,而背阴面有的房间要求供热的现象,难以同时满足所有房间的要求。

(2)三管系统 为了克服双管系统适应冷热湿负荷变化的能力较差的缺点,发展了三管系统。这种系统是采用冷、热两条供水管,回水共用一根回水管。三管系统的优点是适应负荷变化的能力强,可较好地进行全年的温度调节,满足空调房间的要求。缺点是在季节变化时由于冷热水同时进入回水管,能量损失较大和水力工况复杂;初投资比双管系统高。

(3)四管系统 四管系统设有各自独立的冷、热水系统的供、回水管,从而克服了三管系统存在的回水管冷热水混合能量损失大和系统水力工况复杂的缺点,使运行调节更为灵活方便,全年不需要进行工况转换。缺点是初投资大、管道占用建筑空间多。

(4)开式系统和闭式系统 开式系统的特点是回水集中回到建筑物底层或地下室的水池,再用水泵把经过冷却或加热后的水送往使用地点,如图9.27所示。开式系统的主要缺点是:为了克服系统的静水压头,水泵的扬程高、运行能耗大;由于系统中的水与大气相接,水质容易被污染,管路系统易产生污垢和腐蚀。

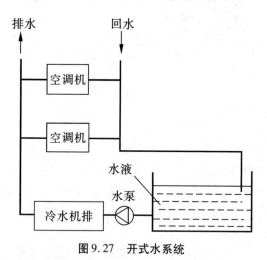

图9.27 开式水系统

闭式系统如图9.28所示,主要特点是水在系统中密闭循环,不与大气相接触,只需在系统中的最高点设置膨胀水箱。优点是系统的管道不易产生污垢和腐蚀;由于水泵不需要克服提升水的静水压头,需要扬程小、运行耗电量小,因此在工程实际中得到了广泛的应用。

(5)同程式和异程式系统 同程式系统如图9.29所示,其特点是冷冻水流过每个空调设备环路的管道长度相同。因此,系统水量的分配和调节方便,管路的阻力容易平衡。但同程式系统需要设置同程管,管材用量大,系统的初投资较高。

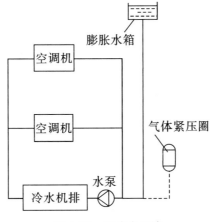

图 9.28　闭式水系统

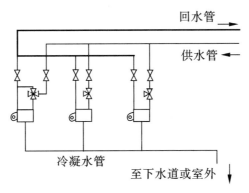

图 9.29　同程式水系统

异程式系统如图 9.30 所示,其特点是冷冻水流过每个空调设备环路的管道长度都不相同。它的管路系统简单,管道长度较短,初投资小。但异程式系统的水量分配和调节较困难,平衡管路的阻力比较麻烦,特别是在建筑较高、空调系统较大的场合。

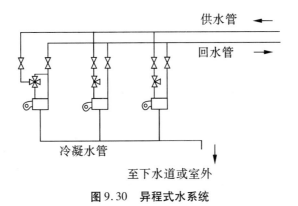

图 9.30　异程式水系统

9.3.2 冷却水循环系统

循环冷却水流经中央空调系统的制冷机组冷凝器,吸收制冷剂冷凝释放的热量,使其温度升高,用冷却水循环水泵送回冷却塔设备,与空气进行充分热湿交换后,温度降低,再次送至制冷机组,冷凝器循环吸收冷凝热量,工作原理如图 9.31 所示。

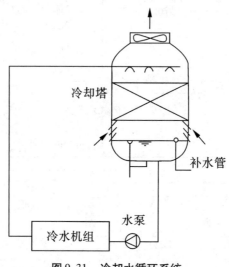

冷却塔

补水管

水泵

冷水机组

图 9.31　冷却水循环系统

9.3.3 热水循环系统

热水循环系统主要是提供冬季空调设备所需的热量,使其加热空气用,热水循环系统包含热源部分,管路常与冷冻水循环系统合用。

➤ 9.4 空调系统的冷源与热源

9.4.1 空调冷源

空调系统的冷源分为天然冷源和人工冷源。天然冷源一般是指深井水、山涧水、温度较低的河水等。这些温度较低的水可直接用泵抽取供空调系统的喷水室、表冷器等空气处理设备使用,然后排放掉。采用深井水作冷源时,为了防止地面下沉,需要采用深井回灌技术。由于天然水源往往难以获得,在实际工程中,主要是使用人工冷源。人工冷源是指采用制冷设备制取的冷量。目前,国内大中型中央空调冷源的形式很多,大致可分为以下几种:

（1）蒸汽压缩式制冷系统　蒸汽压缩式制冷系统是常用的人工制冷方法,主要由制冷压缩机、冷凝器、膨胀阀和蒸发器四个主要设备组成,设备之间用管道连接构成封闭的循环系统,如图9.32所示。

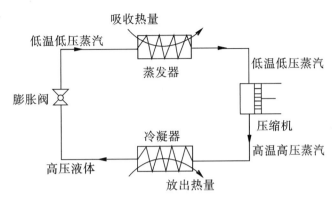

图9.32 蒸汽压缩式制冷系统组成

当压缩机工作时,对进入压缩机的制冷剂气体进行压缩。将低压气态的制冷剂压缩成为高压气态。此时气体因被压缩而温度升高,进入冷凝器内对压缩机排出的高温高压气态制冷剂进行冷却,使其放热。在一定的温度和压力下,气态制冷剂即可成为高压液态制冷剂,放出的热量可转移给冷却物质(一般为水或空气)。高压液态制冷剂再进入节流膨胀阀进行节流膨胀,压力降低以保证冷凝器与蒸发器之间的压差,便于节流后的低压液态制冷剂在要求的低压下进入蒸发器。低压液体从周围介质吸收热量后蒸发为气体,而这周围介质可以是水、空气或其他物质,被冷却介质失去热量,温度下降,获得空调的冷媒水或冷风。而制冷剂蒸发吸热后呈低压气态再进入压缩机内进行压缩,从而完成了一个制冷循环,如此连续进行不断的循环而达到制冷的目的。

1)制冷压缩机。制冷压缩机的作用是从蒸发器中抽取气态制冷剂,以保证蒸发器中具有一定的蒸发压力和提高气态制冷剂的压力,使气态制冷剂在较高的冷凝温度下被冷却剂冷凝液化。

2)冷凝器。冷凝器的作用是把压缩机排出的高温高压的气态制冷剂冷却并使其液化。根据所使用的冷却介质不同,可分为水冷冷凝器和风冷冷凝器、蒸发式和淋激式冷凝器等类型。

3)节流装置。节流装置的作用是对高温高压液态制冷剂进行节流降温降压,保证冷凝器和蒸发器之间的压力差,以便蒸发器的液态制冷剂在所要求的低温低压吸热汽化,制取冷量。调整进入蒸发器的液态制冷剂的流量,以适应蒸发器热负荷的变化,使制冷装置更加有效运行。常用的节流装置有手动膨胀浮球式热力式膨胀阀和毛细管等。

4)蒸发器。蒸发器的作用是使进入其中的低温低压液态制冷剂吸收周围介质(水、空气等)的热量汽化,同时,蒸发器周围的介质因失去热量,温度降低。

5)制冷剂、载冷剂和冷却剂。制冷剂是在制冷装置中进行制冷循环的工作物质。目前常用的制冷剂有氨、氟利昂等。为了把制冷系统制取的冷量远距离输送到使用冷量的地方,需要有一种中间物质在蒸发器中冷却降温,然后再将所携带的冷量输送到其他地方使用。这种中间物质称为载冷剂。常用的载冷剂有水、盐水和空气等,冷冻水循环系

241

统就是载冷剂系统的一种。为了在冷凝器中把高温高压的气态制冷剂冷凝为高温高压的液态制冷剂,需要用温度较低的物质带走制冷剂冷凝时放出的热量,这种工作物质称为冷却剂。常用的冷却剂有水(如井水、河水、循环冷却水等)和空气等,冷却水循环系统就是冷却剂系统的一种。

(2)吸收式制冷系统 吸收式制冷与蒸汽压缩式制冷都是利用液体在汽化时吸收热量实现制冷,不同的是蒸汽压缩式制冷消耗机械能,吸收式制冷消耗热能使热量从低温热源转移到高温热源。吸收式制冷使用二元溶液作为工质,其中低沸点组分用作制冷剂,即利用它的蒸发来制冷;高沸点组分用作吸收剂,即利用它对制冷剂蒸气的吸收作用来完成工作循环。吸收式制冷系统主要由发生器、冷凝器、膨胀阀、蒸发器和吸收器组成,设备间用管道连接构成循环系统,如图9.33所示。常用的吸收式制冷机有氨水吸收式制冷机和溴化锂吸收式制冷机两种。

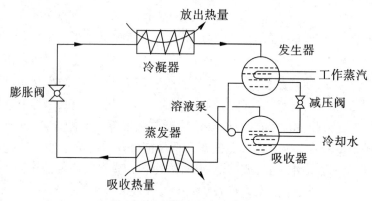

图9.33 吸收式制冷系统组成

溴化锂吸收式制冷机以水为制冷剂,溴化锂为吸收剂。在溴化锂吸收式制冷机运行过程中,当溴化锂水溶液在发生器内受到热媒水的加热后,溶液中的水不断汽化;随着水的不断汽化,发生器内的溴化锂水溶液浓度不断升高,进入吸收器;水蒸气进入冷凝器,被冷凝器内的冷却水降温后凝结,成为高压低温的液态水;当冷凝器内的水通过节流阀进入蒸发器时,急速膨胀而汽化,并在汽化过程中大量吸收蒸发器内冷媒水的热量,从而达到降温制冷的目的;在此过程中,低温水蒸气进入吸收器,被吸收器内的溴化锂水溶液吸收,溶液浓度逐步降低,再由循环泵送回发生器,完成整个循环。如此循环不息,连续制取冷量。

9.4.2 空调热源

空调系统常用的热源有以下几种:

(1)局部锅炉房 局部锅炉房指的是为一个或几个建筑物服务的锅炉房。可设置在建筑物内或附近的独立房屋内。配备一台或几台功率不大的小型锅炉。燃煤的小型锅炉热效率低(一般低于50%~60%),自动化程度低,因此供给相同热量所消耗的燃料多,燃烧排放物量大,不利于环保和节能,但锅炉房初期投资低。用于没有集中供热系统和当地环保部门对燃煤锅炉应用无限制的地方,或用于资金有限以及对供热有特殊要求的热用户。目前城市中的大型公共建筑、高层建筑的自备热源一般采用燃油或燃气锅炉。这类锅炉的热效率高,一般都在87%以上,自动化程度高,对环境的影响比燃煤锅炉小,但也要考虑氮化物对大气质量的影响。

(2)区域锅炉房　区域锅炉房指的是为城市(镇)或其中某些区域热用户供热的大型锅炉房。用室外热网将一个或几个热源与众多热用户连成一体。所配备的锅炉功率大,自动化程度高,热效率高(一般高于70%~80%)。因此供给相同的热量所消耗燃料少,燃料排放物少,减少单位供热量锅炉房的占地面积和城市运煤、运灰渣量,减少管理人员,有利于节能和环保。

(3)热电厂　热电厂是同时生产电能和热能的发电厂。由热电厂作为热源供热,又称为热化。其锅炉容量大、自动化水平高,热效率高达90%以上。因此在热电联产基础上的集中供热比区域锅炉房还要节约燃料、减少有害物排放量、供热范围大,热电厂可建在远离负荷中心处,更加有利于节能和环保,降低供热成本。

(4)热泵　热泵是消耗一部分高位能量使低位热源(如空气、水所含的热量)转变为高位热源的装置。所供的热量是所消耗高位能量的几倍。在一定条件下是一种节能的热源。热泵设备实质上是一套制冷设备,因此热源与冷源可合为一套设备。目前建筑中热泵的应用逐渐增多。

▶ 9.5　空调负荷计算与新风量确定

9.5.1　空调负荷计算

为了保持建筑物的热湿环境,在某一时刻需向房间供应的冷量称为冷负荷;相反,为了补偿房间失热需向房间供应的热量称为热负荷;为了维持房间相对湿度恒定需从房间除去的湿量称为湿负荷。热负荷、冷负荷与湿负荷的计算以室外气象参数和室内要求保持的空气参数为依据。

除在方案设计或初步设计阶段可使用热、冷负荷指标进行必要的估算外,施工图设计阶段应对空调区的冬季热负荷和夏季逐时冷负荷进行计算。

空调区的夏季计算得热量,应根据下列各项确定:通过围护结构传入的热量;通过透明围护结构进入的太阳辐射热量;人体散热量;照明散热量;设备、器具、管道及其他内部热源的散热量;食品或物料的散热量;渗透空气带入的热量;伴随各种散湿过程产生的潜热量。

空调区的夏季冷负荷,应根据各项得热量的种类、性质以及空调区的蓄热特性,分别进行计算。

空调区的下列各项得热量,应按非稳态方法计算其形成的夏季冷负荷,不应将其逐时值直接作为各对应时刻的逐时冷负荷值:通过围护结构传入的非稳态传热量;通过透明围护结构进入的太阳辐射热量;人体散热量;非全天使用的设备、照明灯具散热量等。

空调区的下列各项得热量,可按稳态方法计算其形成的夏季冷负荷:室温允许波动范围大于或等于±1 ℃的空调区,通过非轻型外墙传入的传热量;空调区与邻室的夏季温差大于3 ℃时,通过隔墙、楼板等内围护结构传入的传热量;人员密集空调区的人体散热量;全天使用的设备、照明灯具散热量等。

空调区的夏季冷负荷计算,应符合下列规定:

(1)舒适性空调可不计算地面传热形成的冷负荷;工艺性空调有外墙时,宜计算距外墙2 m范围内的地面传热形成的冷负荷;

(2)计算人体、照明和设备等散热形成的冷负荷时,应考虑人员群集系数、同时使用系数、设备功率系数和通风保温系数等;

(3)屋顶处于空调区之外时,只计算屋顶进入空调区的辐射部分形成的冷负荷;高大空间采用分层空调时,空调区的逐时冷负荷可按全室性空调计算的逐时冷负荷乘以小于1的系数确定。

空调区的夏季计算散湿量,应考虑散湿源的种类、人员群集系数、同时使用系数以及通风系数等,并根据下列各项确定:人体散湿量;渗透空气带入的湿量;化学反应过程的散湿量;非围护结构各种潮湿表面、液面或液流的散湿量;食品或气体物料的散湿量;设备散湿量;围护结构散湿量。

空调区的夏季冷负荷,应按空调区各项逐时冷负荷的综合最大值确定。夏季冷负荷应按下列规定确定:

(1)末端设备设有温度自动控制装置时,空调系统的夏季冷负荷按所服务各空调区逐时冷负荷的综合最大值确定;

(2)末端设备无温度自动控制装置时,空调系统的夏季冷负荷按所服务各空调区冷负荷的累计值确定;

(3)应计入新风冷负荷、再热负荷以及各项有关的附加冷负荷;

(4)应考虑所服务各空调区的同时使用系数。

空调系统的夏季附加冷负荷,宜按下列各项确定:空气通过风机、风管温升引起的附加冷负荷;冷水通过水泵、管道、水箱温升引起的附加冷负荷。

9.5.2 空调热负荷

冬季供暖通风系统的热负荷应根据建筑物下列散失和获得的热量确定:围护结构的耗热量(应包括基本耗热量和附加耗热量);加热由外门、窗缝隙渗入室内的冷空气耗热量;加热由外门开启时经外门进入室内的冷空气耗热量;通风耗热量;通过其他途径散失或获得的热量。

与相邻房间的温差大于或等于5 ℃,或通过隔墙和楼板等的传热量大于该房间热负荷的10%时,应计算通过隔墙或楼板等的传热量。

空调系统的冬季热负荷,应按所服务各空调区热负荷的累计值确定,除空调风管局部布置在室外环境的情况外,可不计入各项附加热负荷。

9.5.3　新风量确定

　　一个完善的空调系统,除了满足对环境的温、湿度控制以外,还必须给环境提供足够的室外新鲜空气(简称新风)。从改善室内空气品质角度,新风量多些为好;但是送入室内的新风都得通过热、湿处理,消耗一定的能量,因此新风量宜少些好。在系统设计时,一般必须确定最小新风量,此新风量通常应满足以下三个要求:

　　(1)稀释人群本身和活动所产生的污染物,保证人群对空气品质的要求;

　　(2)补充室内燃烧所耗的空气和局部排风量;

　　(3)保证房间的正压。

　　在全空气系统中,通常取上述要求计算出新风量中的最大值作为系统的最小新风量。如果计算所得的新风量不足系统送风量的10%,则取系统送风量的10%,送风量特大的系统不在此列。

➤ 9.6　空调系统安装

9.6.1　空调机房设计及设备布置

　　空调机房是安置集中式空调系统或半集中式空调系统的空气处理设备及送、回风机的地方。整体式的空调机组在下列情况下不能直接放在空调房间内,而应放在专用的空调机房里:①室温波动小于±1 ℃的系统;②机组的噪声与振动对室内环境造成不良影响;③机组影响室内清洁或操作;④机组水系统的产湿量影响工艺生产过程。空调机房的位置在大中型建筑物中是相当重要的问题,它既决定投资的多少又影响能耗的大小。如果处理不好,其噪声振动会严重干扰附近的房间,而且可能使某些区域的房间的送排风效果不好。

　　(1)空调机房的位置　空调机房应尽量靠近空调房间设置在负荷中心,目的是为了缩短送、回风管道,节省空气输送的能耗,减少风道占据的空间。但不应靠近要求低噪声的房间。例如对室内声学要求高的广播、电视、录音棚等建筑物,空调机房最好设置在地下室,而一般的办公楼、宾馆的空调机房可以分散在各楼层上。

　　高层建筑的集中式系统,机房宜设置在设备技术层内,以便于集中管理。20层以内的高层建筑宜在上部或下部设置一个技术层[图9.34(a)]。20~30层的高层建筑宜在上部和下部各设一技术层[图9.34(b)],例如在顶层和地下层各设一个技术层。30层以上的高层建筑,其中部还应增设一个技术层[图9.34(c)],避免送、回风干管过长过粗而占据过多空间,并且增加风机电耗。

　　空调机房的划分应不穿越防火区。所以大中型建筑应在每个防火分区内设置空调机房,最好能设置在防火区的中心地位。如果在高层建筑中使用带新风的风机盘管等空气水系统,应在每层或每几层(一般不超过5层)设一个新风机房。各层空调机房最好能在同一位置上垂直成一串布置,这样可以缩短冷、热水管的长度,减少管道交叉,节省投

245

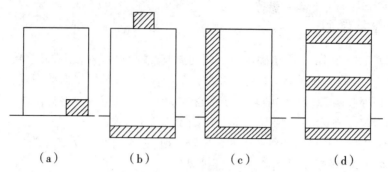

图9.34 各类建筑物技术层或设备间的大致位置

资和能耗。各层空调机房的位置应考虑风管的作用半径,一般为30~40 m。一个空调系统的服务面积不宜大于500 m²。

(2)空调机房的大小 空调机房的面积与采用的空调方式、系统的风量大小、空气处理的要求有关,与空调机房内放置设备的数量和占地面积有关。一般全空气集中式空调系统,当空气参数要求严格或有净化要求时,空调机房面积约为空调面积的10%~20%;舒适性空调和一般降温系统,约为5%~10%;仅处理新风的空气水系统,新风机房约为空调面积的1%~2%。如果空调机房、通风机房和冷冻机房统一估算总面积约为总建筑面积的3%~7%。

空调机房的高度应按空调箱的高度及风管、水管与电线管高以及检修空间决定,一般净高为4~6 m,对于总建筑面积小于3000 m²的建筑物,空调机房净高为4 m;总建筑面积大于3000 m²的建筑物,空调机房的净高为4.5 m;对于总建筑面积超过20000 m²的建筑物,其集中空调的大机房净高为6~7 m,而分层机房则可为标准层的高度,即2.7~3.0 m。

(3)空调机房的结构 空调设备设置在楼板上或屋顶上时,结构的承重应按设备重量和基础尺寸计算,而且包括设备中充注的水或制冷剂的重量以及保温材料的重量等。也可以按一般常用的系统,空调机房的荷载约为500~600 kg/m³粗略地进行估算,而屋顶机组的荷重应根据机组的大小而定。

空调机房与其他房间的隔墙以240砖墙为宜,机房的门应采用隔声门,机房内墙表面应贴附吸声材料。空调机房的门和拆装设备的通道应考虑能顺利地运入最大空调构件的可能,如构件不能从门运入,则应预留安装孔洞和通道。

9.6.2 风道系统的安装

(1)风道放线 按照施工图参照土建基准线确定风管标高、位置,并放出安装定位线。

(2)支、吊架安装 风管沿墙或柱子敷设时,常用支架,如图9.35所示。支架安装时,应根据风道标高检查预留孔是否合适,如不合适应修整,修整后在孔洞内填塞水泥砂浆,埋入支架,并用水平尺找平,做到表面平整,预埋牢固。在柱子或混凝土墙上安装支架时,可将支架焊在预埋的铁件上,或紧固在预埋的螺栓上,可用抱箍将支架夹在柱子上。风道敷设在楼板、桁架或距墙较远时,一般采用吊架。矩形风管的吊架由吊杆和托铁组成,圆形风管吊架由吊杆和抱箍组成。矩形风管的托铁一般用角钢制成,风管较重时可用槽钢,圆形风管的抱箍由扁钢制成。吊架安装时,可将吊杆焊接在预埋钢筋上进行固定,吊杆应平直,吊杆拼接可采用螺纹连接或焊接。

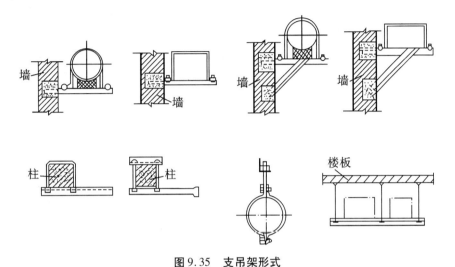

图 9.35　支吊架形式

(3)风管及配件安装

1)风管安装。支吊架安装完毕,复核无误,根据安装草图在地面对风管进行组配,然后将风管连接成管段,法兰连接时,按要求垫好垫料,拧紧螺栓,风管连接好后检查风管连接是否平直。风管连接好后,先干管后支管的顺序吊装,水平安装的风管用吊架上的调节螺栓找平找正,明装水平风管水平度偏差每米不应大于 3 mm,明装垂直风管垂直度偏差每米不应大于 2 mm,总偏差不应大于 20 mm。

铝板风管法兰的连接应采用镀锌螺栓,垫镀锌垫圈,支架、抱箍应镀锌或按设计要求防腐绝缘处理;玻璃钢风管破损处应及时修复,支架应符合设计要求;硬聚氯乙烯风管法兰垫料应用软聚氯乙烯板或耐酸橡胶板。风管穿墙或穿楼板应设防护套管,风管上所用金属部件应防腐处理,直管段连接长度大于 20 m 应设置伸缩节。

2)配件安装。风阀安装时,将风阀的法兰与风管或设备上的法兰对正,加垫片并拧紧螺丝,做到连接牢固并严密。斜插板阀安装时阀板应向上拉启,水平安装时,阀板应顺气流方向插入。防火阀安装时,方向位置应准确,易熔件应迎气流方向,安装后做动作试验,阀板的启闭应灵活,动作应可靠。单向阀宜安装在风机的压出管段上,开启方向必须与气流方向一致。风口安装时,风口与风管的连接应严密、牢固,边框与建筑装饰面贴实,外表面平整不变形,调节应灵活。

(4)严密性检验　风管系统安装后,可根据系统大小情况,对总管和支干管进行分段或整个系统的漏风量试验,待试验合格后再安装支管、风口及风管保温工作。

1)严密性检验的规定。低压系统风管的严密性检验采用抽检,检验率为 5%,但不能少于1个系统,采用漏光法检测,检测不合格时,做漏风量测试。中压系统风管的严密性检验应在漏光法检测合格后,对系统漏风量测试进行抽检,抽检率为20%,但不能少于1个系统。高压系统风管的严密性检验,为全部进行漏风量测试,若全部合格,则认为通过。

2)检验方法。漏光法检测是利用光线对小孔的穿透力进行检验的方法。漏光检测时,光源应沿着被检测接口与接缝部位缓慢移动,在另一侧观察,如发现有光线射出,则有明显漏风处,应做密封处理。低压系统风管以每10 m接缝、漏光点不大于2处,且100 m接缝平均不大于16处为合格;中压系统风管以每10 m接缝、漏光点不大于1处,且100 m接缝平均不大于8处为合格。漏风量测试可以整体或分段进行,测试时被测系统的所有开口均应封闭。启动试验风机,逐步打开进风挡板,直到风管内静压值达到要求,读取孔板两侧压差,按公式计算漏风量。如漏风量超过规定,应查出漏风部位修补后,重新测试,直至合格。

9.6.3 通风与空调设备安装

9.6.3.1 风机安装

(1)基础检验 根据施工图纸及风机实物检查基础的外形尺寸、位置、标高及预留孔位置是否符合要求。

(2)开箱检查 核对名称、型号、机号、传动方式、旋转方向和出风位置是否符合设计要求,根据设备装箱清单,核对叶轮、机壳和其他主要部位的主要尺寸(地脚螺栓孔中心距、轴的中心标高等)、进风口、出风口的位置等应与设计相符。进风口、出风口应有盖板遮盖。机壳和转子不应有变形或锈蚀、碰伤等缺陷。

(3)风机安装 直联式和联轴器式离心式风机安装方法同离心水泵。带轮式的风机轴与电动机轴是通过带轮和皮带联系在一起,电机轴的中心线和通风机轴的中心线应平行。安装时,风机及轴承箱在基础上就位,用垫铁找平,穿地脚螺栓带螺帽;将电动机在基础上就位,放置垫铁,穿地脚螺栓带螺帽,找平找正。将水平尺分别放于风机轴的带轮和电动机轴的带轮上,检测其轴的水平度,调整垫铁达到水平。风机找正后,再调整皮带松紧,同组皮带长度应一致。然后将风机和电动机的地脚螺栓孔灌满细石混凝土,捣实抹平,混凝土达到70%以上时,进行精平并拧紧地脚螺栓帽,将各组垫铁点焊固定,基础用水泥砂浆抹平。

(4)风机试运转 经全面检查后,可送电试运转,运转前轴承箱必须加上适度的润滑油,并检查各项安全措施;叶轮旋转方向必须正确,盘动叶轮应无卡阻和摩擦现象。在额定转速下试运转时间不得少于2小时,电动机带动风机均应经过一次启动立即停止运转的试验,并检查转子与机壳等确无摩擦和不正常声响后,方可继续运转。试运转后应将有关装置调整到准备启动状态。

9.6.3.2 风机盘管的安装

(1)设备开箱检查 检查每台风机盘管电机壳体及表面换热器有无损伤、锈蚀等缺陷。

(2)通电检查和水压试验 风机盘管应逐台进行通电试验检查,电气部分不得漏电。

应逐台进行水压试验,试验压力为工作压力的 1.5 倍,压力稳定后观察 2～3 min,不渗不漏为合格。

(3)支吊架和风机盘管的安装 卧式风机盘管应设置独立的支吊架固定,支吊架的位置高度应符合设计要求,吊杆应固定牢固。立式暗装风机盘管安装后应配合土建安装保护罩。立式风机盘管机组的固定应平稳牢靠,可避免不良振动和噪声。

(4)冷热媒管道安装 根据施工图进行管道的放线,施工安装方法同给水管道。管道冲洗排污合格后,进行冷热媒管道与风机盘管的连接,冷媒水管与风机盘管的连接应采用金属软管,可避免风机盘管接口的损坏。凝结水管坡度应正确,凝结水应通畅地排放到指定位置。

9.6.3.3 空调机组的安装

(1)基础检验 检查设备基础的强度、外形尺寸、标高是否符合设计要求。

(2)开箱检查 认真核对设备及各段的名称、型号是否符合设计要求,表面应无缺陷等;检查风机段内的风机叶轮有无与机壳相碰;检查冷却器的凝结水部分是否通畅;加热器及旁通阀是否严密,过滤器形式是否符合设计要求。

(3)空调机组的安装 从空调机组的一端开始,逐段就位找正,加衬垫,将相邻两段用螺栓紧固,要求连接严密、位置正确,喷淋段不得渗水。各段连接后,整体应平直,检查门开启灵活,水路应通畅。

(4)检验 空调机组安装完毕,应进行漏风检验,空调机组静压为 700 Pa 时,漏风率应不大于 3%。

9.6.4 通风空调系统调试

(1)工艺流程 工艺流程如图 9.36 所示。

(2)调试要点

1)检查通风、空调设备及附属设备的电气设备、主回路及控制回路的性能,保证设备试运转正常进行。

2)分别对各种设备进行检查、清洗、调整,并连续一定时间运转,各项技术指标符合要求后进行系统试运转。

3)开启空调系统上的风阀,总送风阀开启度在风机电机允许的运转电流范围内,然后开启风机。运转冷冻水系统和冷却水系统,正常运行后制冷机组投入运转。前述空调送风系统、冷冻水、冷却水、制冷机组正常运转后,将供回水压差调节系统和空调控制系统投入运转。

4)系统试验调整是空调系统调试的重要工序,应依次进行风机性能和系统风量的测定和调整,空调器的性能测定和调整,自动调节和检测系统的检验和调整,空调房间气流组织的测定和调整,空调房间综合效果的检验和测定,空调房间噪声测定。

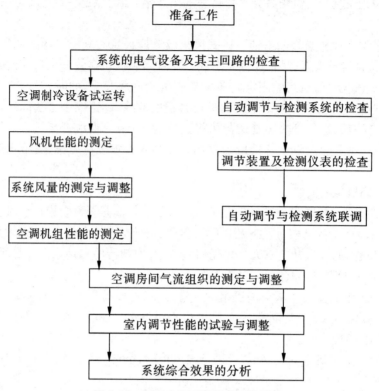

图 9.36　通风空调系统调试工艺流程

250

思考题

1. 空气调节的任务是什么？它由哪些部分组成？
2. 简述集中式空调系统的组成及特点。
3. 简述半集中式空调系统的组成及特点。
4. 简述风机盘管空调系统的组成及特点。
5. 试述空气处理的基本手段和基本设备有哪些？
6. 试述压缩式制冷机的组成及工作原理。
7. 空调的水系统有哪些？简述各个水系统的循环过程。
8. 简述空调冷源的分类及其主要形式。
9. 空调区的夏季冷负荷计算应符合哪些规定？
10. 如何确定空调新风量？
11. 如何确定空调机房的位置？
12. 空调机组安装有哪些步骤？

知识点(章节):

集中式空调系统(9.1.1);半集中式空调系统(9.1.2);分散式空调系统(9.1.3);空气加热设备(9.2.1);空气冷却设备(9.2.2);空气加湿设备(9.2.3);空气减湿方法(9.2.4);空气净化(9.2.5);消声与减震(9.2.6);冷冻水循环系统(9.3.1);冷却水循环系统(9.3.2);空调冷源(9.4.1);空调热源(9.4.2);空调负荷计算(9.5.1);新风量确定(9.5.3);空调机房设计及设备布置(9.6.1);通风与空调设备安装(9.6.3)。

10

燃气系统

➤ 10.1 燃气组成及分类

10.1.1 燃料与燃气

10.1.1.1 燃料综述

燃料指的是通过燃烧而获得可利用热能的物质。燃料的种类很多,按其形态可分为固体、液体和气体三大类,按其来源可分为天然燃料和人造燃料两大类。各类燃料的主要种类简述如下:

(1)固体燃料

1)煤,包括无烟煤、烟煤、褐煤等;

2)煤的干馏残留物,包括焦炭、半焦炭等。

3)有机可燃页岩和泥炭;

4)木材、植物秸秆、木炭等。

(2)液体燃料

1)石油及其炼制产品,包括汽油、煤油、柴油、重油、渣油等;

2)醇类,主要是甲醇和乙醇;

3)植物油,包括一些产油率较高但不宜食用的植物油和某些低等级植物油。

(3)气体燃料(燃气)

1)天然气,包括气田气和油田气;

2)液化石油气,石油加工过程中的副产品;

3)人工燃气,主要有焦炉气、高炉气、发生炉煤气、油制气等;

4)沼气,由废弃有机物厌氧发酵得到的气体燃料。

在各类燃料中,应用比较广泛的主要是煤、石油、燃气。

煤作为工业燃料,由于其储量丰富、安全可靠、成本低廉而得到广泛应用。但是在运输、贮存过程中需要一系列的装置和措施,费用较高;而且使用后会出现灰渣、粉尘和有害气体,不利于环境保护。

石油是一种清洁、高效的燃料,在世界各国、各行各业都得到广泛应用,其消费量也逐年增长。因它和燃气都可以采用管道运输,所以输送比较方便快捷;高效率的燃烧比较适合作为动力燃料。但燃烧的尾气中含有有害气体,会对周围环境造成污染;供应量有限,全球只有少数国家开采石油,所以价格比较昂贵。

燃气作为清洁燃料,它的灰分、含硫量和含碳量较煤和石油燃料要低得多,燃气中粉尘含量也极少,因而对保护环境提供了有利条件;同时,燃气由于采用管道输送,没有灰渣,基本消除了在运输、贮存过程中发生的有害气体、粉尘和噪声干扰;燃气系统一般比较简单,操作管理方便,容易实现自动化;另外燃气几乎没有灰分,污染远比煤、燃油轻微。燃气的主要缺点是它与空气在一定比例下混合易形成爆炸性气体,而且气体燃料大多数成分对人和动物是窒息性或有毒的,对使用安全技术提出了更高的要求。

10.1.1.2 燃气的概念和特点

(1)燃气 燃气是各种气体燃料的总称,它能燃烧而放出热量,供应城市居民和工业企业使用。常用的燃气有纯天然气、石油伴生气、液化石油气、炼焦煤气、碳化煤气、高压气化煤气、热裂解油制气、催化裂解油制气和矿井气等。

(2)燃气作为工业燃料的特点

1)工业用户一般能耗较大,与煤和燃料油比较,使用燃气不必建设燃料储存场所和设备,无须备运操作,使用燃料前的管理方便,燃烧设备结构简单,因此可节省占地、投资和操作费用。

2)与煤、燃料油比较,燃气燃烧后产生的 CO_2 较少,产生的 SO_x 和颗粒物极少,无灰渣,生成的 NO_x 也较少且容易采取措施进一步降低,因此,燃烧燃气的工业装置对环境污染小。

3)燃烧燃气的工业炉便于温度控制,炉膛温度均匀,升温平稳,火焰清洁,有利于生产优质产品,提高制品质量,减少废次品,并有利于提高装置的生产率。

4)燃气工业炉炉内气氛调节灵活,可容易、迅速地调节炉内氧化、中性或还原的气氛,适应特种工艺制品的生产,炉内没有结渣、结焦问题,容易实现自动点火和火焰监视。

5)燃气能够灵活地与其他燃料搭配燃烧,达到增产、节能、降耗。例如,炼铁高炉风口上方装设天然气燃烧器,燃气和焦炭共同作为高炉能源,可使高炉产量增加 30% ~ 50%,热效率提高 25% ~ 50%,而燃气与煤粉共燃,可使燃煤装置排放符合环保规定的要求。

6)锅炉是工业中最大的耗能设备,我国燃煤锅炉的效率约为 50% ~ 60%,而燃烧燃气的锅炉效率可达 80% ~ 90%。工业炉运行时,由于燃气与空气的混合物处于爆炸极限内,因此,运行前的泄露,运行中的熄火、回火,或可燃混合物在未着火的状态下进入炉内,或火焰倒入混合管中等,都容易引起爆炸,因此燃气工业炉的操作和管理比其他燃料更严格。

10.1.2 燃气的组成与分类

城镇燃气是由多种气体组成的混合气体,含有可燃气体和不可燃气体。其中可燃气体有:碳氢化合物(如甲烷、乙烷、乙烯、丙烷、丁烷、丁烯等烃类可燃气体)、氢气和一氧化碳等,不可燃气体有:二氧化碳、氮气和氧气等。

燃气的种类很多,根据来源的不同,主要有天然气、人工燃气、液化石油气和生物质气。

10.1.2.1 天然气

天然气是指通过生物化学作用及地质作用,在不同地质条件下生成、运移,在一定压力下储集的可燃气体,按形成条件不同,可分为气田气、油田伴生气、凝析气田气等。但从广义来说,蕴藏在地壳中的可燃气体均可称为天然气,这时还应包括煤层气、矿井气等。

(1)气田气 产自天然气田中的天然气称为气田气。在地层压力作用下燃气有很高的压力,往往达到 1 ~ 10 MPa。主要组分为甲烷,含量 80% ~ 90%,还含有乙烷、丙烷、丁烷等烃类物质和二氧化碳、硫化氢、氮气等非烃类物质。其低热值约 36 MJ/Nm³。我国四川的天然气属于这一类。

(2)油田伴生气 油田伴生气是石油开采过程中析出的气体,在分离器中由于压力降低而进一步析出。它包括气顶气和溶解气两类。油田伴生气的特征是乙烷和乙烷以上的烃类含量一般较高。所以热值很高,其低热值约 48 MJ/Nm³。我国天津、大庆等地使用的是伴生气。

(3)凝析气田气 这是一种深层的天然气,它除含有大量甲烷外,还含有乙烷、丙烷、丁烷以及戊烷和戊烷以上的烃类,即汽油和煤油的组分。

(4)煤层气 也称煤田气,是成煤过程中所产生并聚集在合适地质构造中的可燃气体,其主要组分为甲烷,同时还含有少量二氧化碳等气体,其热值约为 40 MJ/Nm³。

(5)矿井气 也称矿井瓦斯,是从煤矿矿井中抽出的可燃气体。一般是当煤采掘后形成自由空间时,煤层伴生气移动到该空间与空气混合形成矿井气。其组分中甲烷含量 30% ~ 55%、氮 30% ~ 55%、氧 5% ~ 10%、二氧化碳 4% ~ 7%。由于含氮量很高,所以热值较低,其热值约 12 ~ 20 MJ/Nm³。我国抚顺、鹤壁等矿区的城镇将矿井气作为城市燃气使用已有多年。

10.1.2.2 人工燃气

以固体或液体燃料为原料,经各种热加工所制得的可燃气体称为人工燃气。主要有干馏煤气、气化煤气、油制气和高炉气等。

(1)干馏煤气 以煤为原料,用焦炉或直立式碳化炉等进行干馏所获得的可燃气体称为干馏煤气。焦炉煤气是以氢气为主(约占 60%),有相当数量的甲烷(20% 以上)以及少量的一氧化碳(8% 左右),其热值约 17 MJ/Nm³。

连续式直立碳化炉煤气是干馏煤气与部分水煤气形成的混合气体,其组成以氢为主(55% 左右),有相当数量的一氧化碳及甲烷(都占 17% ~ 18%)。其热值约为 15 MJ/Nm³。

(2)气化煤气 以固体燃料为原料,在气化炉中通入气化剂,在高温下经气化反应而得到的可燃气体,称为气化煤气。通常有发生炉煤气、水煤气和蒸汽-氧气煤气等。

煤在常压下,以空气及水蒸气为气化剂,经气化所得到的燃气为发生炉煤气。其组成中氮气含量在 50% 以上,其次为一氧化碳和氢,其低热值为 10 MJ/Nm³。

以煤为原料,在 2.0 ~ 3.0 MPa 的压力下,用纯氧和水蒸气作气化剂制得的气化煤气,称为蒸汽-氧气煤气。其组成中氢含量超过 70%,并含有相当数量的甲烷(15% 以上),其低热值约为 15 MJ/Nm³。

(3)油制气 以石脑油或重油为原料,经热加工制取的可燃气体称为油制气。按制取加工方法不同,可分为热裂解气、催化裂解气和部分氧化油制气。

将原料油喷入充满水蒸气的蓄热反应器内,使油受热裂解而制得的燃气称为热裂解油制气。其组成以氢和甲烷为主,并含有相当数量的乙烯,其低热值约为 35 MJ/Nm³。

在有催化剂存在的条件下,使原料油进行催化裂解反应制得的燃气称为催化裂解油制气。其组成以氢气为主,并含有相当数量的甲烷和一氧化碳,其低热值约为 17 MJ/Nm³。

将原料油、蒸汽和氧气混合在较高温度下发生部分氧化反应而制成的燃气称为部分氧化油制气。其组成以氢和一氧化碳为主,其低热值约为 10 MJ/Nm³。

(4)高炉气　高炉气是炼铁时产生的副产气,主要组分是一氧化碳和氮气,其低热值约为 3.8~4.2MJ/Nm³。高炉气可以作为焦炉的加热煤气,也可用作锅炉的燃料或与干馏煤气掺混用于冶金工业的加热工艺。

10.1.2.3　液化石油气

以凝析气田气、石油伴生气或炼厂气为原料气,经加工而得到的可燃气体为液化石油气。但液化石油气大部分来自石油炼制时的副产品。其主要组分为丙烷、丙烯、丁烷和丁烯。此外尚含有少量戊烷及其他物质。气态液化石油气热值为 93 MJ/Nm³ 左右;液态液化石油气热值为 46 MJ/Nm³ 左右。

目前液化石油气多采用瓶装供应。由于发展液化石油气的投资省、设备简单、供应方式灵活、建设速度快,所以液化石油气供应事业发展很快。

10.1.2.4　生物质气

各种有机物质在隔绝空气的条件下发酵,在微生物作用下经生化作用产生的可燃气体称为生物质气,亦称沼气。

(1)秸秆气化　秸秆气化广义上又称为"生物质气化",是指农作物秸秆等生物质在缺氧的状态下燃烧,使物质发生化学反应,生成高品位、易输送、利用效率较高的气体燃料。秸秆主要由碳氢化合物组成,在气化的过程中经过热解、燃烧和还原反应,转化为一氧化碳、氢、甲烷等可燃气体。然后通过集中的供气系统输送到农户,用作炊事等燃料。整个气化供气系统由原料预处理、气化炉、燃气净化设备以及气化残留物处理、燃气输配系统等组成。

(2)沼气技术　沼气是作物秸秆、杂草、人畜粪便等有机物质,在适当的温湿度、酸碱度和封闭条件下,经沼气池内微生物发酵分解作用而产生的一种可燃性气体。沼气是多种气体的混合物,主要成分有甲烷、二氧化碳以及少量的氮气、氧气、氢气、硫化氢、一氧化碳、水蒸气和极少量的高级碳氢化合物等。

沼气是一种生物能源,用沼气做燃料,是解决能源危机的有效途径之一,可有效地解决农村燃料问题和照明问题。

➤ 10.2　常用材料和设备

10.2.1　常用管材

用于输送燃气的管材种类很多,必须根据燃气的性质、系统压力及施工要求来选用,并满足机械强度、抗腐蚀、抗震及气密性等各项基本要求。

(1)钢管　常用的钢管有普通的无缝钢管和焊接钢管,钢管具有承载力大、可塑性好、便于焊接的优点。与其他管材相比,壁厚较薄、节省金属用量,但腐蚀性较差,必须采取可靠的防腐措施。

普通无缝钢管用普通碳素钢、优质碳素钢、低合金钢轧制而成。按制造方法又分为热轧和冷轧(冷拔)无缝钢管。冷轧(冷拔)无缝钢管有外径 5~200 mm 的各种规格。热轧管有外径 32~630 mm 的各种规格。

焊接钢管中用途最广的是低压液体输送用焊接钢管(原水、煤气输送钢管),它属于直焊钢管,常用管径为 6~150 mm。按表面质量分为镀锌钢管(白铁管)和非镀锌钢管(黑铁管)两种。按壁厚分为普通管、加厚管和薄壁管三种。按管端有无连接螺纹分为螺纹管和不带螺纹管两种。带螺纹白铁管和黑铁管长度规格为 4~9 m;不带螺纹的黑铁管长度规格为 4~12 m。大口径焊接钢管,有直缝卷焊管和螺旋焊接管,其管长 3.8~18 m。

钢管可用螺纹、焊接和法兰进行连接。室内管道管径较小、压力较低,一般用螺纹连接。高层建筑有时也用焊接连接。室外输配管道以焊接连接为主。设备与管道的连接常用法兰连接。室内管道广泛采用三通、弯头、变径接头、活接头、补心和丝堵等螺纹连接管件,施工安装十分简便。

(2)聚乙烯管　在此,仅介绍燃气用埋地聚乙烯(PE)管。PE 管具有耐腐蚀、质轻、流体流动阻力小、使用寿命长、施工简便、费用低、可盘卷、抗拉强度较大等一系列优点。经济发达国家在天然气输配系统中使用 PE 管已有多年的历史,我国大力发展天然气以来,已经广泛使用 PE 管。

燃气常用的 PE 管材及管件可根据材料的长期静液压强度分为两类:PE80 和 PE100。PE80 可以是中密度聚乙烯(MDPE),也可以是高密度聚乙烯(HDPE),PE100 必定是高密度聚乙烯(HDPE)。PE100 管道相比于 PE80 管道具有以下性能特点:更加优良的耐压性能,更薄的管壁,更加经济。因此,PE100 具有代替 PE80 的趋势。

258

PE 管道输送天然气、液化石油气和人工燃气时,其设计压力不应大于管道最大允许工作压力,最大允许工作压力应符合表 10.1 的规定。

表 10.1　PE 管道的最大允许工作压力　　　　　　　　(MPa)

城镇燃气种类		PE80		PE100	
		SDR11	SDR17.6	SDR11	SDR17.6
天然气		0.50	0.30	0.70	0.40
液化石油气	混空气	0.40	0.20	0.50	0.30
	气态	0.20	0.10	0.30	0.20
人工燃气	干气	0.40	0.20	0.50	0.30
	其他	0.20	0.10	0.30	0.20

注:SDR 是指管道的公称直径与公称壁厚的比值。

由于 PE 管的刚性不如金属管,所以埋设施工时必须夯实沟槽底,基础要垫沙,才能保证管道坡度的要求和防止被坚硬物体损坏。

随着塑料管的广泛应用,它的连接方法越来越简便和多样化。聚乙烯管道的连接通常采用热熔连接、电熔连接。PE 管与金属管通常使用钢塑性接头连接。

(3)铸铁管　铸铁管的抗腐蚀性很强。用于燃气输配管道的铸铁管,一般采用铸模浇铸或离心浇铸方式制造出来。灰铸铁管的抗拉强度、抗弯曲、抗冲击能力和焊接性能均不如钢管好。随着球墨铸铁铸造技术的发展,铸铁管的机械性能大大增强了,从而提高了其安全性,降低了维护费用。球墨铸铁管在燃气输配系统中仍在广泛地使用。

低压燃气铸铁管道的连接,广泛采用机械接口的形式。

(4)其他管材　有时还使用有色金属管材,如铜管和铝管,由于其价格昂贵,所以只在特殊场合下使用。引入管、室内埋墙管及灶前管已广泛使用不锈钢波纹管。近年来,燃气材料市场上出现了一种新型复合管材钢骨架塑料复合管,它解决了金属管道耐压不耐腐,非金属管耐腐不耐压的缺点。

10.2.2　附属设施

(1)补偿器　补偿器是作为调节管段膨胀量的设备,多用于架空管道和大跨度的过河管道上。另外,还常安装在阀门的出口端,利用其伸缩性能,方便阀门的拆卸和检修。燃气管线上所用补偿器主要有波形补偿器和波纹管两种,在架空燃气管道上偶尔也用方形补偿器。

补偿器与管道或阀门的连接一般采用标准法兰连接,中间垫圈选用橡胶石棉板制作,表面涂黄油密封,螺栓两端应加垫平垫圈和弹簧垫圈。补偿器一般设置于水平位置上,其轴线与管道线重合,大口径管道在与补偿器连接的两侧管道上,应各设一个滑动支座,既起支点作用,又使两侧管道伸缩时能有一定的自由度,不至卡死,使补偿器失去作用。

(2)排水器　为排除燃气管道中的冷凝水和石油伴生气管道中的轻质油,管道敷设时应有一定坡度,并在低处设置排水器,将汇集的水或油排出,排水器的间距视水量和油量的多少而定。

根据管道中燃气压力的不同,排水器分为自喷和不能自喷两种。安装在低压管道上的排水器因压力较低不能自喷,水或油依靠手动唧筒等抽水设备排出。安装在高、中压管道上的排水器,由于管道内压力较高,积水或油在排水管旋塞打开后自行喷出。为防止残留在排水管内的水在冬季冻结,另设有循环管,使排水管内水柱上、下压力平衡,水柱依靠重力回到下部的集水器中。为了避免人工煤气中焦油及萘等杂质堵塞,排水管与循环管的直径应适当加大。

(3)放散管　放散管是一种专门用来排放管道内部的空气或燃气的装置。在管道投入运行时利用放散管排出管内的空气,在管道或设备检修时,可利用放散管排放管内的燃气,防止在管道内形成爆炸性的混合气体。放散管设在阀门井中时,在环网中阀门的前后都应安装,而在单向供气的管道上则安装在阀门之前。

(4)阀门与阀门井　阀门是用于启闭管道通路或调节管道介质流量的设备。因此要求阀体的机械强度高,转动部件灵活、密封部件严密耐用。阀门的种类很多,燃气管道上常用的有球阀、闸阀、截止阀、蝶阀、旋塞及聚乙烯(PE)球阀等。

为保证管网的安全与操作方便,地下燃气管道上的阀门一般设置在阀门井中。阀门井应坚固耐久,有良好的防水性能,并保证检修时有必要的空间。考虑到人员的安全,井筒不宜过深。对于直埋设置的阀门,不设阀门井。

10.2.3 燃气设备

(1)燃气灶具 燃气灶是使用最广泛的民用燃气设备。灶中燃气燃烧器一般采用的是引射式燃烧器,其工作原理是有压力的燃气从喷嘴喷出,在燃烧器引射管的入口处形成负压,引入一次空气,燃气与空气混合,在燃烧器头部已混合的燃气、空气流出火孔燃烧,在二次空气加入的情况下完全燃烧放热。

燃气灶的形式很多,有单眼灶、双眼灶、多眼灶等。常见的厨房燃气灶多为双火眼燃气灶,它由炉体、工作面和燃烧器三部分组成,灶面采用不锈钢材料,燃烧器为铸铁件。各种燃气灶对应于液化石油气、人工燃气及天然气的不同型号。

(2)燃气壁挂炉 天然气作为一种优质高效的清洁能源,越来越受到各国的重视。在我国北方,天然气的应用使得燃气锅炉、直燃机、家用壁挂炉等形式的采暖设备得到了越来越广泛的应用。家用壁挂炉以单一家庭住宅为单位,采用同一台热源来满足生活热水和采暖的要求,具有安全舒适、调控方便、节约投资、热损失少、能效高、维修及计量方便等优点。

燃气壁挂炉为面积较小的单元住宅或别墅单独供暖,可同时实现采暖和生活热水双路供应。加装室内温控器后,可以任意调节不同居室的温度;家中无人时,只需调低温度,确保循环水不冻;加装定时器,可预设启动时间;可省去锅炉房、热网等费用,减少环境污染,也可实现计量供热。同时,燃气壁挂炉的燃烧技术已经把排烟温度降到烟气露点附近,尽量充分利用烟气的显热和水蒸气的潜热,能显著提高热效率、降低排烟损失以及酸性气体的排放。燃气壁挂炉具有良好的经济性、便利性和环保性,得到了较为顺利的推广和应用。

(3)燃气热水器 燃气热水器是另一类常见的民用燃气设备,是一种局部热水供应系统的加热设备。热水器的燃气额定工作压力和使用同种燃气的灶具相同。

燃气热水器按其构造可分为容积式和直流式两类。家用燃气热水器一般为快速直流式。容积式燃气热水器是一种能储存一定容积热水的自动加热器。其工作原理是通过调温器、电磁阀和热电偶联合工作,使燃气点燃和熄灭。

(4)燃气计量表 燃气计量表是计量用户燃气消费量的装置。燃气计量表有代表性的是皮膜式燃气计量表,燃气进入计量表时,表中的两个皮膜袋轮换接纳燃气气流,皮膜的进气带动机械传动机构计数。

居民住宅燃气用户的计量表一般安装在厨房内。为了便于管理,不少地区已采用在表内增加 IC 卡辅助装置的气表,使计量表读卡交费供气,成为智能化仪表。

➤ 10.3 燃气系统的形式

10.3.1 燃气系统的组成及分类

10.3.1.1 燃气系统的组成

城镇燃气管网系统一般由下列几部分组成：

(1)各种压力的燃气管网；

(2)用于燃气输配、储存和应用的燃气分配站、储气站、压送机站、调压计量站等各种站室；

(3)监控及数据采集系统。

10.3.1.2 燃气管道及其类型

燃气管道的作用是为各类用户输气和配气。其分类如下：

(1)根据管道材质分类：分为钢燃气管道、铸铁燃气管道、塑料燃气管道和复合材料燃气管道。

(2)根据输气压力分类：分为四种（高压、次高压、中压、低压）七级（高压 A、B，次高压 A、B，中压 A、B、低压），具体分类见下表 10.2。

表 10.2 城镇燃气设计压力（表压）分级

名称	压力/MPa		名称	压力	
高压燃气管道	A	$2.5<P\leqslant4.0$	中压燃气管道	A	$0.2<P\leqslant0.4$
	B	$1.6<P\leqslant2.5$		B	$0.01<P\leqslant0.2$
次高压燃气管道	A	$0.8<P\leqslant1.6$	低压燃气管道	$P<0.01$	
	B	$0.4<P\leqslant0.8$			

(3)根据敷设方式分类：分为埋地燃气管道和架空燃气管道。一般在城市中常采用埋地敷设，而在工厂区内、特殊地段或通过某些障碍物时，为了管理方便常采用架空敷设。

(4)根据用途分类：分为长距离输气管道、城镇燃气管道和工业企业燃气管道。长距离输气管道的干管及支管末端连接城市或大型工业企业，作为供应区的气源点；城镇燃气管道包括分配管道、用户引入管和室内燃气管道；工业企业的燃气管道包括工厂引入管和厂区燃气管道、车间燃气管道及炉前燃气管道。

10.3.2 城镇燃气管网系统形式

10.3.2.1 城镇燃气管网系统形式

城镇燃气输配系统的主要部分是燃气管网，根据所采用的管网压力级制不同可分为以下几种形式：

（1）一级系统　仅用一种压力级制的管网来分配和供给燃气的系统,通常为低压或中压管道系统。一级系统一般只适用于小城镇的供气。当供气范围较大时,输送单位体积燃气的管材用量将急剧增加。

（2）二级系统　由两种压力级制的管网来分配和供给燃气的系统。设计压力一般为中压 B–低压或中压 A–低压等。

（3）三级系统　由三种压力级制的管网来分配和供给燃气的系统。设计压力一般为高压–中压–低压或次高压–中压–低压等。

（4）多级系统　由三种以上压力级制的管网来分配和供给燃气的系统。燃气输配系统中各种压力级制的管道之间应通过调压装置连接。

10.3.2.2　城镇燃气管网系统举例

（1）低压一级管网系统　如图 10.1 所示。燃气由气源厂进入低压储气罐,然后经稳压器,最后进入低压管网。

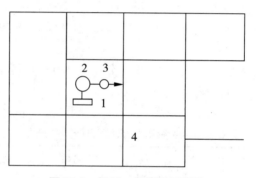

图 10.1　低压一级管网示意图

1–气源厂;2–低压储气罐;3–稳压器;4–低压管

低压一级管网系统的特点是:输配管网单一、系统简单、维护管理容易;无须压送费用或只需少量的压送费用,当停电或压送机故障时,基本上不妨碍供气,供气可靠性好;对于供应区域大或供应量大的城镇,则需敷设较大管径的管道,因而不经济。因此,低压一级管网系统一般只适用于供应区域小、供气量不大的小城镇。

（2）中压（A 或 B）–低压二级管网系统　图 10.2 为中压 B–低压二级管网系统。低压气源厂和储气柜供应的燃气经压送机加至中压,由中压管网输气,再通过区域调压器调至低压,由低压管道供给燃气用户。一般在系统中设置储配站,用以调节小时用气不均匀性。

中–低压二级管网系统的特点是:因输气压力高于低压一级管网系统,输气能力较大,可取较小的管径输送较多数量的燃气以减少管网投资费用;只要合理地设置中–低压调压器,就能维持比较稳定的供气压力;管网系统有中压和低压两种压力级别,而且设有压送机和调压器,因而维护管理复杂,运转费用较高;由于压送机运转需要动力,一旦储配站停电或其他事故,将会影响正常供应。

因此,中–低压二级管网系统适用于供应区域较大,供气量较大,且采用低压一级管网系统不经济的大中型城镇。

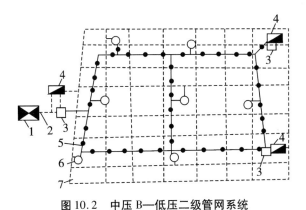

图 10.2 中压 B—低压二级管网系统

1-气源厂;2-低压管道;3-压送机站;4-低压储气罐站

5-中压 B 管网;6-区域调压室;7-低压管网

（3）三级管网系统　图 10.3 为次高-中-低压三级管网系统。次高压燃气从气源厂或城市的天然气接收站（天然气门站）输出,由次高压管网输气,经次高-中压调压器调至中压,输入中压管网,再经中-低压调压器调成低压,由低压管网供应燃气用户。一般在燃气供应区域内设置储气柜,用以调节小时不均匀性,但目前国外多采用管道储气调节用气的不均匀性。

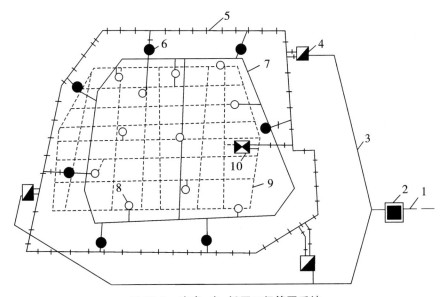

图 10.3 次高-中-低压三级管网系统

1-长输管线;2-天然气门站或气源厂;3-郊区次高压管道;4-储气罐站;5-城市次高压管网;

6-次高-中压调压站;7-中压管网;8-中-低压调压站;9-低压管网;10-煤气厂（低压）

（4）多级管网系统　图 10.4 为某特大型城市的多级管网系统。其气源是天然气,该城市的供气系统用地下储气库、高压储气罐站以及长输管线储气,天然气通过几条长输管线进入城市管网,两者的分界点是城市燃气配气站(门站),天然气的压力在该站降到 2.0 MPa,进入城市外环的高压管网。该城市管网系统的压力分为五级,即低压、中压 A、中压 B、次高压 B、和高压 B,各级管网分别组成环状。

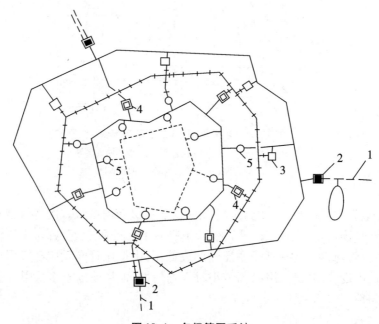

图 10.4　多级管网系统

1–长输管线;2–城市燃气配气站(门站);3–调压计量站;4–储气罐站;5–调压站

上述几种管网系统中,均采用的是区域调压站向低压环网供气的方式。此外,也可不设区域调压室,而在各街坊内设调压装置或设楼栋调压箱,向居民和公共建筑用户供应低压燃气。在有些国家允许采用中压或更高压力的燃气管道进户的供气方式,将调压器设在楼内或用气房间内,燃气经降压后直接供燃具使用。

10.3.3　室内燃气供应系统

10.3.3.1　管道供应的室内燃气系统

(1)居民用户的室内燃气系统　燃气管道进入居民用户有中压进户和低压进户两种方式,其室内燃气系统的构成大同小异。我国主要采用低压进户方式。

居民用户的室内燃气系统一般由用户引入管、水平干管、立管、用户支管、燃气计量表、燃气用具连接管和燃气用具组成。中压进户时,还设有调压(减压)装置。图 10.5 为某居民住宅楼室内燃气系统示意图。

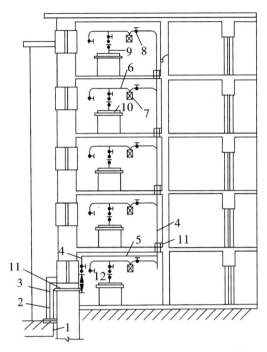

图 10.5　某居民住宅楼室内燃气系统示意图

1-燃气引入管;2-转台;3-保温层;4-燃气立管;5-燃气干管;6-燃气支管;7-
燃气计量表;8-表前阀;9-灶具连接管;10-灶具;11-保护套管;12-燃气热水
器接口

265

用户引入管一般指距建筑物外墙 2 m 起到进户总阀门的这段燃气管道。用户引入管与城镇管网或庭院低压分配管道连接,把燃气引入室内。用户引入管末端设进户总阀门,用于室内燃气系统在事故或检修情况下关闭整个系统。进户总阀门一般设置在室内,对重要用户应在室外另设阀门。

水平干管是指当一根用户引入管连接多根立管时,各立管与引入管的连接管。水平干管一般敷设在楼梯间或辅助房间的墙壁上。

燃气立管是多层或高层居民住宅的室内燃气分配管道,一般敷设在厨房内或走廊内。当系统较复杂时,还可设总立管,由总立管引出到用户立管,再进户内。

用户支管从燃气立管引出,连接每一户居民的室内燃气设施。用户支管上应设置旋塞阀(俗称表前阀)和燃气计量表。表前阀用于事故或检修情况下关断该居民用户的燃气管路,燃气计量表用于计量该用户的用气量。

燃气用具连接管指连接用户支管与燃气用具的管段,由于该管段一般为垂直管段,因此也称下垂管。在用具连接管上,距地面 1.5 m 左右装有旋塞阀(俗称灶前阀),用于关闭燃气用具的气源。

中压进户和低压进户的室内燃气系统差别不大。中压进户时,只是在用户支管上的旋塞阀与燃气计量表之间加装一用户调压器(或其他减压装置),以调节燃气用具前的燃气压力为低压。

（2）商业用户的室内燃气系统　商业用户的室内燃气系统一般由用户引入管、阀门、水平干管、燃气计量表、燃气用具连接管和燃气用具组成。图 10.6 为某机关食堂室内燃气系统。

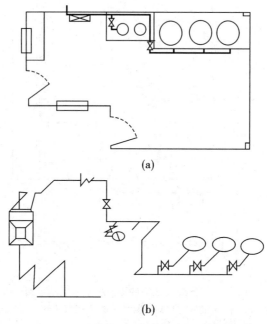

图 10.6　某机关食堂室内燃气系统
（a）平面图；（b）系统图

商业用户根据其燃气用具及用气量大小的不同，也有中压进户和低压进户两种情况，二者的区别是中压进户时在表前加装用户调压器（或其他减压装置）。

（3）工业用户的室内（车间）燃气系统　工业用户的燃气用量一般较大，燃气用具种类多、数量大，有的还需用高、中压燃气，因此其燃气系统较为复杂。

工业用户的燃气用量一般由城镇燃气分配管网通过专用调压室引入，然后通过厂区燃气管道进入用气车间。车间燃气系统一般由车间引入管、总阀门、用气计量装置、燃气用具连接管和燃气用具等组成，但其计量装置有时需设在单独的房间内，有时还须设有防爆系统、安全切断阀、放散管等安全装置，当进车间的燃气为低压而燃气用具为高、中压时，还要设升压装置。图 10.7 为某工厂车间燃气管网系统。

10.3.3.2　瓶装液化石油气供应的室内燃气系统

瓶装液化石油气的供应方式有单瓶供应、双瓶供应和瓶组供应三种。瓶组供应时用户的室内燃气系统与前述管道供应完全相同，本处只介绍单瓶供应和双瓶供应方式。

（1）液化石油气单瓶供应的室内燃气系统　单瓶供应系统由钢瓶、调压器（也称减压阀）、燃具和连接管所组成。一般钢瓶置于厨房内，使用时打开钢瓶角阀，液化石油气借本身压力（一般在 0.3~0.7 MPa）经过调压器，压力降至 2500~3000 Pa 进入燃具燃烧。单瓶供应系统设备简单，使用方便、灵活，常用于居民用户和用气量较小的商业用户。

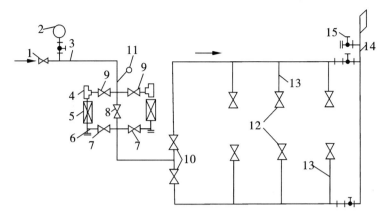

图 10.7 某工厂车间燃气管网系统

1-车间入口的阀门;2-压力表;3-车间燃气管道;4-过滤器;5-燃气计量表;
6-丝堵;7-表后阀;8-旁通阀;9-表前阀;10-车间燃气分支管阀门;11-温度计;
12-用气设备总阀门;13-支管;14-放散管;15-取样管

（2）液化石油气双瓶供应的室内燃气系统 双瓶供应系统由两个钢瓶、调压器、金属管道、燃具和连接管所组成。双瓶供应时，其中一个钢瓶工作而另一个为备用瓶。当工作瓶内液化石油气用完后，备用瓶开始工作，空瓶则用实瓶替换。如果两个钢瓶中间装有自动切换调压器，当一个钢瓶中的气用完后能自动接另一个钢瓶。

双瓶供应时，钢瓶多置于室外，一般放在薄钢板制成的箱内，箱门上有通风的百叶窗，也可用金属罩把钢瓶顶部遮盖起来。箱的基础（或瓶底座）用不可燃材料做成，基础高出地面应不小于 10 cm。

双瓶供应系统的优点是能保证用户不间断用气，但因钢瓶设置于室外，气化不够完全，残液量大，气温低时这一缺点尤为突出。

➢ 10.4 燃气工程安装

10.4.1 室外燃气系统安装

10.4.1.1 室外燃气管道安装

（1）室外燃气管道安装工艺流程 埋地燃气管道安装工艺流程包括测量定位放线、开挖沟槽、管道排放及对口连接、试压检漏、除锈防腐、回填土等。

架空燃气管道与埋地管道相比，不需要开挖沟槽和回填土，减少了土方工程量，但增加了支架的制作与安装工程量，并需搭拆脚手架。此外，埋地管道一般用沥青涂层防腐，而架空管道则用油漆涂层防腐。

（2）埋地金属管道安装 在沟槽施工完毕及管道下沟前，将管内塌方土、石块、雨水、油污和积雪等清除干净，检查管沟或涵洞深度、标高和断面尺寸是否符合设计要求。石方段的管沟,松软垫层厚度应不小于 300 mm,且沟底应平坦、无石块方可下管。下管方式可分为集中下管、分散下管和组合下管。集中下管是将管道集中在沟边某处统一下沟,再在沟内将管子运到需要的位置。分散下管是沿沟边顺序排列,一次下管。组合吊装是将几根管子在地面上连接成一定长度,然后下管。

管道下沟的方法,可根据管子直径与种类、沟槽深度、现场环境及施工机具等情况确定。当管径较大时,应尽量采用机械下管。机械下管时,必须用专用的尼龙吊具,起吊高度以 1 m 为宜。将管子起吊后,由人拉住管两端绑好的绳索,随时调整方向并防止管子摆动,转动起重臂,使管子移至管沟上方,然后轻放至沟底。起重机的位置应与沟边保持一定距离,以免沟边土壤受压过大而发生塌方。当道路狭窄,周围树木、电线杆较多时或管径较小时,可采用人工下管。

1)钢管安装:钢管下管前,先将管道焊接成一定长度,再下地沟。管道焊接通常采用滚动焊接,每段管长度由管径大小及下管方式决定,通常以 30~40 m 长为宜,否则易造成移动困难,也不应在下管时管道弯曲过大而损坏管道或防腐层。由于煤焦油磁漆覆盖层防腐的钢管不允许滚动焊接,所以只能将每根钢管放在沟内采用固定焊接。管道焊接完毕,在回填前需用电火花检漏仪进行全面检查。

2)铸铁管安装:铸铁管下沟方法与钢管基本相同,应尽量采用起重机下管。当人工下管时,多采用压绳法下管。对输送天然气的管道,因天然气经脱水后不含水分,为干式输送,管道的坡度随地形而定,要求不严格。当气体为人工湿煤气,输送过程中会产生大量冷凝水,管道敷设就应具有一定坡度,并需设排水器,以排放管内冷凝水。地下人工煤气管道的坡度规定,中压管不小于 0.03,低压管不小于 0.04,在施工时应根据设计与地下障碍物的实际情况,对管道的实际敷设坡度综合考虑,保持坡度均匀变化且不小于规定坡度要求。管道敷设的坡度方向由支管坡向干管,再由干管的最低点用排水器将水排出,所有管道严禁反坡敷设。

(3)非金属管道安装 PE 管只能埋地敷设,严禁用作地上管道。埋设在车行道下的,管顶最小覆土厚度应不小于 0.8 m;埋设在非车行道下时,应不小于 0.6 m;埋设在水田下时,宜不小于 0.8 m。当采取适当可靠的防护措施后,上述规定可适当降低。

PE 管不得从建筑物和大型构筑物的下面穿越;不得在堆积易燃、易爆材料和具有腐蚀性液体的场地下穿越;不得与其他管道或电缆同沟敷设;不宜直接穿越河底;与供热管道之间及与其他建筑物、构筑物的基础或相邻管道之间的水平净距应满足有关规范要求;管道的地基宜为无尖硬土石和无盐类原土层,否则,应铺垫细砂或细土。凡可能引起管道不均匀沉降的地段,其地基应进行处理或采取其他防沉降措施;管道不宜直接引入建筑物内或直接引入附属在建筑物墙上的调压箱内,当直接用 PE 管引入时,穿越基础或外墙以及地上部分的管道必须采用硬质套管保护。

10.4.1.2 室外燃气管道附件与设备安装

(1)阀门安装 阀门安装前应该对阀门进行检查、清洗、试压、更换填料和垫片。埋地燃气管道的阀门一般设在阀门井内,以便定期检修和启用操作。阀门井有方形与圆形,常用砖或钢筋混凝土砌筑,底板常为钢筋混凝土,顶板通常为钢筋混凝土预制板。

燃气钢管上的阀门后一般连接波形补偿器,阀门与补偿器可预先组对,组对时应使阀门和补偿器的轴线与管道轴线一致,并用螺栓将组对法兰紧固到一定的程度后,进行管道与法兰的焊接。最后加入法兰垫片把组对法兰完全紧固。

铸铁燃气管道上的阀门安装前,应先配备与阀门具有相同公称直径的承盘或插盘短管,以及法兰垫片和螺栓,并在地面上组对紧固后,再吊装至地下与铸铁管道连接,其接口最好采用柔性接口。

(2)补偿器安装 补偿器与管道或阀门的连接采用法兰连接,垫片选用橡胶石棉板,安装时,垫片两面涂抹黄油密封,螺栓两端应加垫平垫圈。波形补偿器一般水平安装,其轴线应与管道轴线重合,安装时应根据补偿零点温度来定位,如安装时环境温度高于或低于补偿器零点温度,应予拉伸或压缩,波形补偿器内套有焊缝的一端,应安装在燃气流入端。

(3)排水器安装 排水器安装时,由于排水管和循环管的管径较小,且管壁薄,易弯折,一般采用套管加以保护,并用管卡固定连接以增加刚性。套管需做防腐绝缘层保护。排水装置的接头采用螺纹连接,排水装置与凝水罐的连接可根据不同的管材分别采用焊接、螺纹连接或法兰连接。排水装置顶端的阀门和丝堵因经常启闭和维护,需外露并用井室加以保护。

(4)调压设备安装 当燃气的供气压力与用户使用压力不同时,需要设置调压站、调压柜或专用调压装置。当燃气直接由中压管网(或次高压管网)经用户调压器降至燃具正常工作所需的额定压力时,常将用户调压器装在金属箱内,挂在墙上。

10.4.2 室内燃气系统安装

10.4.2.1 室内燃气管道和阀门安装

(1)室内燃气管道安装的一般规定 建筑物内部的燃气管道应明装,当建筑和工艺有特殊要求时,可暗装,但应便于安装和检修。具体要求如下:

1)明装管道:燃气管道从地面到管道底部的敷设高度,在人行走的地方,水平管道净高应不小于 2.2 m;在有车通行的地方,应不小于 4.5 m;沿墙、柱、楼板和加热设备构架上明设的燃气管道,应采用支架、管卡或吊卡固定。

2)暗装管道:立管可安装在管槽或管道井中,水平管可吊装在顶棚或管沟内。暗装燃气管道的管槽应设有活动门和通风孔,管沟应设活动盖板并填充干砂。管道的引进、引出处应设套管,套管应伸出地面 50 ~ 100 mm,两端应采用柔性防水材料密封。暗装燃气管道与空气、给水、热力管道一起敷设在管道井、管沟或设备层中时,燃气管道应采用焊接。

3)室内燃气管道不得穿过易燃、易爆品仓库及配电间、变电室、电缆沟、烟道和进风道等处;穿过楼板、楼梯平台、墙壁和隔墙时应安装在套管中。严禁将燃气管道引入卧室。

4)燃气管道需考虑在工作环境温度下的极限变形。当自然补偿不满足要求时应设补偿器。高层建筑燃气立管应有承重支撑和消除燃气附加压力的措施。

5)地下室内燃气管道应敷设在其他管道的外侧。燃气管道末端应设放散管,并应引至地上。放散管的出口位置应保证吹扫放散时的安全和卫生要求。

269

6)工业企业用气车间、锅炉房以及大中型用气设备的燃气管道上应设管口高出屋脊 1 m 以上的放散管,并应采取措施防止雨雪和放散物进入管道。当建筑物位于放雷区之外时,放散管的引线应接地。

7)燃气燃烧设备与燃气管道的连接宜采用硬管连接,当采用软管连接时,应符合下列要求:家用燃气灶和试验室内的燃烧器,连接软管长度应不大于 2 m,并不应有接口;工业生产用的需要移动的燃气设备,连接软管长度应不大于 30 m,且接口应少于 2 个;燃气用软管应采用耐油橡胶管;软管与燃气管道、接头管、燃烧设备的连接处,应采用压紧螺母或管卡固定;软管不得穿墙、窗和门。

8)室内燃气管道和电气设备、相邻管道之间的净距不应小于表 10.3 规定值。

表 10.3　燃气管道和电气设备、相邻管道之间的距离

管道和设备		与燃气管道的净距/cm	
		平行敷设	交叉敷设
电气设备	明装的绝缘电线或电缆	25	10(注)
	明装的或放在管子中的绝缘电线	5	1
	电压小于 1 kV 的裸露电线的导电部分	100	100
	配电盘或配电箱	30	不允许
相邻管道	—	应保证燃气管道和相邻管道安装维修	2

注:当明装电线与燃气管道交叉净距小于 10 cm 时,电线应加绝缘套管。绝缘套管的两端应各伸出燃气管道 10 cm。

(2)室内燃气管道的安装程序　室内燃气管道的具体安装程序如下:

1)施工准备:管道施工前应做好必要的准备工作,以确保工程进度及质量。施工准备工作主要包括熟悉图纸、现场勘测、设计交底、核查材料的数量和质量、准备施工机械等,然后根据设计要求及有关施工规范、规程,结合现场具体情况制定施工方案。

2)测量放线:根据施工图纸将室内管网各部位,尤其是管件、阀门和管道穿越的准确位置等标注在墙面或楼板上。

3)绘制安装草图:按放线位置准确地测量出管道的构造长度,并绘制安装草图。测绘时应使管子与墙面保持适当的距离,如遇错位墙可采用弯管过度。

4)剔凿孔眼:测量放线工作完成后,根据安装草图确定出管道穿墙、楼板的位置,经核查孔眼位置无误后,进行剔凿孔眼。

5)配管:根据安装草图,对管子进行下料、切割、套丝、调直、煨弯等,然后将不同形状和不同构造长度的管段配置齐全,并在每一端配置相应的管件或阀门,以备安装使用。

6)管道及附件的安装:室内燃气管道的安装顺序一般是按照燃气的流程,从总立管开始,逐段安装连接,直至灶具支管的灶具控制阀。燃气表使用连通管临时接通,压力试验合格后,再把燃气表与灶具接入管网。

7)管道固定:管子安装后应牢固地固定于墙体上。对水平管道可采用托钩或固定托

卡,对立管可采用立管卡或固定卡。托卡间距应保证最大挠度时不产生倒坡。立管卡一般每层楼设置一个。

(3)引入管安装 引入管用于连接庭院和室内燃气管道,一般从室外直接进入厨房。如果直接引入有困难,可从楼梯间引入,然后进入厨房。此时,引入管阀门宜设在室外。引入管阀门应选用快速切断阀。当地上低压燃气引入管的直径小于或等于75 mm时,可在室外设置带丝堵的三通。

引入管有地上引入和地下引入两种方式。地上引入适用于温暖地区。引入管在室外伸出地面,穿墙进入室内。对于底层是非住宅的建筑物,引入管往往从二楼以上引入,成为高架引入,在距地面0.5~0.8 m左右。上下立管轴线应错开,加一段水平管。地下引入适用于寒冷地区。

引入管的埋设深度应在土壤冰冻线以下,并应有不小于0.01且坡向庭院的坡度。地下弯管应使用煨弯管,其弯曲半径大于或等于管径的4倍,地下部分应做好防腐工作。引入管在穿建筑物基础或墙体时应设套管,套管与燃气管道之间的间隙不小于6 mm,对尚未完成沉降的建筑物,上部间隙应大于建筑物预计的最大沉降量,套管和燃气管道之间用沥青油麻填塞,并用热沥青封口。高层建筑自重较大,沉降显著,为避免破坏引入管,需装设伸缩补偿接头,伸缩补偿接头有波纹接头、套筒接头和铅管接头。

(4)立管安装 立管穿过楼板处应设套管,套管的规格应比立管大两号。套管内不应有接头,套管上部应高出地面50~100 mm,管口做密封。套管下部应与楼板平齐,套管外部用水泥砂浆固定在楼板上。立管上下端应设有堵丝,每层楼内至少应有1个固定卡子。高层建筑的立管长、自重大,需在立管底端设置支墩支撑。为补偿温差变形,需设置挠性管或波纹补偿装置。

(5)干管安装 干管是水平方向连接各立管的管段。干管通过门厅及楼梯间,距地安装高度应不小于2 m。穿墙部分的燃气管道不允许有接头,管外应有穿墙套管。每隔4 m左右安装1个支架,管道应有不小于0.003的坡度,干管中部不能有存水的凹陷地方,且距房顶的净距应不小于150 mm。

(6)支管安装 支管是每个用户连接立管的管段,管径一般15~20 mm,用三通与立管相连。水平支管距离厨房地面应不小于1.8 m,上面装有燃气表及表前阀门。每根支管两端应设托钩。

(7)用户立管安装 用户立管是水平支管与灶具之间的垂直管段。管径为15 mm,灶前下垂管上至少应设1个管卡,若下垂管上装有燃气嘴,则需设2个管卡。

(8)阀门安装 燃气系统阀门应具有密封性好、强度可靠和耐腐蚀等特性。

1)进户总阀门安装:管径40~70 mm的采用球阀,螺纹连接,阀后装活接头。管径大于80 mm的采用法兰闸阀。总阀门一般装在离地面0.3~0.5 m的水平管上,水平管两端用带丝堵的三通,分别与穿墙引入管和户内立管相连。总阀门也可装在离地面1.5 m的立管上。

2)表前阀安装:额定流量小于3 m³/h的家用燃气表,表前阀门采用接口式旋塞。安装在离地面2 m左右的水平支管上。

3)灶前阀安装:当用钢管和灶具硬连接时,可采用接口式旋塞。当用胶管与灶具软

连接时,可用单头或双头燃气旋塞。软连接的灶前燃气旋塞,距离燃具台板应不小于
0.15 m,距地面应不小于 0.9 m。

4)隔断阀安装:为了在较长的燃气管道上能够分段检修,可在适当位置设隔断阀。
在高层建筑的立管上,每隔 6 层应设 1 个隔断阀。隔断阀一般选用球阀,阀后应设有活
接头。

10.4.2.2 燃气表和用气设备安装

(1)燃气表安装 燃气计量表的选择应考虑燃气的性质、工作压力、最大流量、最小
流量以及环境温度等条件,并能累积计量燃气的流量。

燃气表的安装应依据以下原则:

1)每个居民用户安装一个燃气表,其他用户应至少每个计费单位安装一个燃气表。

2)燃气表宜安装在非燃结构且通风良好的室内。

3)燃气表严禁安装在卧室、浴室、危险品和易燃品堆放处及上述情况类似的地方。

4)商业和工业用户的燃气表,宜设在单独的房间内。

5)皮膜表的工作环境温度:人工燃气和天然气应高于 0 ℃,液化石油气应高于其露
点温度。

6)安装位置应满足抄表、检修、保养及安装的要求。

(2)燃气灶具安装 安装灶具时根据灶具连接管的材质分硬连接和软连接,硬连接
的灶具连接管为钢管,软连接的灶具连接管为金属可挠性软管或橡胶软管。灶具背面与
墙净距不小于 0.1 m,侧面与墙净距不小于 0.2 ~ 0.25 m。若墙面为易燃材料时,必须加
设隔热防火层,突出灶板两端及灶面以上不小于 0.8 m,同一厨房内安装一台以上灶具
时,灶与灶之间的净距不小于 0.4 m。安装灶具的平台应采用难燃材料,灶台高度一般为
0.65 ~ 0.7 m。

商业用户燃气用具主要有钢结构组合燃具、混合结构燃具以及砖砌结构燃具三类。
其特点是用气量较大、组件较多、要求的压力也不相同,因此应按设计要求来安装,用气
房间应有良好的通风和自然采光条件。商业用户计量装置宜设置在单独的房间内,且房
间内不应有潮湿、腐蚀性物品,在用气房间内,应有燃气泄漏报警装置,房间进气总管上
应设有联动电磁切断阀,用气设备之间及用气设备与对面墙之间的净距应满足操作和维
修的要求。

(3)燃气热水器安装 燃气热水器应设在通风良好的厨房或单独的房间内,当条件
不具备时,也可设在通风良好的过道内,不宜装在室外。安装直排式热水器的房间外墙
或窗的上部应有排气扇或百叶窗,安装烟道式热水器的房间外墙口应有供、排气接口,房
间或墙的下部应预留断面积不小于 0.02 m² 的百叶窗,或门与地面之间留有高度不小于
30 mm 的间隔,直排式热水器严禁安装在浴室里,热水器前的空间宽度应大于 0.8 m,必
须操作方便、不易被碰撞,热水器的高度一般应距离地面 1.5 m。热水器应安装在耐火的
墙壁上,外壳距墙的净距不得小于 20 mm,若安装在非耐火墙壁上应垫隔热板,隔热板的
每边应比热水器外壳尺寸大 100 mm,燃气热水器与燃气表、燃气灶的水平净距不得小于
30 mm。

思考题

1. 按来源不同,燃气系统可分为哪几类?

2. 输送燃气的管材有哪几种? 如何选用?

3. 常用的燃气设备有哪些?

4. 城镇燃气系统由哪几部分组成? 根据输气压力如何分类?

5. 城镇燃气管网系统形式有哪些?

6. 居民用户的室内燃气系统组成部分有哪些?

7. 燃气管网布置的原则和依据有哪些?

8 室内燃气管道安装有哪些规定? 安装程序有哪些?

 知识点(章节):

燃气组成与分类(10.1.2);输送燃气管材(10.2.1);燃气设备(10.2.3);城镇燃气系统组成及类(10.3.1);城镇燃气管网系统形式(10.3.2);室内燃气供应系统(10.3.3);室外燃气系统安装(10.4.1);室内燃气系统安装(10.4.2)。

11

建筑供配电

➤ 11.1　电力系统的基本概念及组成

11.1.1　建筑电气系统的作用和分类

11.1.1.1　建筑电气的基本作用

建筑电气是建筑设备工程的基本组成之一,从电能的输入、分配、输送和使用上划分,建筑电气有变配电系统、动力系统、照明系统、智能工程系统等。根据建筑物用电设备和系统所传输的电压高低或电流大小,划分为"强电"系统和"弱电"系统。建筑电气系统在建筑物中所起的作用包括:

(1)在相应的建筑空间人为地创造适当的生活和工作环境。如光、温湿度、空气和声音等;

(2)为建筑物内的人们提供生活和工作上的方便条件。如给水、排水系统所需的水泵、垂直运输的电梯、家用电器等所需的能源,电话通信、消防、防盗报警系统等需要的电能供应;

(3)增强安全性。如避雷器、避雷针系统可消除雷电危害,自动防火门、自动排烟、各种自动化灭火系统和设备、消防电梯、事故照明等建筑电气系统和设备能及时消除或控制火灾危害,备用电源、过电流、欠电压、接地和接零等保护措施,可提高电气设备和系统自身的可靠性,避免由于过电流、短路等故障引起对建筑物的危害等;

(4)提高控制性能。根据各种使用要求和随机状况对建筑物内的电气设备系统适时进行有效的控制和调节,在保证建筑物内保持所需环境的同时,减少能量消耗,节省维修管理费用,延长设备使用寿命,可以实现提高建筑物的综合控制性能和管理性能的目的,如消火栓和自动喷水灭火系统中的消防泵自动控制、空调自控系统等,中心调度室把各个局部控制系统通过集中调度协调统一起来,使得综合效果最优。

11.1.1.2　建筑电气对建筑的影响

(1)建筑电气影响建筑项目的审批和建筑规模、等级。供电电源是审批建筑项目的重要内容,供电容量的大小制约着建筑规模,电源的数目和可靠程度影响到建筑物等级的确定。

(2)建筑电气影响建筑功能的发挥。许多建筑功能是靠建筑电气设备的功能性体现的,如电话、报警、有线电视(共用天线电视系统)等。还有许多建筑功能是靠建筑电气设备渲染和加强的。

(3)建筑电气影响建筑的布置。由于不同的建筑电气系统,需要设置不同的建筑电气专用房间,这些房间对建筑布置的要求各不相同,如,变、配电室应布置在首层或地下一层靠外墙部位,电梯机房、有线电视系统前端控制室等要求建在顶层,电话站宜建在一、二层楼道顶端比较安静的地方,消防控制室宜设在建筑物内的首层或地下一层,并要求与其他部位隔开并设置直通室外的安全出口。

（4）建筑电气影响建筑艺术的体现。建筑物除了满足使用的功能性,还应有观赏的艺术性,做到建筑风格协调,表面整齐美观。建筑电气设备的占空性和外露性对实现以上要求常造成许多困难。如架空进户线的铁横担横在外墙面上,遍布各层的配电盘挂在内墙面上,在建筑设计中需做妥善处理。漂亮的吊顶图案配上合适的照明灯具,可使大厅显得富丽堂皇。优美的造型披上节日的彩灯,才能呈现出建筑物在夜色中的魅力。

（5）建筑电气影响建筑使用的安全。由于电气设备具有的故障概率高和隐蔽性等特点,在设计、施工、使用、维护各个环节都应保证安全用电。

（6）建筑电气影响建筑的管理。各种电气自动控制和调节系统为建筑物的灵活管理提供了很大的方便,应用计算机管理在现代建筑智能工程中,是传统建筑技术的巨大飞跃。

（7）建筑电气影响建筑的维护。建筑物内的所有设备包括电气设备以及建筑物本身,都有各自的寿命期。一般说来建筑设备的使用年限要比建筑物的使用年限短,因而在建筑设计中应认真采取有利于电气设备维修更换的技术措施,提高对整个建筑维修的方便性。

11.1.2　电力系统的组成

电力工业在世界各国国民经济发展中都是一个重要的基础产业,它为工业、农业、商业、交通运输和社会生活提供能源,电力既可集中大量生产,又可经济方便地长距离输送,而且能够简单地转换成其他形式的能量。所以,电能是在社会生产和生活中应用很广的一种能源。

发电厂、电力网和电能用户组成的整体称为电力系统。它是一个由电能的生产、输送与分配、消费与控制 3 个子系统构成的不可分割的大系统。

（1）发电厂　发电厂是生产电能工厂,它把非电形式的能量转换成电能。根据所利用的能源不同,分为火力发电厂、水力发电厂、核电站、风力发电站、太阳能发电站等。

（2）电力网　电力网是指不包括发电厂及用电负荷的电力输送与分配网络。电力网可分为输电网和配电网。各级电压输电、变电与配电构成的电力网是电能输送与分配的子系统,包括:各种电压等级的电力线路及变电所、配电所。输电线路的作用是把发电厂生产的电能输送到远离发电厂的城市、工厂和农村。输电线路的额定电压等级为:500、330、220、110、66、35、10（kV）和 380/220 V,电力网电压在 1 kV 及以上的电压为高压,1 kV 以下为低压。民用建筑中常用的是 10 kV。

（3）电能用户　由各种特性的用电负荷组成电能的消耗系统,也称建筑用电系统,可分为动力用电、照明用电、电热用电、工艺用电和弱电系统。动力用电设备把电能转化成机械能,如水泵、风机、电梯等;照明用电设备把电能转化成光能;电热用电设备把电能转化成热能,如电烤箱、电加热器等;工艺用电设备把电能转化成化学能,如电解、电镀等;弱电用电设备把电能转化成信号,如火灾报警控制系统、共用天线电视系统等。

图 11.1 为电力线统示意图。

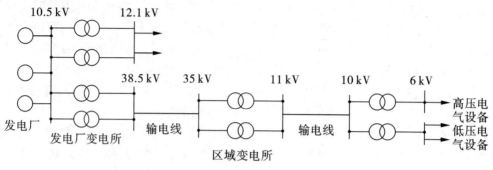

10.5 kV　　　12.1 kV

38.5 kV　　35 kV　　11 kV　　10 kV　　6 kV

发电厂　　发电厂变电所　　输电线　　区域变电所　　输电线　　高压电气设备　低压电气设备

图 11.1　电力系统示意图

另外,为了保证电力系统的经济可靠与灵活运行,现代电力系统必须具备保证系统正常运行和处理异常与事故状态的先进控制手段,这包括电力系统的调度自动化,继电保护和安全稳定控制、电力专用通信网及各电力设备的运行监控系统。这些控制系统也称电力系统的二次系统;是电力系统不可分割的有机组成部分。继电保护是电力系统中的每一个电力设备不可缺少的保护控制装置。当电力系统或电力设备发生故障或出现影响安全运行的异常情况时,继电保护可以及时准确地排除故障和不安全因素。对继电保护的基本要求可概括为可靠性、快速性、选择性、灵敏性等几个方面,它们是紧密联系的,既矛盾又统一,必须在保证电力网安全的基础上协调处理。电力网的安全稳定控制以整个电力系统为保护对象,目的在于防止发生系统性事故,特别是发生大面积恶性停电事故。继电保护与安全自动稳定控制系统的正确动作能保证电力设备和电力系统的安全,但一次错误动作和拒绝动作,往往成为扩大事故或酿成大停电事故的根源,这对继电保护与安全自动稳定控制的技术要求及设备质量提出了特别严格的要求。图 11.2 是电力系统结构示意图。

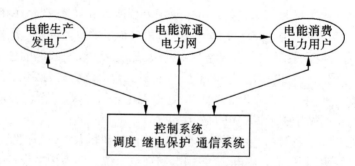

电能生产发电厂　→　电能流通电力网　→　电能消费电力用户

控制系统
调度　继电保护　通信系统

图 11.2　电力系统结构示意图

11.1.3　供电质量体系

供电质量是指供电可靠性和电能质量,电能质量的指标通常是电压、频率和波形,其

278

中尤以电压和频率为重要。电压质量包括电压的偏移、电压的波动和电压的三相不平衡度等。

（1）供电可靠性　供电的可靠性是运用可靠性技术进行定量的分析，从单个元件的不可靠程度到整个系统的不可靠程度，都可以进行计算。但是这些计算需要大量的调查统计资料，鉴于目前在这方面的资料缺乏，因而一般凭经验作定性的判断。

（2）电压等级　根据国家的工业生产水平及电机、电器制造能力，进行技术经济综合分析比较而确定的。我国规定了三类电压标准：

第一类，额定电压值在 100 V 以下，主要用于安全照明、蓄电池、断路器及其他开关设备的操作电源。

第二类，额定电压值在 100 V 以上、1000 V 以下，主要用于低压动力和照明。用电设备的额定电压，直流分 110 V、220 V、440 V 三等，交流分 380 V/220 V 和 220 V/127 V 两等。建筑用电的电压主要属于这一范围。

第三类，额定电压值在 1000 V 以上，主要作为高压用电设备及发电、输电的额定电压。

（3）电压偏移　供电电压偏离（高于或低于）用电设备额定电压的数值占用电设备额定电压值的百分数。室内场所照明为 ±5%；对于远离变电所的小面积一般工作场所，难以满足上述要求时，可为 +5% ~ -10%；应急照明、景观照明、道路照明和警卫照明为 +5% ~ -10%；其他用电设备，当无特殊规定时为 ±5%。

（4）电压波动　用电设备接线端电压时高时低，这种短时间的电压变化称为电压波动。照明和电子设备对电压的波动比较敏感，但电子设备附有稳压电路，其适应性较强；而照明光源的光通则有明显变化，甚至影响正常工作。对常用设备电压波动的范围有所规定，如连续运转的电动机为 ±5%，室内主要场所的照明灯为 -2.5% ~ +5%。

（5）电压频率　在电气设备的铭牌上都标有额定频率。我国电力工业的标准频率为 50 Hz，其波动一般不得超过 +0.5%。在电力工业的发展速度跟不上负荷的增长速度或电力网调频措施不完备时，电网的频率偏差就超过允许值，此时为了保证如电子计算机等重要负荷的正常工作，需要装设稳频装置。

（6）电压的波形　电力系统中交流电的波形从理论上是 50 Hz 的正弦波，但由于大量可控硅整流和变频装置的应用等原因，在电力系统中产生与 50 Hz 基波成整数倍的高次谐波，电压的波形发生畸变，成为非正弦波。高次谐波大大改变了电气设备的阻抗值，造成发热、短路，使设备损坏，电子设备的工作受到干扰。

对供配电系统中的谐波分量的限制，尚未做出规定。一般是尽量限制谐波量的产生，将产生高次谐波的设备与供配电系统屏蔽开。

（7）电压的不平衡度　由于单相负荷在三相系统中不可能完全平衡，因而变压器低压侧和用户端的三个相电压不可能完全平衡。对于单相负荷，接于不同的相上有的可能形成更大的电压偏移；三相电压不平衡可造成电动机转子过热。因此，在设计与施工中应尽量使单相负荷平均地分配在三相中，保证三相电压平衡，以维持供配电系统安全和经济运行，三相电压不平衡程度不应超过 +2%。

电源的供电质量直接影响用电设备的工作状况，如电压偏低使电动机转数下降、灯光昏暗,电压偏高使电动机转数增大、灯泡寿命缩短;电压波动导致灯光闪烁、电动机运转不稳定;频率变化使电动机转数变化,更为严重的是可引起电力系统的不稳定运行,影响照明和各种电子设备的正常工作,故需对供电质量进行必要的监测。

用电设备不合理地布置和运行,也对供电质量造成不良影响。如单相负载在各相内,若不是均匀分配,就将造成三相电压不平衡。

11.1.4 建筑电气系统的基本内容

利用电工学、电子学及计算机科学的理论和技术,在建筑物内部人为创造并合理保持理想的环境,以充分发挥建筑物功能的一切电工、电子、计算机设备和系统,统称为建筑电气系统。电能在建筑物总消耗能源中大约要占80%以上,电能在一般建筑物内早已作为照明、动力和信息传递的主要能源。近年来,由于建筑物向着高层和现代化的方向不断发展,智能化建筑的不断涌现,使得建筑物内部电能应用的种类和范围日益增加和扩大。可以说,当今乃至今后,建筑电气对整个建筑物功能的发挥、建筑布置和结构的选择、建筑艺术的体现、建筑管理的灵活性以及建筑安全的保证等方面都起着重要的作用。

从电能的供入、分配、输送和消费的观点来看,建筑电气系统可分为供配电系统和用电系统两大类。根据用电设备的特点和系统中传送能量的类型,可将用电系统分为电气照明系统、动力系统两种。

(1)供配电系统 从电力系统的概述中我们可以看出,建筑用电属于电力系统末梢的成千上万电力用户之一。接受电力系统输入的电能,并进行检测、计量、变压,然后向建筑物各用电设备分配电能的系统,称为供配电系统。图11.3为供配电系统接线图。

从开关设备到电抗器的全部设备,都是为方便于、有利于系统的运行而加入的,统称为电器。全部电气装置和电器,即供配电系统中的全部设备,统称为电气设备。

用于安装电气设备的柜状成套电气装置称配电柜。其中用于安装高压电气设备的称高压配电柜,如GG1A即为一种高压配电柜的型号,01、55、27是柜内标准接线方案的编号,安装布置高压配电柜的房间称高压配电室。用于安装低压电气设备的称低压配电柜,如BSL-1即为一种低压配电柜的型号,10、27、26是柜内标准接线方案编号,安装布置低压配电柜的房间称低压配电室。变配电室是由高压配电室、变压器室和低压配电室三个基本部分有机组合而成。

(2)电气照明系统 应用可以将电能转换为光能的电光源进行采光,以保证人们在建筑物内正常从事生产和生活活动,以及满足其他特殊需要的照明设施,称为电气照明系统。

电气照明系统由电气和照明两套系统组成。电气系统是由电源、导线、控制和保护设备以及各种照明灯具所组成,其本身属于建筑供配电系统的一部分。照明系统是指光能产生、传播、分配和消耗吸收的系统,一般由电光源、控制器(灯具)、室内空间、建筑内表面、建筑形状和工作面等组成,电气和照明是相互独立又紧密联系的两套系统。图11.4为电气照明系统图。图11.5为电气照明平面图。

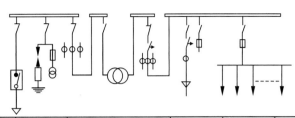

分段母线名称	电 源	高 压 受 电		变 电	低压受电	配 电		
设备数目 开关柜	GG1A	GG1A	GG1A		BSL-1	BSL-1		BSL-1
设备名称	01	55	27		10	27		26
油 开 关	1							
隔 离 开 关	1	1	1					
电压互感器		1						
电流互感器			1		1	3		1
熔 断 器		1						1
避 雷 器		1						
刀 闸					1	3		1
空 气 开 关					1	3		
变 压 器				1				
其 他								

图 11.3 供配电系统接线图

281

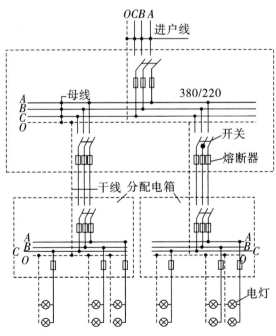

图 11.4 电气照明系统图

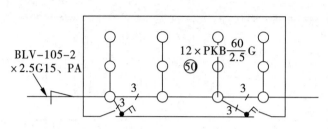

（注：室内布线一律BLV-/105-2×2.5/G15、PA）

图 11.5　电气照明系统图

（3）动力系统　动力系统是指应用可以将电能转换为机械能的电动机拖动水泵、风机、电梯等机械设备运转，为整个建筑物提供舒适、方便的生产和生活条件。维持这些系统工作的机械设备如冷冻机、空调机、送排风机、给排水泵、电梯等，大都靠电动机拖动，因此动力系统实质上就是向电动机配电，以及对电动机进行控制的系统。对各种电动机的配电和控制因电动机类型不同，电动机拖动的设备要求不同，其配电方法和控制要求也各不相同。如建筑内往往有许多消火栓，但却合用一组消火栓水泵，要求从任何一个消火栓处均可启动消火栓水泵，建筑物火灾自动报警系统又应联动控制消火栓水泵。消火栓水泵在建筑内又属重要设备，一般要求有两路电源在消火栓水泵末端自切供电。消火栓水泵的容量一般达几十到上百千瓦，往往又需要采用降压起动方法。因此，对消火栓水泵的供配电及控制就较复杂。

➢ 11.2　建筑供配电系统

11.2.1　概　述

电源可泛指城市电网中的任一点，如变电所的一路出线，一台变压器，一根电杆或一个电缆的∏形接线转接箱。电源将高压 10 kV 或低压 380/220 V 送入建筑物中称为供电。送入建筑物中的电能经配电装置分配给各个用电设备称为配电。选用相应的电气设备（导线，开关等）将电源与用电设备联系在一起组成建筑供配电系统。市网与建筑供配电系统的分界点是个分界开关。分界开关以前部分由供电部门管理，分界开关以及以后部分由建筑用电单位管理，应正确确定分界开关的位置。电源供电应满足设备用电的要求。

建筑供配电系统的接线方式、复杂程度和设备选型，应由用电负荷的大小和重要性决定。

11.2.2　建筑用电负荷

确定建筑供配电系统之前，首先要确定电气负荷的容量，区分各个负荷的类别主级别，这是供配电设计工作的基础。

（1）负荷类别　按照核收电费的"电价规定"，将建筑用电负荷分成如下三类：①照明和划入照明电价的非工业负荷，指公用、非工业用户和工业用户的生活、生产照明用电。②非工业负荷，如服务行业的炊事电器用电，高层建筑内电梯用电，民用建筑中采暖锅炉房的鼓风机、引风机、上煤机和水泵等用电。③普通工业负荷，指总容量不足 320 kVA 的工业负荷，如纺织工业设备用电、食品加工设备用电等。设计时按照不同的负荷类别，将设备用电分组配电，以便单独安装电表，依照负荷的不同电价标准核收电费。

（2）负荷容量　负荷容量以设备容量（或称装机容量）、计算容量（接近于实际使用容量）或装表容量（电度表的容量）来衡量。

所谓设备容量，是建筑工程中所有安装的用电设备的额定功率的总和（kW），在向供电部门申请用电时，这个数据是必须提供的。

在设备容量的基础上，通过负荷计算，可以求出接近于实际使用的计算容量（kW）。对于直接由市电供电的系统，需根据计算容量选择计量用的电度表，用户极限是在这个装表容量（A）下使用电力。

在装表容量小于等于 20 A 时允许采取单相供电。而一般情况下均采用三相供电，这样有利于三相负荷平衡和减少电压损失，同时对使用三相电气设备创造了条件。

（3）负荷级别　电力负荷分级是根据建筑的重要性和对其短时中断供电在政治上和经济上所造成的影响和损失来分等级的，对于工业和民用建筑的供电负荷可分为三级。

1）一级负荷：凡中断供电将造成人身伤亡、在政治上造成重大影响、经济上造成重大损失、使公共场所秩序严重混乱以及对于某些特等建筑如交通枢纽、国家级及承担重大国事活动的会堂、宾馆、国家级大型体育中心、经常用于重要国际活动有大量人员集中的公共场所等为一级负荷，此外，如中断供电将发生爆炸、火灾或严重中毒、影响计算机及计算网络正常工作的一级负荷亦为特别重要负荷。

2）二级负荷：中断供电将造成较大政治影响、较大经济损失、公共场所秩序混乱者为二级负荷。

3）三级负荷：不属于一、二级的电力负荷统为三级负荷。

不同等级用电负荷的建筑物，对供电电源的要求也不同：一级负荷应采用双路独立电源供电，当一个电源发生故障时，另一个电源应不会同时受到损坏。一级负荷中特别重要负荷，除上述双路独立电源外，还必须增设应急电源，并严禁将其他负荷接入应急供电系统。

二级负荷的供电系统，宜由两回线路供电。在负荷较小或地区供电条件困难时，二级负荷可由一回路 6 kV 及以上专用的架空线路或电缆供电。当采用架空线时，可为一回路架空线供电；当采用电缆线路时，应采用两根电缆组成的线路供电，其每根电缆应能承受 100% 的二级负荷。

三级负荷对供电无特殊要求。

11.2.3　电源的引入

电源向建筑物或建筑群内的引入方式的选择，应根据当地城市电网的电压等级、建筑用电负荷大小、用户距电源距离、供电线路的回路数、用电单位的远景规划、当地公共电网现状及其发展规划等因素,经过综合技术经济分析比较后确定。

单幢建筑物、建筑物较小或用电设备负荷量较小(6.6 kW 及以下),而且均为单相、低压用电设备时,可由城市电网的 10/0.38/0.22 kW 柱上变压器,直接架空引入单相 220 V 的电源。

若建筑物较大或用电设备负荷量较(250 kW 及以下),或者有三相低压用电设备时,可由城市电网的 10/0.38/0.22 kV 的柱上变压器,直接架空引入三相四线 0.38/0.22 kV 的电源。

若建筑物很大,或用电设备负荷量很大(250 kW 或供电变压器在 160 kVA 以上),或者有 10 kV 高压用电设备时,则电源供电电压应采取高压供电。

电源引入方式由城市电网的线路敷设方式及要求而定。当供电为架空线路时,宜采用架空引入的方式。在人流较多的场所,出于安全和美观的考虑,可采用电缆引入方式。市网为地下电缆线路时,宜采用电缆引入方式。若此引入电缆并非终端,还需装设 Ⅱ 形接线转接箱将电源引入建筑物。当 10 kV 电源引入建筑物后,通过配电设备直接向高压用电设备配电,同时在建筑物内设变压器室,装置 10/0.38/0.22 kV 的变压器,向照明和低压动力用电设备供电。不能就近获得 10(6)kV 电源,或用电容量和送电距离超过 10(6)kV 电源,或用电容量和送电路距离超过 10(6)供电范围的工业与民用建筑物可采用 35 kV 电压供电。

11.2.4 供配电电压的选择

(1)电压等级 中华人民共和国国家标准规定,供电企业供电的额定频率为交流 50 Hz,低压供电为 220/380 V,高压供电为 10 kV,35 kV,110 kV 和 220 kV。

(2)供配电电压的选择 建筑物内的用户若单相电器设备容量小于 10 kW,就可采用单相供电,即 220 V;若电器设备容量在 100 kW 及以下或需用变压器容量在 50 kVA 及以下可采用三相四线 380/220 V 供电;用电负荷在 250 kW 或需用变压器容量 160 kVA 以上时,可采用 10 kV 高压供电。

11.2.5 低压供电系统接线方案

当引入建筑内部的电源电压为 220 V 或 380/220 V,则为低压供配电系统,如图 11.6 所示。

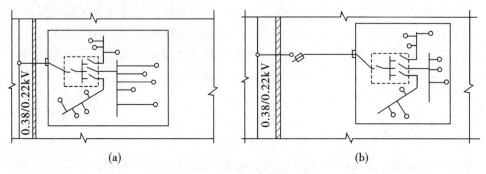

(a)   (b)

图 11.6 低压供配电系统

图(a)的基本组成为接户线、进户线、分界开关、配电支路系统。接户线指市电网电杆至建筑物电源入口铁横担之间的一段线路,一般不应长于25 m。架空进线则应在进线处装避雷器,进户线是指铁横担至建筑物总配电盘之间的室内线路,一般不应长于15 m。系统中分界开关,作为电源供电与用户用电之间的分界点。建筑总配电盘中的受电主开关兼作分界开关。低压供配电系统中的配电支路系统是指通过不同开关和支路,分别向各组用电设备配电。这种系统适用于城市电网距建筑物较近的情况。

图(b)的基本组成为引入线、分界开关、进户线、受电主开关、配电支路。这种系统适用于城市电网离建筑物距离较远的情况。其中受电主开关设于用户院墙内的靠墙处的分界开关箱内。架空进线处也要装避雷器。

供电系统应根据负荷等级,按照供电安全可靠、投资费用较少、维护运行方便、系统简单显明等原则进行选择。

11.2.5.1　单电源供电方案

单电源供电方案见图11.7。

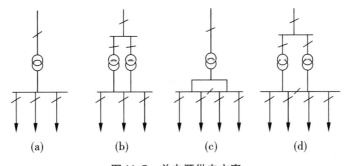

图 11.7　单电源供电方案

(1)单电源、单变压器,低压母线不分段系统,见图11.7(a)。该系统供电可靠性较低,系统中电源、变压器、开关及母线中,任一环节发生故障或检修时,均不能保证供电。但接线简单显明、造价低,可适用于三级负荷。

(2)单电源、双变压器,低压母线不分段系统,见图11.7(b)。该系统中除变压器有备用外,其余环节均无备用。一般情况下,变压器发生故障的可能性比其他元件少得多,故该方案和方案一相比,可靠性增加不多而投资却大为增加,故不宜选用。

(3)单电源、单变压器,低压母线分段系统,见图11.7(c)。仅在低压母线上增加一个分段开关,投资增加不多,但可靠性却比方案一大大提高。故可适用于一、二级负荷。

(4)单电源、双变压器,低压母线分段系统,见图11.7(d)。该方案与方案二有同样的缺点故不予推荐。

11.2.5.2　双电源供电方案

双电源供电方案见图11.8。

(1)双电源、单变压器,母线不分段系统,见图11.8(a)。因变压器远比电源故障和检修次数要少,故此方案投资较省而可靠性较高,可适用于二级负荷。

(2)双电源、单变压器,低压母线分段系统,见图11.8(b)。此方案比方案一设备增加不多,而可靠性明显提高,可适用于二级负荷。

(3)双电源、双变压器,低压母线不分段系统,见图11.8(c)。此方案不分段的低压母线,限制变压器备用作用的发挥,故不宜选用。

(4)双电源、双变压器,低压母线分段系统,见图11.8(d)。该系统中各基本设备均有备用,供电可靠性大为提高,可适用于二、一级负荷。

(5)双电源、双变压器,高压母线分段系统,见图11.8(e)。因高压设备价格贵,故该方案比方案四投资大,并且存在方案三的缺点,故一般不宜选用。

(6)双电源、双变压器,高、低压母线均分段系统,见图11.8(f)。该方案的投资虽高,但供电的可靠性提高更大,适合一级负荷。

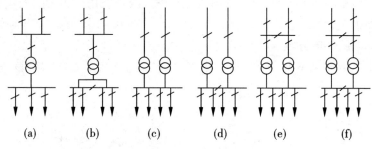

(a)   (b)   (c)   (d)   (e)   (f)

图11.8　双电源供电方案

11.2.6　低压配电系统的接线方式

建筑电气配电系统的接线方式有三种,分别是放射式、树干式和混合式,如图11.9所示。

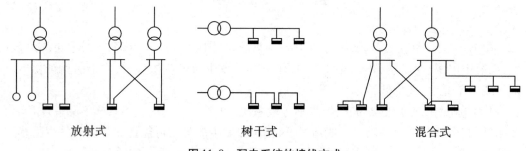

放射式　　　　　　树干式　　　　　　混合式

图11.9　配电系统的接线方式

(1)放射式　放射式配电系统从低压母线到用电设备或二级配电箱的线缆是直通的,供电可靠性高,配电设备集中,但系统灵活性较差,有色金属消耗量较多,一般适用于容量大、负荷集中的场所或重要的用电设备。

(2)树干式　树干式配电系统是向用电区域引出几条干线,供电设备或二级配电箱可以直接接在干线上,这种方式的系统灵活性好,但干线发生故障时影响范围大,一般适用于用电设备分布较均匀、容量不大、又无特殊要求的场所。

(3)混合式　混合式是放射式和树干式相结合的最常用的配电方式。建筑电气的高压配电系统大多采用放射式接线方式,大多采用放射式和树干式相结合的混合式接线方式(图 11.10)。

图 11.10(a)是放射式和树干式(链式)相结合的混合配电方式,从变配电所到一个供电分区采用放射式,而在供电分区内各配电盘之间采用链型的干线式配电;

图 11.10(b)与图 11.10(a)配电方式相同,只是多了一套按树干式布置的备用电源;

图 11.10(c)是两级放射式配电;

图 11.10(d)是采用树干式布置,适用于楼层数量多、负荷大的大型建筑物。

图 11.11 和图 11.12 所示是两个典型配电系统的实例。

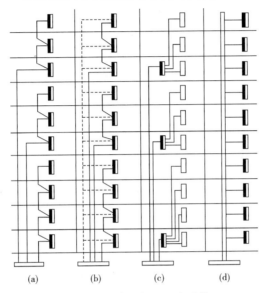

(a)   (b)   (c)   (d)

图 11.10 常用低压配电系统

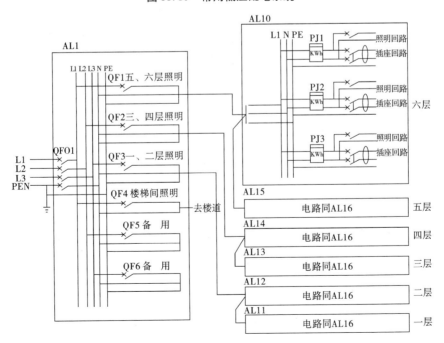

图 11.11 住宅楼低压配电系统图

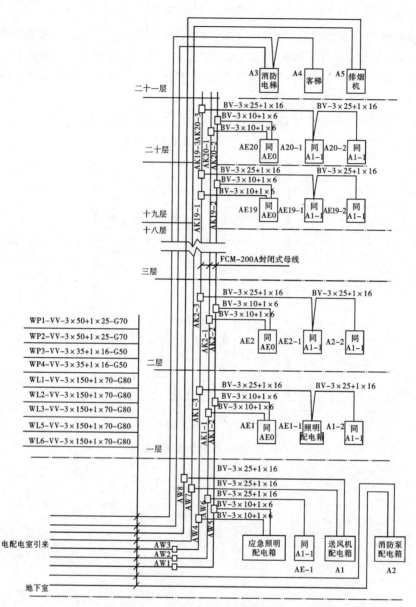

图 11.12　高层建筑配电系统图

➤ 11.3　建筑电气设备及线缆敷设

11.3.1　配电系统主要设备

电气设备按其工作电压可分为高压设备和低压设备(通常以 1000 V 为界)。而在建筑电气系统中,导线在建筑物内用量最大、分布最广,其选择和布置对建筑构造和布置,以及整个建筑物的经济、安全、使用,都有很大影响。

导线是传送电能的基本通路,应按低压配电系统的额定电压、电力负荷、敷设环境及其与附近电气装置、设施之间能否产生有害的电磁感应等要求,选择合适的型号和截面。

11.3.1.1 导线和电缆

导线的导体材料有铝和铜两种。常用导线的型号和用途如表 11.1 所示。

(1)导线的型式

1)裸导线:用于高压架空线路。铝绞线(LJ);铜绞线(TJ)。

2)绝缘导线:常用于室内配电线路。塑料绝缘铜芯、铝芯电线(BV,BLV);橡皮绝缘铜芯、铝芯电线(BX,BLX);氯丁橡胶铜芯、铝芯电线(BXF,BLXF)。

3)电缆:常用于室内和室外埋地线路以及架空线路。聚氯乙烯绝缘及护套铜芯、铝芯电缆(VV,VLV);橡皮绝缘聚氯乙烯护套铜芯、铝芯电缆(XV,XLV);交联聚乙烯绝缘聚氯乙烯护套铜芯、铝芯电缆(YJV,YJLV);油浸纸绝缘铅包铜芯、铝芯电力电缆(ZQ,ZLQ);油浸纸绝缘铅包铜芯、铝芯电力电缆(ZL,ZLL)。

表 11.1 常用的导线适用环境、敷设方式及型号

环境特征	线路敷设方式	常用导线的型号
正常干燥环境	1.绝缘线、瓷珠、瓷夹板或铝皮卡子明配线	BBLX, BIJXF, BLV, BLVV, BLX, BBX, BXF, BV, BVV, BX
	2.绝缘线、裸线、瓷瓶明配线	BBLX, BLXF, BLV, BLX, LJ, BBX, BXF, BV, BX
	3.绝缘线穿管明敷或暗敷	BBLX, BLXF, BLV, BLX, BBX, BXF, BV, BX
	4.电缆明敷或放在沟中	ZLL,ZL,VLV,XLV ,ZLQ
潮湿或特殊潮湿的环境	1.绝缘线瓷瓶明配线(敷设高度大于3.5)	BBLX, BLXF, BLV, BLX, BBX, BXF, BV, BX
	2.绝缘线穿塑料管,厚壁钢管明敷和暗敷	BBLX, BLXF, BLV, BLX, BBX, BXF, BV, BX
	3.电缆明敷	ZLL, VLV, YJV, XLJV
多尘环境(包括火灾及爆炸危险尘埃)	1.绝缘线瓷珠、瓷瓶明配线	BBLX, BLXF, BLV, BLVV, BLX, BBX, BXF, BV, BVV, BX
	2.绝缘线穿钢管明敷或暗敷	BBLX, BIJV, BLXF, BLX, BBX, BV, BXF, BX
	3.电缆明敷设或放在沟中	ZLL,ZL, VLV, YJV, XLV,ZLQ

续表 11.1

环境特征	线路敷设方式	常用导线的型号
有腐蚀性的环境	1. 塑料线瓷珠,瓷瓶明配	BLV,BLVV,BV,BVV
	2. 绝缘线穿塑料管,厚壁钢管明敷和暗敷	BBLX,BLXF,BLV,BV,BLX,BBX,BXF,BX
	3. 电缆明敷	VLV,YJV,ZLL,XLX
有火灾危险的环境	1. 绝缘线瓷瓶明配线	BBLX,BLV,BLX,BBX,BV,BX
	2. 绝缘线穿钢管明敷或暗敷	BBLX,BLV,BLX,BBX,BV,BX
	3. 电缆明敷或放在沟中	ZLL,ZQ,VLV,YJV,XLV
有爆炸危险的环境	1. 绝缘线穿钢管明敷或暗敷	BBX,BV,BX,BBLX,BLV,BLX
	2. 电缆明敷	ZL,ZQ,VV

（2）导线截面的选择

1）按允许温升选择导线的截面。由于绝缘材料限定了导线的最高工作温度,超过此温度则加速绝缘材料的老化和导体材料性能的变化,最后导致故障。一般聚氯乙烯绝缘导线的最高允许工作温度为 65 ℃,交联聚乙烯绝缘导线、电缆最高允许工作温度为 90 ℃。

2）按机械强度选择导线允许的最小截面。如表 11.2 所示。在正常工作状态下,导线应有足够的机械强度以防断线,保证在一般自然环境条件下能够安全可靠地运行。

表 11.2　按机械强度选择导线允许的最小截面

敷设方式和地点		芯线最小截面/mm²	
		铜	铝
敷设在遮檐下绝缘支持件上		1.0	2.5
沿墙敷设在绝缘支持件上		2.5	4.0
室内导线敷设于绝缘子上的间距	2 m 及以下	1.0	2.5
	6 m 及以下	2.5	4.0
	12 m 及以下	4.0	10.0
室内裸导线	1 kV 以下架空线	6.0	10.0
	架空引入线(25 m 及以下)	4.0	10.0
控制线(包括穿管敷设)		1.5	
移动设备用软线和电缆		1.5	

3）按允许电压损失选择导线截面。在供配电线路上流过的电流,在线路电阻及电感上会产生电压降,因此,线路的末端电压会小于始端电压,若这个电压差过大,会影响设备的正常运行,所以,必须将它控制在一定范围之内。考虑到端子电压对用电设备的工

作特性和使用寿命有很大影响,为保证用电设备的高效性,对用电设备接线端子电压作了具体规定。如表11.3所示为部分用电设备端子电压偏移允许值。

表11.3 部分用电设备端子电压偏移允许值

设备名称	电压偏移允许值/%	设备名称	电压偏移允许值/%
电动机		照明灯视觉要求较高的场所	+5～-2.5
正常情况	+5～-5	一般工作场所	+5～-5
特殊情况	+5～-10	事故、道路警卫照明	+5～-10
		其他,无特殊规定	+5～-5

4)热稳定校验。由于电缆结构紧凑、散热条件差,为使其在短路电流通过时不至于由于导线温升超过允许值而损坏,必须进行热稳定性校验。选择的导线、电缆截面必须同时满足上述各项要求,通常可先按允许载流量选择,然后再按其他条件校验,若不能满足,则应加大截面。

11.3.1.2 低压电器的类型

(1)刀关和熔断器

1)高压断路器。高压断路器具有可靠的灭弧装置,其灭弧能力很强,电路正常工作时,用来接通或切断负荷电流,在电路发生故障时,用来切断巨大的短路电流。

2)负荷开关。负荷开关只具有简单的灭弧装置,其灭弧能力有限,在电路正常工作时,用来接通或切断负荷电流;但在电路短路时,不能用来切断巨大的短路电流。负荷开关断开后,其特点是有可见的断开点。如图11.13所示。

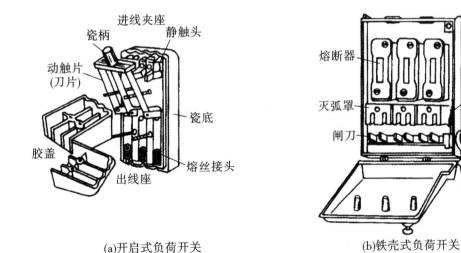

(a)开启式负荷开关   (b)铁壳式负荷开关

图11.13 低压负荷开关

(a)开启式负荷开关;(b)铁壳式负荷开关

3)隔离开关。隔离开关灭弧能力微弱,一般只能用来隔离电压,不能用来接通或切断负荷电流。隔离开关的主要用途是当电气设备需停电检修时,用它来隔离电源电压,并造成一个明显的断开点,以保证检修人员工作的安全。

4)自动空气开关。这是一种低压开关,其作用与高压断路器类似,自动空气开关可有操作机构和完善的保护特性。

5)熔断器。熔断器俗称保险丝,广泛应用于供电系统中的电气短路保护,在电路短路或过负荷时能利用它的熔断来断开电路,但在正常工作时不能用它来切断和接通电路。熔断器按结构分插入式、旋塞式和管式三种。

(2)低压电器的选择 选择电器时应与所在回路额定电压相适应。对于末端设备,应考虑正常工作时可能出现的最高或最低电压。电器的额定电流不应小于所控制回路的预计工作电流,还应保证在承受异常情况下可能通过的电流,保护装置应在其允许的持续时间内将电路切断。

首先按环境选择电器的形式,其次是根据电压和电流选定型号。电压和电流是所有电气设备的最基本的工作参数,应当使电源接到低压电器上的接线电压低于所选电器的额定电压;使该电器所接电路中全部用电设备的计算电流小于等于所选电源的额定电流。

11.3.2 导线、电缆的敷设

11.3.2.1 室外接户线敷设

根据城市电网线路形式和现场安全、美观、投资等要求和条件,室外接户线敷设可采用架空导线和埋地电缆两种方式。架空接户线,对高压 6 ~ 10 kV 接户线可采用铝绞线或铜绞线。进户点对地距离不应小于 4.5 m。最小截面:铝绞线需 25 mm^2,铜绞线需 16 mm^2。

低压配电 0.38/0.22 kV 室外接户线应采用绝缘导线。进户点对地距离不应小于 2.5 m。

架空导线与路面中心的垂直距离,若跨越通车道路应不小于 6 m,若跨越通车困难的道路和人行道不应小于 3.5 m。

低压接户线与建筑各相关部位应保持足够的安全距离,导线与下方窗口的垂直距离应保持 300 mm;导线与上方窗口或阳台应保持垂直距离为 800 mm;导线与窗户或阳台的水平距离应保持 750 mm;与墙壁或其他建筑构件距离应保持 50 mm。低压接户线的形式如图 11.14 所示。

11.3.2.2 室外导线的敷设

(1)电缆直埋敷设 当沿同一路径敷设的电缆根数小于等于 8 时,可采用电缆直埋(如图 11.15)敷设。这种敷设施工简单,投资少,散热条件好,直埋深度不应小于 0.7 m,上下各铺 100 mm 厚的软土或细纱,然后覆盖保护层。由于电缆通电工作后温度会发生变化,土壤会局部突起下沉,所以埋设的电缆长度要考虑余量。

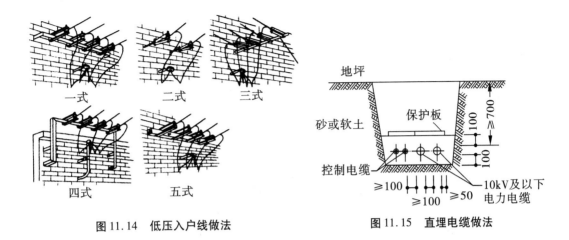

图 11.14 低压入户线做法   图 11.15 直埋电缆做法

（2）电缆在电缆沟或隧道内敷设 当同一路径的电缆根数多于 8 根、少于或等于 18 根时宜采用电缆沟（如图 11.16）敷设；多于 18 根时可采用电缆隧道敷设。电缆隧道和电缆沟应采取防水措施，其底部应做坡度不小于 0.5% 的排水沟，在电缆隧道内，要考虑通风和照明。

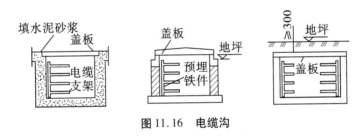

图 11.16 电缆沟

293

（3）电缆在排管内敷设 当电缆根数小于等于 12，而道路交叉多、路径拥挤，不宜采用直埋或电缆沟敷设的时候，可采用电缆在排管内敷设（如图 11.17）。排管可采用石棉水泥管或混凝土管，内径不能小于电缆外径的 1.5 倍。

11.3.2.3 室内导线的敷设

建筑内部采用的导线有绝缘导线和电缆两类。敷设方式有明敷、暗敷和电缆沟内敷设等 3 种。

（1）明敷 导线直接（或者在管子、线槽等保护体内）敷设于墙壁、顶棚的表面及纵架、支架等处，明敷的线路施工、改造、维修很方便。明敷时应注意美观和安全；应和建筑物的轴向平行；线路之间及线路与其他相邻部件之间保持有足够的安全距离。明敷又分为导线明敷及电缆直接明敷或穿管明敷等。穿线管有水煤气钢管（SC）、电线管（TC）、硬聚氯乙烯管（PC）和软聚氯乙烯管（FPC）等多种。根据使用环境和建筑投资选择配线管的材料，根据导线或电缆的截面与根数确定配线管的直径。

（2）暗敷 导线在管子、线槽等保护体内，敷设于墙壁、顶棚、地坪及楼板的内部，或者在混凝土板孔内敷线，比较美观和安全。金属管、塑料管以及金属线槽、塑料线槽等内

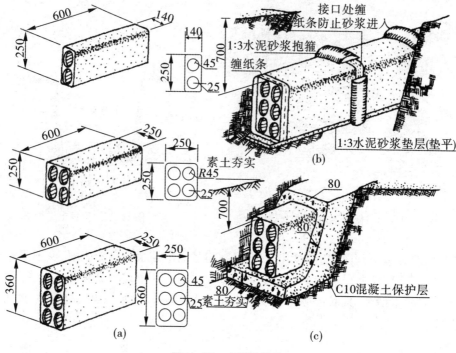

图 11.17 电缆穿排管

的布布线,必须采用绝缘导线和电缆。导线或电缆穿管后也可以埋在墙内(WC)、楼板内(CC)或地面下(FC)敷设,称为暗敷。暗敷时应考虑到使穿线方便,利于施工和维修,使线路尽量短,节省投资。

图 11.18 为室内导线的几种敷设方式。

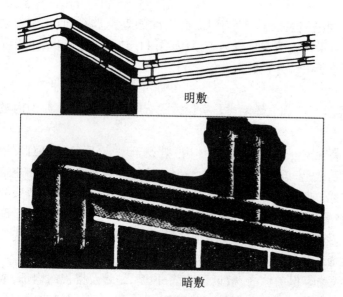

明敷

暗敷

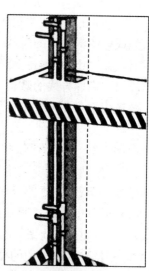

在管道井里安装

图 11.18 室内导线的敷设方式

11.3.3　变配电所

用于安装和布置高低压配电设备和变压器的专用房间和场地称为变电所。建筑用的变电所大多属于 10 kV 类型的变电所,主要由高压配电、变压器和低压配电三部分组成,变电所接受电网输入的 10 kV 的电源,经变压器降至 380/220 V,然后根据需要将其分配给各低压配电。

11.3.3.1　变配电所的位置

变配电室的位置应尽量靠近用电负荷中心,应考虑进出线方便顺直及设备的吊装、运输方便,应尽量避开多尘、震动、高温、潮湿和有腐蚀性气体的场所,不应设在厕所、浴室或其他积水场所的正上方或贴邻,应根据规划适当考虑发展的可能。

11.3.3.2　变配电所的型式

根据本身结构及相互位置的不同,变配电所可分为不同的形式,如图 11.19 所示。

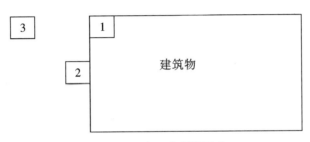

图 11.19　变配电所的型式
1-建筑内变电所;2-建筑附式变电所;3-独立式变电所

(1)建筑物内变电所　位于建筑物内部,可深入负荷中心,减少配电导线、电缆,但防火要求高。高层建筑的变配电所一般位于它的地下室,不宜设在地下室的最底层。

(2)建筑物外附式变电所　附设在建筑物外,不占用建筑的面积,但建筑处理较复杂。

(3)独立式变电所　独立于建筑物之外,一般向分散的建筑供电及用于有爆炸和火灾危险的场所。独立变电所最好布置成单层,当采用双层布置时,变压器室应设在底层,设于二层的配电装置应有吊运设备的吊装孔或平台。

11.3.3.3　变配电室的布置

传统的变配电室建筑由于采用的是油浸式变压器,它的组成一般包括高压配电室、变压器室、低压配电室和控制室几部分,有时根据需要设置电容器室。而目前大量采用的是干式变压器,它可以将高压配电设备(柜)、变压器和低压配电设备(柜)共置一室,图 11.20 就是一典型的变配电室布置。变电室内各部分设备之间均应合理布置,并考虑发展的可能性;应尽量利用自然采光和通风,适当安排各设备的相对位置使接线最短、顺直,地面必须抬高,宜高出室外地面 150～300 mm 为宜;有人值班的变配电室应设有单独的控制室或值班室,并设有其他辅助生活设施。

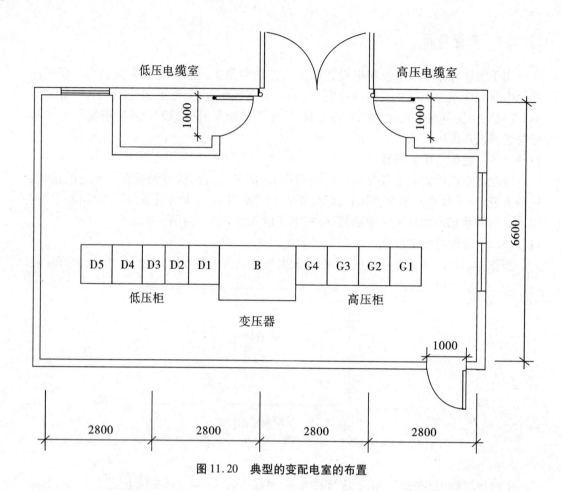

低压电缆室　　　　　　　　　　　高压电缆室

1000　　　　　　　　　1000

6600

| D5 | D4 | D3 | D2 | D1 | B | G4 | G3 | G2 | G1 |

低压柜　　　　　　　　　　　　　高压柜

变压器

1000

2800　　　　2800　　　　2800　　　　2800

图 11.20　典型的变配电室的布置

（1）配电盘　配电盘是直接向低压用电设备分配电能的控制、计量盘,有照明配电盘和照明动力配电盘。配电盘可明装在墙外或暗装镶嵌在墙体内。箱体材料有木制、塑料制和钢板制,有标准定型产品和非标产品。根据接线方案和所选设备类型、型号和尺寸,结合配电工艺要求确定其尺寸,配电盘应尽量选适合要求的定型标准配电箱。配电盘的位置应尽量置于用电负荷中心,以缩短配电线路和减少电压损失。一般规定,单相配电盘的配电半径约 30 m,三相配电盘的配电半径约 60～80 m。配电盘位置有利于维修、干燥且通风、采光良好,不影响建筑美观和建筑结构的安全等。对于层数较多的建筑,为有利于层间配线和日常维护管理,应把各层配电盘的位置布置在相同的平面位置处。配电盘明装时,应在墙内适当位置预埋木砖或铁件,盘底离地面的高度为 1.2 m。配电盘暗装时,应在墙面适当部位预留洞口,底口距地面高度为 1.4 m。照明配电盘的配电电流不应大于 60～100 A,其中单相分支线宜为 6～9 路,每个支路上应有过载、短路保护,支路电流不宜大于 15 A。每个支路所接用电设备如灯具、插座等总数不宜超过 20 个(最多不超过 25 个),但花灯、彩灯、大面积照明灯等回路除外。

此外,还应保证配电盘的各相负荷之间不均匀程度应小于 30%,在总配电盘内各相不均匀程度应小于 10%。

（2）配电柜　配电柜是用于成套安装供配电系统中受配电设备的定型柜,有统一的外形尺寸,分高压、低压配电柜两大类。按照供配电过程中功能要求的不同,选用不同标准接线方案。高压配电柜按结构形式有固定式、手车式。固定式高压配电柜的电气设备为固定安装,安装、维修各种设备在柜内进行。手车式配电柜内的电气设备装在可以滚轮移动的手车上,手车的种类有断路器车、真空开关车、电流互感器车、避雷器车、电容器车和隔离开关车等。同类手车可互换,可方便、安全地拉出手车和进行柜外检修。高压配电柜还有抽屉式配电柜,具有回路多、占地少、方便检修等优点,但由于结构复杂,从而加工困难,价格高。高压配电柜的布置方式有靠墙式和离墙式两种。前者可缩小使用房间的建筑面积,而后者则便于检修。高层建筑中选用高压配电柜时,因防火标准高,一般应选用少油断路器或真空断路器所组成的高压配电柜。

➤ 11.4　建筑用电负荷计算及应用举例

11.4.1　用电负荷计算

用电负荷计算指用电设备用电量的确定。为方便供电计算,按不同负荷性质有照明和动力两类负荷,用电负荷的计算实际是指用电设备功率、电流的计算。

（1）负荷曲线　用电设备的工作情况是经常变化的,负荷曲线是功率或电流随时间而变化的曲线。按负荷持续的时间,可分为年、月、日的或某一负荷班的负荷曲线。了解负荷的实际变化情况,有利于进行供电设计和运行管理工作。

（2）负荷种类

1）最大负荷。最大负荷即计算负荷,指消耗电能最多的半小时的平均功率,亦即连续 30 min 的最大平均负荷用 P_{30}、Q_{30}、S_{30} 表示。可依此作为按发热条件选择电气设备的依据,故又称计算负荷,常用 P_{js}（有功功率）、Q_{js}（无功功率）和 S_{js}（视在功率）表示。

2）尖峰负荷。电动机启动时,1～2 s 内最大负荷电流。可依此校核电路中的电压损失和电压波动,作为选择保护元件（如熔断器、自动开关和继电保护装置等）的依据和检验电动机启动条件。常用 P_{jf}、Q_{jf} 和 S_{jf} 表示。

3）平均负荷。用电设备在某段时间内所消耗的电能除以该段时间所得的平均值,即:

$$P_p = W_t/t \tag{11.1}$$

式中　P_p——平均有功负荷（kW）;

　　　W_t——用电设备在时间 t 内所消耗的电能（kW·h）;

　　　t——实际用电时间（h）。

平均负荷可用于计算某段时间内的用电量和确定补偿电容的大小。常以 P_p、Q_p 和 S_p 表示。

（3）负荷计算方法

负荷值大小的选定关系到配电设计合理与否。如负荷确定过大,将使导线和设备选得过粗过大,造成材料和投资的浪费;如负荷确定过小,将使供配电系统在运行中电压损失过大,电能损耗增加,发热严重,引起绝缘老化以致烧坏,以及造成短路等故障,从而带来更大的损失。负荷计算的方法有单位面积安装功率法、需要系数法、二项式法和利用系数法等。在建筑电气设计中,方案设计阶段可采用单位建筑面积安装功率法,初步设计阶段多采用需要系数法。

1)单位建筑面积安装功率法。建筑物单位建筑面积的安装功率与建筑物的种类、等级、附属设备情况和房间用途等条件有关,而且随着生活和生产水平的提高,其标准逐渐提高。表11.4可供参考选用。

表11.4　各类建筑用电指标、照明负荷需要系数表

建筑类别	用电指标/(W/m²)	负荷类别	规模	需要系数 K_x	功率因数 $\cos\varphi$	备注
公寓	30~50	照明(含插座)	—	0.6~0.7	0.9	用电指标含建筑内所有非工业电力设备照明负荷含插座容量,荧光灯就地补偿或采用电子镇流器,剧场照明不含舞台照明
旅馆	40~70		一般	0.7~0.8		
			大中型	0.8~0.9		
办公	30~70		—	0.7~0.8		
	40~80		一般	0.85~0.95		
商业	60~120		大中型			
	40~60		—	0.65~0.75		
体育	60~100		—	0.6~0.7		
剧院	50~80		—	0.5~0.7		
医院	20~40		—	0.8~0.9		
高等学校	20~30		—	0.6~0.7		
中小学	50~80		—	0.6~0.7		
展览馆	250~500		—	0.6~0.7		
演播室	8~15		—	0.6~0.7		
汽车库	—		面积<500 m²	1~0.9		
照明干线	—		500~3000 m²	0.9~0.7		
	—		3000~15000 m²	0.75~0.55		
	—		>15000 m²	0.6~0.4		
舞台照明	—	—	<200 kW	1~0.6	0.9~1	设置就地补偿装置
	—	—	>200 kW	0.6~0.4	0.9~1	

注:1.表中所列用电指标的上限值是按空调采用电动压缩机制冷时的数值。当空调冷水机组采用直燃机时,用电指标一般比采用电动压缩机制冷时的用电指标降低25~35 W/m²。

2.照明负荷需要系数的大小与灯的控制方式和开启率有关,大面积集中控制的灯比相同建筑面积的多个小房间分散控制的灯的需要系数大。插座容量的比例大时,需要系数的选择可以偏小些。

查取表 11.4 中相应数值，乘以总建筑面积，即得建筑物的总用电负荷，进而可估算出供配电系统的规模、主要设备和投资费用，从而可满足方案或初步设计的要求。

2）需要系数法。需要系数 K_x 是用电设备组所需要的计算负荷（最大负荷）P_{js} 与其设备装机容量 P_s 的比值，即 $K_x = P_{js}/P_s$，根据需要系数 K_x 求总安装容量为 P_s 的用电设备组所需计算负荷 P_{js} 的方法称需要系数法。

①需要系数的确定。每个用电设备的安装容量是其铭牌额定容量 P_e，指其在额定条件下的最大输出功率。用电设备组的设备容量，是指所接全部设备在额定条件下最大输出功率之和，即 $P_s = \sum P_e$。若设备组的平均效率记以 η_s，则向该设备组输入的功率应为 $P_{s1} = P_s/\eta_s$。若考虑在线路传输中的能量损失计入线路的功率应为平均效率为 η_e，则在线路始端输入的功率应为 $P_s^2 = P_s/(\eta_s\eta_e)$。若考虑全部设备并不同时运行，计入同时运行系数 K_t（是运行的设备容量与总设备容量之比值），则输入线路的功率应为 $P_{s3} = K_tP_s/(\eta_s\eta_e)$。最后考虑到参加运行的设备也并非都是在额定条件下满负荷运行，计入负荷系数 K_f（设备实际输出功率与铭牌功率的比值），则由电源输向用电设备组的计算功率 $P_{js} = K_fK_tP_s/(\eta_s\eta_e)$ 将该式整理可得：

$$P_{js}/P_s = K_fK_t/\eta_s\eta_e \tag{11.2}$$

可得：

$$K_x = K_fK_t/\eta_s\eta_e \tag{11.3}$$

一般情况下 $\eta_s<1$、$\eta_e<1$，$K_f<1$、$K_t<1$，K_x 值总是小于 1。

根据不同类型的建筑、用电设备，整理出有相应的需要系数表，可供设计中查用，各类建筑的照明需要系数见表 11.4。查得的 K_x 值可按下式求出计算负荷：

$$P_{js} = K_xP_s = K_xP_e \tag{11.4}$$

②基本公式。根据建筑物性质，按表 11.4 查出 K_x 值，求出有功计算负荷 P_{js} 之后，如图 11.21 所示，可按下式求出无功计算负荷：

$$Q_{js} = P_{js}\tan\varphi \tag{11.5}$$

可按下式求出视在计算负荷：

$$S_{js} = \sqrt{P_{js}^2 + Q_{js}^2}\,P_{js} \tag{11.6}$$

或

$$S_{js} = P_{js}/\cos\varphi \tag{11.7}$$

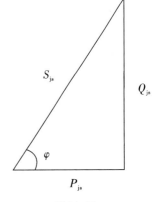

图 11.21

根据所求出的计算功率，可进一步求出线路中的计算电流 I_{js}。若为单项负载，可按下式计算：

$$I_{js} = P_{js}\times1000/(V_{eL}\times\cos\varphi) \tag{11.8}$$

若为三相负载，可按下式计算

$$I_{js} = P_{js}\times1000/(3\times V_{ex}\times\cos\varphi) \tag{11.9}$$

式中　$\cos\varphi$、$\tan\varphi$——用电设备组的平均功率因数及其对应的正切值(有关设计手册查);

$\qquad$ V_{ex}——配电线路的相电压(数值等于单相用电设备的额定电压,一般为220 V);

$\qquad$ V_{eL}——配电线路的线电压(数值等于三相用电设备的额定电压,一般为380 V)。

若有单相负荷接入三相电路中,应尽量做到在三相内均匀分配。若三相不平衡,为保证安全用电,应以最大负荷相的电流确定计算负荷。

11.4.2　用电负荷的计算实例

例:某旅馆总规划建筑面积75000 m^2,试估算该建筑所需的有功功率。

解:按单位面积指标法进行计算,查表11.4知,旅馆单位面积安装功率:40~70 W/m^2,该旅馆计算负荷的有功功率为:

$$P_{js} = (40 \sim 70) \cdot 75000/1000 = 3000 \sim 5250 \text{ kW}$$

➤ 11.5　高层建筑供配电系统

11.5.1　高层建筑供配电系统概述

(1)供电电源及电压的选择　为了保证供电可靠性,现代高层建筑至少应有两个独立电源,具体数量应视负荷大小及当地电网条件而定。两路独立电源运行方式,原则上是两路同时运行,互为备用。

此外,还必须装设应急备用柴油发电机组。要求在15 s内自动恢复供电,保证事故照明、消防设备、电梯、电脑电源设备的事故用电。

国内高层建筑的供电电压,都是采用10 kV标准电压等级。对用电量特别大而又具备条件的,可采用35 kV深入负荷中心供电,这对节能具有重要意义。

(2)高、低压配电系统的设计　现代高层建筑都是采用两路独立电源同时供电方式,高压采用单母线分段、自动切换、互为备用。母线分段数目,应与电源进线回路数相适应。只有供电电源为一主一备时,才考虑采用单母线不分段。但出线回路较多时,仍要考虑单母线分段。电源进线都是采用电缆方式。

为了减少变压器台数,单台变压器的容量选择一般都大于1000 kVA。为限制低压侧的短路电流,正常时变压器分列运行,中间设联络开关。照明和动力分开设变压器,当动力用电量太小时,动力变压器可不分开装设,而在低压侧应对动力负荷分类计费。

高压系统及低压干线的配电方式基本上都采用放射式系统,楼层配电则为混合式系统,配电设备中的主要部分是干线。现代高层建筑的竖井多采用插接式母线槽。水平干线因走线困难,多采用全塑电缆与竖井母干线连接。每层楼竖井设层间配电小间。层间配电箱经插接自动空气开关从竖井母干线取得电源。当层数较多负荷较大时,一般按层数分区供电,或将变压器分散设在地下层、中间层或最顶层。

低压配电系统各级开关,多采用自动空气开关。各级自动空气开关的保护整定,应注意选择性配合。所有电梯均要求采用两路不同变压器引出的专用电缆进线。在电梯机房的末端配电箱设两路电源的自动切换装置,互为备用。

高层建筑的自然功率因数一般为 0.8 ～ 0.85,按规定应补偿到 0.9 ～ 0.95。无功补偿通常采用集中补偿方式。为降低变压器容量,多集中装设在低压侧,与配电屏放在一起,但必须采用干式移相电容器。

(3)变电所位置的确定　现代高层建筑的用电量相当大。在确定变电所位置时,应尽可能使高压深入负荷中心,可节约电能、提高供电质量。

国外高层建筑的变电所都设在主楼内。建筑高度在 30 层左右的,大都集中在底层;60 层左右的,则分散在地下层、中间层和顶层,也有仅在中间层或仅在地下层、顶层设变电所的。变电所的数量及其位置分布,应通过技术经济比较决定。

11.5.2　高层建筑几种常用的主接线方案简介

我国目前最常用的主接线方案如图 11.22 所示。采用两路 10 kV 独立电源,变压器低压侧采用单母线分段。

图 11.22(a)是两路电源互为备用的主接线。若供电线路和变压器均按 100% 备用选择设备的条件下,供电的可靠性是比较高的,但要增加一些初期投资。该方案从技术经济观点是有利的。例如广州东方宾馆、白云宾馆均采用这种接线方案。

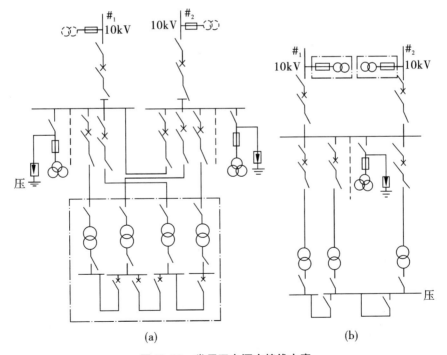

图 11.22　常用双电源主接线方案

(a)两路 10 kV 电源同时供电;(b)两路 10 kV 电源一备一用

图11.22(b)为一备一用方案。在正常运行时线路和变压器均处于满负荷状态下运行。与图11.22(a)的互为备用方案比较,功率损耗大,但基本电费较低。这种方案由于备用线路和变压器经常维护工作不很好,有可能起不到真正的备用作用,因而不能保证供电的可靠性。此种接线常用在大厦负荷较小,供电可靠性相对较低的住宅或商业大厦中。

当高层建筑对供电的可靠性要求甚高,而附近又只能得到一个独立电源,需要得到第二个独立电源又需大量投资时,经技术经济比较,可采用图11.23所示的主接线方案。它是采用一路10 kV专用架空线作为主电源,柴油发电机作为第二电源,用不间断供电装置(UPS)作为第三电源,保证计算机、防火通信系统、事故照明、电话、电视等特别的一级负荷供电可靠性的要求。

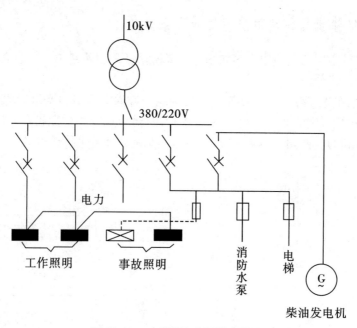

图11.23　一个独立电源的主接线

 思考题

1. 结合本专业情况,谈谈建筑电气的基本作用和类型。
2. 电力系统有哪些部分组成? 各组成部分有什么作用?
3. 建筑用电负荷类别和级别各有哪些?
4. 低压供配电系统的接线方案有哪些? 接线方式又有哪些?
5. 配电系统的导线和电缆有哪些类型? 怎样进行导线截面的选择?
6. 各种低压电器有何作用?
7. 室内导线和电缆的敷设方式有哪些?

8.变配电所的布置形式有哪些? 怎样考虑与建筑的关系?

9.什么是建筑用电负荷? 它有哪些种类?

10.高层建筑供电电源及电压如何选择?

 知识点(章节):

建筑电气分类(11.1.1.1);电力系统组成(11.1.2);供电质量体系(11.1.3);建筑电气系统基本内容(11.1.4);建筑用电负荷(11.2.2);低压供电系统接线方案(11.2.5);低压配电系统接线方案(11.2.6);导线、电缆敷设(11.3.2);用电负荷计算(11.4.1);高层建筑供电电源及电压选择(11.5.1)。

12

建筑电气照明

➤ 12.1 照明基本知识

12.1.1 光和视觉

12.1.1.1 光的概念

光是能量存在的一种形式,即我们通常所说的光能,光能可以在没有任何中间媒介的情况下向外发射和传播,这种向外发射相传播的过程称为光的辐射;光在一种介质(或无介质)中将以直线的形式向外传播,我们称之为光线。

现代物理研究证实,光具有波、粒(波动性和微粒性)二重性;光在传播过程中主要显示出波动性,而在与物质相互作用时则主要显示出微粒性。因此,光的理论也有两种,即光的电磁理论和量子理论。光的电磁理论可以解释光在传播过程中的物理观象,如光的干涉、衍射、偏振和色散等;光的量子理论可以解释光的吸收、散射和光电效应等。

光是人眼可以感觉到的,其波长范围在 380~760 nm 之间(1 nm = 10^{-9} m),仅在宽阔的电磁波中占范围极狭窄的一部分。这部分电磁波就是平常所说的可见光,与其相邻波长短的部分称紫外线(10~380 nm),波长长的部分称红外线(780~3400 nm)。

在太阳的辐射能量中,波长大于 1400 nm 的被低空大气层中的水蒸气和二氧化碳强烈吸收,波长小于 290 nm 的被高空大气层中的臭氧所吸收,可见光正好与能够达到地表的太阳辐射能的波长相符合。这说明了眼睛感光的灵敏度是人类在长期进化过程中,对地球大气层透光效果相适应的结果。不同波长的可见光,在眼睛中产生不同颜色的感觉。按照波长由长到短的排列次序分别为红、橙、黄、绿、青、蓝、紫七种颜色。但各种颜色的波长范围并不截然分开,而是由一种颜色逐渐减少,另一种颜色逐渐增加的形式而过渡的,全部可见光混合在一起,就形成日光(白色光)。

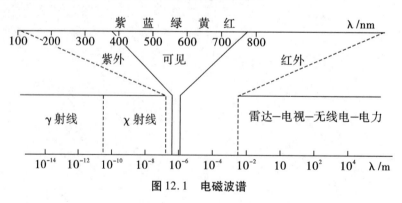

图 12.1 电磁波谱

12.1.1.2 光的度量

经验和实验证明,不同波长的可见光在人眼中造成的光感不同,即波长不同的可见光虽然辐射能量一样,但看起来明亮程度不同。也就是说,人眼对不同波长的可见光有不同灵敏度,在白天或在光线充足处(称为明视觉),对波长为 555 nm 的黄绿光最敏感,波长偏离 555 nm 越远,人眼对其感光灵敏度越低。明视觉光谱光效率曲线如图 12.1 中的实线所示,在晚上或光线不足之处(称暗视觉),人眼对 507 nm 的青绿光最敏感。暗视觉光谱光效率曲线如图 12.2 中虚线所示。

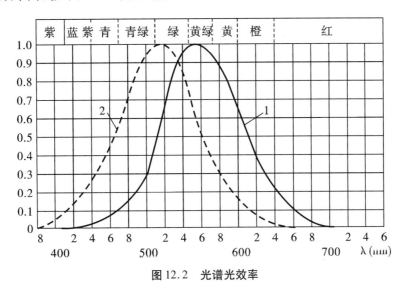

图 12.2　光谱光效率

常用光的度量单位有:

(1)光通量　光通量是指光源在单位时间内光辐射出去的、能引起光感的电磁能量的大小。在照明工程中,光通量是说明光源发光能力的基本量。表示符号为 φ,单位名称为流明,单位符号 lm。1 lm 是发光强度为 1 cd 的均匀点光源在 1 球面度内发出的光通量:1 lm=cd×1 sr。例如,一只 220 V 40 W 白炽灯发出的光通量为 350 lm,而一盏 220 V 40 W 荧光灯发出的光通量为 2100 lm,为白炽灯的六倍。

(2)发光强度　光源在空间某一方向上单位立方体角内发射的光通量与该立方体角的比值,称为单位立体角的光通量,也称为光源,在这一方向上的发光强度,简称为光强,表示符号为 I,单位为坎德拉(cd),1 cd = 1 lm/sr。发光强度常用于说明光源和灯具发出的光通量在空间各方向或选定方向上的分布密度。

(3)照度 E　表面上一点的照度是入射在包含该点面元上的光通量 dΦ 除以该面元面积 dA 之商,即物体表面所得到的光通量与该物体表面积的比值。

$$E = \frac{\mathrm{d}\Phi}{\mathrm{d}A} \tag{12.1}$$

该量的符号为 E,单位为勒克斯(lx),1 lx = 1 lm/m^2。

照度用来表示被照面上光的强弱,以入射光通量的面密度表示。1 lx 表示在 1 m^2 的面积上均匀分布 1 lm 光通量的照度值。1 lx 的照度是较小的,在此照度下仅能大致地辨认周围物体。在晴朗的月夜,地面照度约为 0.2 lx,白天采光良好的室内照度约为 100 ~ 500 lx,晴天室外在太阳散射光(非直射)下地面照度约为 1000 lx,中午太阳光照射下的地面照度可达 10000 lx。

由于照度既不考虑被照面的性质(反射、透射和吸收),也不考虑观察者在哪个方向,因此,它只能表明光照的强弱,并不表征被照物体上的明暗程度,但它容易计算求出,确定一定的照度标准是照明设计的重要依据。

(4)光出射度(面发光强度) 光出射度是用来表征发光体表面上发光强弱的一个物理量,通常用单位面积发出的光通量来表示,符号为 M,单位是辐射勒克斯(rlx)。在发光体表面上取一微小面积 dA,如果它发出的光通量为 $d\Phi$,则该面积的出射度为:

$$M = \frac{d\Phi}{dA} \tag{12.2}$$

光出射度和照度的区别在于:出射是表示发光体发出光通量的表面密度,而照度是表示被单位面积物体所接受的光通量密度。

(5)亮度 物体表面某一视线方向的单位投影面上所发出或反射的发光强度,即单位投影面上的发光强度,称为亮度。用来表示物体表面发光(或者反光)强弱的物理量,是被视物体发光面在视线方向上发光强度与发光面在垂直于该方向上的投影面积的比值。

人眼对被视物体明暗的感觉不是直接取决于物体的照度,而是取决于物体在眼睛视网膜上成像的照度。影响视力的因素有:①亮度。眼睛对物体的观察,大约在物体亮度 $10^{-7} \sim 10^5 \, cd/m^2$ 范围内起作用。亮度过大会感到眩光,亮度超过 $10^6 \, cd/m^2$,眼睛就无法忍受,视网膜就要受到损伤。②眩光。当所观察物体亮度极高或与背景亮度对比强烈时所引起的不舒适或造成视力下降的现象称眩光。长期在此恶劣的照明环境下进行视觉工作,易引起疲劳。因而照明设计需要注意的重要问题之一就是限制眩光。③曝光时间。指所观察物体在眼睛中显露的时间。当物体亮度不变时,约在 1/10 s 内视力与曝光时间成正比,超过 1/10 s 用延长曝长时间的办法并不可能改善视力。④对比。指所观察物体的亮度与背景亮度之差与背景亮度之比。当物体亮度不变时,对比越大视力越好。⑤环境亮度。指所观察物体周围环境的亮度,当周围亮度比中心亮度稍暗或相等时视力最好,若周围比中心亮,则视力显著下降。⑥物体的运动。观察运动的物体时,对视力造成影响的并非物体的自身运动速度,而是物体相对眼睛视线方向变化的角速度,当物体亮度不变时,随角速度增大,视力下降。

12.1.2 建筑照明系统的分类

按照照明在建筑中所起主要作用的不同,为满足人们的视觉要求,保证从事的生产、生活活动正常进行而采用的照明,可以分为以下几类。

(1)正常照明 在正常工作时使用的室内、外照明,是保证人们工作和生活正常进行所采用的照明,它一般可单独使用,也可与应急照明、值班照明同时使用,但控制线路必须分开。不宜低于 50 Lx。

(2)应急照明 在正常照明系统失电、灯具熄灭的情况下供人员疏散、保障安全或连续工作用的照明。应急照明必须采用能瞬时点燃的可靠光源,一般采用白炽灯或卤钨

灯。当应急照明作为正常照明的一部分经常点燃且发生故障不需要切换电源时,也可采用气体放电灯。应急照明按功能又分为三类:

①疏散照明。发生灾害时,正常照明完全熄灭的情况下,为使人员能准确无误地沿最近的通道找到出口;从而安全、快捷地疏散、撤离到安全地带而设置的必要照明。疏散照明在主要通道上的照度不应低于 0.5 Lx。

②安全照明。正常照明熄灭时,为确保处于潜在危险中的人员安全而设置的照明。安全照明应能使人员避免陷入危险或避免人们因恐慌而导致人身事故。安全照明的照度不低于正常照度的 5%。

③备用照明。正常照明电源发生故障而使正常照明熄灭时,为保证工作继续进行或暂时继续进行而设置的必要的照明。备用照明的照度不低于正常照明的 10%。

(3)值班照明　在非工作时间内供值班人员用的照明称作值班照明。值班照明对照度要求不高,可以利用工作照明中能单独控制的一部分,也可利用应急照明,对其电源没有特殊要求。

(4)警卫照明　按警戒任务的需要在警卫范围内装设的照明称为警卫照明。在重要的厂区、库区等有警戒任务的场所,为了防范的需要,应根据警戒范围的要求设置警卫照明。

(5)障碍照明　在可能危及航行安全的建筑物或者构筑物上设置的标志灯。在飞机场周围建设的高楼、烟囱、水塔等,对飞机的安全起降可能构成威胁,应按民航部门的规定,装设障碍标志灯。一般建筑物高度在 45 m 以上时应设置障碍照明。障碍灯一般装设于建筑物凸起的顶端(避雷针外)。当制高点平面面积较大或成组建筑群时,还应在外侧转角处的顶端分别装设,并应按民航、交通部门的有关规定实施。

(6)景观照明　为观赏建筑物外观和庭园、溶洞小景而设置的照明。装饰照明是为了创造和渲染某种气氛,与人们所从事的活动相适应(即满足人们的心理要求)而设置的照明。

建筑装饰照明主要有建筑物的泛光照明、节日彩灯、广告霓虹灯及喷泉照明、舞厅照明等。当然,以采光为主要目的的视觉照明,也需要用其光源灯具的光、色、体、型和布置来发挥相应的烘托气氛作用,以创造气氛为主要目的的装饰照明,也应以产生足够的照度为前提。

按照范围和效果不同,照明方式可分为:一般照明、分区一般照明、局部照明和混合照明。

工作场所通常应设置一般照明;同一场所内的不同区域有不同照度要求时,应采用分区一般照明;对于部分作业面照度要求较高,只采用一般照明不合理的场所,宜采用混合照明;在一个工作场所内不应只采用局部照明,局部照明宜在下列情况中采用:局部需有较高的照度;由于遮挡而使一般照明照射不到的某些范围;视觉功能降低的人需要有较高的照度;需要减少工作区的反射眩光;为加强某方向光照以增强质感时。

12.1.3　照明质量

照明设计的优劣主要是用照明质量来衡量,评判照明质量主要有如下的指标:

（1）合理的照度水平　照度是决定物体明亮程度的间接指标，在一定范围内照度增加能提高视觉能力。合适的照度有利于保护工作人员的视力，有利于产品质量和劳动生产率的提高。虽然增加照度和节约电力有矛盾，但也必须注意，如果增加照度所取得的收益与提高照度而增加的费用相比是合理时，照度水平宜适当提高。

照度标准值应按 0.5、1、2、3、5、10、15、20、30、50、75、100、150、200、300、500、750、1000、1500、2000、3000、5000 lx 分级。

（2）照明均匀度　在工作环境中如果有彼此亮度不相同的表面，当视觉从一个面转到另一个面时，眼睛被迫经过一个适应过程。当适应过程经常反复时，就会导致视觉疲劳。为此，在工作环境中的亮度分布应力求均匀，照明均匀度包括两个方面：

1）工作面上照度的均匀度。根据我国标准，照度均匀度可用给定工作面上的最低照度与平均照度之比来衡量，并规定公共建筑室内的工作房间和工业建筑作业区域内的一般照明照度均匀度，不应小于 0.7，而作业面邻近周围的照度均匀度不应小于 0.5。房间或场所内的通道和其他非作业区域的一般照明的照度值不宜低于作业区域一般照明照度值的 1/3。

2）眩光。当被视物体亮度超过 160000 cd/m² 时，在任何条件下都会造成眩光；当被视物体与背景的亮度比超过 1∶100 时就容易引起眩光；另外眩光的强弱与视角也有关系。控制光源和灯具引起的直接眩光的主要方法是控制光源在夹角 45°~90° 范围内的亮度。因此，限制眩光可采用以下几种方法：①限制光源及灯具的表面亮度，对于亮度太大的光源，可用磨砂玻璃、浸射玻璃或格栅限制眩光。②正确选择灯具的保护角，合理布置灯具并选择好灯具的悬挂高度，是消除或减弱眩光的有效措施。③对工作平面的反射眩光，可采用适当安排工作人员和光源的位置，使光源反射光线不指向人眼的方法来限制。遮光角示意图见图 12.3。

（3）显色性　同一颜色的物体在不同光源照射下，会显出不同的颜色。光源对被照物体颜色显现的性能称为光源的显色性。

光源的显色指数是指在该光源照射下物体的颜色与参照光源（通常为日光）照射下的物体颜色的相符合程度，并规定参照光源的显色指数为 100。在需要正确辨色的场所，应采用显色指数高的光源。

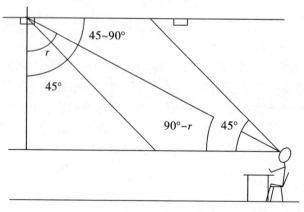

图 12.3　遮光角

（4）照明的稳定性　照度变化引起的照明忽亮忽暗形成了照明的不稳定,给人的视觉带来不舒适感,并引起视力下降。同时,照度在短时间内迅速变化也会分散工作人员的注意力,对安全生产带来不良影响。

照度的变化主要是由于光源光通量的变化,而光通量的变化主要是由于照明电源的电压波动,因此必须采取措施保证照明电压质量。此外,由于灯具受气流冲击产生摆动而引起照明不稳定也是不允许的。

电光源的光通量是随交流电源电压、电流的周期性变化而变化,特别是气体放电光源比热辐射电光源更明显。若用于照明转动物体时,特别是被照物体的转动频率是光通量变化频率的整数倍时,则转动物体看上去像停滞状态或转速减慢,这就造成了所谓频闪效应,使人容易产生错觉而影响工作和安全。因此,在频闪效应对视觉工作条件有影响的场所,使用气体放电电光源时必须降低其频闪效应。可将单相供电的两灯采用移相接法或以三相分别接三盏灯,或在转动物体旁加装白炽灯用光源的局部照明来弥补。

➤ 12.2　常用电气照明设备

12.2.1　常用电光源特性

12.2.1.1　照明电光源的性能指标

作照明用的光源,其主要性能指标是光效、色温、显色指数、寿命、启动特性等。

（1）光效　光效是发光效率的简称,指电光源每消耗 1 W 电功率所发出的光通量,其单位为 lm/W。对于气体放电灯,其功率还应包括镇流器功耗,一般情况下,光源功率越大,则光效越高。

（2）色温　某光源所发射的光的颜色与黑体在某一温度下所发出的光的颜色相同或最相接近时,则黑体的这个温度称为该光源的色温,色温的单位是开尔文(K),通常红色光的色温低,蓝色光的色温高。

（3）显色指数　在具有合理允差的色适应状态下,被测光源照亮物体的心理物理色与参比光源照亮同一色样的心理物理色符合程度的度量。

（4）寿命　电光源的寿命有全寿命、有效寿命和平均寿命之分。全寿命指光源不能再启燃和发光时所点燃的时间;有效寿命指光源的发光效率下降到初始值的 70% ~80% 时总共点燃的时间;平均寿命系指每批抽样试验产品有效寿命的平均值。

（5）启动特性　①启动稳定时间。指电光源从通电到达正常发光所需时间。②再启动时间。某些高强度气体放电灯熄灭后,必须等到灯管冷却,灯管内汞蒸气压力下降后才能再点燃,从灯熄灭后再点燃所需时间称为再启动时间。

12.2.1.2　电光源的主要技术指标

（1）额定电压(V)、额定电流(A)和额定功率(W);

（2）辐射光通量(lm);

（3）发光效率:是指光源每消耗单位功率所发出的光通量(lm/W);

(4)使用寿命:全寿命是指从开始到不能使用的全部使用小时数(h);有效寿命即从开始使用到光通量降至一定数值(如白炽灯规定为起始值的70%)时的全部使用小时数(h);

(5)光谱能量分布;

(6)光色:指光源的色表和显色性;

(7)频闪效应:光源的辐射光通量随交流电波的强弱变化造成的灯光闪烁现象等。

12.2.2 常用电光源

电光源按发光原理可以分为热辐射光源和气体放电光源两大类。热辐射光源主要是根据电流的热效应,将高熔点、低挥发性的灯丝加热到白炽程度而发出可见光,如白炽灯、卤钨灯等。气体放电光源主要是利用电流通过气体(或蒸气)时,激发气体(或蒸气)电离、放电而产生可见光,如氙灯、氖灯(气体放电光源)、汞灯、钠灯(金属蒸气灯)、霓虹灯(辉光放电灯)、荧光灯(弧光放电灯)等。一般情况下,气体放电光源的发光效率、亮度、显色性等指标,随灯泡(管)内蒸气压的增高而提高。

气体放电光源一般比热辐射光源光效高、寿命长,能制成各种不同光色,在电气照明中应用日益广泛。热辐射光源结构简单,使用方便,显色性好,故在一般场所仍被普遍采用。

(1)白炽灯 是最常见的热辐射光源,靠钨丝白炽体的高温热辐射发光,它具有结构简单、使用方便、显色性好、便于调光的优点。但发光效率低,一般为7~30 lm/W,平均寿命约为1000 h。

白炽灯主要有玻璃泡体、灯丝和灯头组成,白炽灯泡内都抽成真空,并充以氮气或氮氩混合气体,以减缓灯丝氧化和金属分子扩散,提高灯丝的使用温度和发光效率。

由于钨丝的冷态电阻比热态电阻小很多,故其瞬时启动电流很大具有冷电阻特性,起动电流可达到额定电流的12~16倍,起动冲击电流持续时间可达到0.05~0.23 s,因此一个开关控制的白炽灯数量不宜过多;灯丝所消耗的电能大部分转化为热能,灯泡能瞬间起燃,迅速加热,点燃时玻璃泡体温度可能达到120~200 ℃左右,应防止灯泡溅水而炸裂。电压变化对白炽灯寿命和光通量都有严重影响,但电压陡降也不会导致白炽灯熄灭,因而可以用于重要场所的照明。白炽灯应按照额定电压选择,超过额定电压的5%,使用寿命会减半。同时,电压的降低也会导致输出的光通量大大减少,电压偏移要求≤2.5%额定电压。

优先选用白炽灯的情况有:要求瞬时启动和连续调光的场所,使用其他光源技术经济不合理时;对防止电磁干扰要求严格的场所;开关灯频繁的场所;照度要求不高,且照明时间较短的场所;对装饰有特殊要求的场所。

(2)卤钨灯 由灯头(由陶瓷制成)、灯丝(螺旋状钨丝)和灯管(由耐高温玻璃、高硅酸玻璃内充惰性气体和少量卤素)组成。根据卤素的种类不同,卤钨灯有碘钨灯、溴钨灯和氟钨灯之分。基本构造如图12.4所示。

卤钨灯也是一种热辐射光源,在被抽成真空的玻璃壳内除充以惰性气体外,还充入少量的卤族元素如氟、氯、溴、碘。在卤钨灯点燃时,从灯丝蒸发出来的钨在泡壁区与卤元素反应形成挥发性的卤钨化合物。当卤钨化合物扩散到高温的灯丝周围区域时,又分解成卤素和钨,释放出来的钨沉淀在灯丝上,而卤元素再扩散到温度较低的泡壁区与钨化合,能防止钨粒沉积在玻壳上,保证灯泡在整个寿命期中不黑化,保持良好的透明度,不造成输出光通量的减少,光效不变。但是再生钨并不是回到蒸发前的位置,而是向灯丝架附近较冷的区域迁移,造成灯丝损坏的"热点"并未得到优先补充,故卤钨循环并未延长灯泡的全寿命。

目前广泛采用的是溴、碘两种卤素,分别叫溴钨灯和碘钨灯。由于碘蒸气呈紫红色,吸收5%的可见光,光效比溴钨灯低4% ~5%,但寿命比溴钨灯长。

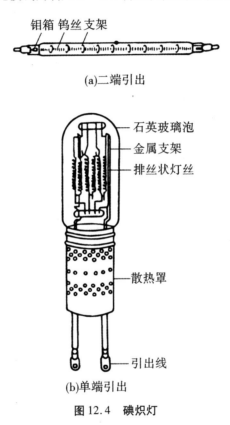

(a)二端引出

(b)单端引出

图12.4 碘炽灯

卤钨灯与一般白炽灯相比光效高,体积小,色温较高,显色性好,特别适用于电视转换、摄影及建筑物泛光照明等场所。但使用时也需注意以下问题:为维持正常卤钨循环,管形卤钨灯需水平安装;玻璃壳温度高,温度可达600 ℃,故不能和易燃物靠近,也不允许采用任何人工冷却措施(如风吹、水淋等);灯脚引入线应用耐高温导线,电极与灯座应可靠接触,以防高温氧化;其灯丝细长,耐振性差,要避免震动和撞击,不适于振动场所,也不便用于移动式照明。卤钨灯有双端引出和单端引出两种。

(3)荧光灯 荧光灯(俗称日光灯)是一种低气压的汞蒸气弧光放电灯。在最佳辐射条件下,能将2%的输入功率转换为可见光,60%以上转换为254 nm的紫外辐射,紫外线再激发灯管内壁荧光粉而发光。

荧光灯由灯头、电极和内壁涂有荧光粉的灯管组成,灯内抽真空后封入汞粒,并充入少量氩、氮、氖等惰性气体。惰性气体能阻止电极钨丝蒸发并帮助灯管启动。灯管端部设有两组电极,电极由钨丝绕成螺旋状,上涂耐热氧化物,具有很好的热电子发射性能。利用管壁荧光粉的成分组成可得到不同光色、色温和显色指数的荧光灯。最常见的荧光灯是直形玻璃管状,有 T12(直径 38 mm)粗管和 T8(直径 26 mm)细管两种,最近有 T5(直径 16 mm)光效高达 104 lm/W 的新型荧光灯,另外也有各种紧凑型荧光灯。

荧光灯由于气体放电的负阻特性,必须与镇流器配合才能稳定工作,故其工作电路比热辐射光源复杂。最常用的镇流器是电感型镇流器。电感型镇流器是一电感线圈和铁芯组合在一起的器件,能耗大,体积重,功率因数低,并且有噪音。为了克服电感型镇流器功率因数低的缺点,可在电源端并联电容器。目前已普遍使用的电子镇流器是一种节能型高频电子器件。用其设计的电子镇流器具有耐高压、过载能力强、性能可靠等优点。较电感型镇流器节能 20%,功率因数可达 0.9 以上。

荧光灯加工较简单,光色好,寿命长,是目前应用最广泛的一种电光源。其寿命于每次点燃时间的长短成正比,每次点燃 3h 以上寿命大于 3000 h,若每次点燃 6h 以上,寿命增加 25%;寿命随开关次数的增减而缩短。

荧光灯有功功率因数低,具有频闪效应,不宜用在由高速物体运动的场所。电压偏差不宜超过 $\pm 5\% V$,最适宜的环境温度为 18~25 ℃。在静止的空气环境中,当环境温度为 25℃时,40 W 荧光灯的光输出最大。当环境温度低于 15℃时,灯的光输出随温度的降低很快减少。温度高于最佳温度时,光输出也要减少,但速度较低。图 12.5 显示了荧光灯光通量随环境温度变化的情况。环境湿度不宜过大,达到 75%~80% 时起燃困难。应防止灯管破损造成汞污染。

314

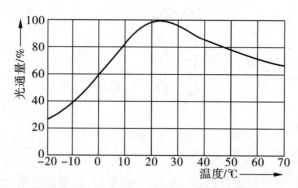

图 12.5 荧光灯光输出随环境温度的变化

(4)高压汞灯 高压汞灯又称高压水银灯,主要由电弧管和支架、电极、外泡壳几部分组成,内填有惰性气体。按结构可分为外镇流和内镇流两种。高压汞灯靠高压汞蒸气放电而发光,管内工作气压可达 1~5 大气压。

外镇流高压汞灯玻璃壳体内装有一个石英内管,石英内管里装有少量的汞,在管外的玻璃壳体中充有惰性气体(氖、氩)。当电源接通后,主极与辅助电极之间首先放电,使内管温度升高,水银逐渐蒸发,达到一定温度后,主极 1 与主极 2 之间形成弧光放电,发出强光,这种强光中含有大量紫外线,紫外线又激发玻璃壳体内壁上的荧光粉,产生很强的荧光。因此,高压汞灯从启动到正常工作一般需要 4～10 min。自镇流高压汞灯免除了外接镇流器,灯体内的灯丝即起限流降压作用。

高压汞灯光效高、寿命长(可达5000 h)、耐震动,但显色性差,外镇流型可用于街道、码头、厂房照明。自镇流型可用于礼堂、展览馆、车间等作室内照明。

(5)金属卤化物灯　金属卤化物灯是近年发展起来的新型光源(图 12.6)。其工作原理及结构与高压汞灯相近。因其放电管内除充汞和惰性气体外,还充有金属卤化物(以碘化物为主)而得名。金属卤化物在管内高温下分解成金属和卤元素,金属原子在电弧柱内受热激发而发光。

金属卤化物灯体积小、光效高,光色近似日光,故显色性好,可以用于广场、体育场、机场、室内大型空间及建筑物泛光照明。

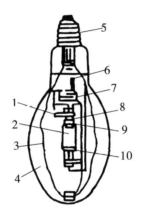

图 12.6　金属卤化物灯

1-消气剂;2-发光管;3-荧光膜(外管内面);4-外管;5-灯头;6-启动电阻;7-双金属;8-启动电极;9-主电极;10-保温膜

12.2.3　光源的选择

选择光源时,应在满足显色性、启动时间等要求条件下,根据光源、灯具及镇流器等的效率、寿命和价格在进行综合技术经济分析比较后确定。

(1)选择高效、长寿命光源。选择光效高的光源,在同样照度要求下,可以减少灯的个数,从而降低设备费用;同时,可以减少维护工作量,降低运行费用,对于高大建筑和难以维护的场所尤其应使用长寿命光源。

(2)按使用环境要求选择电光源的色温。低色温光源在室内创造轻松的气氛,适用于住宅、旅馆、饭店等,而高色温冷色调光源适合于紧张、活泼、精神振奋地进行工作的房间,如商店、办公楼、实验室等。另外,高照度场所宜采用冷色光,低照度场所宜采用低色温光源。

(3)按显色性要求选择光源。光源显色性好往往效率不高,而显色性差的光源往往

315

光效很高。因此,在选用光源时应兼顾显色性和光效两个指标,不宜追求处处用高显色性光源。

(4)光源选择中应考虑的其他因素。光源选择还应考虑其他一些因素,如悬挂高度、开闭频繁程度、是否需要调光等。

12.2.4 灯具分类

由于照明工程有各种不同的要求,工厂生产了各种各样照明灯具。

(1)按照安装方式不同分类　分为顶棚嵌入式、顶棚吸顶式、悬挂式、壁灯、发光顶棚、高杆灯、落地式、台式、庭院灯等。

(2)按灯具的配光曲线分类　国际照明委员会(CIE)建议,按光通量在上下空间分布的比例分为5类:即直接型、半直接型、全漫射型(包括水平方向光线很少的直接—间接型)、半间接型和间接型。各类灯具的光通量分配比例见表12.1。

表 12.1　照明光源配光曲线及分类

类型		直接型	半直接型	全漫射型	半间接型	间接型
光通量分布特性(占照明器总光通量)	上半球	0～10%	10%～40%	40%～60%	60%～90%	90%～100%
	下半球	100%～90%	90%～60%	60%～40%	40%～10%	10%～0
特点		光线集中,工作面上可获得充分照度	光线能集中在工作面上,空间也能得到适当照度。比直接型眩光小	空间各个方向光强基本一致,可达到无眩光	增加了反射光的作用,使光线比较均匀柔和	扩散性好,光线柔和均匀。避免了眩光,但光的利用率低
示意图		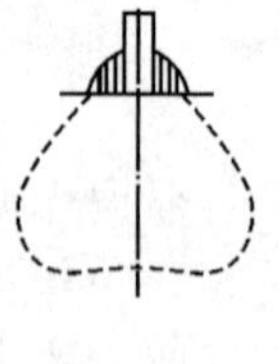	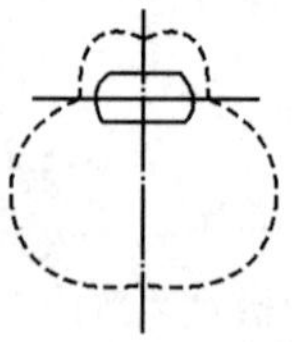	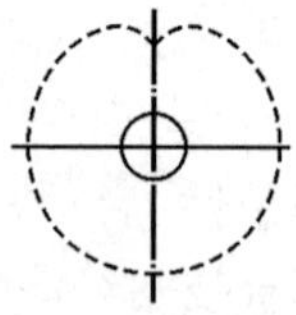	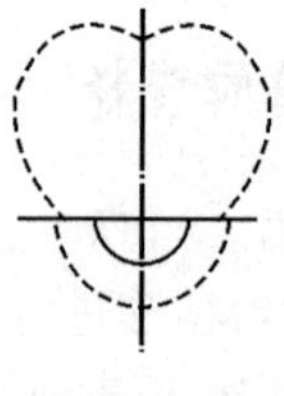	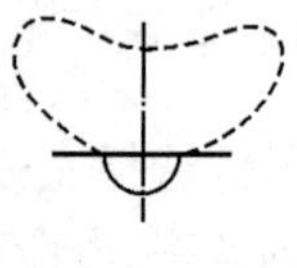

(3)按灯具结构分类　分有开启式灯具(光源和外界环境直接接触)、防护式灯具(有封闭的透光罩,但罩内外可以自由流通空气,如走廊吸顶灯等)、密闭式灯具(透光罩将内外空气隔绝,如浴室的防水防尘灯)和防爆灯具(严格密封,在任何情况下都不会因灯具而引起爆炸,用于易燃易爆场所),如图12.7所示。

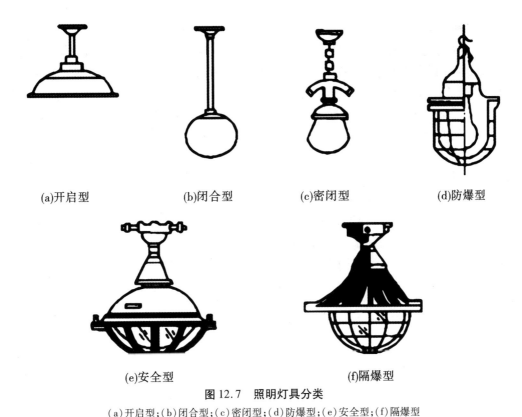

(a)开启型　　　(b)闭合型　　　(c)密闭型　　　(d)防爆型

(e)安全型　　　　　　　(f)隔爆型

图 12.7　照明灯具分类

(a)开启型;(b)闭合型;(c)密闭型;(d)防爆型;(e)安全型;(f)隔爆型

317

(4)按灯具功能分类　按灯具功能可分为功能性灯具及装饰型灯具两类,如图 12.8 所示。①功能性灯具,属于高效、低眩光,以照明为主的灯具。②装饰型灯具,灯具本身有很强的装饰性,是照明、装饰兼有的功能性的灯具,如各种吊饰灯,艺术壁灯等。

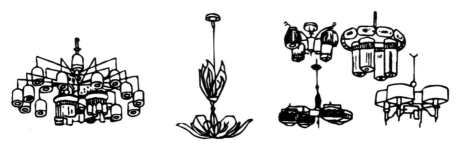

图 12.8　装饰灯具

(5)按材料的光学性能分类　分为反射型灯罩、折射型灯罩和透射型灯罩。反射型灯罩主要由金属材料制成;折射型灯具是采用具有棱镜结构的玻璃制成,经折射可使光线在空间任意分布;透射型灯罩有漫透射型(用乳白玻璃或塑料等漫透射材料制成)、定向散射透射型(用磨砂玻璃等材料制成,透过灯罩可隐约看见灯丝)。

(6)按照明器的允许距高比分类　根据照明器的允许距高比 λ 的值,将直接型照明器分成五种类型。

1）特深照型（ZTS）。照型照明器的主要特点是光束集中在狭小的立体角内，一般不超过 0.14 sr（或在 15°垂直角范围内），因此允许距高比也小，一般不大于 0.4。特深照型照明器主要用于补充照明或制造某种特殊的氛围或效果。

2）深照型（ZS）。深照型照明器发出的光束比较集中，允许距高比在 0.7～1.2 范围内，一般用于较高的厂房。

3）中照型（ZO）。中照型照明器发出的光束较大，允许距高比约在 1.3～1.5 之间，大部分适用于面积较大的房间。中照型照明器是应用最广泛的照明用灯。

4）广照型（ZG₁）。广照型照明器具有蝠翼形配光曲线，允许距高比可达 2.0，它不仅能使水平工作面上获得较均匀的照度，且能获得较高的垂直面照度。广照型照明器可用于各种室内照明，尤其适用于面积较大的房间。

5）特广照型（ZGⅡ）。特广照型照明器光强最大值分布在 60°垂直角附近，而 0～30°范围内光强值较小，允许距高比可达 4.0。特广照型照明器适用于道路照明和大厂房照明。

12.2.5 发光装置

发光装置是把照明灯具与室内建筑或装饰组合为一体，形成具有照明功能的室内建筑或装饰体，是一种需要与土建工程和装饰工程同时设计、同时施工，形成统一整体的照明设施。

发光装置常将光源隐蔽于建筑的装饰物（如顶棚）之中，装饰物常用透光材料或格栅做成，形成透光的发光天棚、光带、光梁和光盒等多种形式。若设置于柱侧则形成光柱头。

发光装置也可将光源隐蔽于建筑的各种暗槽之中，直接照射顶棚，再把光线反射到工作面上，形成光檐和光龛。

发光装置的特点是将光源的发光表面扩大，使整个受照面照度均匀、阴影淡薄，消除了直接眩光、消弱了反射眩光，使整个建筑空间内形成一种宁静安逸的照明气氛。但是，如果采用不同形式的顶棚配合不同形式的灯具，则可以形成各种不同的照明环境。

➤ 12.3 照明供配电系统

照明供配电系统设计的目的在于正确地用经济上的合理性和技术上的可能性来创造满意的照明效果。从质的方面要解决眩光、阴影、光色等问题，在量的方面要在工作面上得到合适、均匀的照度。

设计正确合理的照明供电线路，是保证照明质量的必要条件。应根据照明负荷中断供电可能造成的影响及损失，合理地确定负荷等级，并应正确地选择供电方案。当电压偏差或波动不能保证照明质量或光源寿命时，在技术经济合理的条件下，应采用有载自动调压电力变压器、调压器或专用变压器供电。照明供电线路的基本要求和设计原则与建筑供配电系统是相同的。

如属于重要建筑物的照明,还要设置应急照明的电源,应急电源应根据应急照明类别、场所使用要求和该建筑电源条件,采用下列方式之一:接自电力网有效地独立于正常照明电源的线路;蓄电池组,包括灯内自带蓄电池、集中设置或分区集中设置的蓄电池装置;应急发电机组;以上任意两种方式的组合。

12.3.1　供电网络

(1)照明配电网络　照明负荷的分类原则与电力负荷分类原则相同,其供电要求也相似。

照明配电网络由馈电线、干线和分支线组成。馈电线指将电能从变电所低压配电柜送至照明配电柜(箱)的线路,干线指将电能从照明配电柜送至各照明配电箱的线路,分支线指从照明配电箱分出的各个照明回路,如图12.9所示。

馈电线路和干线线路有放射式、树干式、混合式三种主要接线方式。照明配电网络的接线方法中应用最广泛的是放射式和树干式结合的接线方式。

照明配电箱宜设置在靠近照明负荷中心便于操作维护的位置。三相配电干线的各相负荷宜分配平衡,最大相负荷不宜超过三相负荷平均值的115%,最小相负荷不宜小于三相负荷平均值的85%。

考虑到使用与维修的方便,从配电箱引出分支线的容量不宜过大,接入灯具(包括插座)的数量不宜过多,每一照明单相分支回路的电流不宜超过16 A,所接光源数量不宜超过25盏。连接建筑组合灯具时,回路电流不宜超过25 A,光源数不宜超过60个;连接高强度气体放电灯的单相分支回路的电流不应超过30 A。建筑物轮廓灯每一单相回路不宜超过100个。

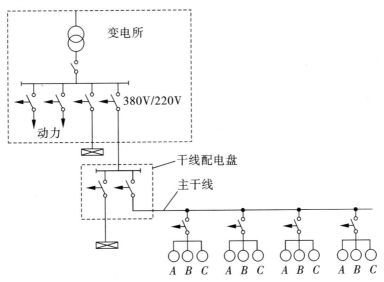

图12.9　由主干线供电的照明配电系统

319

特别重要的照明负荷,宜在负荷末级配电盘采用自动切换电源的方式,负荷较大时可采用由两个专用回路各带约50%的照明灯具的配电方式,如图12.10所示。

照明配电干线和分支线,应采用铜芯绝缘电线或电缆,分支线截面不应小于1.5 mm²。

插座不宜和照明灯接在同一分支回路。供给气体放电灯的配电线路宜在线路或灯具内设置电容补偿,功率因数不应低于0.9。

在气体放电灯的频闪效应对视觉作业有影响的场所,应采用有效措施避免或改善频闪效应:不采用具有频闪效应的气体放电灯;采用高频电子镇流器;改善气体放电光源的频闪效应,将其同一或不同灯具的相邻灯管(光源)分接在不同相别的线路上。

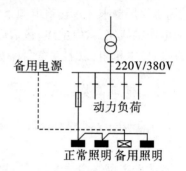

图12.10　有备用电源的照明配电系统

(2)照明网络电压　在正常环境中,一般照明光源的电源电压应采用220 V,1500 W及以上的高强度气体放电灯的电源电压宜采用380 V。对于非正常环境(如特别潮湿、高温、具有导电灰尘或导电地面等)的情况下,移动式和手提式灯具应采用Ⅲ类灯具,用安全特低电压供电,在干燥场所不大于50 V,在潮湿场所不大于25 V。在工作场所狭窄的地方且作业者接触大块金属面,如在锅炉、金属容器内等,使用的手提灯电压应不超过12 V。

(3)照明网络对电压质量的要求　照明电光源对电压质量的要求包括电压偏移和电压波动两个方面:

1)电压偏移。电光源端电压不宜过高和过低,电压过高会缩短光源的寿命,电压降低会使光通量下降,照度降低。按《建筑照明设计标准》(GB 50034—2013)规定,电光源端电压要求为:照明灯具的端电压不宜大于其额定电压的105%,亦不宜低于其额定电压的下列数值:一般工作场所为额定电压的95%;远离变电所的小面积一般工作场所难以满足第95%电压要求时,可为额定电压的90%;应急照明和用安全特低电压供电的照明不宜低于其额定电压的90%。

2)电压波动。电压波动指短时间内的电压变化。在照明供电过程中,因受电力供应和用电负荷变化等影响,电压会出现波动。电压波动会导致以下几个方面结果:电压的陡降会引起气体放电灯熄灭,而某些气体放电灯的再启动时间较长,从而无法继续工作;电压波动引起照度变化,比较频繁的波动会引起人们的视觉不舒适,甚至无法工作;电压波动过大会影响到照明设备使用寿命和使用功能,过高的电压会导致光源使用寿命的降低和能耗的过分增加,过低的电压将使照度过分降低,影响照明质量。因此,必须限制照明电源的电压波动的幅值和波动次数。电光源电压波动不能低于额定值的5%。

3)防止电压偏移和波动对照明影响的措施。电力设备无大功率冲击性负荷时,照明和电力宜共用变压器;当电力设备有大功率冲击性负荷时,照明宜与冲击性负荷接自不同变压器;如条件不允许,需接自同一变压器时,照明应由专用馈电线供电;照明安装功率较大时,宜采用照明专用变压器;合理选择照明线路的导线截面,使电压损失满足电压偏移要求;在电压偏差较大的场所,有条件时,宜设置自动稳压装置。

12.3.2 照明线路的保护设备

在建筑照明系统运行时,会因为各种原因导致照明线路的导线电流过大,使导线温升过高,其绝缘将迅速老化并缩短使用期限,还可能引起火灾。因此,照明线路应具有过电流保护装置,这种保护装置在线路电流超过整定值时,自动将被保护的线路切断。

引起线路过电流的主要原因是短路或过负荷,短路大多由线路绝缘破坏引起,过负荷则主要是因为线路上照明设备布置过多而引起的。

照明线路一般采用自动空气断路器或熔断器作保护装置。保护装置的选择要考虑电光源的启动特性,包括启动电流的大小和持续时间,要求保护装置在启动时不工作,线路过载或短路时迅速可靠地动作,起到保护作用。

用自动空气断路器保护时,可选用过载长延时、短路瞬动保护特性的自动开关。热辐射电光源由于灯丝的冷态和热态下电阻差别很大,接通瞬间引起很大的起动电流,但在一个周波内就衰减到1/4,气体放电光源的起动电流一般都不超过工作电流的两倍。空气短路器的瞬动电流一般均在长延时额定电流的6倍以上。因此,照明线路用自动开关作保护时,启动电流一般均不致引起瞬动动作,所以影响自动开关跳闸的主要原因是电光源的启动电流持续时间。高压汞灯启动电流持续时间达5 min,高压钠灯、金属卤化灯在2~8 min。

12.3.3 照明控制

照明供电干线、分支线回路应依次设置带有保护装置的总开关和控制分开关,直至每个灯具的通断开关。开关设在房间入口处便于操作的部位。照明灯具控制一般一盏灯设一个开关,也可以几盏灯共用一个开关。对于阅览室、剧场、舞厅、商场等特大场合,可将灯具分组集中在配电箱内控制,客房、卫生间等可每盏灯由一个开关控制,办公室、走廊等场合可几盏灯由一个开关控制。每个照明开关所控光源数不宜太多。每个房间灯的开关数不宜少于2个(只设置1只光源的除外)。

公共建筑和工业建筑的走廊、楼梯间、门厅等公共场所的照明,宜采用集中控制,并按建筑使用条件和天然采光状况采取分区、分组控制措施。体育馆、影剧院、候机厅、候车厅等公共场所应采用集中控制,并按需要采取调光或降低照度的控制措施。居住建筑有天然采光的楼梯间、走道的照明,除应急照明外,宜采用节能自熄开关。

房间或场所装设有两列或多列灯具时,宜按下列方式分组控制:所控灯列与侧窗平行;生产场所按车间、工段或工序分组;电化教室、会议厅、多功能厅、报告厅等场所,按靠近或远离讲台分组。

除人工手动控制照明以外,在一些必要的场合,如广场、道路、楼梯、走廊等场所,也可以根据需要采用定时、光控、声控等自动或半自动控制方法,既能满足照明需要,又能有效地节约电能。

对于建筑群间的道路照明、警卫照明宜集中控制,控制点一般设在有值班人员的变电所或警卫室内。

为满足建筑节能的要求,有条件时,灯具宜采用以下控制方式:天然采光良好的场所,按该场所照度自动开关灯或调光;个人使用的办公室,采用人体感应或动静感应等方式自动开关灯;旅馆的门厅、电梯大堂和客房层走廊等场所,采用夜间定时降低照度的自动调光装置;大中型建筑,按具体条件采用集中或集散的、多功能或单一功能的自动控制系统。

12.4 建筑照明灯具布置与照度计算

12.4.1 灯具的布置

灯具的布置直接影响到照明的效果和舒适度,因此应该对灯具进行合理的布置。

(1)灯具布置的要求 灯具的布置就是确定灯在房间里的位置,其对房间的照明质量有重要影响。灯具的布置是否合理还影响着光效以及照明装置的维修与安全。因此,在布置照明灯时,主要应满足:有关规范规定照度值要求;工艺对照度值的要求;工作面上的照度均匀性要求;考虑节能,尽可能提高利用系数,选择光效高的灯具;布置整齐美观,与建筑物的使用功能和装饰要求相协调。

在室内灯具作一般照明使用时,大部分采用均匀布置的方式,只在需要局部照明或定向照明时,才根据具体情况采用选择性布置。

(2)灯具的布置包括竖向布置和平面布置。

1)灯具的竖向布置。

灯具的竖向布置应考虑如下因素:①保证电气安全,工厂的一般车间力悬挂高度应不低于2.4 m,电气车间可降至2 m。对民用建筑一般无此项限制。②限制直接眩光,与光源的种类、瓦数及灯具形式相对应,最低悬挂高度以表12.2确定。对于不考虑限值直接眩光的普遍住房,悬挂高度可降至2 m。③便于维护管理。用梯子维护时不应超过6~7 m。由升降机维护时,高度由升降机的升降高度确定。④与建筑尺寸配合,如吸顶灯的安装高度即建筑的层高。⑤应防止晃动,垂度 h_c 一般取 0.3~1.5 m,多数取为 0.7 m。

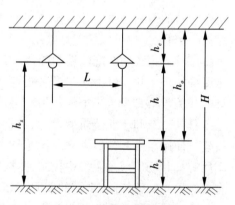

图 12.11 灯具的竖向布置

吊杆灯具对垂度无限制要求。⑥提高照明的经济性。应符合表12.8中规定的合理距高比 L/h(灯具至工作面的距离)值。灯具间距 L 值因灯具布置形式而异。直线型灯具(如荧光灯)的形状是不对称的,所以其最大允许距高比分横向 B—B 和纵向 A—A 两个。⑦一般灯具的悬吊高度为 2.4~4.0 m;配照型灯具悬吊高度为 3.0~6.0 m;搪瓷深照型灯具悬吊高度为 5.0~10 m;镜面深照型灯具悬吊高度为 8.0~20 m。

灯具的悬挂高度(距地高度)首先取决于房间的层高并以不发生眩光作用为限,一般灯具的最低悬挂高度见表12.2。

表12.2　照明灯具距地面最低悬挂高度

光源种类	灯具形式	光源功率/W	最低悬挂高度/m
白炽灯	有反射罩	≤60	2.0
		100～150	2.5
		200～300	3.5
		≥500	4.0
	有乳白玻璃漫反射罩	≤100	2.0
		150～200	2.5
		300～500	3.0
卤钨灯	有反射罩	≤500	6.0
		1 000～2 000	7.0
荧光灯	无反射罩	≤40	2.0
		>40	3.0
	有反射罩	≥40	2.0
荧光高压汞灯	有反射罩	≤125	3.5
		250	5.0
		≥400	6.0
高压汞灯	有反射罩	≤125	4.0
		250	5.5
		≥400	6.5
金属卤化物灯	搪瓷反射罩	400	6.0
	铝抛光反射罩	1 000	14.0
高压钠灯	搪瓷反射罩	250	6.0
	铝抛光反射罩	400	7.0

2)灯具的平面布置。

为满足使用功能要求,在布置灯具时应周密考虑光的投射方向、工作面的照度、反射眩光和直射眩光、照明均匀性、视野内各平面的亮度分布、阴影、照明装置的安装功率和初次投资、用电的安全性、维护管理的方便性等因素。

顶棚均匀一般照明,灯具都成行成列地均匀布置,做到考虑功能、照顾美观、防止阴影、方便施工;并应与室内设备布置情况相配合,即尽量靠近工作面,但不应安装在高大型设备上方;应保证用电安全,即裸露导电部分应保持规定的距离;应考虑经济性。若无单行布置的可能性,则应按表12.3中的规定确定灯的间距。对于荧光灯,纵向和横向合理距高比的数值不一样,可查照明设计手册中相应表格确定。

表12.3　照明灯具最大允许距高比

灯具名称	灯具型号	光源种类及容量/W	最大允许距高比(L/h)		最小照度系数 K_{min}
			A–A	B–B	
配照型灯具	GC1$\dfrac{A}{B}$1	B150	1.25		0.75
		G125	1.41		0.78

当灯的布置不是矩形时,应当按图12.12所示的方法求当量灯距L。当实际布灯距高比等于或略小于相应的合理距高比时,即认为灯具的平面布置合理。一排灯具取$1/2L$(L灯的间距),如果墙边有设备、工作台或其他设施,墙边灯具可取$1/3\sim1/4L$,这种方法是最基本的布灯方法,亦即标准布灯法。

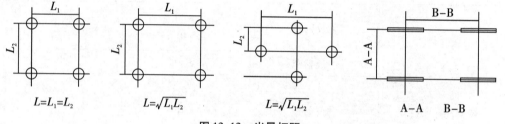

图12.12　当量灯距

12.4.2　照度计算

照度计算的目的是,当灯具的形式、悬挂高度及布置方案确定之后,根据被照场所的照度要求,确定每盏灯具的功率,或者根据已知灯具功率,计算工作面的照度,检验其是否符合标准的要求,从而调整它们的布置及数量。

我国执行的是最低照度标准,即工作面上照度最低的地方、视觉工作条件最差的地方所具有的照度应该达到的标准。这样的照度标准有利于保护劳动者的视力和提高劳动生产率。

照明计算的实质是进行亮度的计算。因亮度计算相当复杂,不便于工程设计中采用,故以直接计算与亮度成正比的照度值,间接反映亮度值,使计算简化。室内照明计算有:吸收光通法、等照度球计算法、利用系数法、三配光曲线法以及相互反射法等多种方法。计算类型有两种:

(1)设计计算:已知照明系统和照度标准,求所需光源的功率和总功率。

(2)验算校核:已知照明系统和光源的功率与总功率,求在某点产生的照度。

计算方法可归纳为平均照度计算和点照度计算两种类型。一般均匀照明系统采用平均照度法。平均照度法分为单位容量法和利用系数法。利用系数法和单位容量法考虑了直射光和反射光两部分产生的照度,计算结果为水平面上的平均照度,而逐点计算法仅考虑直射光线产生的照度,可以计算任意面上某一点的直射照度。

12.4.2.1 单位容量法

单位容量法又称为单位功率法,分为估算法和单位功率法。估算法是根据不同建筑物的估算指标,用下式计算确定建筑总照明用电量:

$$P = WS \times 10^{-3} \tag{12.3}$$

式中 P——建筑物(或功能相同的所有房间)的照明总用电量(kW);

S——建筑物(或功能相同的所有房间)的总面积(m^2);

W——单位建筑面积安装功率(估算指标)(W/m^2)。可参考有关电工手册、电气设计技术规程确定。

12.4.2.2 利用系数法

当照明器数量较多且分布均匀而使被照表面各处照度比较均匀时,可采用平均照度来表示照明水平。

通常应用"利用系数"法(或称为流明法)来计算平均照度。所谓"利用系数"是指直接照射和经各种表面相互反射后照射到某平面上的光通量(包括直射和反射两部分)与全部照明器发出的总光通量之比。它是由灯具特性、被照空间大小和形状、空间各面的反射系数等条件决定。因此,平均照度的计算就归结为利用系数的计算,在符合适用条件的情况下,利用系数法可以得到较准确的结果。

按定义,利用系数必然是小于 1 的一个数,利用系数 U 的表示式为

$$U = \frac{\Phi'}{\Phi} \tag{12.4}$$

式中 Φ——全部照明器光源的总光通量(lm);

Φ'——由全部照明器发出,最后照射到某平面上的光通量(lm)

因此,被照平面上平面照度

$$E_{av} = \frac{\Phi NUK}{A} \tag{12.5}$$

式中 E_{av}——工作面平均照度(lx)

Φ——每盏灯具光源的光通量,lm;

N——灯具数量;

U——利用系数:

A——被照工作面面积(m^2);

K——维护系数,是考虑到灯具在使用过程中光源光通量的衰减,灯具和房间的污染而引起照度下降引入的系数,见表12.4。

表 12.4　照度维护系数表

环境维护特征	工作房间或场所	灯具最少擦洗次数/(次/年)	维护系数	
			白炽灯、荧光灯、金属卤化物灯	卤钨灯
清洁	住宅卧室、办公室、餐厅、阅览室、绘图室	2	0.80	0.80
一般	商店营业厅、候车室、影剧院观众大厅	2	0.70	0.75
污染严重	厨房	3	0.60	0.65

12.4.2.3　利用系数 U 的确定

（1）与房间尺寸有关的参数　室内工作面上得到的光通量,除了从灯具直射得到的部分以外,还有一部分从室内墙壁、顶棚及地面反射而来的光通量,这些光通量可分为三个方面(见图 12.13)：①由顶棚空间即顶棚和顶棚空间墙面的反射光通量;②由室内空间即灯具水平线至工作面之间的墙面反射的光通量;③由地面空间即工作面至地面的墙面及地面的反射光通量。灯具若是吸顶安装时,则无顶棚空间。

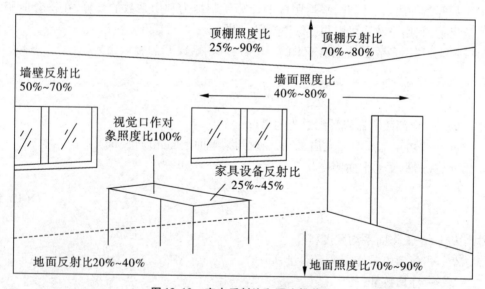

图 12.13　室内反射比和照度推荐值

三个系数如下：

室空比　$RCR = 5h(a+b)/(ab)$

顶空比　$CCR = 5h_c(a+b)/(ab)$;

地空比　$FCR = 5h_f(a+b)/(ab)$

式中　a——房间长度;

b——房间宽度;

h——室空间高度,即计算高度;

h_c——顶棚空间高度;

h_f——地面空间高度;即工作面的高度。

室内三空间的划分如图 12.14 所示。

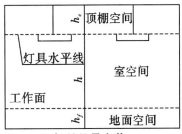

(a)灯具吸顶安装　　　　　　　　(a)灯具悬吊安装

图 12.14　室内三空间划分

(2)利用系数 U 的查取　根据室空比(RCR)和室内各表面的反射系数,由实验方法编制成各种形式灯具的利用系数表格(利用系数可查阅相关手册),用插值法查取该形式灯具的利用系数 U,代入利用系数法计算公式,即可求得被照工作面的平均照度。

➤ 12.5　建筑照明施工图

12.5.1　图形符号和文字符号

电气照明平面图属于电气系统简图,只能采用图形符号和文字符号来加以说明。电气照明线路和设备常用图形符号和文字符号,见表 12.5。

表 12.5　电气照明平而布置图常用符号

序号	名称	符号	说明
1	配线方向	(1) (2) (3)	(1)向上配线 (2)向下配线 (3)垂直通过配线

续表 12.5

序号	名称	符号	说明
2	带配线的用户端		
3	配电中心		示出 5 根导线管
4	连接盒或接线盒		
5	最低照度	15	示出 15 lx
6	照度检查点	● a (1) ● $\dfrac{a-b}{c}$ (2)	(1)a:水平照度 1x (2)a-b:双测垂直照度 1x $\quad$ c:水平照度 1x
7	电缆与其他设施交叉点	$\dfrac{a-b-c-d}{e-f}$	电缆与其他设施交叉点 a——保护管根数; b——保护管走径(mm); c——管长(m); d——地面标高(m); e——保护管理设深度(m); f——交叉点坐标
8	导线型号规格或敷设方式的改变	$3 \times 16 \times \dfrac{3 \times 10}{\phi 2 \frac{1}{2}^N}$ $\longrightarrow \times \longrightarrow$	(1)$3 \times 16 \ mm^2$ 导线改为 $3 \times 10 \ mm^2$ (2) 无穿管敷设改为导线穿管 $(\phi 2 \frac{1}{2}^N)$ 敷设
9	电压损失/%	V	或用 ΔV 表示
10	直流电	$-220 \ V$	示出直流电压 220 V
11	交流电	$m \sim fV$ $3N \sim 50 \ Hz, 380 \ V$	m——相数 f——频率(Hz) v——电压(V) 示出交流,三相带中性线 N,50 Hz, 380 V
12	照明变压器	$\dfrac{a}{b}-c$	a——一次电压(V) b——二次电压(V) c——额定容量(VA)

12.5.2 照明线路和灯位的确定方法

由于照明线路和灯位采用图形符号和文字标注的方式表示,因此在电气照明平面图上不表示出线路和灯具本身的形状和大小,但必须确定其敷设和安装位置。

(1)位置的确定方法 ①平面位置电气平面图是在建筑平面图上绘制出来的,由建筑平面图的定位轴线以及某些构筑物(如梁、柱、门、窗等)可以清楚地确定照明线路和灯位布置。②垂直位置电气照明平面图不可能直观表示出线路、灯位和安装的垂直高度,其垂直高度可以下列方式确定:标高一般标注安装标高;文字符号标注,如灯具安装高度在符号旁按一定方式标注出具体尺寸;图注,用文字方式标注出某些共同设备的安装高度,如在注释中说明"所有控制开关离地平面1.3 m"。

(2)接线方式的表示方法 照明器、插座等通常都是并联接于电源进线的两端,火线(相线)经开关至灯头,零线直接接灯头,保护地线与灯具金属外壳相连接。在一幢建筑物内,灯具、插座等很多,通常采用两种方法连接,一种是直接接线方法,一种是共头接线法。各照明器、插座、开关等直接从电源干线上引接,导线中间允许有接头的安装接线法,称为直接接线法。导线的连接只能通过开关、设备接线端子引线、导线中间不允许有接头的安装接线法,称为共头接线法。共头接线法耗用导线较多,但接线可靠,是广泛采用的安装接线方法。

图12.15所示是某建筑物两个房间电气照明平面布置图。图中所示3个灯分别用3个开关控制。图(a)采用直接接线法,线路走向及导线根数已示于图中;图(b)采用共头接线法,由于不能从中间分支接线,只能从开头和灯头引线,导线的根数也示于图中。很显然,(b)图中所用导线根数较(a)图要多一些。

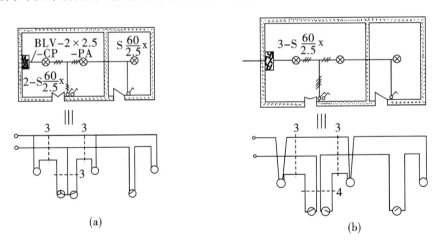

图 12.15 照明电气接线方法示例

(a)直接接线法;(b)共头接线法

无论采用哪种接线方法,在电气照明平面图上导线都是很多的,很显然,在图中不能一一表示清楚,这就为识读带来了一定的困难。为了读懂电气照明平面图,可以另外画出照明器、开关、插座等的实际连接的示意图,这种图称为斜视图,亦称透视图。

 思考题

1. 常用的光的度量单位有哪些?
2. 局部照明宜在什么情况下采用?
3. 什么是眩光? 限制眩光可采用哪些措施?
4. 如何选择电光源?
5. 照明配电网络有哪几部分组成? 如何保护照明线路?
6. 照明灯具竖向布置应考虑哪些因素?
7. 照度如何计算? 什么是利用系数法?

 知识点(章节):

光的度量(12.1.1.2);建筑照明分类(12.1.2);照明光源性能指标(12.2.1.1);常用电光源(12.2.2);照明供配电网络(12.3.1);照明线路保护设备(12.3.2);灯具布置(12.4.1);照度计算(12.4.2)。

13

电气安全与防雷接地

➤ 13.1 基本概念

随着科学技术的不断发展,电气工程对人们的生活、生产和工作产生越来越重要的影响,除能够提供动力、照明和信息传递等功能外,也会产生一些负面的作用,如雷击、静电、电击、射频伤害等。这些时刻影响着正常的人类活动,如何保证电气安全,是亟待解决的一个重要问题。

在我国,过去由于观念和体制上的原因,对电气安全问题更多地侧重于电网本身的安全和生产过程的劳动保护。对一般民用场所的电气安全问题和电气环境安全问题重视不够,以致电击伤害和电气火灾等事故的发生率长期居高不下,单位用电量的电击伤亡事故更是比发达国家高出数十倍。比如,日本的人均用电量是我国的 8 倍左右,日本的电气火灾占火灾总数的2% ~3%。而我国电气火灾占火灾总数的比例已达近30%,而且还有进一步上升的趋势。

由于我国经济持续快速的发展,建筑物功能的不断完善,电气化水平迅速提高,住宅和其他民用建筑的建设蓬勃发展,使电气安全问题显得十分现实和迫切,将电气安全问题作为电气工程一个重要问题进行研究具有重要的现实意义。

从电气危害产生的源头来分类,可将电气危害分为自然因素产生的危害和人为因素产生的危害两大类。自然因素产生的危害如雷击、静电等;人为因素产生的危害主要是各种电气系统和设备产生的诸如电击电弧、电气火灾等灾害。

从电气危害发生的特征来分类,可分为电气事故和电磁污染两大类。电气事故具有偶然性与突发性的特征,电磁污染具有必然性和持续性的特征。表13.1 列出了电气危害的主要种类。

如果按事故的基本原因,电气事故可分为以下几类:

(1)触电事故 人身触及带电体(或过分接近高压带电体)时,由于电流流过人体而造成的人身伤害事故。触电事故是由于电流能量施于人体而造成的。触电又可分为单相触电、两相触电和跨步电压触电三种。

(2)雷电和静电事故 局部范围内暂时失去平衡的正、负电荷,在一定条件下将电荷的能量释放出来,对人体造成的伤害或引发的其他事故。雷击常可摧毁建筑物,伤及人、畜,还可能引起火灾;静电放电的最大威胁是引起火灾或爆炸事故,也可能造成对人体的伤害。

(3)射频伤害 电磁场的能量对人体造成的伤害,亦即电磁场伤害。在高频电磁场的作用下,人体因吸收辐射能量,各器官会受到不同程度的伤害,从而引起各种疾病。除高频电磁场外,超高压的高强度工频电磁场也会对人体造成一定的伤害。

(4)电路故障 电能在传递、分配、转换过程中,由于失去控制而造成的事故。线路和设备故障不但威胁人身安全,而且也会严重损坏电气设备。

表 13.1　电气危害种类及原因

类型			原因
电气事故	故障型	电击	1.绝缘破坏,导致非导电部分带电; 2.爬电距离或空气间隙被导电物短接,造成非带电部分带电; 3.机械性原因,如线路断落,导致带电部件滑出; 4.雷击; 5.各种因素造成的系统中性点电位升高,使 PE 线或 PEN 线带高电位
		电气火灾和电气引爆	1.过电流产生高温引燃; 2.非正常电火花、电弧引燃引爆; 3.雷电引燃引爆
		设备损坏	1.过载或缺相运行; 2.电解和电蚀作用; 3.静电或雷击; 4.过电压或电涌
	非故障型	电击	1.直接事故:误入带电区、人为超越安全屏障、携带过长金属工具等; 2.间接事故:因触碰感应电压或低电压等非致命带电体引起的惊吓、坠落或摔倒等
		电气火灾	高温引起溶液、熔渣的滴落、流淌、积聚使附近物体燃烧爆炸
		设备损坏和质量事故	1.长期电蚀作用使设备、线路受损; 2.工业静电引起的吸附作用、影响产品质量
电磁污染	电磁干扰		工作产生的电磁场对别的设备或系统产生的干扰
	职业病		强电磁场对人体器官产生的损伤(如微波)或使人体某一部分功能失调等

➤ 13.2　防雷工程系统

13.2.1　雷电的形成及其危害

　　雷电是由雷云对地面建筑物及大地的自然放电引起的,它会对建筑物或设备产生严重破坏。我们把大气中带电荷的云团称为雷云。雷云是产生雷电的先决条件。一般认为雷云的形成必须具备以下条件:大气中应有足够的水蒸气,并随热空气上升;有能使上升气流中水蒸气凝成水滴或冰晶的气象或地形条件;大气流能够强烈持久地上升。

在天气闷热潮湿的时候,地面上的水受热变为水蒸气并且上升,在空中与冷空气相遇,使蒸汽凝结成小水滴,形成积云。云中水滴受到强烈气流吹袭,分裂为一些小水滴和大水滴,小水滴带负电荷,大水滴带正电荷。雷云以带负电荷居多,也有带正电荷的情况,雷云中的电荷分布是不均匀的,而是形成许多堆积中心,因而不论是云中或是云与地之间各处电场强度是不一样的,等到一定数量的电荷聚集到一个区域时,这个区域的电势逐渐上升,在它附近的电场强度达到足以使附近空气绝缘破坏的程度时,该处空气游离,即发生了雷云与大地间的雷云放电,就是一般所说的雷击。

云层与云层之间的放电虽然有很大声响和强烈的闪光,但对地面上的建筑物、人都没有多大影响,只对飞行器和敏感的电子设备有危险;而当雷云对大地放电时,会产生巨大的破坏作用。根据雷电对大地的放电作用,一般可分为直接雷、间接雷两大类。直接雷是指雷云对地面直接放电。间接雷是雷云的二次作用(静电感应效应和电磁效应)造成的危害。无论是直接雷还是间接雷,都可能演变成雷电的第三种作用形式——高电位侵入,即很高的电压(可达数十万伏)沿着供电线路和金属管道,高速侵入变电所、用户等建筑内部。雷电的危害有以下几个方面:

(1)直击雷 当雷云较低,其周围又没有异性电荷的云层时,会在地面上突出物(树木或建筑物)上感应出异性电荷,当电场强度达到一定值时,雷云就会通过这些物体与大地之间放电,这就是我们通常所说的雷击。这种直接击在建筑物或其他物体上的雷电叫直击雷;当雷云通过线路或电气设备放电时,放电瞬间线路或电气设备将通过巨大雷电流。一次雷电放电时间(从雷电流上升到峰值开始,到下降到1/2峰值为止的时间间隔)通常有几十微秒。这样强大的雷电流会使建筑物、建筑电气设备受到毁坏,甚至会引起火灾或爆炸事故。

当雷电流通过被雷击的物体时会发热,引起火灾。同时在空气中会引起雷电冲击波和次声波,对人和牲畜带来危害。此外,雷电流还有电动力的破坏作用,使物体变形、折断。防止直击雷的措施主要有采取避雷针、避雷带、避雷网作为接闪器,把雷电流通过接地引下线和接地装置,将雷电流迅速而安全地送到大地,保证建筑物、人身和电气设备的安全。

(2)静电感应 当线路或设备附近发生雷云放电时,虽然雷电流没有直接击中线路,但在导线上会感应出大量和雷云极性相反的束缚电荷。当雷云对大地上其他目标放电,雷云中所带电荷迅速消失,导线上的感应电荷就会失去雷云电荷的束缚而成为自由电子,并以光速向导线两端急速涌去,从而出现过电压,这种过电压称为静电感应过电压。一般由雷电引起局部地区感应过电压,在架空线路上可达 300 ~ 400 kV,在低压架空线上可达 100 kV,在通信线路上可达 40 ~ 60 kV。由静电感应产生的过电压对接地不良的电气系统有破坏作用,使建筑物内部金属构架与金属器件之间容易发生火花,引起火灾。如果有可靠的接地系统就不会出现破坏现象。

(3)磁感应 由于雷电流在导体中会感应出极高的电动势,在有气隙的导体之间放电,产生火花,引起火灾。由雷电引起的静电感应和电磁感应统称为感应雷(又叫二次雷)。解决的办法是将建筑金属屋顶、建筑物内的大型金属物品等做良好的接地处理,使感应电荷能迅速流向地下,防止在缺口处形成高电压和放电火花。

334

(4)雷电波的侵入 雷电波的侵入主要是指直击雷或感应雷从输电线路、通信光缆、无线天线等金属引入建筑物内,对人和设备发生闪击和雷击事故。此外,由于直击雷在建筑物或建筑物附近入地,通过接地网入地时,接地网上会有数百千伏的高电位,这些高电位可以通过系统中的零线、保护接地线或通信系统传入室内,沿着导线的传播方向扩大范围。

防止雷电波侵入的主要措施是对输电线路等能够引起雷电波侵入的设备,在进入建筑物前装设避雷器等保护装置,它可以将雷电高电压限制在一定的范围内,保证用电设备不被高电波冲击击穿。

雷电的共同特点是:放电时间短、放电电流大、放电电压高、破坏力极强。其破坏作用主要表现在:强大的雷电流通过物体时产生的巨大热量,使物体内的水分急剧蒸发而形成的内压力,造成多种机械性破坏;所产生的巨大热量可造成金属熔化和物体燃烧,使物体遭受外部冲击或内部劈裂造成热力性破坏;极高的电压使供配电系统中的绝缘材料被击穿,造成相间断路,使破坏的范围和程度迅速扩大和增强,发生绝缘击穿性破坏;由于雷电波中夹杂有大量高频杂波,对通信、广播、电视等电子设备和系统的正常工作有强烈的干扰破坏作用,造成无线干扰性破坏。

不同地区因为地质条件及环境的不同,每年建筑物遭受雷击的频率也不一样,全国主要城市雷暴日数参见表13.2。

表13.2 全国主要城市雷暴日数

序号	地名	雷暴日数/(d/a)	序号	地名	雷暴日数(d/a)
1	北京	35.6	18	南京	35.5
2	天津	28.2	19	杭州	40.0
3	上海	30.1	20	合肥	30.1
4	重庆	36.0	21	福州	57.6
5	石家庄	31.5	22	南昌	58.5
6	太原	36.4	23	济南	26.3
7	呼和浩特	37.5	24	郑州	22.6
8	沈阳	27.1	25	武汉	37.8
9	长春	36.6	26	长沙	49.5
10	哈尔滨	30.9	27	广州	81.3
11	南宁	91.8	28	成都	35.1
12	贵阳	51.8	29	昆明	55.8
13	拉萨	73.2	30	西安	17.3
14	兰州	23.6	31	西宁	32.9

序号	地名	雷暴日数 （d/a）	序号	地名	雷暴日数 （d/a）
15	银川	19.7	32	乌鲁木齐	9.3
16	海口	114.4	33	台北	27.9
17	香港	34.0			

为了克服上述雷电的破坏,建筑防雷设计的目的就是:①保护建筑物内部的人身安全;②保护建筑物不遭破坏和烧毁;③保护建筑内部存放的危险物品不会损坏、燃烧和爆炸;④保护建筑物内部的电气设备和系统不受损坏。

防雷设计应根据建筑物本身的重要性,结合当地的雷电活动情况和周围环境特点,按我国有关规范规定要求,综合考虑确定是否安装防雷装置及安装何种类型的防雷装置。

13.2.2 建筑物的防雷

建筑物根据其重要性、使用性质、发生雷电事故的可能性和后果,按防雷要求分为三类。

（1）第一类防雷建筑物的防雷

1）防直击雷的措施。

装设独立避雷针或架空避雷线（网）,使被保护的建筑物的风帽等突出屋面的物体均处于接闪器的保护范围内,架空避雷网的网格尺寸不应大于 10 m×10 m。

独立避雷针的杆塔、架空避雷线的端部和架空避雷网的各支柱处应至少设一根引下线。对用金属制成或有焊接、绑扎连接钢筋网的杆塔、支柱,宜利用其作为引下线。独立避雷针和架空避雷线（网）的支柱及其接地装置至被保护建筑物及与其有联系的管道、电缆等金属物之间的距离不得小于 3 m。

架空避雷线至屋面和各种突出屋面的风帽等物体之间的距离不得小于 3 m。独立避雷针、架空避雷线或架空避雷网应有独立的接地装置,每一引下线的冲击接地电阻不宜大于 10 Ω,在土壤电阻率高的地区,可适当增大冲击接地电阻。

2）防雷电感应的措施。

建筑物内的设备、管道、构架、电缆的金属外皮、钢屋架、钢窗等金属物均应接到防雷电感应的接地装置上。金属屋面周边每 18～24 m 以内应采用引下线接地一次。

3）防止雷电波侵入的措施。

低压线路宜全线采用电缆直接埋地敷设,在入户端应将电缆的金属外皮、钢管接到防雷电感应的接地装置上。

4）当建筑物高于 30 m 时,应采取防侧击雷的措施:①从 30 m 起每隔不大于 6 m,沿建筑物四周设水平避雷带并与引下线相连;②30 m 及以上外墙上的栏杆、门窗等较大的金属物与防雷装置连接;③在电源引入的总配电箱处装设过电压保护器。

（2）第二类防雷建筑物的防雷　根据国标《建筑物防雷设计规范》对建筑物的防雷分类规定，民用建筑中无第一类防雷建筑物，其分类应划分为第二类及第三类防雷建筑物。在雷电活动频繁或强雷区，可适当提高建筑物的防雷保护措施。符合下列情况之一时，应划为第二类防雷建筑物：高度超过 100 m 的建筑物；国家级重点文物保护建筑物；国家级的会堂、办公建筑物、档案馆、大型博展建筑物；特大型、大型铁路旅客站；国际性的航空港、通讯枢纽；国宾馆、大型旅游建筑；国际港口客运站；国家级计算中心、国家级通信枢纽等对国民经济有重要意义且装有大量电子设备的建筑物；年预计雷击次数大于 0.06 次的部、省级办公建筑及其他重要或人员密集的公共建筑物；年预计雷击次数大于 0.3 次的住宅、办公楼等一般民用建筑物。

第二类防雷建筑物应采取防直击雷、防雷电波侵入和防侧击的措施。

防直击雷的措施，应符合下列规定：接闪器宜采用避雷带（网）或避雷针或由其混合组成。避雷带应装设在建筑物易受雷击部位（屋角、屋脊、女儿墙及屋檐等），并应在整个屋面上装设不大于 10 m×10 m 或 12 m×8 m 的网格。所有避雷针应采用避雷带相互连接。在屋面接闪器保护范围之内的物体可不装接闪器，但引出屋面的金属体应和屋面防雷装置相连。在屋面接闪器保护范围之外的非金属物体应装设接闪器，并和屋面防雷装置相连。防直击雷的引下线应优先利用建筑物钢筋混凝土中的钢筋或钢结构柱。

防雷电波侵入的措施，应符合下列规定：为防止雷电波的侵入，进入建筑物的各种线路及金属管道宜采用全线埋地引入，并在入户端将电缆的金属外皮、钢管及金属管道与接地装置连接。在电缆与架空线连接处，还应装设避雷器，并与电缆的金属外皮或钢管及绝缘子铁脚等连在一起接地，其冲击接地电阻不应大于 10 Ω。年平均雷暴日在 30 d/a 及以下地区的建筑物，可采用低压架空线直接引入，但应符合下列要求：入户端应装设避雷器，并应与绝缘子铁脚、金具连在一起接到防雷接地装置上，冲击接地电阻不应大于 5 Ω；入户端的两基电杆绝缘子铁脚应接地，其冲击接地电阻不应大于 30 Ω。

当建筑物高度超过 45 m 时，应采取防侧击措施。建筑物内钢构架和钢筋混凝土内的钢筋应相互连接，应利用钢柱或钢筋混凝土柱子内钢筋作为防雷装置引下线。结构圈梁中的钢筋也连成闭合回路，并同防雷装置引下线连接；应将 45 m 及以上部分外墙上的金属栏杆，金属门窗等较大金属物直接或通过预埋件与防雷装置相连；垂直金属管道及类似金属物，尚应在顶端和底端与防雷装置连接。

设有大量电子信息设备的建筑物，其电气、电讯竖井内的接地干线应与每层楼板钢筋作等电位联结。一般建筑物的电气、电讯竖井内的接地干线应每三层与楼板钢筋作等电位联结。

（3）第三类防雷建筑物的防雷　符合下列情况之一时，应划为第三类防雷建筑：省级重点文物保护建筑物及省级档案馆。省级及以上大型计算中心和装有重要电子设备的建筑物；19 层及以上的住宅建筑和高度超过 50 m 的其他民用建筑物；年预计雷击次数大于 0.012 次，且小于或等于 0.06 次的部、省级办公建筑及其他重要或人员密集的公共建筑物。年预计雷击次数大于或等于 0.06 次，且小于或等于 0.3 次的住宅、办公楼等一般民用建筑物；建筑群中最高或位于建筑群边缘高度超过 20 m 的建筑物；通过调查确认当地遭受过雷击灾害的类似建筑物；历史上雷害事故严重地区或雷害事故较多地区的较重要建筑物;在平均雷暴日大于 15 d/a 的地区,高度在 15 m 及以上的烟囱、水塔等孤立的高耸构筑物;在平均雷暴日小于或等于 15 d/a 的地区,高度在 20 m 及以上的烟囱、水塔孤立的高耸构筑物。

第三类防雷建筑物应采取防直击雷、防雷电波侵入和防侧击的措施。

防直击雷的措施如下:接闪器宜采用避雷带(网)或避雷针或由其混合组成;避雷带应装设在屋角、屋脊、女儿墙及屋檐等建筑物易受雷击部位,并在整个屋面上装设不大于 20 m×20 m 或 24 m×16 m 的网格;平屋面的建筑物,当其宽度不大于 20 m 时,可仅沿周边敷设一圈避雷带;在屋面接闪器保护范围之内的物体可不装接闪器,但引出屋面的金属体应和屋面防雷装置相连;在屋面接闪器保护范围以外的非金属物体应装设接闪器,并和屋面防雷装置相连;防直击雷装置的引下线应优先利用钢筋混凝土中的钢筋。

防雷电波侵入的措施,应符合下列要求:对电缆进出线,应在进出端将电缆的金属外皮、钢管等与电气设备接地相连。

当建筑物高度超过 60 m 时,应采取下列防侧击措施:建筑物内钢构架钢筋混凝土中的钢筋及金属管道等的连接措施,应符合二类防雷有关规定;应将 60 m 及以上部分外墙上的金属栏杆、金属门窗等较大的金属物直接或通过预埋件与防雷装置相连。

由重要性或使用要求不同的分区或楼层组成的综合性建筑物,且按防雷要求分别划为第二类和三类防雷建筑时,其防雷分类宜符合下列规定:当第二类防雷建筑的面积占建筑物总面积的 30% 及以上时,该建筑物宜确定为第二类防雷建筑物。当第二类防雷建筑的面积,占建筑物总面积的 30% 以下时,宜按各自类别采取相应的防雷措施。

13.2.3 防雷装置

建筑物防雷装置可采用避雷针、避雷带(网)、屋顶上的永久性金属物及金属屋面作为接闪器。不得利用安装在接收无线电视广播的共用天线的杆顶上的接闪器保护建筑物。防雷主要采用接闪器系统,由接闪器、引下线和接地装置三大部分组成,如图 13.1 所示。

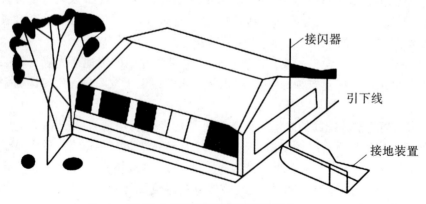

图 13.1　接闪器防雷系统的组成

（1）接闪器

1）避雷针。接闪避雷针是建筑物最突出的良导体。在雷云的感应下,针的顶端形成的电场强度最大,所以最容易把雷电流吸引过来,完成避雷针的接闪作用。避雷针结构一般用镀锌圆钢或焊接钢管制成,圆钢截面不得小于 100 mm²,钢管厚度不得小于 3 mm。避雷针的直径,在针长 1 m 以下时圆钢直径为 12 mm,钢管直径不得小于 20 mm;对针长 1~2 m 时圆钢直径不得小于 16 mm,钢管直径不得小于 25 mm;烟囱顶上的圆钢直径不小于 20 mm,钢管不小于 40 mm。避雷针顶端形状可做成尖形、圆形或扇形。研究表明,针尖的形状对防雷效果没有影响。

对于砖木结构房屋,可把避雷针敷设于山墙顶部瓦屋脊上。可利用木杆作支持物,针尖需高出木杆 30 cm。避雷针应考虑防腐蚀,除应镀锌或涂漆外,在腐蚀性较强的场所,还应适当加大截面积或采取其他防腐措施。

单支避雷针的保护范围如图 13.2 所示。

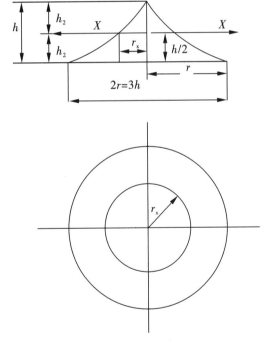

图 13.2　避雷针保护范围

图中所用各符号的意义如下（单位均为 m）:h–避雷针的高度（由地面算起）;
h_s–被保护建筑物的高度;h_a–避雷针在建筑物以上的高度;r_x–避雷针在高度
hx 的水平面上的保护半径;r–在地面上的保护半径

2）避雷带。通过试验发现不论屋顶坡度多大,都是屋角和檐角的雷击率最高。屋顶坡度越大,则屋脊的雷击率越大。避雷带就是对建筑物雷击率高的部位,进行重点保护的一种接闪装置。

3）避雷网。通过对不同屋顶坡度建筑物的雷击分布情况调查发现,对于屋顶平整,又没有突出结构（如烟囱等）的建筑物,雷击部位是有一定规律性的。当建筑物较高、屋顶面积较大但坡度不大时,可采用避雷网作为局面保护的接闪装置。

避雷带(网)分明装和暗装两种。明装避雷网(带)一般可用直径 8 mm 的圆钢或截面积 48 mm² 的扁钢做成,厚度不小于 4 mm。为避免接闪部位的振动力,宜将网(带)支起 10~20 cm,支持点间距取 0.8~1.0 m,应注意美观和伸缩问题。暗装时可利用建筑内不小于 Φ8 mm 的钢筋。烟囱顶上的避雷环采用圆钢或扁钢(一般采用圆钢),圆钢直径不小于 12 mm;扁钢截面积不小于 100 mm²,扁钢厚度不小于 4 mm。

楼顶上的下列金属物宜作为接闪器,但其所有部件之间均应连成电气通路:旗杆、栏杆、装饰物等,其规格不小于对标准接闪器所规定的尺寸。厚度不小于 2.5 mm 的金属管、金属罐,不会由于被雷击穿而发生危险。

接闪器应镀锌,焊接处应涂防腐漆,但利用混凝土构件内钢筋作接闪器除外。在腐蚀性较强的场所,还应适当加大其截面或采取其他防腐措施。

(2)引下线 可分明装和暗装。明装时一般采用直径 8 mm 的圆钢或截面 12×4 mm² 的扁钢,厚度不小于 4 mm。装设在烟囱上的引下线,其尺寸不应小于圆钢直径,为 12 mm;扁钢截面为 100 mm²;扁钢厚度为 4 mm。建筑物的金属构件,如消防梯、金属烟囱、铁爬梯等均可作为引下线,但应注意将各部件连成电气通路。引下线应沿建筑物外墙敷设,距墙面 15 mm,固定支架间距不应大于 2 m,敷设时应保持一定的松紧度,从接闪器到接地装置,引下线的敷设应尽量短而直。若必须弯曲时,弯角应大于 90°。引下线应敷设于人们不易触及之处。由地下 0.3 m 到地上 1.7 m 的一段引下线应加保护设施,以避免机械损坏。

采用多根专设引下线时,为了便于测量接地电阻以及检查引下线、接地线的连接状况,宜在各引下线距地面 0.3 m 至 1.8 m 之间设置断接卡。当利用钢筋混凝土中的钢筋、钢柱作为引下线并同时利用基础钢筋作为接地装置时,可不设断接卡。但利用钢筋作引下线时,应在室外适当地点设置若干连接板,供测量接地、接人工接地体和等电位联结用。当利用钢筋混凝土中钢筋作引下线并采用人工接地时,应在每根引下线距地面不低于 0.3 m 处设置具有引下线与接地装置连接和断接卡功能的连接板。

利用建筑钢筋混凝土中的钢筋作为防雷引下线时,其上部(屋顶上)应与接闪器焊接,下部在室外地坪下 0.8~1 m 处焊出一根 D12 mm 或 40 mm×4 mm 镀锌导体,此导体伸向室外距外墙皮的距离宜不小于 1 m,并应符合下列要求:当钢筋直径为 16 mm 及以上时,应利用两根钢筋(绑扎或焊接)作为一组引下线;当钢筋直径为 10 mm 及以上时,应利用四根钢筋(绑扎或焊接)作为一组引下线。

暗装时引下线的截面应加大一级,而且应注意与墙内其他金属构件的距离。若利用钢筋混凝土中的钢筋作引下线时,最少应利用四根柱子,每柱中至少用两根主筋。

(3)接地装置 民用建筑宜优先利用钢筋混凝土中的钢筋作为防雷接地装置,当不具备条件时,应采用圆钢、钢管、角钢或扁钢等金属体作人工接地体。

1)自然接地体。利用埋于地下,有其他功能的金属物体,作为防雷保护的接地装置。比如:直埋铠装电缆金属外皮、直埋金属水管或工艺管道等。

2)基础接地。利用建筑物基础中的结构钢筋作为接地装置,既可达到防雷接地又可节省造价。筏片基础最为理想。独立基础,则应根据具体情况确定,以确保电位均衡,消除接触电压和跨步电压的危害。

3）人工接地体。专门用于防雷保护的接地装置。分垂直接地体和水平接地体两类。垂直接地体可采用直径不小于 20~50 mm 的钢管（壁厚 3.5 mm）、直径不小于 10 mm 的圆钢、截面积不小于 100 mm²（厚度不小于 4 mm）的扁钢或 L50×5（厚度不小于 4 mm）的角钢做成。长度均为 2.5 m 一段，间隔 5 m 埋一根，顶端埋深不小于 0.6 m，用接地连接件或水平接地体将其连成一体。水平接地体和接地连接件可采用截面为 25 mm×4 mm~40 mm×4 mm 的扁钢、截面 10 mm×10 mm 的方钢或直径 8 mm~14 mm 的圆钢做成，埋深不小于 2 m。

当基础采用以硅酸盐为基料的水泥（如矿渣水泥、波特兰水泥）和周围土壤的含水量不低于 4% 以及基础的外表面无防腐层或有沥青质的防腐层时，钢筋混凝土基础内的钢筋宜作为接地装置，但应符合下列要求：①每根引下线处和冲击接地电阻不宜大于 5 Ω。②敷设在钢筋混凝土中的单根钢筋或圆钢，其直径不应小于 10 mm。被利用作为防雷装置的混凝土构件内用于箍筋连接的钢筋，其截面积总和不应小于一根直径 10 mm 钢筋的截面积。

埋接地线时，应将周围填土夯实，不得回填砖石、灰渣等各类杂土。接地体通常均应采用镀锌钢材，土壤有腐蚀性时，应适当加大接地体和连接条截面，并加厚镀锌层，各焊点必须刷樟丹油或沥青油，以加强防腐。对高土壤电阻率地区，如接地电阻难以符合规定要求时，可用均衡电位的方法，即沿建筑物外面四周敷设水平接地体成闭合回路（其所形成的网格除另有要求外，如大于 24 m×24 m 时，应增设均压带），并将所有进入屋内的金属管道、电缆金属外皮与闭合接地体相连，或采用外引接地装置。为了防止反击，防雷装置应与电力设备及金属管的接地装置相连。

➢ 13.3　接地、接零与等电位连接

以保护人身安全为目的，把电气设备不带电的金属外壳接地叫保护接地，目的是为了使设备正常安全运行，以及确保建筑物和人员的安全。电气设备的接地一般可分为保护性接地和功能性接地两种。保护性接地又分为接地和接零两种形式。

13.3.1　接地分类

（1）工作接地　在正常或事故情况下，为保证电气设备可靠地运行，必须在电力系统中某点（如发电机或变压器的中性点）直接或经特殊装置与地连接，称为工作接地。工作接地可以保证供电系统的正常工作，当电气线路因雷电感应瞬态过电压时或一相线路发生事故时，可以保证线路正常工作。

（2）保护接地　保护接地包括保护接地和接零。

保护接地是用于防止供配电系统中由于绝缘损坏使电气设备金属外壳带电，防止电压危及人身安全所设置的接地，如图 13.3 所示。在正常情况下不带电的电气设备的金属外壳、线路的金属管、电缆的金属保护层、安装电气设备的金属支架等，在绝缘损坏时

发生漏电,金属外壳就会带电。此时人若触及外壳,则人将通过另外两相对地形成回路,造成触电事故,如图13.3(a)所示。如果进行了保护接地,则可以保证用电安全。这是因为人若触及带电的外壳,人体电阻和接地地阻相互并联,再通过另外两相对地的漏阻抗形成回路。将分流绝大部分电流,故通过人体的电流非常小,通常小于安全电流0.01 A,从而保证了安全用电,如图13.3(b)所示。保护接地可应用于变压器中性点不接地的供配电系统,即小型接地电流系统中。

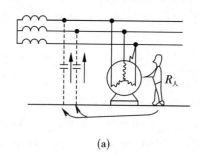
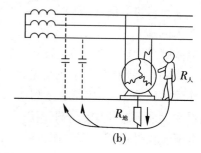

图13.3　保护接地

保护接零是指将电力设备金属外壳等导电部分与零线连接。在变压器中性点接地的三相四线制配电系统中,相电压一般为220 V。若电气设备绝缘损坏,导致外壳带电,则绝缘损坏的一相将会经过设备金属外壳和两个接地装置,与零线构成导电回路。人若触及设备外壳,就会造成触电伤害,如图13.4(a)所示。如果对设备进行保护接零,这可以保证用电安全。这是由于绝缘破坏使设备外壳带电,绝缘破坏的一相将通过设备外壳、接零导线与零线间发生短路,如图13.4(b)所示。短路电流数值很大,短路一相的熔断器会迅速熔断,将带电的外壳从电源上切除,从而可靠地保证了人身安全。保护接零适用于变压器中性点接地(大接地电流)的供配电系统。

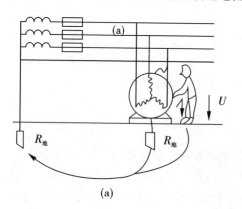
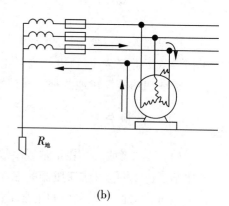

图13.4　保护接零原理图

(3)重复接地　与变压器接地的中性点相连的中性线称为零线,将零线上的一点或多点与大地再次作电气连接称重复接地,如图13.5所示。重复接地即同时采用保护接地和保护接零,作为工作接地的一种措施,可维持三相四线制供配电系统中三相电压平衡,若不采用重复接地,则用电危险。这是因为仅采用保护接地的设备因绝缘损坏,外壳带电时,故障相通过两组接地装置而长期流过 27.5 A 的电流(不能使熔断器的熔丝熔断),使相线和零线的电压升高约 110 V,使系统内所有接零设备的外壳上,都带上了危险的电压,对人身造成更大范围的危险。

如果采用重复接地,则用电安全。即将采用保护接地的设备外壳再与系统的零线连接起来,这时,接地设备的接地装置上系统的零线接通,形成系统的重复接地,一方面可维持系统的三相电压平衡,另一方面当任一相绝缘损坏使外壳带电时,都将造成绝缘相与零线间的短路,如前所述,故障相的熔断器迅速熔断,将带电的设备立即从电源上切除,同时也保证了系统中其他设备的用电安全。

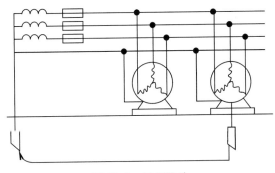

图 13.5　重复接地

(4)等电位接地　在医疗电器设备、装有浴盆的场所、有加热设施的游泳池、通讯机房等部位不应发生有危险的电位差,因此要把这些部位的金属部分相互连接起来成为等电位体并予以接地,称为等电位接地。高层建筑中为了减少雷电流造成的电位差,将每层的钢筋网及大型金属物体连接成一体并接地,也是等电位接地。

(5)屏蔽接地　为了防止外来电磁波的干扰和侵入,造成电子设备的误动作或通信质量的下降;另一方面是为了防止电子设备产生的高频能向外部泄放,需将线路的滤波器、耦合变压器的静电屏蔽层、电缆的屏蔽层、屏蔽室的屏蔽网等进行接地,称为屏蔽接地。高层建筑为减少竖井内垂直管道受雷电流感应产生的感应电势,将竖井混凝土壁内的钢筋予以接地,也属于屏蔽接地。

(6)防静电接地　为防止静电放电产生事故或影响电子设备的工作,就需要有使静电荷迅速向大地泄放的接地,称为防静电接地。在机房、燃油系统的设备与管道应采取防静电接地措施。其中,机房防静电接地电阻不大于 30 Ω,在使用过程中产生静电并对正常工作造成影响的场所,也应采取防静电接地措施。

(7)电子设备的信号接地及功率接地　电子设备的信号接地(或称逻辑接地)是信号回路中放大器、混频器、扫描电路、逻辑电路等的统一基准电位接地,目的是不致引起信号量的误差。功率接地是所有继电器、电动机、电源装置、大电流装置、指示灯等电路的统一接地,以保证在这些电路中的干扰信号泄漏到地中,不至于干扰灵敏的信号电路。

13.3.2 低压配电系统的接地方式

按国际电工委员会(IEC)的规定,低压电网有三大类共计五种接地方式,分别为 TN、TT 和 IT 系统,其中 TN 系统按接线方式不同分为 TN-S、TN-C 和 TN-C-S 系统。

在这些接地系统中,各符号的含义为:第一个字母(T 或 I)表示电源中性点的对地关系;第二个字母(N 或 T)表示装置的外露导电部分的对地关系;横线后面的字母(S、C 或 C-S)表示保护线与中性线的结合情况,S 表示中性线和保护线是分开的,C 表示中性线和保护线是合一的。T—through(通过)表示电力网的中性点(发电机、变压器的星形连接的中间结点)是直接接地系统,与电力系统的任何接地点无关;N—neutral(中性点)表示电气设备正常运行时不带电的金属外露部分与电力网的中性点采取直接的电气连接,即"保护接零"系统。

13.3.2.1 IT 系统

IT 系统就是电源中性点不接地。用电设备外露可导电部分直接接地的系统如图 13.6 所示。IT 系统可以有中性线,但 IEC 强烈建议不设置中性线。连接设备外露可导电部分和接地体的导线,就是 PE 线。

IT 系统常用于对供电连续性要求较高的配电系统或用于对电击防护要求较高的场所,前者如矿山的巷道供电,后者如医院手术室的配电等。

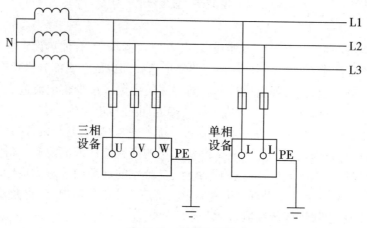

图 13.6 IT 系统接地

13.3.2.2 TT 系统

TT 系统就是电源中性点直接接地、用电设备外露可导电部分也直接接地的系统,如图 13.7 所示。通常将电源中性点的接地叫作工作接地,将设备外露可导电部分的接地叫作保护接地。TT 系统中,这两个接地必须是相互独立的;设备接地可以是每一设备都有各自独立的接地装置,也可以若干设备共用一个接地装置,图 13.7 中单相设备和单相插座就是共用接地装置的。

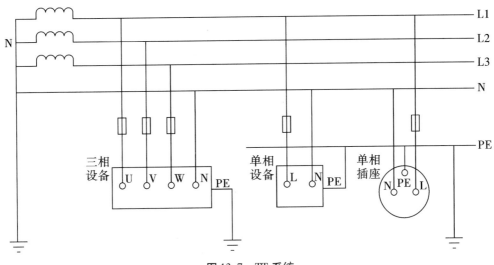

图 13.7　TT 系统

在我国 TT 系统主要用于城市公共配电网和农网。现在也有一些大城市民用建筑配电系统中也采用 TT 系统。在实施剩余电流保护的基础上，TT 系统有很多的优点，是一种值得推广的接地形式。

13.3.2.3　TN 系统

TN 系统即电源中性点直接接地，设备外部可导电部分与电源中性点直接电气连接的系统，它有三种形式。

（1）TN-S 系统　TN-S 系统如图 13.8 所示。与 TT 系统不同的是，用电设备外壳可导电部分通过 PE 线连接到电源中性点，与系统中性点共用接地体。而不是连接到自己专用的接地体。在这种系统中，中性线（N）线和保护线（P）线，是分开设置的，这就是 TN-S 中"S"的含义。TN-S 系统的最大特征是 N 线与 PE 线在系统中性点分开后不能再有任何电气连接，这一条件一旦破坏。TN-S 系统便不再成立。

TN-S 系统是我国现在应用最为广泛的一种接地系统。在自带变配电所的建筑中几乎全部采用了 TN-S 系统。由于传统习惯的影响，现在还经常将 TN-S 系统称为三相五线制系统，严格地讲这一称呼是不正确的。比如共用接地体的 TT 系统也可能是三相五线。

（2）TN-C 系统如图 13.9 所示。它将 PE 线和 N 线的功能综合起来。由一根称为 PEN 线（保护中性线）的导体来同时承担两者的功能。在用电设备处，PEN 线既连接到负荷中性点上，又连接到设备外露的可导电部分。

345

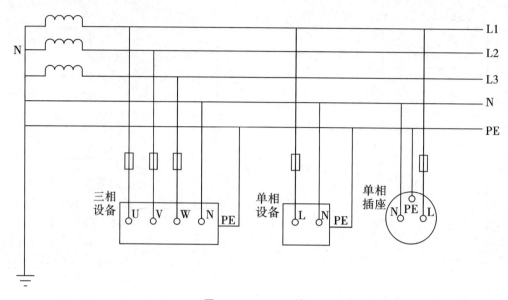

图 13.8　TN-S 系统

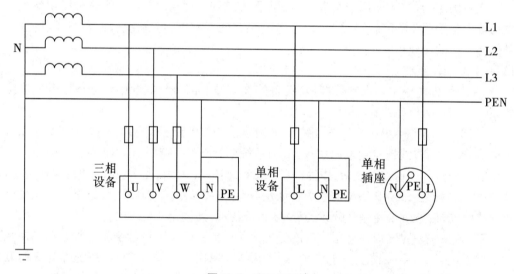

图 13.9　TN-C 系统

　　TN-C 系统曾在我国广泛应用,但由于它所固有的技术上的种种弊端,现在已很少采用,尤其是在民用配电中已基本上不允许采用 TN-C 系统。

　　(3)TN-C-S 系统　　TN-C-S 系统是 TN-C 系统和 TN-S 系统的结合形式,如图 13.10 所示,在图中,从电源出来的那一段采用 TN-C 系统。因为在这一段中无用电设备,只是起到电能的传输作用,到用电负荷附近某一点处,将 PEN 线分开成单独的 N 线和 PE 线,从这一点开始,相当于 TN-S 系统。

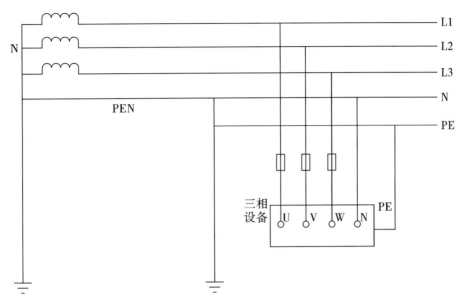

图 13.10 TN–C–S 系统

13.3.3 漏电保护装置

漏电保护开关是用于防触电的专门装置。即在操作人员触碰设备带电部分时,能够自动切断供电回路,防止触电事故的发生的一种装置。

漏电开关装设在支线上,一旦发生保护动作,停电影响范围较小,寻找故障也比较容易。支线上一般选用额定动作电流为 30 mA 以下、0.1 s 以内动作的高速型漏电开关。也可以在干线及支线上都安装漏电保护开关,即在支线上装设 30 mA 高速型漏电保护开关,干线上装设动作电流较大(如 500 mA)的并具有延时的漏电保护开关,这对于防止火灾、电弧烧毁设备等都是行之有效的方法。

地体可采用水平敷设的圆钢、扁钢、垂直敷设的角钢、钢管、圆钢,也可采用金属接地板,一般宜优先采用水平敷设方式的接地体。人工接地体的设置应符合相应规范要求,人工接地体的最小尺寸,不得小于表 13.3 规定。

表 13.3 人工接地体的最小截面尺寸

类别		最小尺寸/mm
	圆钢(直径)	10
	角钢(厚度)	4
	钢管(壁厚)	3.5
扁钢	截面/mm^2	100
	厚度/mm	4

13.3.4 等电位联结

等电位联结(equipotemtial bonding)将分开的装置,诸导电物体用等电位联结导体或电涌保护器连接起来以减小雷电流在它们之间产生的电位差。等电位联结是安全保障的根本措施,每个建筑都应根据建筑特点采取相应有效的办法。穿过各防雷区界面的金属物和系统,以及在一个防雷区内部的金属物和系统,均应在防雷区界面处作符合下列要求的等电位联结。当外来的导电物、电力线、通信线是在不同地点进入建筑时,宜设若干等电位联结带,并应将其就近连到环形接地体、内部环形导体或兼有此类功能的钢筋上,它们在电气上是连通的,并应连通到接地体(含基础接地体)上;环形接地体相内部和环形导体应连到钢筋或其他屏蔽构件上,例如金属立面,宜每隔5m连一次。连接各等电位联结带或将等电位联结带连接到接地装置的导体,以及有25%以上总雷电流流经的等电位联结导体上,其截面积不应小于表13.4的规定。

表 13.4　连接等电位联结带或将其连到接地装置的导体最小截面积

防雷建筑物类别	材料	截面积/mm²
一、二、三	铜(Cu)	16
	铝(Al)	25
	铁(Fe)	50

将内部金属装置连到等电位联结带的导体,以及只有25%以下的总雷电流流经的等电位联结导体。其截面积不应小于表13.5的规定。

表 13.5　连接等电位联结带或将其连到接地装置的导体最小截面积

防雷建筑物类别	材料	截面积/mm²
一、二、三	铜(Cu)	6
	铝(Al)	10
	铁(Fe)	16

当建筑物内有信息系统时,在那些要求雷击电磁脉冲影响最小之处。等电位联结最好采用金属板,并与钢筋或其他屏蔽构件做多点连接。

进入防雷区界面处的所有导电物,以及电力通信线路,均应在界面处作等电位联结。应采用局部等电位联结带作此等电位联结。例如,设备的外壳也连到该局部等电位联结带做等电位联结。

所有电梯轨道、吊车、金属地板、金属门框架、设施管道、电缆桥架等大尺寸的建筑物内部导电物,其等电位联结应以最短路径连到最近的等电位联结带或其他已做了等电位联结的金属物体上,各导电物体之间宜附加多次相互连结。

信息系统的所有外露可导电物应建立等电位联结网络。由于等电位联结网络均有接通大地的连接,每个等电位联结网不宜设单独的接地装置;有大量电子信息设备的建筑物,其电气、电讯竖井内的接地干线应与每层楼板钢筋作等电位联结。一般建筑物的电气、电讯竖井内的接地干线应每三层与楼板钢筋做等电位联结。

在建筑电气工程中,常见的等电位联结措施有三种,即总等电位联结、辅助等电位联结和局部等电位联结。其中局部等电位联结是辅助等电位联结的一种扩展。这三者在原理上都是相同的,只是作用范围和工程作法不同。

(1)总等电位联结 总等电位联结是在建筑物电源进线处采取的一种等电位联结措施。建筑电气装置采用接地故障保护时,建筑物内电气装置应采用总等电位联结。总等电位联结主母线的截面不应小于装置最大保护线截面的一半,但不小于 6 mm^2;等电位联结宜采用铜导线,如果是采用铜导线,其截面可不超过 25 mm^2;如为其他金属时,其截面应能承载与 25 mm^2 铜线相当的载流量。

采用接地故障保护时,在建筑物内应将下列导电体作总等电位联结:①进线配电箱的 PE、PEN 干线;②电气装置接地极的接地干线;③建筑物内的水管、煤气管、集中采暖和空调系统的金属管道;④条件许可的建筑物金属构件等导电体;⑤如果有人工接地,也包括其接地极引线。上述导电体宜在进入建筑物处接向总等电位联结端子。等电位联结中金属管道连接处应可靠地连通导电。如图 13.11 所示。建筑物有多处电源进线,则每一电源进线处都应作总等电位联结,各个总等电位联结端子板应互相联通。

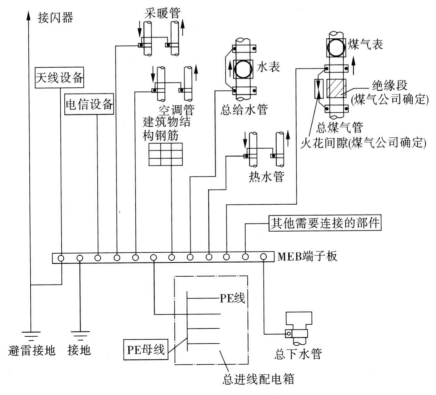

图 13.11 总等电位联结系统示例

349

总等电位联结的作用在于降低建筑物内间接电击的接触电压和不同金属部件间的电差,并消除自建筑物外经各种金属管道或各种电气线路引入的危险电压的危害,如图 13.12 所示。

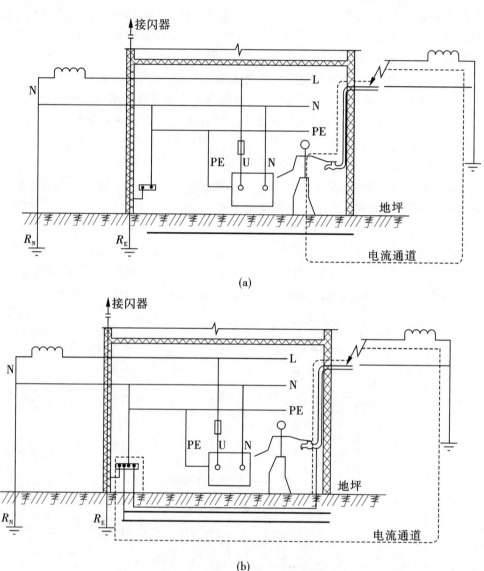

图 13.12 无总等电位联结的危险

(2)辅助等电位联结 将两个可能带不同电位的设备外露可导部分(或)装置外可导电部分用导线直接联结,故障接触电压大幅降低。在一个装置或部分装置内,如果作用于自动切断供电的间接接触保护不能满足规定的条件时,则需要设置辅助等电位联结。辅助等电位联结必须包括固定式设备的所有能同时触及的外露可导电部分和装置外可导电部分。

辅助等电位联结既可直接用于降低接触电压,又可作为总等电位联结的补充,进一步降低接触电压。

等电位系统必须与所有设备的保护线(包括插座的保护线)连接。连接两个外露可导电部分的辅助等电位线,其截面不应小于接至该两个外露可导电部分的较小保护线的截面的一半。

(3)局部等电位联结　局部场所范围内有高防电击要求的辅助等电位联结。需做局部等电位联结的场所:浴室、游泳池、医院手术室、农牧场等因保护电器切断电源时间不能满足防电击要求或为满足防雷和信息系统抗干扰的要求,如图13.13所示。

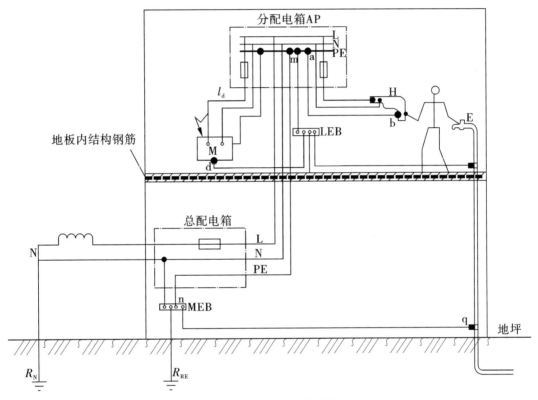

图 13.13　局部等电位联结

防微电击措施宜采用等电位接地方式,使用Ⅱ类电气设备及应采用电力系统不接地(IT系统)的供电方式。防微电击等电位联结,应包括室内给水管、金属窗框、病床的金属框架及患者有可能在2.5 m范围以内直接或间接触及到的各部分金属部件。用于上述部件进行等电位联结的保护线(或接地线)的电阻值,应使上述金属导体相互间的电位差限制在10 mV以下。室内喷水池与建筑总体形成总等电位联结外,还应进行辅助等电位联结。

辅助等电位联结必须将保护区内所有装置外可导电部分与位于这些区域内的外露可导电部分的保护线联结起来,并经过总接地端子与接地装置相连。具体部件包括如下部分:①喷水池构筑物的所有外露金属部件及墙体内的钢筋;②所有成型金属外框架;

351

③固定在池上或池内的所有金属构件;④与喷水池有关的电气设备的金属配件,包括水泵、电动机等;⑤水下照明灯的电源及灯盒、爬梯、扶手、给水口、排水口、变压器外壳、金属穿线管;⑥永久性的金属隔离栅栏、金属网罩等。

当数字程控交换机当采用联合接地方式时,应将蓄电池正极、设备机壳和熔断器告警等三种地线分别用不小于 16 mm² 铜芯导线连接至机房内局部等电位联结板上,再用不小于 35 mm² 铜芯导线连接至建筑物弱电总等电位联结板上,再用不少于一根 40 mm×4 mm 或 50 mm×5 mm 镀锌扁钢与建筑物共用接地体相连,接地电阻值不应大于 1 Ω。

机房内应做等电位联结,并设置等电位联结端子排。对于工作频率较低的,设备数量较少的机房,可采用 S 型接地方式;对于工作频率高且设备数量较多的机房,宜采用 M 型接地方式。

建筑物每一层内的等电位联结网络宜呈封闭环形,其安装位置应易于接近。当需采用接地母干线用于功能性目的时,建筑物的总接地端子与可用接地母干线延伸,使信息装置可自建筑物内任一点以最短路径与其相连接,当此接地母干线用于具有大量信息设备的建筑物内等电位联结网络时,宜作成一封闭环路。如图 13.14 所示。

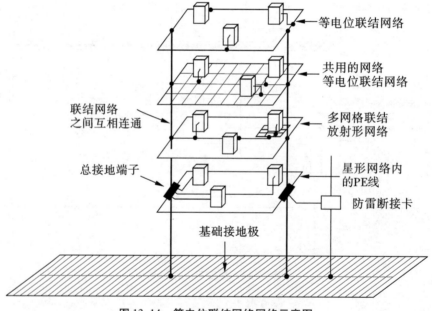

图 13.14　等电位联结网络网络示意图

➤ 13.4　建筑施工现场用电安全

施工现场用电安全属于临时用电,它不同于建筑物的正常供电,受自然环境及人为环境影响比较大,存在着许多不确定的安全隐患。因此,对现场安全用电应该给予重视,防止施工过程中触电事故的发生。施工现场安全用电涉及的内容比较多,主要有施工用电线路及电气设备的防护、防雷与接地的设置、电动施工机械的使用与防护以及施工照明等内容。

13.4.1　施工用电

(1)建筑施工电力负荷计算　建筑工地施工现场的电力负荷分为动力负荷和照明负荷两大类。动力负荷主要指各种施工机械用电,照明负荷是指施工现场及生活照明用电,一般占工地总电力负荷的比重很小部分。通常在动力负荷计算后,再加 10% 作为照明负荷。表 13.6 所示为常用施工机械额定功率。

表 13.6　常用施工机械额定功率

机械名称	功率/kW	机械名称	功率/kW
振动沉桩机	45	混凝土输送泵	32.3
螺旋钻孔机	30	插入式振捣器	1.1
塔式起重机	55.5	钢筋切断机	7
卷扬机	7	交流电焊机	38.6
混凝土搅拌机	10	木工圆锯	3

$$P = (1.05 - 1.1) \times \left[K_1 \frac{\sum P_1}{\cos\varphi} + K_2 \sum P_2 + K_3 \sum P_3 + K_4 \sum P_4 \right] \qquad (13.1)$$

353

式中　P——变压器的功率(kVA);

$\quad\quad P_1$——电动机额定功率(kW);

$\quad\quad P_2$——电焊机额定容量(kVA);

$\quad\quad P_3$——室内照明容量(kW);

$\quad\quad P_4$——室外照明容量(kW);

$\quad\quad \cos\varphi$——电动机的平均功率因数(一般为 0.65 ~ 0.75,最高为 0.75 ~ 0.78);

$\quad\quad K_1, K_2, K_3, K_4$——需要系数(见表 13.7)。

需要系数见表 13.7。

表 13.7　需要系数表

用电名称	数量	需要系数				备注
		K_1	K_2	K_3	K_4	
电动机	3~10 台	0.7				如施工上需要电热时,将其用电量计算进去。式中各动力照明用电应根据不同工作性质分类计算
	11~30 台	0.6				
	30 台以上	0.5				
加工厂动力设备		0.5				
电焊机	3~10 台		0.6			
	10 台以上		0.5			
室内照明				0.8		
主要道路照明					1.0	
警卫照明					1.0	
场地照明					1.0	

（2）配电变压器的选择　建筑工地用电的特点临时性强,负荷变化大。首先考虑利用建设单位已有的电力系统,只有无法利用或电源不足时,才考虑临时供电方案。一般是将附近的高压电源通过设在工地的变压器引入工地,建筑工地的配电变压器一般采用户外安装,位置应尽量靠负荷中心或大容量用电设备附近,并要求符合防火、防雨雪、防小动物的要求。附近不得堆放建筑材料和土方。低压配电室和变压器尽量靠近,减小低电压、大电流时的损失。

变压器的功率可按下式计算:

$$P = K \times \left[\frac{\Sigma P_{max}}{\cos\varphi} \right] \qquad (13.2)$$

式中　P——变压器的功率(kVA);

　　　K——功率损失系数,取 1.05;

　　　ΣP_{max}——施工区的最大计算负荷(kW);

　　　$\cos\varphi$——电动机的平均功率因数。

（3）配电线路布置　建筑工地的供电方式,绝大多数采用三相五线制,便于变压器中性点接地、用电设备保护接零和重复接地。在小型施工工地,采用树干式供电系统供电。在大型工地,用电量较大,采用放射式供电系统供电。

13.4.2　现场供电保护措施

供电施工现场临时用电必须符合《施工现场临时用电技术规范》的要求,施工现场临时用电设备在 5 台及以上或设备总容量在 50 kW 及以上者,应编制用电组织设计。临时用电组织设计及变更时,必须履行"编制、审核、批准"程序,由电气工程技术人员组织编制,经相关部门审核及具有法人资格企业的技术负责人批准后实施。变更用电组织设计时应补充有关图纸资料。根据临时用电设备负荷统计,选择总配电箱,再选择导线,满足施工用电要求。采取下列措施确保施工用电可靠,合理节约能源。

13.4.2.1 安全用电技术措施

(1)建筑施工现场临时用电工程专用的电源中性点直接接地的 220/380 V 三相四线制低压电力系统,工地配电必须按 TN-S 系统设置保护接零系统,采用三级配电,二级漏电保护系统,杜绝疏漏。所有接零接地处必须保证可靠的电气连接。保护线 PE 必须采用绿/黄双色线。严格与相线、工作零线相区别,严禁混用。

(2)在建工程不得在外电架空线路正下方施工、搭设作业棚、建造生活设施或堆放构件、架具、材料及其他杂物等。在建工程(含脚手架)的周边与外电架空线路的边线之间的最小安全操作距离应符合表 13.8 规定。

表 13.8 在建工程(含脚手架)的周边与外电架空线路的边线之间的最小安全操作距离

外电线路电压等级/kV	<1	1～10	35～110	220	330～500
最小安全操作距离/m	4.0	6.0	8.0	10	15

注:上、下脚手架的斜道不宜设在有外电线路的一侧。

(3)起重机严禁越过无防护设施的外电架空线路作业。在外电架空线路附近吊装时,起重机的任何部位或被吊物边缘在最大偏斜时与架空线路边线的最小安全距离应符合表 13.9 规定。

表 13.9 起重机与架空线路边线的最小安全距离

安全距离	电压/kV						
	<1	10	35	110	220	330	500
沿垂直方向	1.5	3.0	4.0	5.0	6.0	7.0	8.5
沿水平方向	1.5	2.0	3.5	4.0	6.0	7.0	8.5

(4)配电箱、开关箱应统一编号,喷上危险标志和施工单位名称。每台用电设备应有各自专用的开关箱,必须实行"一机、一闸、一漏"制(含插座)。配电箱的门应向外开并配锁。配电箱的设置符合下列要求:①配电箱、开关箱应有防雨措施,安装位置周围不得有杂物,便于操作。②由总配电箱引至工地各分配电箱电源回路,采用 BV 铜芯导线架空或套钢管埋地敷设。③引至施工楼层用电,在建筑物内预留洞,并套 PVC 塑料管,不准沿脚手架敷设。

(5)用电设备与开关箱间距不大于 3 m,与配电箱间距不大于 30 m,开关箱漏电保护器的额定漏电动作电流应选用 30 mA,额定漏电动作时间应小于 0.1 s。水泵及特别潮湿场所,漏电动作电流应选用 15 mA。

(6)作防雷接地的电气机械设备,必须同时作重复接地,同一台电气设备的重复接地

355

与防雷接地可使用并联于基础防雷接地网,所有接地电阻值小于等于 4 Ω。保护零线除必须在配电室或总配电箱处作重复接地外,还必须在配电线路的中间处和末端处再做重复接地。保护零线不得装设开关或熔断器。保护零线的截面应不小于工作零线的截面。同时必须满足机械强度要求。产生振动的机械设备的 PE 线的重复接地不少于两处。现场的物料提升机及外排架均应做防雷接地装置,接地电阻值小于等于 4 Ω。潜水泵的负荷线必须采用 YHS 型防水橡皮护套电缆,不得承受任何外力。施工现场内所有防雷装置的冲击接地电阻值不得大于 30 Ω。

(7)正常情况时,下列电气设备不带电的金属外露导电部分应作保护接零:①电机、局部照明变压器、电器、照明器具、手持电动工具的金属外壳。②电气设备的传动装置的金属部件。③配电箱(屏)与控制屏的金属框架。④电力线路的金属保护管、物料提升机,均设接地装置。

(8)配电箱、开关箱的进线口和出线口应设在箱体的下底面,严禁设在箱体的上顶面、侧面、后面或门处。移动式配电箱的进、出线必须采用橡胶套绝缘电缆。

(9)所有配电箱、开关箱应每天检查一次,维修人员必须是专业电工,检查维修时必须按规定穿戴绝缘鞋、手套,必须使用电工绝缘工具。

(10)手持式电动工具的外壳、手柄、负荷线,插头开关等,必须完好无损,使用前必须作空载检查,运转正常方可使用。在潮湿和易触及带电体场所的照明电源不得大于 24 V,在特别潮湿的场所,导电良好的地面工作的电源电压不得大于 12 V。使用行灯的电源电压不超过 36 V,灯体与手柄应坚固,灯头无开关,灯泡外部有保护网。

(11)施工现场内的起重机、井字架、龙门架等机械设备,以及钢脚手架和正在施工的在建工程等的金属结构,当在相邻建筑物、构筑物等设施的防雷装置接闪器的保护范围以外时,应按表 13.10 规定安装防雷装置。机械设备上的避雷针(接闪器)长度应为 1 ~ 2 m。塔式起重机可不另设避雷针(接闪器)。安装避雷针(接闪器)的机械设备,所有固定的动力、控制、照明、信号及通信线路,宜采用钢管敷设。钢管与该机械设备的金属结构体应做电气连接。

当最高机械设备上避雷针(按闪器)的保护范围能覆盖其他设备,且又最后退出现场,则其他设备可不设防雷装置。确定防雷装置接闪器的保护范围可采用滚球法确定。

表 13.10　施工现场内机械设备及高架设施需安装防雷装置的规定

地区年平均雷暴日/d	机械设备高度/m
≤15	≥50
>15,<40	≥32
≥40,<90	≥20
≥90 及雷害特别严重地区	≥12

13.4.2.2　照明用电安全

现场照明应采用高光效、长寿命的照明光源。对需大面积照明的场所,应采用高压汞灯、高压钠灯或混光用的卤钨灯等。在坑、洞、井内作业、夜间施工或厂房、道路、仓库、办公室、食堂、宿舍、料具堆放场及自然采光差等场所,应设一般照明、局部照明或混合照明。无自然采光的地下大空间施工场所,应编制单项照明用电方案。在一个工作场所内,不得只设局部照明。停电后,操作人员需及时撤离的施工现场,必须装设自备电源的应急照明。

一般场所宜选用额定电压为 220 V 的照明器。下列特殊场所应使用安全特低电压照明器:隧道、人防工程、高温、有导电灰尘、比较潮湿或灯具离地面高度低于 2.5 m 等场所的照明,电源电压不应大于 36 V;潮湿和易触及带电体场所的照明,电源电压不得大于 24 V;特别潮湿场所、导电良好的地面、锅炉或金属容器内的照明,电源电压不得大于 12 V。远离电源的小面积工作场地、道路照明、警卫照明或额定电压为 12～36 V 照明的场所,其电压允许偏移值为额定电压值的−10%～5%;其余场所电压允许偏移值为额定电压值的±5%。

照明系统宜使三相负荷平衡,其中每一单相回路上,灯具和插座数量不宜超过 25 个,负荷电流不宜超过 15 A。照明灯具的金属外壳必须与 PE 线相连接,照明开关箱内必须装设隔离开关、短路与过载保护电器和漏电保护器。

室外 220 V 灯具距地面不得低于 3 m,室内 220 V 灯具距地面不得低于 2.5 m。普通灯具与易燃物距离不得小于 300 mm;聚光灯、碘钨灯等高热灯具与易燃物距离不宜小于 500 mm,且不得直接照射易燃物。达不到规定安全距离时,应采取隔热措施。荧光灯管应采用管座固定或用吊链悬挂。荧光灯的镇流器不得安装在易燃的结构物上。碘钨灯及钠、铊、铟等金属卤化物灯具的安装高度宜在 3 m 以上,灯线应固定在接线柱上,不得靠近灯具表面。

对夜间影响飞机或车辆通行的在建工程及机械设备,必须设置醒目的红色信号灯,其电源应设在施工现场总电源开关的前侧,并应设置外电线路停止供电时的应急自备电源。

 思考题

1. 电气事故由哪些种类?
2. 雷电的危害有哪些? 建筑防雷设计的目的是什么?
3. 建筑物防雷分哪几类? 都有哪些防雷措施?
4. 建筑物防雷装置有哪些组成?
5. 接地有哪些分类? 低压配电系统有哪些接地方式?
6. 什么是等电位联结? 建筑物内哪些等电体需要做等电位联结?
7. 施工现场供电应采取哪些保护措施?

知识点(章节)：

雷电的危害(13.2.1)；建筑物防雷(13.2.2)；建筑物防雷装置(13.2.3)；接地分类(13.3.1)；低压配电系统接地方式(13.3.2)；等电位联结(13.3.4)；现场供电保护措施(13.4.2)。

14

智能建筑

➤ 14.1 智能化建筑概述

随着建筑技术的不断进步和人们对生活和生产环境要求的不断提高,为了创造建筑物安全、舒适、高效的生活和工作环境,功能各异、种类繁多的建筑设备被广泛地应用到建筑物中。如数字通信技术、计算机网络技术、电视技术、光纤传送技术、控制技术等各类智能化系统。

我国《智能建筑设计标准》把智能建筑(Intelligent Building,IB)定义为:以建筑物为平台,基于对各类智能化信息的综合应用,集架构、系统、应用、管理及优化组合为一体,具有感知、传输、记忆、推理、判断和决策的综合智慧能力,形成以人、建筑、环境互为协调的整合体,为人们提供安全、高效、便利及可持续发展功能环境的建筑。

智能建筑与传统建筑最主要的区别在于"智能化"。它不仅具有传统建筑的功能,而且具自动化程度较高,即具有某种"拟人智能"的特点。1984 年 1 月在美国康涅狄格州(Connecticut)哈福德市对一栋旧金融大厦进行改建,竣工后大楼改名为"城市广场"(City Place),被公认为世界上第一座智能化办公大楼。该大楼 38 层高,总建筑面积达 10 多万平方米,被誉为世界上最早的智能楼宇。美国联合技术建筑公司承包了该大楼的空调设备、照明设备、防灾和防盗系统、垂直运输(电梯)设备的建设,由计算机控制,实现自动化综合管理。此外,这栋大楼拥有程控交换机和计算机局域网络,能为用户提供语音、文字处理、电子邮件、情报资料检索等服务。1985 年日本人又建成了的日本电话电报智能大楼(NTT-IB)。我国智能建筑始建于 90 年代,起步较晚,但却发展迅速,目前各地均已建成大批的智能化建筑物。

1992 年欧洲智能建筑方面的专家学者采用智能建筑金字塔的图形,图 14.1 形象地描述了智能建筑的各个阶段的演化过程和今后的发展方向。

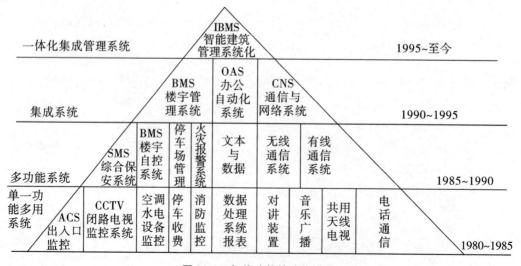

图 14.1 智能建筑的演化过程

智能建筑是信息时代的产物,是社会科学技术不断发展的结果。按其用途不同,智能建筑可分为办公、商业、文化、媒体、体育、医院、学校、交通和住宅等民用建筑及通用工业建筑等。智能建筑的智能化系统一般由智能化集成系统、信息设施系统、信息化应用系统、建筑设备管理系统、公共安全系统、机房工程和建筑环境等要素构成。不同的建筑物,应根据其规模和功能需求等实际情况,选择配置相关的系统。

一般传统上智能建筑称为"3A"大厦,它表示具有办公自动化系统(Office Automation System,OAS)、通信自动化系统(Communication Automation System,CAS)和建筑设备自动化系统,也称为建筑设备监控系统(Building Automation System,BAS)等三个要素组成的大厦,这三个系统构建于建筑环境平台之上。现代化的智能大厦除以上系统外,还包括安全防范系统(Security Automation System,SAS)、综合布线系统(Generic Cabling System,GCS)、物业管理系统(Building Management System,BMS),简称4A+GCS+BMS。

(1)建筑设备自动化系统　建筑设备自动化系统用来对大厦内的各种机电设施进行自动控制,包括供暖、通风、空气调节、给排水、供配电、照明、电梯、消防、保安等。根据外界条件、环境因素、载变化情况自动调节各种设备始终运行于最佳状态。自动实现对电力、供热、供水等能源的调节与管理;提供一个安全、舒适、高效而且节能的工作环境。

(2)通信网络系统　通信网络系统用于保证大厦内外各种通信联系畅通无阻,并提供网络支持能力。实现对话音、数据、文本、图像、电视及控制信号的收集、传输、控制、处理与利用。通信网络包括:以数字程控交换机为核心的,以话音为主兼有数据与传真通信的电话网,联结各种高速数据处理设备的计算机局域网(LAN)、计算机广域网(WAN)、传真网、公用数据网、卫星通信网、无线电话网和综合业务数字网(ISDN)等。这些系统可以实现大厦内外的信息互通和资源共享。

(3)办公自动化系统　办公自动化系统是服务于具体办公业务的人机交互信息系统。办公自动化系统由多功能电话机、传真机、文字处理机、主计算机、声像存储装置等各种办公设备、信息传输与网络设备和相应配套的系统软件、工具软件、应用软件等组成,综合型智能大楼的办公自动化系统一般包括两大部分:一是服务于建筑物本身的OA系统,如物业管理、运营服务等公共管理部门;二是用户业务领域的OA系统,如金融、外贸、政府部门等专用办公系统。

不同的系统有着不同的功能。通过楼宇自动化系统(BAS)创造和提供一个人们感到适宜的温度、湿度、照度和空气清新的工作和生活的客观环境,达到高效、节能、舒适、安全、便利和实用的要求。其具体包含安全保安监视控制功能、消防灭火报警监控功能、公用设施监视控制功能。

现代智能建筑综合利用目前国际上最先进的4C技术,即现代化计算机技术(Computer)、现代控制技术(Control)、现代通信技术(Communication)和现代图形显示技术(CRT)是实现智能建筑的前提手段,系统一元化是智能建筑的核心。一个由计算机系统管理的一元化集成系统,即"智能建筑物管理系统"(IBMS)。如图14.1所示。

各种类型的智能建筑有很高的技术含量,其使用性质各不相同,但它与一般(非智能建筑)的建筑则有着显著的差异,各种类型的智能建筑具有以下特点:

1)技术先进、总体结构复杂、管理水平要求高:智能建筑是现代"4C"技术的有机融合,系统技术先进、结构复杂,涉及各个专业领域,因此,建筑管理不同于传统的简单设备维护,需要通过具有较高素质的管理人才对整个智能化系统有全面的了解,建立完善的智能化管理制度,使智能建筑发挥出它强大的服务功能。

2)应用系统配套齐全,服务功能完善:智能建筑通过楼宇自动化系统(BAS)、办公自动化系统(OAS)和通信自动化系统(CAS),采用系统集成的技术手段,实现远程通信、办公自动化以及楼宇自动化的有效运行,提供反应快速、效率高和支持力较强的环境,使用户能迅速实现其业务的目的。

3)具有重要性或特殊地位:智能建筑在城市客观环境中,一般具有重要性质,例如广播电台、电视台、报社、军队、武警和公安等指挥调度中心,通信枢纽楼和急救中心等;有些具有特殊地位,例如党政机关的办公大楼、金融业及商业等。

4)工程投资高:智能建筑采用当前最先进的计算机控制、通信技术,来实现它的获得高效、舒适、便捷、安全的环境,大大增加了建筑的工程总投资。智能化设备投资额约占总投资额的 4% ~8%。

➤ 14.2 综合布线系统及其构成

14.2.1 系统组成及特点

362

综合布线系统(Generic Cabling System)是建筑物或建筑群内部之间的信息传输网络。它能使建筑物或建筑群内部的语音、数据通信设备、信息交换设备和信息管理系统彼此相连,也能使建筑物内通信网络设备与外部的通信网络相连。综合布线是一种能够适应电话、计算机、数据、图文、监视电视、会议电视、图像传输、大厦管理信息、行政管理及技术管理需要的布线系统。

综合布线是在建筑物内或建筑群之间的一个模块化、灵活性和实用性极高的信息传输通道,是智能建筑的"信息高速公路",也可以说是建筑智能化的神经系统。可以将电话、计算机、会议电视、空调等设备的监控、防灾、防盗、安全防护等楼宇自动化通信和办公自动化等系统综合起来,使信息平台在满足基本通信需求的基础上适应智能建筑的发展趋势,向综合化、宽带化、智能化、数字化方向发展,使之具备宽带、高速、大容量和多媒体为特征的信息传送能力。

综合布线系统包括建筑物外部网络或电信线路的连接点与应用系统设备之间的所有线缆及相关的连接部件。传输通道由不同系列和规格的部件组成,其中包括传输介质、相关连接硬件(如配线架、连接器、插座、插头、适配器)以及电气保护设备等。这些部件可用来构建各种子系统,它们都有各自具体用途,不仅易于实施,而且能随需求的变化而平稳升级。

在当今的信息社会,人们希望在任何时间、任何地点、任何空间都能找到任何对象,并能传递任何信息,以满足快节奏的生活和工作需要。这一需要在建筑工程中得到了充分的应用,但是种类繁多的线缆敷设在建筑物中,影响到了建筑空间的利用。随着时代发展,办公自动化发展迅速,人们对计算机及通信的各种不同需求急剧增长。如果沿用传统布线,因布线间不能兼容,一旦不能满足要求,就需要重新进行改造,则要耗费更多人力、物力、财力,且要耽误工作进程。综合布线系统在上述背景下应运而生,而且得到飞速发展。

现代办公室特别是写字楼布局变动较大,一旦租用这些办公室的机构变动,就需要重新布线,要进行多次重复建设。因此现在采用办公室开放式布局,综合布线采用预布线方法使之能适应较长时间的需要。再者,综合布线是技术发展的必然结果,布线必须向信息高速公路发展,新的布线正向着最新的数字化传输,高速的计算机处理,多媒体终端服务技术装备的多用户、大容量和高速度的综合布线模式发展。其特点是传输高速化、布线普及化、服务综合化、系统智能化。

综合布线以光缆屏蔽或非屏蔽对绞线为主要组成部分。综合布线的对绞线传输分为 3 个类型:3 类线传输 16 MHz,4 类线传输 20 MHZ;5 类线传输 100 MHZ。有超 5 类对绞线能传输 300 Mbit/s 以上,现在出现了 6 类、7 类线。

综合布线的连接方式采用星形连接,而物理层连接仍然保持计算机布线星形、环形、树形、总线连接。综合布线可以克服计算机布线传统方式的弊病,如中途某一工作站出现故障,会妨碍其他工作站工作,或者连接点过多后,会引起传输阻塞的毛病。

综合布线采用模块化的结构,按每个模块的作用,可把它划分成 7 个部分,如图 14.2 所示。这 7 个部分可以概括为"二间、二区、7 个子系统",按照《综合布线系统工程设计规范》分为工作区、配线子系统、干线子系统、建筑群子系统、设备间、进线间、管理区七个部分。每一个子系统都可以单独设计与施工,一旦更改其中一个子系统时,不会影响到其他子系统。

(1)工作区　一个独立的需要设置终端设备(TE)的区域宜划分为一个工作区。工作区应由配线子系统的信息插座模块(TO)延伸到终端设备处的连接缆线及适配器组成。

(2)配线子系统　配线子系统应由工作区的信息插座模块、信息插座模块至电信间配线设备(FD)的配线电缆和光缆、电信间的配线设备及设备缆线和跳线等组成。

(3)干线子系统　干线子系统应由设备间至电信间的干线电缆和光缆,安装在设备间的建筑物配线设备(BD)及设备缆线和跳线组成。

(4)建筑群子系统　建筑群子系统应由连接多个建筑物之间的主干电缆和光缆、建筑群配线设备(CD)及设备缆线和跳线组成。

(5)设备间　设备间是在每幢建筑物的适当地点进行网络管理和信息交换的场地。对于综合布线系统工程设计,设备间主要安装建筑物配线设备。电话交换机、计算机主机设备及入口设施也可与配线设备安装在一起。

(6)进线间　进线间是建筑物外部通信和信息管线的入口部位,并可作为入口设施和建筑群配线设备的安装场地。进线间一般提供给多家电信业务经营者使用,通常设于地下一层。进线间主要作为室外电缆和光缆引入楼内的成端与分支及光缆的盘长空间位置。对于光缆至大楼(FTTB)至用户(FTTH)、至桌面(FTTO)的应用及容量日益增多,进线间就显得尤为重要。由于许多的商用建筑物地下一层环境条件已大大改善,也可以

363

安装配线架设备及通信设施。在不具备设置单独进线间或入楼电缆和光缆数量及入口设施容量较小时,建筑物也可以在入口处采用挖地沟或使用较小的空间完成缆线的成端与盘长,入口设施则可安装在设备间,但宜单独地设置场地,以便功能分区。

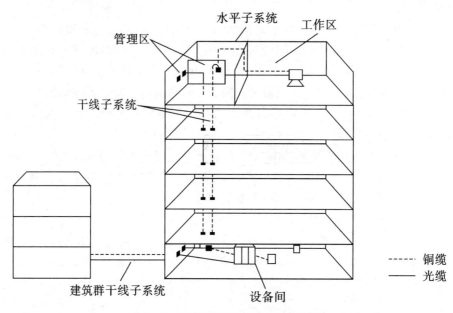

图 14.2　建筑物与建筑群综合布线结构

　　(7)管理区　管理应对工作区、电信间、设备间、进线间的配线设备、缆线、信息插座模块等设施按一定的模式进行标识和记录。

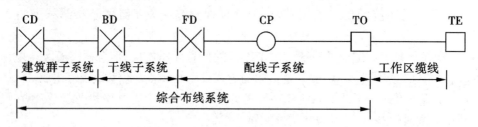

图 14.3　综合布线系统基础构成

　　综合布线的基本构成图参见图 14.3 所示。综合布线系统是一种开放式结构,它包括建筑物到外部网络或电话局线路上的连线点与工作区的话音或数据终端之间的所有电缆及相关联的布线部件,综合布线系统主要用双绞线电缆与光缆来实现,综合布线综合布线各子系统的连接参见图 14.4 所示。综合布线系统采用光纤直径 62.5 μm、光纤包层直径 125 μm 的缓变增强型多模光缆,标称波长以 850 nm 为主,长距离也可采用标称波长为 1300 nm 的单模光缆。综合布线系统可支持 1 Mbit/s 星形局域网;可支持 4 Mbit/s、15 Mbit/s 局域网(IAN)的应用;可通过集中器(Hf7B)支持以太计算机网络系统。综合布线系统五类线连接能支持依赖双绞线介质的传送模式(TP-PMD)/铜缆分布(CD-DI)

100 Mbit/s 信号及异步传送模式(ATM)155 Mbitls/622 Mbit/S 系统,并能提供多媒体连接器件,以支持光缆到桌面及多媒体会议电视系统等。因此是向宽带综合业务数字网(B–ISDN)的极好过渡方式。

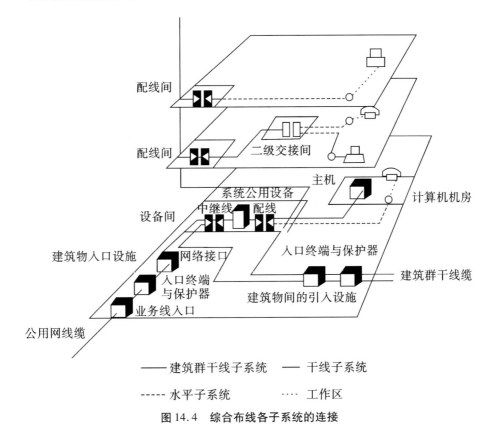

图 14.4 综合布线各子系统的连接

365

14.2.2 综合布线功能特点

目前的企业对固定不变的工作场所已变得越来越难以适应,因此寻求一种既能适应企业组织结构,而且又便于灵活改变,重新组合的办公空间。然而,一个建筑物,有其外形、规模、楼层的固定性。企业希望工作场所可以迅速地、不产生额外费用而适应各个部门未来发展变化的重新组合。综合布线的出现正可满足这一基本要求,并具有以下特点:

(1)兼容性 综合布线将语音、数据与监控设备的信号线经过统一的规划和设计,采用相同的传输介质、信息插座、交连设备、适配器等,把这些信号综合到一套标准的布线中,使得其自身完全独立,而与应用系统相对无关,因此可以适用于多种应用系统。

(2)开放性 综合布线采用开放式体系结构,符合多种国际现行标准。因此,它几乎对所有著名厂商的产品都是开放的,如计算机设备、交换机设备等,并对所有通信协议也是支持的。

（3）灵活性 综合布线采用标准的传输线缆和相关连接硬件,并采用模块化设计。因此所有通道都是通用的。所有设备的开通及更改均不需改变布线,只需增减相应的应用设备以及在配线架上进行必要的跳线管理即可。另外,组网也可灵活多样,甚至在同一房间可有多用户终端、以太网工作站、令牌网工作站并存,为用户组织信息交流提供了必要条件。

（4）可靠性 综合布线采用高品质的材料组合压接方式构成一个高标准信息传输通道,采用点到点端接系统布线,任何一条链路故障均不影响其他链路的运行,保证了系统运行可靠性。各应用系统采用相同的传输介质,因而可互为备用,提高了冗余度。

（5）扩充性 布线系统可以扩充,以便将来技术更新和更大发展时,很容易将设备扩充进去。在无须改变布线结构的情况下,可以对网络进行拓扑结构的重新组合。

（6）经济性 可降低设备搬迁、用户重新布局和系统维护费用。在大厦需要布线的任何一点都安装上信息插座,可以在连接或重新布置工作站时无须另外拉线。整幢大厦的网络的插座必须是统一的,以便能承受所有拓扑、所有种类的网络以及终端机。

综合布线的规则是保证长时间提供简单而又保持稳定的,同时也十分便于管理的操作。综合布线,由光缆及对绞线组成的系统能够适应各种传输速率要求,也完全能够构成宽带综合业务数字网。综合布线有极其广阔的发展远景。鉴于目前企业对于计算机、通信业务以及图像、管理、消防系统、空调系统、采暖调节系统、照明系统等各种不同需求的急剧增加,办公大楼必须配备可靠、经济而又能适应未来发展的真正的智能综合布线系统,如图 14.5 所示。

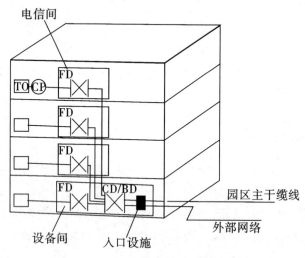

图 14.5 综合布线配线设备典型设置

14.2.3 各系统设置要求

（1）工作区 每 1 个工作区至少应配置 1 个 220 V 交流电源插座,应选用带保护接地的单相电源插座,保护接地与零线应严格分开。安装在地面上的接线盒应防水和抗压,安装在墙面或柱子上的信息插座底盒、多用户信息插座盒及集合点配线箱体的底部离地面的高度宜为 300 mm。

(2)电信间 电信间的使用面积不应小于 5 m²,电信间的数量应按所服务的楼层范围及工作区面积来确定。如果该层信息点数量不大于 400 个,水平缆线长度在 90 m 范围以内,宜设置一个电信间;当超出这一范围时宜设两个或多个电信间;每层的信息点数量数较少,且水平缆线长度不大于 90 m 的情况下,宜几个楼层合设一个电信间。电信间主要为楼层安装配线设备(机柜、机架、机箱等安装方式)和楼层计算机网络设备(HUB 或 SW)的场地,并可考虑在该场地设置缆线竖井、等电位接地体、电源插座、UPS 配电箱等设施。在场地面积满足的情况下,也可设置建筑物诸如安防、消防、建筑设备监控系统、无线信号覆盖等系统的布缆线槽和功能模块的安装。如果综合布线系统与弱电系统设备合设于同一场地,从建筑的角度出发,称为弱电间。电信间应与强电间分开设置,电信间内或其紧邻处应设置缆线竖井。

一般情况下,综合布线系统的配线设备和计算机网络设备采用标准机柜安装。机柜尺寸通常为 600 mm(宽)×900 mm(深)×2000 mm(高),共有 42 U 的安装空间。机柜内可安装光纤连接盘、RJ45(24 口)配线模块、多线对卡接模块(100 对)、理线架、计算机 HUB/SW 设备等。如果按建筑物每层电话和数据信息点各为 200 个考虑配置上述设备,大约需要有 2 个 19″(42U)的机柜空间,以此测算电信间面积至少应为 5 m²(2.5 m× 2.0 m)。对于涉及布线系统设置内、外网或专用网时,19″机柜应分别设置,并在保持一定间距的情况下预测电信间的面积。

电信间应采用外开丙级防火门,门宽大于 0.7 m。电信间内温度应为 10~35 ℃,相对湿度宜为 20%~80%。如果安装信息网络设备时,应符合相应的设计要求。电信间温、湿度按配线设备要求提供,如在机柜中安装计算机网络设备(HUB/SW)时的环境应满足设备提出的要求,温、湿度的保证措施由空调专业负责解决。

(3)设备间 设备间是大楼的电话交换机设备和计算机网络设备,以及建筑物配线设备(BD)安装的地点,也是进行网络管理的场所。对综合布线工程设计而言,设备间主要安装总配线设备。当信息通信设施与配线设备分别设置时考虑到设备电缆有长度限制的要求,安装总配线架的设备间与安装电话交换机及计算机主机的设备间之间的距离不宜太远。设备间宜尽可能靠近建筑物线缆竖井位置,有利于主干缆线的引入。设备间应尽量远离高低压变配电、电机、X 射线、无线电发射等有干扰源存在的场地。设备间室温度应为 10~35 ℃,相对湿度应为 20%~80%,并应有良好的通风。

设备间位置应根据设备的数量、规模、网络构成等因素,综合考虑确定。设备间梁下净高不应小于 2.5 m,采用外开双扇门,门宽不应小于 1.5 m。设备间内应有足够的设备安装空间,其使用面积不应小于 10 m²,该面积不包括程控用户交换机、计算机网络设备等设施所需的面积在内。如果一个设备间以 10 m² 计,大约能安装 5 个 19″的机柜。在机柜中安装电话大对数电缆多对卡接式模块,数据主干缆线配线设备模块,大约能支持总量为 6000 个信息点所需(其中电话和数据信息点各占 50%)的建筑物配线设备安装空间。每幢建筑物内应至少设置 1 个设备间,如果电话交换机与计算机网络设备分别安装在不同的场地或根据安全需要,也可设置 2 个或 2 个以上设备间,以满足不同业务的设备安装需要。

（4）进线间　进线间应满足缆线的敷设路由、成端位置及数量、光缆的盘长空间和缆线的弯曲半径、充气维护设备、配线设备安装所需的场地空间和面积。进线间的大小应按进线间的进局管道最终容量及入口设施的最终容量设计。同时应考虑满足多家电信业务经营者安装入口设施等设备的面积。

进线间一个建筑物宜设置 1 个，一般位于地下层，外线宜从两个不同的路由引入进线间，有利于与外部管道沟通。进线间与建筑物红外线范围内的人孔或手孔采用管道或通道的方式互连。进线间应设置管道入口。道口所有布放缆线和空闲的管孔应采取防火材料封堵，做好防水处理。与进线间无关的管道不宜通过。进线间应防止渗水，宜设有抽排水装置。进线间应与布线系统垂直竖井沟通。进线间应采用相应防火级别的防火门，门向外开，宽度不小于 1000 mm。进线间应设置防有害气体措施和通风装置，排风量按每小时不小于 5 次容积计算。

（5）缆线布放　配线子系统缆线宜采用在吊顶、墙体内穿管或设置金属密封线槽及开放式（电缆桥架，吊挂环等）敷设，当缆线在地面布放时，应根据环境条件选用地板下线槽、网络地板、高架（活动）地板布线等安装方式。

干线子系统垂直通道有下列三种方式可供选择：电缆孔方式，通常用一根或数根外径 63～102 mm 的金属管预埋在楼板内，金属管高出地面 25～50 mm，也可直接在楼板上预留一个大小适当的长方形孔洞；孔洞一般不小于 600 mm×400 mm（也可根据工程实际情况确定）。管道方式，包括明管或暗管敷设。电缆竖井方式，在新建工程中，推荐使用电缆竖井的方式。

缆线布放在管与线槽内的管径与截面利用率，应根据不同类型的缆线做不同的选择。某些结构（如"+"型等）的 6 类电缆在布放时为减少对绞电缆之间串音对传输信号的影响，不要求完全做到平直和均匀，甚至可以不绑扎。管内穿放大对数电缆或 4 芯以上光缆时，直线管路的管径利用率应为 50%～60%，弯管路的管径利用率应为 40%～50%。管内穿放 4 对对绞电缆或 4 芯光缆时，截面利用率应为 25%～30%。布放缆线在线槽内的截面利用率应为 30%～50%。尤其是 6 类与屏蔽缆线因构成的方式较复杂，众多缆线的直径与硬度有较大的差异，应引起足够的重视。

（6）电气防护及接地　综合布线电缆与附近可能产生高电平电磁干扰的电动机、电力变压器、射频应用设备等电器设备之间应保持必要的间距。综合布线电缆与电力电缆的间距应符合表 14.1 的规定。

表 14.1　综合布线电缆与电力电缆的间距

类别	与综合布线接近状况	最小间距/mm
380 V 电力电缆<2 kV·A	与缆线平行敷设	130
	有一方在接地的金属线槽或钢管中	70
	双方都在接地的金属线槽或钢管中①	10①

续表 14.1

类别	与综合布线接近状况	最小间距/mm
380 V 电力电缆 2~5 kV·A	与缆线平行敷设	300
	有一方在接地的金属线槽或钢管中	150
	双方都在接地的金属线槽或钢管中②	80
380 V 电力电缆>5 kV·A	与缆线平行敷设	600
	有一方在接地的金属线槽或钢管中	300
	双方都在接地的金属线槽或钢管中②	150

注:①当 380 V 电力电缆<2 kV·A,双方都在接地的线槽中,且平行长度≤10 m 时,最小间距可为 10 mm。
　　②双方都在接地的线槽中,系指两个不同的线槽,也可在同一线槽中用金属板隔开。

综合布线系统缆线与配电箱、变电室、电梯机房、空调机房之间的最小净距宜符合表 14.2 的规定。

表 14.2　综合布线缆线与电气设备的最小净距

名称	最小净距/m	名称	最小净距/m
配电箱	1	电梯机房	2
变电室	2	空调机房	2

墙上敷设的综合布线缆线及管线与其他管线的间距应符合表 14.3 的规定。

表 14.3　综合布线缆线及管线与其他管线的间距

其他管线	平行净距/mm	垂直交叉净距/mm
避雷引下线	1000	300
保护地线	50	20
给水管	150	20
压缩空气管	150	20
热力管(不包封)	500	500
热力管(包封)	300	300
煤气管	300	20

综合布线系统应根据环境条件选用相应的缆线和配线设备,或采取防护措施。当建筑物在建或已建成但尚未投入使用时,为确定综合布线系统的选型,应测定建筑物周围环境的干扰场强度。

光缆布线具有最佳的防电磁干扰性能,既能防电磁泄漏,也不受外界电磁干扰影响,在电磁干扰较严重的情况下,是比较理想的防电磁干扰布线系统。本着技术先进、经济合理、安全适用的设计原则在满足电气防护各项指标的前提下,应首选屏蔽缆线和屏蔽配线设备或采用必要的屏蔽措施进行布线,待光缆和光电转换设备价格下降后,也可采用光缆布线。

(7)防火 综合布线工程设计选用的电缆、光缆应从建筑物的高度、面积、功能、重要性等方面加以综合考虑,选用相应等级的防火缆线。

对于防火缆线的应用分级,北美、欧洲及国际的相应标准中主要以缆线受火的燃烧程度及着火以后,火焰在缆线上蔓延的距离、燃烧的时间、热量与烟雾的释放、释放气体的毒性等指标,并通过实验室模拟缆线燃烧的现场状况实测取得。在通风空间内(如吊顶内及高架地板下等)采用敞开方式敷设缆线时,可选用 CMP 级(光缆为 OFNP 或 OFCP)或 B1。在缆线竖井内的主干缆线采用敞开的方式敷设时,可选用 CMR 级(光缆为 OFNR 或 OFCR)或 B2、C 级。在使用密封的金属管槽做防火保护的敷设条件下,缆线可选用 CM 级(光缆为 OFN 或 OFC)或 D 级。

➤ 14.3 智能消防系统

14.3.1 火灾自动报警系统

在设备复杂,人员密集现代化的智能化大楼内。为了保障人们生命和财产的安全,必须根据国家有关消防规范规定,在大楼内设置智能化的火灾自动报警与消防控制设备。火灾自动报警与消防控制系统的功能:通过火灾探测器自动探测、监视区域内火灾发生时产生的烟气、火光,发出声光报警信号,同时联动有关消防设备,控制自动灭火系统,接通紧急广播、事故照明等设施,实现监测报警、控制灭火的自动化。

火灾自动报警与消防联动控制系统作为建筑设备管理自动化系统(BMS)的一个子系统,是保障智能建筑防火安全的关键。火灾监控系统一般由火灾探测器、输入/输出模块、各类火灾报警控制器和消防联动控制设备等共同构成,其基本构成原理如图 14.6 所示。

火灾探测器按其工作原理分为感温式、感烟式、感光式、气体式和复合式五种基本类型。火灾探测区域一般以独立的房(套)间划分,探测区域内的每个房间内至少应设置一只火灾探测器。敞开或封闭楼梯间、防烟楼梯间前室、消防电梯前室、消防电梯与防烟楼梯间合并前室、走道、坡道、管道井、电缆隧道、闷顶、夹层等场所都应单独划分探测区域,设置相应探测器。

为了能够及时地发出火灾报警信号,每个防火分区应至少设置一个手动火灾报警按钮,手动火灾报警按钮应设置在明显且便于操作的部位,当安装在墙上时,其底边距地高度宜为 1.3~1.5 m,且有明显标志。从一个防火分区内的任何位置到最邻近的一个手动火灾报警按钮的距离不应大于 30 m。手动火灾报警按钮不宜兼消火栓启泵按钮的功能。

根据建筑物防火等级的不同,国家标准《火灾自动报警系统设计规范》中规定,火灾监控系统有三种基本设计形式:区域报警系统、集中报警系统和控制中心报警系统。

报警器设在有人值班的消防控制室内,其他消防设备及联动控制设备,可采用分散就地控制和集中遥控两种方式,各消防设备工作状态的反馈信号,必须集中显示在消防控制室的监视或总控制台上,以便负担总体灭火的联络与调度功能。在消防控制台上的地址编码可以清楚地显示起火部位和范围大小。本系统适用于规模大,需要集中管理的群体建筑及超高层建筑。区域火灾报警控制系统如图 14.7 所示。

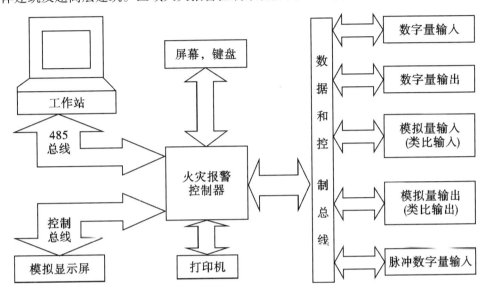

图 14.6　建筑物火灾监控系统的构成

371

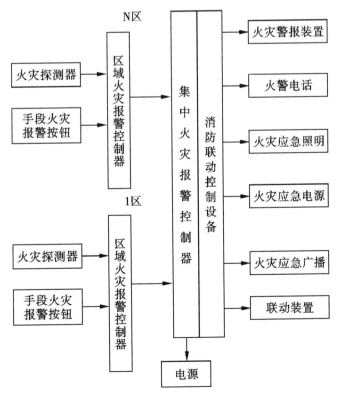

图 14.7　区域火灾报警控制系

14.3.2 消防控制系统

消防联动设备是火灾自动报警系统的执行部件,消防控制室接收火警信息后应能自动或手动启动相应消防联动设备。消防联动控制对象应包括以下的内容:①灭火设施;②火灾警报装置与应急广播;③非消防电源的断电控制;④消防电梯运行控制;⑤防火门、防火卷帘、水幕的控制;⑥防烟排烟设施。

智能建筑消防控制设备应具备下列部分或全部控制装置:①火灾报警控制器。接收、显示和传输火灾报警故障信号,信号经确认后,能对自动消防设备发出控制信号。②火灾警报装置与应急广播的控制装置。火灾发生时按照人员所在位置距火场的远近依顺序发出警报,组织人员有秩序地进行疏散。③电梯回降控制装置。消防控制室在确认火灾后,能控制电梯全部停于首层,并接收其反馈信号。④非消防电源控制装置。消防控制室在确认火灾后,能切断有关部位的非消防电源,并接通警报装置、火灾应急照明灯和安全疏散指示灯。⑤室内消火栓系统控制装置。确认火灾后实施灭火。⑥自动灭火系统控制装置。确认火灾后实施灭火。⑦常开防火门、防水卷帘的控制装置。火灾时实施防火,防止火灾蔓延。⑧防烟、排烟系统和空调通风系统控制装置。防止烟气蔓延,提供救生保障。

在火灾发生后,所有的消防设备均能正常启动或运转,主要的消防设备应具备的功能如下:

(1)电源 火灾确认后,应能在消防控制室或配电所(室)手动切除相关区域的非消防电源。消防设备的电源均应是双回路供电或双电源供电,要根据重要程度做不同选择。消防电源必须可靠保证,发生火灾时不得切断电源。火灾发生时,按照预先设计的逻辑程序,分别切除非消防电源。照明电源的切断后,应有紧急照明电源随时启动。

(2)排烟、正压送风与空调通风系统 电梯前室的感烟探测器感受到烟信号后将此信号送至消防控制室,消防控制室的联动控制柜发出信号,控制楼顶正压送风机打开,同时开启正压送风口风阀或者正压送风口,在现场的手动控制也可以联动正压送风机,使加压风机向电梯前室正压送风,防止烟气进入电梯前室,为消防施提供条件。

一般在地下室的防火分区设置单变速或双变速排烟风机,同时设置一台送风机,平时用风机对地下室空气进行通风换气。火灾发生时,在消防控制室消防联动柜的作用下利用单速风机(或利用双速风机)进行排烟,用送风机兼作补风机,以利消防抢救。这样送风机的启动和作用是受消防控制中心控制的。此外在消防过程中排烟阀或排烟防火阀需打开进行排烟,一定要注意其联动。排烟风机及正压送风机等重要消防用电设备,宜采取定期自动试机、检测措施,保证火灾发生时能够正常启动。

空调系统在风管上安装防火调节阀或防烟防火阀,在发生火灾时在消防控制室消防联动控制柜的作用下关闭风阀与空调机,防止火灾蔓延,以控制火灾。

(3)消火栓泵、喷淋泵及稳压泵系统 消火栓泵、喷淋泵及稳压泵等构成消防系统的主要设备。消火栓按钮应具备两个功能,在启动水泵的同时向消防中心提供反馈信号。因而消火栓按钮应具备两对触点,一对用于动作后向消防控制中心发送消火栓启泵请求,另一对用于直接启动或通过消防联动柜启动消火栓水泵。

闭式自动喷水灭火系统是利用火场达到一定温度时,能自动地将喷头打开,水流驱动湿式报警阀上的压力开关动作,同时,着火区域水流指示器动作,水流通过湿式报警阀驱动水力警铃报警,压力开关和水流指示器动作信号传入火灾自动报警控制器,然后,通过联动控制喷淋泵启动。喷淋泵启动信号和故障信号通过喷淋泵控制柜反馈回火灾自动报警控制器。消防水泵(包括喷淋泵)宜采取定期自动试机、检测措施,确保设备的可靠性。

(4)电梯 火灾发生后,根据火情强制所有电梯依次停于首层,并切断其电源,但消防电梯除外。消防电梯在首层设有紧急迫降控制和返回信号接点,通过该接点信号控制消防电梯停于首层,便于非消防电梯电源切断。

(5)电动防火卷帘及防火门 防火卷帘电动机电源一般为三相交流380 V,防火卷帘控制器的控制电源可接交流或直流24 V。根据规范要求,在疏散通道上的防火卷帘应在卷帘两侧设感烟、感温探测器组,在任意一侧感烟探测器组动作后,通过报警总线上的控制模块控制防火卷帘降至距地面1.8 m,感温探测器动作后,防火卷帘下降到底,作为防火分区分隔的防火卷帘,当任一侧防火分区内火灾探测器动作后,防火卷帘应一次下降到底。防火卷帘两侧都应设置手动控制按钮,在探测器组误动作时,能强制开启防火卷帘。当防火卷帘旁设有水幕喷水系统保护时,应同时启动水幕电磁阀和雨淋泵。另外宜在消防控制中心设有手动紧急下降防火卷帘的控制按钮。

根据规范规定,用于楼梯间和前室的防火门应具有自行关闭的功能。防烟楼梯间及其前室、消防电梯部前室的防火门应为常开的电动防火门并和自动报警系统联动。防火门平时打开,火灾发生时所有防火门能在自动报警系统控制下自动关闭,也能在控制室控制其关闭,行人手动打开防火门后,也能自动关闭,阻断烟火蔓延并在楼梯间或前室形成一个封闭的防烟空间,配合正压送风防烟系统起到阻火防烟的作用。

电动门两侧应装设专用的感烟探测器组成控制电路,在现场自动关闭。此外,在就地亦宜设人工手动关闭装置。电动防火门宜选用平时不耗电的释放器,且宜暗设。要有返回动作信号功能。

(6)火灾报警装置和火灾应急广播 火灾报警装置的控制程序应符合下列要求。①二层及二层以上楼层发生火灾,应先接通着火层及相邻的上、下层。②首层发生火灾,应先接通首层、二层及地下各层。③地下室发生火灾,应先接通地下各层及首层。④含多个防火分区的单层建筑,应先接通着火的防火分区及其相邻的防火分区。

➤ 14.4 有线电视和通信系统

14.4.1 有线电视系统

14.4.1.1 基本概念

电缆电视 CATV(共用天线系统 community antenna television)是采用同轴电缆(含光缆)作为传输媒介将电视信号,通过电视分配网络传送给用户。有线电视(电缆电话)系

373

统的典型组成如图 14.8 所示。早期的 CATV 系统主要是解决远离电视发射台的地区和高层建筑物密集的城市难以收到高质量的电视信号的问题。在这些地区,合理地选择地形,采用高灵敏度天线和高质量的接收设备接收电视信号,然后通过电视电缆分配系统传送给用户。

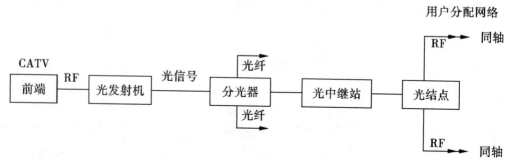

图 14.8　光纤有线电视系统示意

　　随着经济文化的发展,电视接收用户不只是要能收看到高质量的电视节目。而且要收看到更多的电视节目,随着电视电缆系统设备的改进和技术的提高,系统由原来只能使输几个频道信号的小容量系统发展到能传输几十个频道的大容量系统。CATV 系统可以为用户提供高质量的开路电视节目、闭路电视节目、广播卫星电视节目、付费电视节目、图文电视。这时的 CATV 就不再是共用天线系统。它已被赋予了新的含义,目前已成为无线电视的延伸、补充和发展,成为有线电视。

　　当今世界有线电视发展迅速,CATV 系统的发展方向已从专业网络向多功能综合网络发展。通过光纤同轴电缆混合网(FHC),将话音、数据、电视信号综合在一起,成为多媒体的信息。主干线采用光缆传输到小区,分支线采用同轴电缆传输用户。

　　通过 CATV 双向传输技术,使控制中心与用户,用户与用户之间均实现双向信息的传输。用户使用手中的通信工具可以进行话音、传真等通信,使用计算机就可以进行电子邮件、远程教学、家庭办公、信息资料查询、股票交易等数据通信。还可以通过电视机的视频点播(VOD)服务、观看文艺、娱乐收费节日、商业信息检索及购物、互动式电视服务、远程医疗等内容服务。

14.4.1.2　CATV 系统的组成

　　CATV 系统的组成电缆电视系统的模式各种各样,但不论何种系统模式,其组成均包括三部分:前端系统、干线传输系统和分配系统。

　　(1)前端系统　前端系统是 CATV 系统最重要的组成部分之一,这是因为前端信号质量不好,则后面其他部分一般来说是难以补救的。前端系统主要功能是进行信号的接收和处理,这种处理包括信号的接收、放大、信号频率的配置、信号电平的控制、干扰信号的抑制、信号频谱分量的控制、信号的编码等。对于交互式电视系统还要加有加密装置和 PC 机管理,调制—解调设备等。

　　(2)干线传输系统　干线传输系统的功能是控制信号传输过程中的劣变程度。干线放大器的增益应正好抵消电缆的衰减,即不放大也不减小。干线放大器有不同的类型、除有双向和单向干线放大器外。根据干线放大器的电平控制能力主要分为以下几类：①手动增益控制和均衡型干线放大器；②自动增益控制（AGC）型干线放大器；③AGC加自动斜率补偿型放大器；④自动电平控制（ALC）型干线放大器，并包含有自动增益控制（AGC）和自动斜率控制（ASC）两个功能。

干线设备除了干线放大器外，还有电源和电流通过型分支器、分配器。干线电视电缆等。对于长距离传输的干线系统还要采用光缆传输设备，即光发射机、光分波器、光合波器、光接收机、光缆等。

（3）分配系统　分配系统的功能是将电视信号通过电缆分配到每个用户，在分配过程中需保证每个用户的信号质量，即用户能选择到所需要的频道和准确无误的解密或解码。对于双向电缆电视还需要将上行信号正确地传输到前端。

分配系统的主要设备有分配放大器、分支分花器、用户终端、机上变换器。对于双向电缆电视系统还有调制解调器和数据终端等设备。

14.4.1.3　CATV 系统的特点

（1）收视节目多，图像质量好。在有线电视系统中可以收视当地电视台开路发送的电视节目。有线电视采用高质量信号源，保证信号的高水平，因为用电缆或光缆传送，避免了开路发射的重影和空间杂波干扰等问题。

（2）有线电视系统可以收视卫星上发送的我国以及国外 C 波段及 Ku 波段电视频道的节目。

（3）有线电视系统可以收视当地有线电视台（或企业有线电视台）发送的闭路电视。闭路电视可以播放优秀的影视片，也可以是自制的电视节目。

（4）有线电视系统传送的距离远，传送的电视节目多，可以很好地满足广大用户看好电视的要求。当采用先进的邻频前端及数字压缩等新技术后，频道数目还可大为增加。

（5）根据不少地方有线电视台和企业有线电视台的经验，有线台比个人直接收视既经济实惠，又可以极大地丰富节目内容。对于一个城市而言，将会再也看不到杂乱无章的大量的小八木天线群，而是集中的天线阵，使城市更加美观。

（6）有线电视随着技术的不断发展和人民生活水平的不断提高，还可以进一步的发展，例如电视频道数目可以不断加多，自办节目也可以不断增加，而且还可以发展双向传送功能，利用多媒体技术把图像、语言、数字、计算机技术综合成一个整体进行信息交流。国外双向系统早已实用化，其主要功能主要有以下几个方面：①保安、家庭购物、电子付款、医疗；②付费电视节目可放最新电影等，可以按月付费租用一个频道，也可以按租用次数付费，用户还能点播所需节目。付费用户装有解密器，未付费用户则无法收看；③用户可与计算中心联网，进行数据信号，实现计算机通信；④交换电视节目；⑤系统工作状态监视。

14.4.1.4　系统组成

（1）节目源　主要有有线电视台编制的各套有线电视节目、各省市卫星传送的电视节目等。在双向系统建成开通后，将增加大型片库（供 VOD 点播用），建立大型数据库等各种业务数据信息。

（2）中心机房　主要设备有视频处理设备、光端发射设备、卫星电视接入及设备等。

（3）接收端机房　信号进户后,需先经避雷器后再与机房设备连通。避雷器应可靠接地,应该与建设时专门引人机房的混合接地桩或单独立接地桩可靠连接。有线台电信号进入一般保持为 71 dB。因此,前端机房自己发送的各种信号经混合器后,各频道的电平值也应相应为 71 dB。机房应配置相应节目频道的监视器,以随时监测送入网络的信号质量,尤其需随时监测送入网络的卫星(境外)电视节目内容,防止有问题内容送出。

（4）传输网络

1）干线传输系统。干线可以用电缆、光缆和微波三种方式传送,或采取混合两种、三种方式传送。在干线上相应地使用干线放大器、光缆放大器和微波发送接收设备。对于微波传输方式的混用,主要适用于地形复杂的地区及远郊分散的居民区或禁止挖掘路面的特殊地区。这类系统也可称为 MMDS,通常可传四路、八路等,对其限制的是空间频率资源。它的使用频段在 2500 ~ 2700 MHz。基于前面所述光缆传输的优点,城市范围的传输干线基本上由光缆方式构成。它的网络结构主要有以下三种形式:星形结构、树形结构和环形结构。对于宽带城域网,规模大、光节点数量多,且需向双向交互式传输方式发展,实际上采用环星结合,即采用主干环网加二级星形网。

2）有线电视网络(广电网)。向数字化、双向传输方向发展,关键在于主干网络结构,网络管理及相应软件、硬件设备的建设。现有的网络(称为 A 平台)是光缆和铜缆混合组成的。其中铜缆用于最后一公里的用户接入。其中,信号传送是频分制的模拟方式。而作为主干网的光缆部分,目前基本是传送频分制的模拟电视信号。

改造后,可以同时传送各种数字信号,包括数字化电视(通常使用 SDH 数字传送方式),而且电缆网络将被压缩到 200 ~ 300 m 距离内,即光缆从小区入口延伸到楼栋入口。

发展后的有线电视网络将形成数据网络(称为 B 平台),它的核心是一台位于主前端的千兆交换路由器,以它为中心组成一台自愈环网,并可与上级的 SDH 网络相接。环上基站可用同级别的路由交换机,也可用低一级的交换路由器。它的作用是承上启下,向上通过核心交换机与更上一级的 SDH 相接,向下既可与 LAN(局域网)相接,也可通过边缘交换机与集团用户相连。边缘交换机向下可与服务器组、DDN 专线及 Internet 相连,组成更大的广域网。

这 B 平台将与 A 平台互联互通,在用户端,将使用 Cable Modem 解决电视机、计算机与 HFC(混合光缆,电缆)网络的连接。Cable Modem 系统的 Cable Router(头端设备)在前端将 A、B 平台连接起来。它的 RJ-45 接口以 10Base-T(或 100 Base-T)的速率与数据网相连;而 F 型母接头则用来与 HFC 网络相接。

这样组成的主干网络就不是原来意义的有线电视网络,而应称之为广电网了。

（5）分支分配网络

1）分支分配网络是指主干网进入小区后的网络部分,通常由树型结构的同轴电缆组成。在进机房时,有线电视提供的信号电平在 71dB,由主放大器放大后,经分配器分配至支干线。这一部分一般均为同轴铜芯电缆组成。距离较长的支干线通常用较小损耗,较粗的 Rgl2,而距离较短的支干线或接至用户的电缆通常用 Rg6 等。考虑到将来用于数字信号传输抗干扰性及防泄漏性能要求,新建的分支分配网络一般选用四屏蔽电缆。

2）支干线在传输一定距离后,还可再增设分支放大器后继续分配传输。考虑到放大器的非线性产物积累会影响系统性能(收看效果),一般不允许串接三级或更多。且分配的每一支路,串接的分支器个数一般不允许大于三只。

14.4.2　通信系统

14.4.2.1　通信系统概念

通信主要是指在空间上从一地向另一地传递和交换信息(消息)。包括信号的采集、分析、变换、放大、发送和传输,直至接收、检测、反变换、以及复接和交换等全过程。通信系统是指由完成通信全过程的各相关功能实体组合而成的体系,一般由发端、信道和收端等几大部分组成,如图 14.9 所示。

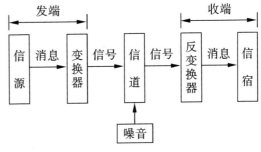

图 14.9　通讯系统模型

通常根据处理的信源的不同,通信系统可划分为电话通信系统、数据通信系统、卫星通信系统、室内移动通信覆盖系统、广播电视系统等几部分。本节主要介绍电话通信系统。

根据传输介质的不同,接入网可划分为有线接入网和无线接入网两大类,如表 14.4 所示。

表 14.4　接入网分类

接入网	有线接入	铜线接入网	数字线对增益(DPG)
			xDSL(HDSL,ADXL,UDSL,SDSL,VDSL 等)
		光纤接入网	FTTx(FTTC,FTTZ,FTTB,FTTF,FTTH 等)
		混合光纤/同轴接入网(HFC)	
	无线接入	固定无线接入网	微波(一点多址 DRMA 等)
			卫星(甚小型天线地球站 VSAT,直播卫星等)
		移动无线接入网	无绳电话
			蜂窝移动
			无线寻呼
			卫星通信
			集群调度

按照传输媒介的不同,通信网络可划分为有线通信网和无线通信网。有线通信网借助固定介质(如音频电缆、数字电缆、光缆等)进行信号传输,无线通信网则借助电磁波在自由空间的传播进行信号传输。

按照通信业务的不同,通信网可划分为固定电话网、移动电话网、无线电话等。随着经济的发展和技术进步,新业务、增值业务的不断出现,如可视电话等,通信网正朝着综合化、全业务的方向演进。

对于电话网而言,根据服务范围可分为长途网和本地网。对于数据网相对网络覆盖的范围一般分为广域网(WAN)、城域网(MAN)、局域网(LAN)。

14.4.2.2 电话通信系统

(1)电话通信系统概述　电话交换机从人工电话交换机(磁石式交换机、共电式交换机)发展到自动电话交换机,又从机电式自动电话交换机(步进制交换机、纵横制交换机)发展到电子式自动电话交换机,以至最先进的数字程控电话交换机。

传输系统按传输媒介分为有线传输(明线、电缆、光纤等)和无线传输(短波、微波中继、卫星通信等)。有线传输按传输信息工作方式又分为模拟传输和数字传输两种。模拟传输是将信息转换成为与之相应大小的电流模拟量进行传输,例如普通电话就是采用模拟语言信息传输。数字传输则是将信息按数字编码(PCM)方式转换成数字信号进行传输,它具有抗干扰能力强、保密性强、电路便于集成化(设备体积小)、适于开展新业务等许多优点,现在的程控电话交换就是采用数字传输各种信息。

目前广泛采用的是程控用户交换机。程控用户交换机按技术结构可以分为程控模拟交换机和程控数字交换机。属于程控模拟交换机的有空分(空间分割)式程控交换机和脉幅调制的时分(时间分割)式交换机。属于程控数字交换机的有增量调制(DM)的时分式程控交换机和脉码调制(FCM)的时分式程控交换机。

程控交换机是指用计算机来控制的交换系统,它由硬件和软件两大部分组成,这里所说的基本组成只是它的硬件结构。硬件部分可以分为话路系统和控制系统两个子系统。整个系统的控制软件都存放在控制系统的存储器中。

话路系统由交换网络、用户电路、中继器和信号终端等几部分组成。交换网络的作用是为话音信号提供接续通路并完成交换过程。用户电路是交换机与用户线之间的接口电路,它的作用有两个:一是把模拟话音信号转变为数字信号传送给交换网络,二是把用户线的其他大电流或高电压信号(如铃流等)和交换网络隔离开来,以免损坏交换网络。中继器是交换网络和中继线之间的接口,中继器除具有与用户电路类似的功能外,还具有码型变换、时钟提取、同步设置等功能。信号终端负责发送和接收各种信号,如向用户发送拨号音、接收被叫号码等。

控制系统的硬件由扫描器、驱动器、中央处理器、存储器、输入输出系统等几部分构成。控制系统的功能包括两个方面:一方面是对呼叫进行处理;另一方面对整个交换机的运行进行管理、监测和维护。扫描器是用来收集用户线和中继线信息的(如忙闲状态),用户电路与中继器状态的变化通过扫描器送到中央处理器中。驱动器是在中央处理器的控制下,使交换网络中的通路建立或释放。中央处理器也叫CPU,它可以是普通计算机中使用的 C 芯片,也可以是交换机专用的芯片。存储器负责存储交换机的工作程序和实时数据。输入/输出设备包括键盘、打印机、显示器等;从键盘可以输入各种指令,运行维护和管理等;打印机可以根据指令或定时打印系统数据。

控制系统是整个交换机的核心,负责存储各种控制程序,发布各种控制命令,指挥呼叫处理的全部过程,同时完成各种管理功能。由于控制系统担负如此重要的任务,为保证其完全可靠地工作,提出了集中控制和分散控制两种工作方式。

所谓集中控制是指整个交换机的所有控制功能,包括呼叫处理、障碍处理、自动诊断和维护管理等各种功能,都集中由一部处理器来完成,这样的处理器称为中央处理器,即CPU 基于安全可靠起见,一般需要两片以上 CPU 共同工作,采取主备用方式。

分散控制是指多台处理器按照一定的分工,相互协同工作,完成全部交换的控制功能,如有的处理器负责扫描,有的负责话路接续。多台处理器之间的分工方式有功能分担方式、负荷分担方式和容量分担方式三种。图 14.10 是程控数字用户交换机的系统构成示例。

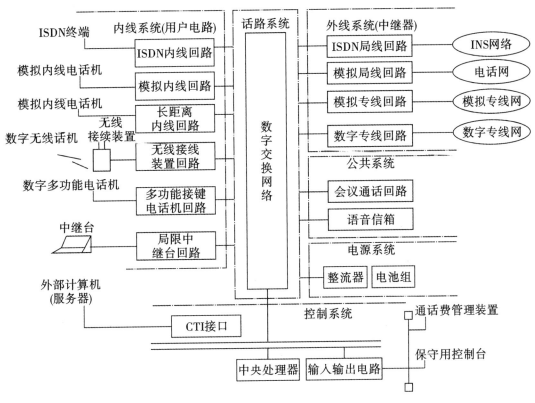

图 14.10　程控数字交换机的构成示例

(2)电话通信系统的组成　电话通信系统有三个组成部分:一是电话交换设备,二是传输系统,三是用户终端设备。交换设备主要就是电话交换机,是接通电话用户之间通信线路的专用设备,一台用户电话机能拨打其他任意一台用户电话机,使人们的信息交流能在很短的时间内完成。

1)公共交换电话网。电话网是在长途网和本地网上组织开放实时双向通话业务的一种业务网络,它是以电话交换为基础的,是传统通信网络的基础业务网,通常可看成由长途网、本地网和接入网组成。

其中长途网由国际出入口交换局(INS),第一级长途交换中心(TSC1,即大区中心)、第二级长途交换中心(TSC2,即省中心)和第三级长途交换中心(TSC3,即地区中心)组成。本地网由本地汇接局/市话端局（MS/LS）和本地出入口的长途交换中心（C3 或 C2）。接入网采用环形或星形结构等通过 V5 接口、无线本地环路（WLL）以及远端交换单元（RSU）等方式实现与母交换局的互联,向用户提供通信业务。

2)电话通信的传输系统　传输是电话通信的一个重要环节,其功能是将发信端的信息(对电话网而言是代表语音的电信号)发送出去,通过交换系统的分配,传送到收信端,再通过用户终端设备还原为话音,完成电话通信过程。传输系统的媒介有电缆、光缆及无线几种方式。信号的传输也存在数字和模拟两种性质,两者都需要解决多路复用的问题。在电话通信中最重要的多路复用调制方式是频分多路复用（FDM）和时分复用的脉冲编码调制方式（PCM）。脉冲编码调制又分为准同步数字系列（PDH）和同步数字系列（SDH）。对于无线方式如数字微波传输链路方式都是以 PCM 复用方式为基础的。

目前,公共交换电话网多采用 PCM 方式。随着光纤和微电子技术的发展,人们又提出了更高带宽和更具灵活性的智能处理能力的 SDH(同步光纤数字系列)技术,并逐渐成为数字传输系统的主流。

SDH 是一种全新的传输体制,并且在网络结构、设备结构、光接口和管理功能等方面形成了世界性标准,并使得世界两大 PDH 体系得到了统一,实现了数字传输体制上的世界性标准。同时 SDH 各复接等级均有相同的帧周期,实现了一步复用特性,支路分插一次完成。提高了传输质量,简化了管理,易于向高次群发展。SDH 不仅适合于光纤传输,也适合在微波、卫星等通信媒体中传输,它还支持 ATM 异步传输模式以及 IP 方式,使得通信网络具有较强的生命力和适应性。

（3）电话通信的交换网络

1)电话交换。电话交换一般采用电路交换方式。电话网络中任意两点之间进行通信,需要两点之间有传输通道相连接。在双方通信开始前,主叫方通过拨号的方式通知网络被叫方的电话号码,网络根据被叫方的电话号码,在主叫方和被叫方之间建立一条电路,显然这条电路包括主叫和被叫与相应的端局相连的用户线,以及交换局之间中继线路中的某一条脉冲编码调制（PCM）话音通道,这个过程称为呼叫建立。然后主叫和被叫就可以进行通话,通讯过程中主叫和被叫所占的通道将不为其他用户使用。

完成通信后,主叫或被叫挂机,通知网络可以释放通信信道,这个过程称为呼叫释放。本次通信过程所占用的相关电路释放后,可以被其他通信过程使用。这种交换方式称为电路交换方式。

2)电话交换网络。电话交换网是电路交换网的典型实例,是专门用来处理话音通信而开发的。通常电话交换网络由四部分组成,如图 14.11 所示。

3)交换系统与传输系统的连接。目前在电话交换网络中,电话交换机都采用了数字程控交换机,交换机之间都采用数字传输。如图 14.12 所示,程控交换机的数字中继接口接至数字配线架,PDH 或 SDH 传输设备,光端机并通过光缆与上级交换局相连。

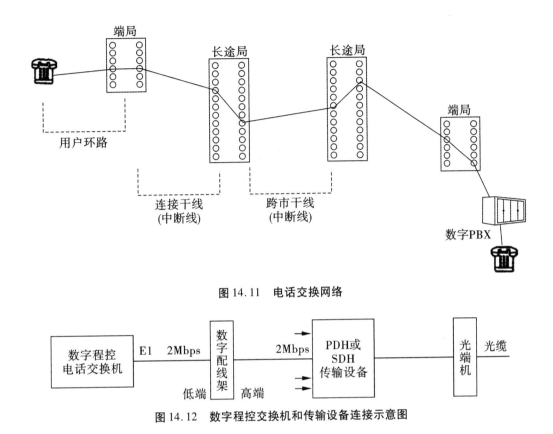

图 14.11 电话交换网络

图 14.12 数字程控交换机和传输设备连接示意图

➤ 14.5 建筑设备监控系统

14.5.1 建筑设备监控系统组成

为了能满足建筑物的使用功能及众多服务区域的要求,必须在建筑物中设置空调、冷热源、通风、给排水、变配电、应急供电、照明、电梯等建筑设备,这些建筑设备的数量庞大且分散,需要实时监视与控制的参数也有成千上万个,这些设备运行工艺复杂程度不一,当多台设备构成一个系统时,运行状态往往产生互相影响与关联,这就给设备的运行与管理造成了很大的困难。如空调系统末端的负荷变化时要造成系统的水压、水量、风压、冷量等的波动,导致相关设备如水泵、风机、调节阀、风阀等的状态变化。一些系统在正常运行与应急操作时,往往要和其他系统进行联动,如在办公楼日间使用和夜间停用的时段,对空调设备和照明设备的联动控制是有效的管理与节能措施。另外,为了保证建筑物中一些特殊区域(如医院、厂房、机房等)对环境的要求,空气中的温度、湿度、洁净度必须严格控制,要达到规定的技术指标已不是人力所能办到的。综上所述可见,对大型建筑物及建筑物群的设备使用人工方式进行操拟、控制与管理已经不可能了,因而采用建筑设备监控系统(Building Automation System,BAS)已是必然的趋势了,建筑设备监控系统组成如图 14.13 所示。

建筑设备监控系统通常称为建筑设备自动化系统或楼宇自动化系统,由变电站系统、照明控制与管理系统、冷热源系统、消防系统、保安系统等子系统组合为一个整体,进行全局的优化控制和管理。

现代建筑物的能源消耗是巨大的,据发达国家统计,建筑物的能耗达整个国家能耗总量的 30%,建筑物的能耗则体现在建筑设备的能耗上。

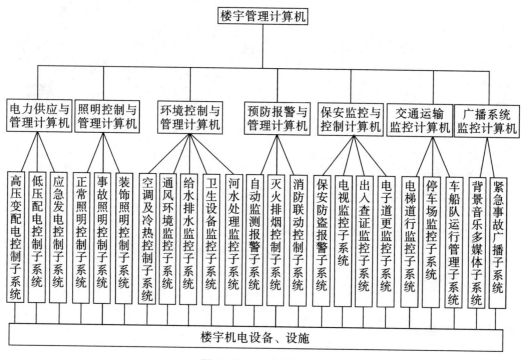

图 14.13   BA 系统组成

BA 系统(图 14.13)在充分采用了最优设备投运台数控制、最优启停控制、焓值控制、工作面照度自动控制、公共区域分区照明控制、供水系统压力控制、温度自适应设定控制等有效的节能运行措施后,建筑物可以减少约 20% 左右的能耗。有效地使用和发挥BA 系统的功能,来降低能耗保护环境,是可持续发展战略的重要实施环节。降低能耗实际上就是减少了建筑物的运行费用,对建筑节能和经济运行管理,具有十分重要的经济与环境保护的意义。例如一幢 70000 平方米的综合楼,每月的电费约 80~100 万元人民币,假如通过 BA 系统采取节能控制措施实现节能 10%,建筑物运行一年即可节省电费支出约 100 万元。

建筑物的使用寿命在 50~100 年左右,而设施设备的寿命则在 6~25 年不等。建筑物一经投入使用,就需要良好的使用和维护管理,对建筑物本体和其中的设施设备定期地进行测试和诊断,及时地进行维护和修理以保证建筑物及设施的完好,不仅能降低其生命周期成本 LCC(Life Cycle Cost),延长使用寿命,而且还可以使物业增值。同时,根据用户要求调整建筑布局,改善室内环境和室内空气品质,增强网络通信设施与自动化设备,对原有设施设备进行改善等都是物业管理工作的范畴。

各类使用者对建筑物的服务要求日趋多样化,对服务性能的要求日趋提高(生活条件与环境的舒适性、与社会和人际沟通的便捷性、生存空间的安全性、设施服务的完善性、管理组织的严密性等),给建筑物设备的控制与管理带来了复杂性和难题。BAS 为此提供技术支持,实现了设备运行管理、节能控制、设备信息综合管理三大功能。

通常可按功能划分为七个子系统:电力供应系统(高压配电、变电、低压配电、应急发电);照明系统(工作照明、事故照明、艺术照明、障碍照明、泛光照明等);交通运输系统(电梯、电动扶梯、停车场);环境控制系统(空调及冷热源、通风、环境监测与控制、给水、排水、卫生设备、污水处理);消防系统(火灾自动报警、消防设备的联动控制、紧急广播)等;广播系统(背景音乐、事故广播、紧急广播)。安保系统(防盗报警、电视监控、出入口控制、电子巡更)。

建筑物内设置这些设备系统是为了提供舒适安全的生活、工作环境,但这些设备数量多,即被控、监视、测量的对象多,监控点多达上千点到上万点;同时,这些设备又很分散,散布在各楼层与角落,于是只能由 BAS 来保障这些设备安全、正常、高效运行,使之能按照设计性能指标运转。

应用集散控制技术将 BAS 构造成一个庞大的集散控制系统。这个系统的核心是中央监控与管理计算机,有时简称为中央站或上位机,中央站通过信息通信网络与各个设备子系统的控制器相连,组成分散控制、集中监控和管理的功能模式,各个子系统之间通过通信网络也能进行信息交换和联动,实现局部优化控制管理。在 BAS 中央站的统一监控管理下,建筑物内众多的设备系统得以协调,安全地运行。随着微电子技术的进步和智能建筑功能要求的多样化,BAS 正在不断完善中,并朝着多功能化、智能化方向发展。

14.5.2 建筑设备监控系统的功能

14.5.2.1 设备控制自动化

设备控制自动化以实现各种设备的优化控制为目标,主要包括:

1)变配电设备及应急发电设备;高低压柜主开关动作状态监视及故障报警;变压器与配电柜运行状态及参数自动检测、报警;主要设备供电控制;停电复电自动控制;应急电源供电顺序控制。

2)照明设备:各楼层门厅照明定时开关控制;楼梯照明定时开关控制;泛光照明灯定时开关控制;停车场照明定时开关控制;航空障碍灯点灯状态显示及故障警报;事故应急照明控制;照明设备的状态检测。

3)通风空调设备:空调机组状态检测与运行参数测量空调机组的最佳启/停时间控制;空调机组预定程序控制与温湿度控制;室内/外空气温、湿度,CO,CO_2 等参数测量新风机组启/停时间控制;新风机组预定程序控制与温湿度控制;新风机组状态检测与运行参数测量;送排风机组的状态检测和控制。

4)给排水设备:给排水系统的状态检测;使用水量、排水量测量;污水池、集水井水位检测及异常警报;地下、中间层屋顶水箱水位检测;公共饮水过滤、杀菌设备控制、给水水质监测;给排水泵的状态控制;卫生、污水处理设备运转监测、控制。

5)交通设备:电梯自动扶梯运行状态监测;停电及紧急状况处理;语音报告服务系统。

6)停车场管理:出入口开/闭控制;出入口状态监视;停车库车位状态的监视;停车场的送排风设备控制。

7)冷热源设备:冷冻机、热泵、锅炉、热交换器等的运行状态监视与参数检测;冷冻机、热泵、锅炉、热交换器的启停与台数控制冷冻机房设备、锅炉房设备的自动联锁控制冷冻水、热水的温度、压力控制能量计量。

14.5.2.2 安全自动化

安全自动化是指对建筑物和设备的防灾设施与安保设施的监控,以增强建筑物内人群生活与工作的安全感。

(1)消防系统 火灾的监测及报警;消防设备的状态检测与故障警报;消防水系统管路水压测量;自动喷淋、气体灭火设备控制;火灾时供配电系统及空调系统的联动;火灾时消防电梯控监;火灾时防排烟监控;火灾时疏散避难引导;火灾时紧急广播。

(2)防盗系统 出入口控制;出入口、主要通道和电梯的闭路电视监视;停车场的闭路电视监视;各区域、各部门防盗报警设备状态监视;巡更值班系统。

(3)防灾系统 煤气及有害气体泄漏的检测;漏电的检测;漏水的检测;避难时的自动引导系统控制。

14.5.2.3 能源管理自动化

在保证用户舒适性的原则下,对设备的运行状态进行调整与控制,以节省能源消耗。能源管理自动化是利用优化设备运行工艺,加强操作与管理来实现能源节省。这与消极节能方法(如忽视舒适性效果而调整空调机组设定温度,影响照明光源的寿命的频繁开关操作等)是截然不同的。

主要的功能有:契约用电控制;电力系统的功率因数改善;照度的自动调节;照明设备的自动控制;空调系统节能方式运行控制;自动冲洗设备的节水方式运行控制。

14.5.2.4 设备管理自动化

通过对设备的运行状态的监测,进行建筑物内设备系统的自动管理,以使其正常、安全运行。主要功能有:水、电、煤气等使用计量和收费管理;设备运转状态记录及维护、检修的计划预告;定期通知设备维护及开列设备保养工作单;设备的档案管理;会议室、停车位等场所使用的预约申请、管理;有关资料、文件的汇总与电子文档的管理。

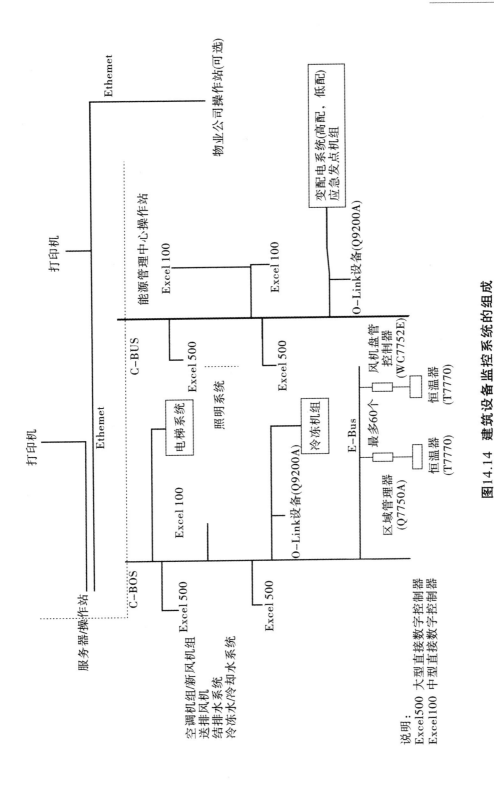

图14.14   建筑设备监控系统的组成

说明：
Excel500 大型直接数字控制器
Excel100 中型直接数字控制器

385

思考题

1.什么是智能化建筑？它与传统建筑的区别是什么？
2.智能化建筑有哪些特点？
3.综合布线系统由哪些部分组成？
4.火灾监控系统由哪几种基本设计形式？
5.什么是通信系统？它如何分类？
6.简述建筑设备监控系统的功能。

知识点(章节)：

智能化建筑(14.1)；综合布线系统组成和特点(14.2.1)；火灾自动报警系统(14.3.1)；通信系统(14.4.2.1)；建筑设备监控系统组成(14.5.1)；建筑设备监控系统功能(14.5.2)。

参考文献

[1]高明远,岳秀萍. 建筑设备. 北京:中国建筑工业出版社,2005.

[2]王长永,曹邦卿. 建筑设备. 郑州:郑州大学出版社,2012.

[3]刘方亮,徐智. 建筑设备. 北京:北京理工大学出版社,2016.

[4]张英,吕铿. 新编建筑给水排水工程. 北京:中国建筑工业出版社,2004.

[5]董羽惠. 建筑设备. 重庆:重庆大学出版社,2002.

[6]陈妙芳等. 建筑设备. 上海:同济大学出版社,2002.

[7]刘源全,张国军. 建筑设备. 北京:北京大学出版社,2006.

[8]王继明等. 建筑设备. 2 版. 北京:中国建筑工业出版社,2007.

[9]赵志曼,白国强. 建筑设备工程. 北京:机械工业出版社,2013.

[10]周传聚. 建筑设备. 上海:同济大学出版社,2001.

[11]邓沪秋. 建筑设备安装技术. 重庆:重庆大学出版社,2010.

[12]高明远. 建筑中水工程. 北京:中国建筑工业出版社,1992.

[13]段常贵. 燃气输配. 北京:中国建筑工业出版社,2010.

[14]周太明,皇甫炳炎. 电气照明. 上海:复旦大学出版社,2001.

[15]孙刚. 供热工程. 北京:中国建筑工业出版社,2009.

[16]李金星. 给水排水工程识图与施工. 合肥:安徽科学技术出版社,1999.

[17]中华人民共和国住房和城乡建设部,中华人民共和国国家质量监督检验检疫总局.
   室外给水设计规范 GB 50013—2006(2016 年版). 北京:中国计划出版社,2016.

[18]中华人民共和国住房和城乡建设部,中华人民共和国国家质量监督检验检疫总局.
   室外排水设计规范 GB 50014—2006(2014 年版). 北京:中国计划出版社,2014.

[19]中华人民共和国住房和城乡建设部,中华人民共和国国家质量监督检验检疫总局.
   城市给水工程规划规范 GB 50282—2016. 北京:中国计划出版社,2016.

[20]中华人民共和国住房和城乡建设部,中华人民共和国国家质量监督检验检疫总局.
   给水排水管道工程施工及验收规范 GB 50268—2008. 北京:中国计划出版
   社,2008.

[21]中华人民共和国住房和城乡建设部,中华人民共和国国家质量监督检验检疫总局.
   建筑给水排水设计规范 GB 50015—2003(2009 年版). 北京:中国计划出版
   社,2010.

[22]中华人民共和国住房和城乡建设部,中华人民共和国国家质量监督检验检疫总局.

建筑防火设计规范 GB 50016—2014. 北京:中国计划出版社,2015.

[23] 中华人民共和国住房和城乡建设部,中华人民共和国国家质量监督检验检疫总局. 消防给水及消火栓系统技术规范 GB 50974—2014. 北京:中国计划出版社,2005.

[24] 国家质量技术监督局,中华人民共和国建设部. 自动喷水系统设计规范 GB 50084—2001(2005年版). 北京:中国计划出版社,2014.

[25] 中华人民共和国住房和城乡建设部,中华人民共和国国家质量监督检验检疫总局. 民用建筑供暖通风与空气调节设计规范 GB 50736—2012. 北京:中国计划出版社,2012.

[26] 中华人民共和国住房和城乡建设部,中华人民共和国国家质量监督检验检疫总局. 工业建筑供暖通风与空气调节设计规范 GB 50019—2015. 北京:中国计划出版社,2015.

[27] 中华人民共和国住房和城乡建设部,中华人民共和国国家质量监督检验检疫总局. 通风与空调工程施工质量验收规范 GB 50243—2002. 北京:中国计划出版社,2002.

[28] 中华人民共和国住房和城乡建设部,中华人民共和国国家质量监督检验检疫总局. 低压配电设计规范 GB 50054—2011. 北京:中国计划出版社,2011.

[29] 国家技术监督局,中华人共和国建设部. 供配电系统设计规范 GB 50052—1995. 北京:中国计划出版社,1995.

[30] 中华人民共和国住房和城乡建设部,中华人民共和国国家质量监督检验检疫总局. 民用建筑电气设计规范 JGJ 16—2008. 北京:中国计划出版社,2008.

[31] 中华人民共和国住房和城乡建设部. 教育建筑电气设计规范 JGJ 310—2013. 北京:中国计划出版社,2013.

[32] 中华人民共和国住房和城乡建设部. 建筑物防雷设计规范 GB 50057—2010. 北京:中国计划出版社,2011.

[33] 中华人民共和国住房和城乡建设部,中华人民共和国国家质量监督检验检疫总局. 建筑物防雷工程施工与质量验收规范 GB 50601—2010. 北京:中国建筑工业出版社,2010.

[34] 中华人民共和国建设部,中华人民共和国国家质量监督检验检疫总局. 电气装置安装工程电缆线路施工及验收规范 GB 50168—2006. 北京:中国计划出版社,2006.

[35] 中华人民共和国建设部,中华人民共和国国家质量监督检验检疫总局. 城镇燃气设计规范 GB 50028—2006. 北京:中国计划出版社,2006.

[36] 中华人民共和国建设部,中华人民共和国国家质量监督检验检疫总局. 建筑与建筑群综合布线系统工程验收规范 GBT 50312—2007. 北京:中国计划出版社,2007.

[37] 中华人民共和国住房和城乡建设部,中华人民共和国国家质量监督检验检疫总局. 建筑照明设计标准 GB 50034—2013. 北京:中国建筑工业出版社,2013.

[38] 中华人民共和国住房和城乡建设部,中华人民共和国国家质量监督检验检疫总局. 智能建筑设计标准 GB 50314—2015. 北京:中国建筑工业出版社,2015.

[39] 姜乃昌等. 水泵及水泵站. 北京:中国建筑工业出版社,1993.

[40]陈耀宗等.建筑给水排水手册.北京:中国建筑工业出版社,1995.

[41]给排水设计编写组.给水排水设计手册.北京:中国建筑工业出版社,1986.

[42]王增长等.建筑给水排水工程.5版.北京:中国建筑工业出版社,2005.

[43]核工业部第二设计研究院.给水排水设计手册.第二册.北京:中国建筑工业出版社,2001.

[44]刘文镔等.给水排水快速设计手册(3).北京:中国建筑工业出版社,1998.

[45]陈方肃等.高层建筑给水排水设计手册.2版.长沙:湖南科学技术出版社,2001